"十二五"职业教育国家规划教材

流体力学泵与风机

（第四版）

主　编　邢国清
副主编　张　清
编　写　宋克农　富宇莹　杨　濯
主　审　郑年丰

中国电力出版社
CHINA ELECTRIC POWER PRESS

内 容 提 要

本书为"十二五"职业教育国家规划教材，在编写修订过程中注重以实用为目的，以必需、够用为度，以掌握概念、强化应用为原则，尽量删繁就简、理论联系实际，加强实践与应用型知识内容。全书分两篇。第一篇流体力学：是以一元流动为全书的核心，对一元气体动力学和多元流体动力学作为学生拓宽理论基础，仅作简要的基本概念介绍，略去大量的数理论证。第二篇泵与风机：主要阐述泵与风机的基本原理、构造和性能参数，泵与风机的运行、调节及选择。

为方便读者学习和教师教学，书后附有详细步骤的解题答案。另外本次修订还制作了配套课件。

本书主要作为高职高专供热通风与空调工程技术、城市燃气工程技术、给排水工程技术、热能动力设备与应用等建筑设备类、市政工程类、能源类专业的教材，也可作为函授和自考辅导教材或供相关专业人员参考。

图书在版编目（CIP）数据

流体力学泵与风机/邢国清主编．—4 版．—北京：中国电力出版社，2015.7（2019.6重印）

"十二五"职业教育国家规划教材
ISBN 978-7-5123-7103-3

Ⅰ.①流… Ⅱ.①邢… Ⅲ.①流体力学-高等职业教育-教材 ②泵-高等职业教育-教材 ③鼓风机-高等职业教育-教材 Ⅳ.①O35②TH3

中国版本图书馆 CIP 数据核字（2015）第 014849 号

中国电力出版社出版、发行
（北京市东城区北京站西街 19 号 100005 http://www.cepp.sgcc.com.cn）
三河市百盛印装有限公司印刷
各地新华书店经售

*

2004 年 7 月第一版
2015 年 7 月第四版　2019 年 6 月北京第十六次印刷
787 毫米×1092 毫米　16 开本　19.25 印张　469 千字
定价 **40.00 元**

版 权 专 有　侵 权 必 究

本书如有印装质量问题，我社营销中心负责退换

前　言

　　高职教育是培养适应生产、建设、管理、服务第一线需要的高等技术应用型专门人才，是以就业为导向的高等教育，课程建设是高等职业技术学院教学建设中最具基础性的核心工作，其水平、质量和成果是衡量学校办学水平和教学质量的重要标志。流体力学泵与风机是显现高职教学特色的重组课程，是热能动力设备与应用、城市热能应用技术、城市燃气工程技术、供热通风与空调工程技术、热工自动化等专业必修的专业基础课，也是核心技术课。其目标是使学生掌握必要的工程流体力学基本概念、基本原理和基本计算能力，为学习和解决供热、通风、空调和建筑给排水工程中的流体力学问题提供必要的理论基础、分析计算方法以及泵与风机的技术知识。

　　学生通过该课程学习，掌握流体在系统中的运动规律、泵与风机热力设备的性能特点，解决压力、流量的测量和阻力的确定等工程实际问题，具备泵与风机的检修和运行的基本知识和专业知识，为从事动力设备运行和检修专业技术工作打下必备的理论基础。为本专业后继课程的学习提供必要的基础知识。

　　本书为"十二五"职业教育国家规划教材，是在总结高等职业技术教育经验的基础上，结合我国高等职业技术教育的特点编写而成的。适合作为高职高专院校热能动力设备与应用、城市热能应用技术、城市燃气工程技术、供热通风与空调工程技术等建筑设备类、市政工程类、能源类专业教材。

　　本次修订仍由山东城市建设职业学院邢国清担任主编，山东建筑大学教授郑年丰主审。

编　者

2015-6-9

第一版前言

本书是"高职高专十五规划教材"系列教材之一，根据五年制供暖通风与空调工程专业《流体力学泵与风机》教学大纲编写，为供暖通风与空调工程专业《流体力学泵与风机》课程使用教材。

本书内容注重以实用为目的，以必需、够用为度，以掌握概念、强化应用为原则，尽量删繁就简。注重以实用选材，理论联系实际，加强实践与应用型知识内容。

本书包括两篇。第一篇流体力学：以一元流动为全书的核心，一元气体动力学和多元流体动力学作为理论基础，仅作简要的基本概念介绍，略去了大量的数理论证；第二篇泵与风机：主要阐述了泵与风机的基本原理、构造和性能参数，以及泵与风机的运行、调节和选择。

本书中带有"*"号的章节为选修部分。

本书第一、二、三、四、五、六章由山东省城市建设学校邢国清编写，第七、八章由江苏省广播电视大学杨濯编写，第九、十、十一章由江西建筑工程学校张清编写。全书由邢国清主编，并负责全书的统稿工作；由山东建筑学院郑年丰教授担任主审。

限于编者水平，书中如有不妥和错误之处，恳请读者批评指正。

编 者

2004 年 3 月

第二版前言

为贯彻落实教育部《关于进一步加强高等学校本科教学工作的若干意见》和《教育部关于以就业为导向深化高等职业教育改革的若干意见》的精神，加强教材建设，确保教材质量，中国电力教育协会组织制订了普通高等教育"十一五"教材规划。该规划强调适应不同层次、不同类型院校，满足学科发展和人才培养的需求，坚持专业基础课教材与教学急需的专业教材并重、新编与修订相结合。本书为修订教材。

本书是在总结高等职业技术教育经验的基础上，结合我国高等职业技术教育的特点，在保持原版编写风格基础上编写的。该书适用于供热通风与空调工程、燃气工程、给排水工程、建筑设备等专业的教学使用。

本书内容的编写，注重理论与实际工程的结合，力求做到以"应用"为主旨，在理论上坚持"必需、够用"的原则，注重基本理论、基本概念和基本方法的阐述，深入浅出、图文结合，使其更具有针对性和实用性。

本书由山东城市建设职业学院邢国清主编，山东建筑大学教授郑年丰主审。参加编写工作的有山东城市建设职业学院邢国清（第一、第二、第三、第四、第五、第六章）、江苏广播电视大学杨濯（第七、第八章）、江西建设职业技术学院张清（第九、第十、第十一章）。

由于编者水平所限，书中的缺点、错误难免，恳请使用本教材的广大读者批评指正。

编 者

2009 年 1 月

"十二五"职业教育国家规划教材

流体力学泵与风机（第四版）

第三版前言

《流体力学泵与风机》（第三版）作为普通高等教育"十二五"规划教材，是在其第二版基础上修订而成的。

《流体力学泵与风机》第一版自2004年出版以来，在供热通风空调和燃气工程专业及新能源等专业中得到广泛使用，为各专业的发展作出了积极贡献。目前正值世纪之交，又面临教育改革和高职高专专业调整的新形势，此时有必要对该书进行较全面的总结和修订。

对于本次的修订再版工作，考虑到教材的延续性和目前教学现状，笔者认为应把握两点原则：其一，教材中属于基本概念、基本理论的内容，应得到稳定和保留，适当地予以深化和延伸。因为概念是事物本质、学科精髓所在。概念引申出的基本理论，在学科中的地位应该得到尊重。其二，教材中属于工程应用性的内容，应是当今学科最具发展潜力的。我们要找准结合点，使修订后的教材内容更具有时代特征。

第三版仍保留了第二版的基本内容，保持了前两版的特色：由浅入深，循序渐进，便于学习。

本次修订主要变动：第九章中增加了"相似律的实际应用"的内容；彻底改写了第十章，将第十章分成"第十章　离心式泵与风机在管路上的工作分析及调节"和"第十一章　离心式泵与风机的安装方法与选择"两章。

此外，进一步审查了各概念的定义与诠释，丰富和修正了各章节的内容，使表达更精准，内容更通俗易懂，便于学习。对书中内容、例题和习题中的不妥之处或错误之处进行了修改，并做了增删。对于部分图也做了修改和增减。

本次修订对课后的思考题做了详细的解答，对习题也做了有详细步骤的解答，以便于读者学习和教师教学。为便于教学还制作了配套课件。

第三版修订仍由山东城市建设职业学院邢国清担任主编，山东城市建设职业学院宋克农、富宇莹参与了修订工作。

编　者

2013年3月

目 录

前言
第一版前言
第二版前言
第三版前言

第一篇 流 体 力 学

第一章　流体力学概论 ··· 1
　　第一节　概述 ··· 1
　　第二节　流体的主要力学性质 ··· 2
　　第三节　作用在流体上的力 ··· 11
　　第四节　流体的力学模型 ··· 12
　　思考题 ··· 13
　　习题 ··· 13

第二章　流体静力学 ·· 14
　　第一节　流体静压强及其特性 ··· 14
　　第二节　流体静压强的分布规律 ··· 16
　　第三节　压强的计算基准和计量单位 ······································· 19
　　第四节　测压管高度和测压管水头 ··· 22
　　第五节　液体静压强的测量 ··· 24
　　第六节　作用于平面上的液体总压力 ······································· 27
　　*第七节　作用于曲面上的液体总压力 ······································ 34
　　*第八节　液体的相对平衡 ·· 38
　　思考题 ··· 41
　　习题 ··· 42

第三章　不可压缩一元流体动力学 ··· 46

第一节　描述流体运动的两种方法 …………………………………… 46
　　第二节　流体运动的基本概念 ……………………………………… 47
　　第三节　恒定流连续性方程 ………………………………………… 51
　　第四节　过流断面的压强分布 ……………………………………… 53
　　第五节　恒定流能量方程 …………………………………………… 56
　　第六节　能量方程的应用 …………………………………………… 60
　　第七节　总水头线和测压管水头线 ………………………………… 66
　　第八节　恒定气流的能量方程 ……………………………………… 69
　　*第九节　不可压缩流体恒定总流动量方程 ………………………… 72
　　思考题 ………………………………………………………………… 75
　　习题 …………………………………………………………………… 76

第四章　流动阻力和能量损失 ……………………………………… 80
　　第一节　概述 ………………………………………………………… 80
　　第二节　流体流动的两种流态 ……………………………………… 82
　　第三节　均匀流基本方程 …………………………………………… 86
　　第四节　沿程水头损失的计算公式 ………………………………… 87
　　第五节　沿程阻力系数 λ 的确定 …………………………………… 92
　　第六节　非圆管流沿程损失的计算 ………………………………… 98
　　第七节　局部水头损失的计算 ……………………………………… 101
　　思考题 ………………………………………………………………… 107
　　习题 …………………………………………………………………… 108

第五章　管路计算 ……………………………………………………… 111
　　第一节　概述 ………………………………………………………… 111
　　第二节　简单管路的水力计算 ……………………………………… 111
　　第三节　复杂管路的水力计算 ……………………………………… 120
　　第四节　有压管路中的水击 ………………………………………… 125
　　思考题 ………………………………………………………………… 129
　　习题 …………………………………………………………………… 129

第六章　附面层与绕流阻力 …………………………………………… 132
　　第一节　绕流运动与附面层基本概念 ……………………………… 132

第二节	曲面附面层分离现象与卡门涡街	133
第三节	绕流阻力和升力	135
第四节	悬浮速度	139
思考题		142
习题		142

第七章　孔口、管嘴出流和气体射流 …………………………………… 143

第一节	孔口出流	143
第二节	管嘴出流	150
第三节	无限空间淹没紊流射流的特征	154
第四节	圆断面射流的运动分析	159
第五节	平面射流	163
第六节	温差或浓差射流及射流弯曲	163
*第七节	有限空间射流简介	167
思考题		170
习题		171

第八章　一元气体动力学基础 …………………………………………… 173

第一节	理想可压缩气体一元恒定流动的运动方程	173
第二节	声速、滞止参数、马赫数	176
第三节	可压缩气体一元恒定流动的连续性方程	180
思考题		182
习题		183

第二篇　泵 与 风 机

第九章　离心式泵与风机的构造与理论基础 …………………………… 184

第一节	离心式泵与风机的分类、基本构造及工作原理	184
第二节	离心式泵与风机的性能参数	190
第三节	离心式泵与风机的基本方程	192
第四节	离心式泵与风机的理论性能曲线	194
第五节	离心式泵与风机的实际性能曲线	196

　　　　第六节　力学相似原理 ··· 200
　　　　第七节　相似律与比转数 ··· 201
　　　　第八节　相似律的实际应用 ··· 206
　　　　思考题 ··· 207
　　　　习题 ··· 208

第十章　**离心式泵与风机在管路上的工作分析及调节** ··············· 209
　　　　第一节　管路性能曲线和工作点 ·· 209
　　　　第二节　泵或风机的联合运行 ·· 213
　　　　第三节　离心式泵或风机的工况调节 ································· 216
　　　　思考题 ··· 221
　　　　习题 ··· 221

第十一章　**离心式泵与风机的安装方法与选择** ··························· 222
　　　　第一节　离心式泵正常工作所需的管路附件及扬程计算 ···· 222
　　　　第二节　离心式泵的气蚀与安装高度 ································· 223
　　　　第三节　离心式泵或风机的选择 ·· 230
　　　　思考题 ··· 242
　　　　习题 ··· 242

*第十二章　**其他常用泵与风机** ·· 244
　　　　第一节　轴流式泵与风机 ··· 244
　　　　第二节　管道泵 ··· 247
　　　　第三节　真空泵与射流泵 ··· 248
　　　　第四节　往复泵 ··· 250
　　　　第五节　贯流式风机 ·· 251

思考题、习题答案 ·· 253

参考文献 ·· 297

第一篇 流体力学

第一章 流体力学概论

第一节 概 述

一、流体力学的研究对象和任务

流体力学的研究对象是流体。流体包括液体和气体。

流体力学的任务是研究流体静止和运动时的宏观力学规律，并运用这些规律解决工程技术中的问题。它是力学学科的一个组成部分。

流体力学由两个基本部分组成：一是研究流体静止规律的流体静力学；二是研究流体运动规律的流体动力学。

二、流体力学的应用

流体力学在供热通风与空调和燃气工程中得到广泛的应用，是一门重要的专业基础课程。在供热、空气调节、燃气输配、通风除尘等工程中都是以流体作为工作介质、通过流体的各种物理作用对流体的流动有效地加以组织来实现的。因此，学好流体力学，才能对专业中的流体力学现象做出科学的定性分析及精确的定量计算；才能正确地解决工程中所遇到的流体力学方面的设计和计算问题。

学习流体力学，要注意基本理论、基本概念、基本方法的理解和掌握，要学会理论联系实际地解决工程中的各种流体力学问题。

三、单位

本书采用国际单位制，基本单位是：长度用米（m）；时间用秒（s）；质量用千克（kg）；力为导出单位，采用牛顿（N）。1牛顿（N）=1千克·米/秒² （kg·m/s²）。

由于我国长期使用工程单位，实际工作遇到的某些量仍然用工程单位表示，学习应用时注意两种单位的换算。换算的基本关系为 1kgf=9.807N。

常用的国际单位与工程单位的换算关系见表1-1。

表 1-1 　　　　　常用的国际单位与工程单位的换算关系

量的名称	工程单位 名称	工程单位 符号	国际单位 名称	国际单位 符号	换算关系
长度	米	m	米	m	
时间	秒	s	秒	s	
质量	公斤力二次方秒每米	kgf·s²/m	千克	kg	1kgf·s²/m=9.807kg

续表

量的名称	工程单位 名称	工程单位 符号	国际单位 名称	国际单位 符号	换算关系
力、重量	公斤力	kgf	牛顿	N	1kgf=9.807N
压力、压强	公斤力每平方米	kgf/m²	帕斯卡	Pa	1kgf/m²=9.807Pa
	工程大气压	at	帕斯卡	Pa	1at=9.807×10⁴Pa
	巴	bar	帕斯卡	Pa	1bar=100kPa
	毫米水柱	mmH₂O	帕斯卡	Pa	1mmH₂O=9.807Pa
	毫米汞柱	mmHg	帕斯卡	Pa	1mmHg=133.32Pa
能量、功	公斤力米	kgf·m	焦耳	J	1kgf·m=9.807J
功率	公斤力米每秒	kgf·m/s	瓦特	W	1kgf·m/s=9.807W
	马力		瓦特	W	1马力=735.45W
动力黏度	泊	P	帕斯卡秒	Pa·s	1P=0.1Pa·s
运动黏度	二次方米每秒	m²/s	斯托克斯	m²/s St	1St=10⁻⁴m²/s

第二节 流体的主要力学性质

为了研究流体的静止和运动规律，首先必须了解流体本身所固有的特征和主要的力学性质。

一、流体的基本特征

在生产和生活中，有许多流体流动现象，如水在河中流动、风从门窗流入、燃气从喷孔喷出等。这些现象表明了流体区别于固体的基本特征，就是流体具有流动性。这个特征是由于流体静止时不能承受切力作用的力学性质决定的。

众所周知，固体存在着抗拉、抗压和抗切三方面的能力。如果要将某一固体拉裂、压碎或切断，或使其产生很大的变形，必须加以足够的外力，否则是拉不动、压不碎、剪不断的。但是流体则不同，如要分裂、切断水体，几乎不需费什么气力。流体的抗拉能力极弱，抗剪能力也很微小，静止时不能承受切力，只要受到切力作用，不管此切力怎样微小，流体都要发生不断变形，各质点间发生不断的相对运动。流体的这个性质，称为流动性。这是它便于用管道、渠道进行输送，适宜做供热、供冷等工作介质的主要原因。流体的抗压能力较强，这个特性和流动性相结合，使我们能够利用水压推动水力发动机，利用蒸汽压力推动汽轮发电机，利用液压、气压传动各种机械。

流动性使流体的运动具有以下特点：

第一，流体的形状是由约束它的边界形状决定的，不同的边界必将产生不同的流动。因此，流体流动的边界条件是对流体的运动有重要影响的外因。

第二，流体的运动和流体的变形联系在一起。当流体运动时，其内部各质点之间有着复杂的相对运动，所以流体的变形又与其力学性质密切相关。因此，流体的力学性质是对流体运动有直接影响的内因。具有不同力学性质的流体，即使其边界条件相同也会产生不同的运动。

因此，流体的流动是由流体本身的力学性质（内因）和流动所在的外界条件（外因）这两个因素决定的。流体力学所要探讨的流体静止和运动的规律，实际上就是要研究流体的力学性质和流动的边界条件对流体所产生的作用和影响。

二、流体的主要力学性质

流体的主要力学性质有：惯性和重力特性、黏滞性、压缩性和热胀性、表面张力和毛细管现象等。

（一）惯性和重力特性

1. 惯性

惯性是物体维持原有静止或运动状态的能力。表征物体惯性大小的是质量，质量愈大惯性就愈大。

质量常以密度表示。单位体积流体所具有的质量称为密度，用 ρ 表示，单位为 kg/m³。任意点上密度相同的流体，称为均质流体。

均质流体密度可表示为

$$\rho = \frac{m}{V} \tag{1-1}$$

式中　m——流体的质量，kg；
　　　V——该质量流体的体积，m³。

各点密度不完全相同的流体称为非均质流体。非均质流体中某点的密度用极限表示为

$$\rho = \lim_{\Delta V \to 0} \frac{\Delta m}{\Delta V} \tag{1-2}$$

式中　Δm——微小体积 ΔV 内的流体质量，kg；
　　　ΔV——包含该点在内的流体体积，m³。

2. 重力特性

流体受地球引力作用的特性，称为重力特性。流体的重力特性用容重表示。对于均质流体，作用于单位体积流体的重力称为容重，用 γ 表示，单位为 N/m³。

$$\gamma = \frac{G}{V} \tag{1-3}$$

式中　G——体积为 V 的流体所受的重力，N；
　　　V——重力为 G 的流体体积，m³。

对于非均质流体，任意一点的容重为

$$\gamma = \lim_{\Delta V \to 0} \frac{\Delta G}{\Delta V} \tag{1-4}$$

式中　ΔG——微小体积 ΔV 的流体重力，N；
　　　ΔV——包含该点在内的流体体积，m³。

重力（或称重量）是质量和重力加速度 g 的乘积，即

$$G = mg \tag{1-5}$$

两端同除以体积 V，则得容重和密度的关系为
$$\gamma = \rho g \tag{1-6}$$
这个关系对均质和非均质流体都适用。

常见流体的密度及容重见表 1-2。

表 1-2　　　　　　　　　　常见流体的密度及容重

流体名称		密度 (kg/m³)	容重 (N/m³)	测定条件	
				温度（℃）	气压（mmHg）
液体	煤油	800～850	7848～8338	15	760
	纯乙醇	790	7745	15	
	水	1000	9807	4	
	水银	13 600	133 375	0	
气体	氮	1.250 5	12.267 4	0	760
	氧	1.429 0	14.018 5		
	空气	1.292 0	12.682 4		
	一氧化碳	1.976 8	19.392 4		

（二）黏滞性

流体内部质点或流层间，如有相对运动则产生内摩擦力以抵抗相对运动的性质，称为黏滞性。此内摩擦力称为黏滞力。在流体力学研究中，流体的黏滞性十分重要。

1. 流体黏滞性分析

图 1-1 为流体在圆管中流动时的管内流速分布图（以液体为例）。

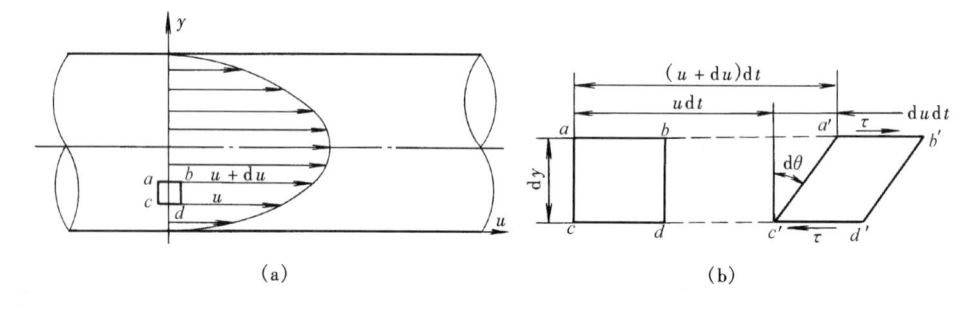

图 1-1　管内流速分布

易流动是流体的一个重要特征。不同流体流动的难易程度不同，其原因是：在不同流动内部抗拒因流动而发生的切向变形的程度各不相同（见图 1-1 中 $abcd$ 变至 $a'b'c'd'$）。而液体的黏滞性就是抗拒切向变形的一种力学性质。例如水比石油易于流动，这说明水比石油抗拒切向变形的能力小，因此其黏滞性亦小。黏滞性是运动流体产生流动阻力的内因，这种阻力是因质点的相对运动而产生的一种切力，亦称内摩擦力。

当流体在管道内流动时，紧贴管壁的极薄一层流体，因附着在壁面上不动，其流速为零；该流层又通过黏滞作用，使紧邻该流层的流体流动受到牵制；如此逐层牵制，距壁面愈远，牵制力愈弱，流速愈大。结果在过流断面上形成了如图 1-1 所示的流速分布不均匀状态，管壁处流速为零，而管轴处流速最大。这证明固体边壁是通过黏滞性对液流起阻滞作用的，它是运动流体产生流动阻力的外因。在静止流体中各层没有相对运动，因此就不存在使

其变形的切力，只有流体在流动时才产生切力，即黏滞力。

2. 流体的切应力及黏滞系数

在图 1-1 中任意流层上取厚度为 $\mathrm{d}y$ 的一个流层 $abcd$，ab 面上部邻层流体因为速度快，对该面施加了沿流向的拉力；cd 面下部邻层流体因为速度慢，对该面施加了向后的拖力，这样就形成了一对切力（内摩擦力）T。

设与流层 $abcd$ 相邻的两个流层的速度差为 $\mathrm{d}u$。由试验证明：内摩擦力 T 的大小与流体的性质有关，与流层的接触面积 A 成正比，与相邻流层的速度差 $\mathrm{d}u$ 成正比，与流层间的距离 $\mathrm{d}y$ 成反比。其表达式为

$$T = \mu A \frac{\mathrm{d}u}{\mathrm{d}y} \tag{1-7}$$

单位接触面积上的内摩擦力称为切应力，可表示为

$$\tau = \frac{T}{A} = \mu \frac{\mathrm{d}u}{\mathrm{d}y} \tag{1-8}$$

式中：τ 为流体的切应力，$\mathrm{N/m}^2$，简称 Pa（帕）。该式称为牛顿内摩擦定律。

切应力 τ 不仅有大小，还有方向。现以图 1-1 中流层 $abcd$ 变形后的 $a'b'c'd'$ 来说明 τ 的方向的确定：上表面 $a'b'$ 上的切应力是由运动较快的流层产生的，其方向与 u 的方向相同；下表面 $c'd'$ 上的切应力是由运动较慢的流层产生的，因而其方向与 u 的方向相反。流体运动时，切应力总是成对出现的，它们大小相等、方向相反。需要指出的是：流体内产生的切应力是阻碍流体相对运动的，但它不能从根本上制止流动的发生，因此流体才具有流动性。流体静止时，$\frac{\mathrm{d}u}{\mathrm{d}y}=0$，也就不产生切应力，但流体仍有黏滞性。

$\frac{\mathrm{d}u}{\mathrm{d}y}$ 为速度梯度。表示沿垂直流动方向的相邻流层的流速变化率，单位是 s^{-1}。为了理解速度梯度的意义，我们在图 1-1（a）中垂直于速度方向上的 y 轴，任取一边长为 $\mathrm{d}y$ 的小正方体 $abcd$。为清楚起见，将它放大成图 1-1（b）。由于小正方体下表面的速度 u 小于上表面速度（$u+\mathrm{d}u$），经过 $\mathrm{d}t$ 实践后，下表面移动的距离 $u\mathrm{d}t$ 小于上表面移动的距离 $(u+\mathrm{d}u)\mathrm{d}t$，因而小方块 $abcd$ 变形为 $a'b'c'd'$。即 ac 及 bd 在 $\mathrm{d}t$ 时间内发生了角变形 $\mathrm{d}\theta$。由于 $\mathrm{d}t$ 很小，$\mathrm{d}\theta$ 也很小，则

$$\mathrm{d}\theta = \tan(\mathrm{d}\theta) = \frac{\mathrm{d}u \cdot \mathrm{d}t}{\mathrm{d}y}$$

故

$$\frac{\mathrm{d}\theta}{\mathrm{d}t} = \frac{\mathrm{d}u}{\mathrm{d}y} \tag{1-9}$$

可见，速度梯度就是直角变形速度。这个直角变形速度是在切应力的作用下发生的，所以也称剪切变形速度。

μ 是与流体物理性能有关的比例系数，称为动力黏度，也称动力黏滞系数。单位为 $\mathrm{N/(m^2 \cdot s)}$，也可表示为 $\mathrm{Pa \cdot s}$。它是衡量流体黏滞性大小的量，μ 值越大，流体的黏滞性越强。μ 的物理意义可以这样理解：当取 $\frac{\mathrm{d}u}{\mathrm{d}y}=1$ 时，则 $\tau=\mu$，即 μ 表示单位速度梯度作用下的切应力。所以它反映了黏滞性的动力性质，因此也称 μ 动力黏滞系数。

在流体力学中常用动力黏度 μ 与密度 ρ 的比值来衡量流体黏滞性的大小，用符号 ν 表示

$$\nu = \frac{\mu}{\rho} \tag{1-10}$$

ν 的单位为 m^2/s，还常用 cm^2/s，称斯托克斯，简写 St。如果考虑单位体积质量，则 ν 的物理意义也可以这样来理解：ν 是单位速度梯度作用下的切应力对单位体积质量作用产生的阻力加速度。这样，由于在 ν 的量纲中没有力的量纲，只具有运动学要素，故称 ν 为运动黏度，也称为运动黏滞系数。流体流动性是运动学的概念，所以，衡量流体流动性应用 ν，而不是 μ。

表 1-3 列出了水和空气在一个大气压、不同温度下的黏度。

表 1-3　　　　　　　水和空气（一个大气压下）的黏度

温度 (℃)	水 $\mu \times 10^{-3}$ (Pa·s)	水 $\nu \times 10^{-6}$ (m²/s)	空气 $\mu \times 10^{-3}$ (Pa·s)	空气 $\nu \times 10^{-6}$ (m²/s)	温度 (℃)	水 $\mu \times 10^{-3}$ (Pa·s)	水 $\nu \times 10^{-6}$ (m²/s)	空气 $\mu \times 10^{-3}$ (Pa·s)	空气 $\nu \times 10^{-6}$ (m²/s)
0	1.792	1.792	0.0172	13.7	70	0.406	0.415	0.0204	20.5
5	1.519	1.519			80	0.357	0.367	0.0210	21.7
10	1.308	1.308	0.0178	14.7	90	0.317	0.328	0.0216	22.9
15	1.140	1.140			100	0.248	0.296	0.0218	23.6
20	1.005	1.007	0.0183	15.7	120			0.0228	26.2
25	0.894	0.897			140			0.0236	28.5
30	0.801	0.804	0.0187	16.6	160			0.0242	30.6
35	0.723	0.727			180			0.0251	33.2
40	0.656	0.661	0.0192	17.6	200			0.0259	35.8
45	0.599	0.605			250			0.0280	42.8
50	0.549	0.556	0.0196	18.6	300			0.0298	49.9
60	0.469	0.477	0.0201	19.6					

从表 1-3 中可以看出：不同种类的流体其黏度不同，水和空气的黏度随温度变化的规律是不同的，水的黏度随温度升高而减小，空气的黏度随温度的升高而增大。这是因为流体的黏滞性是分子间的吸引力和分子不规则的热运动产生动量交换的结果。温度升高，分子间吸引力降低，动量增大；反之，温度降低，分子间吸引力增大，动量减小。对于液体，分子间的吸引力是决定性的因素，所以液体的黏度随温度升高而减小；对于气体，分子间的热运动产生动量交换是决定性的因素，所以气体的黏度随温度升高而增大。

最后需指出：牛顿内摩擦定律只适用于一般流体，它对某些特殊流体是不适用的。为此，将满足牛顿内摩擦定律的流体称为牛顿流体，如水、油和空气等；而将特殊流体称为非牛顿流体，如血浆、泥浆、污水、油漆等。本课程仅涉及牛顿流体力学问题。

【例 1-1】　有一底面为 60cm×40cm 的木板，质量为 5kg，沿一与水平面成 20°角的斜面下滑（见图1-2）。木板与斜面间的油层厚度为 0.6mm。如以等速 0.84m/s 下滑时，求油层的动力黏度 μ。

解　木板沿斜面等速下滑，作用在木板上的重力 G 在平行于斜面方向的分力为 F_s，F_s 应与油层间因相对运动产生的黏滞力 T 平衡

$$T = F_s = G\sin 20° = 5 \times 9.81 \times 0.342 = 16.78 \text{N}$$

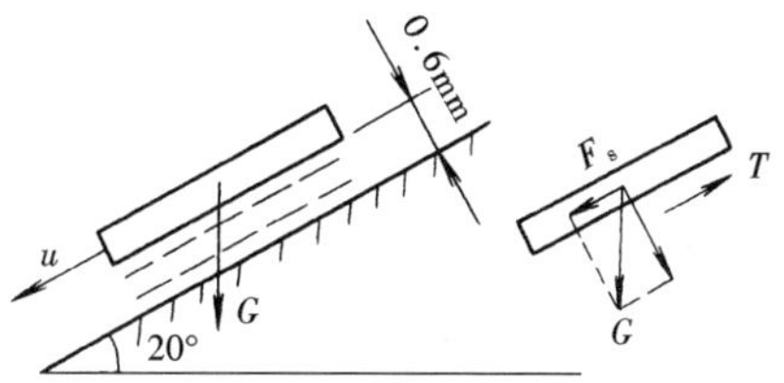

根据牛顿内摩擦定律

$$T = \mu A \frac{du}{dy}$$

油层厚度很薄,可以认为木板与斜面间速度按直线分布

$$\frac{du}{dy} = \frac{0.84 - 0}{0.0006} = 1400 \text{s}^{-1}$$

图 1-2 例 1-1 图　　因此

$$\mu = T/\left(A \frac{du}{dy}\right) = \frac{16.78}{0.6 \times 0.4 \times 1400} = 0.05 \text{N} \cdot \text{s/m}^2$$

(三) 压缩性和热胀性

在温度不变条件下,流体受压,体积减小,密度增大的性质,称为流体的压缩性。

在一定的压力下,流体受热,体积增大,密度减小的性质,称为流体的热胀性。

1. 液体的压缩性和热胀性

(1) 液体的压缩性。液体的压缩性通常以压缩系数 β 表示,它表示压强每增加 1 帕 (N/m^2) 时,液体体积或密度的相对变化率。用公式表示为

$$\beta = -\frac{1}{V} \frac{\Delta V}{\Delta p} \tag{1-11}$$

或

$$\beta = \frac{1}{\rho} \frac{\Delta \rho}{\Delta p} \tag{1-12}$$

式中　β——压缩系数,m^2/N;

V——液体原体积,m^3;

ΔV——液体体积变化量,m^3;

Δp——作用在液体上的压强增量,Pa;

ρ——液体原密度,kg/m^3;

$\Delta \rho$——液体密度变化量,kg/m^3。

β 值越大,则液体的压缩性越大。

压缩系数的倒数为液体的弹性模量,用 E 表示,单位为 N/m^2。即

$$E = \frac{1}{\beta} = \rho \frac{\Delta p}{\Delta \rho} = -\frac{\Delta p}{\Delta V} \tag{1-13}$$

表 1-4 列举了水在温度为 0℃时,不同压强下的压缩系数。

表 1-4　　　　　　　　　水 的 压 缩 系 数

压强(Pa)	49.35	98.7	197.4	394.8	789.6
β (m^2/N)	0.538×10^{-9}	0.536×10^{-9}	0.531×10^{-9}	0.528×10^{-9}	0.515×10^{-9}

从表 1-4 中可看出:水在常温下的压缩系数值很小。所以在工程中,除特殊情况(如有压管路中的水击现象)外,水的压缩性可以忽略不计。这一结论也适应于其他液体。通常把忽略了压缩性的液体,称为不可压缩液体。

(2) 液体的热胀性。液体的热胀性,一般用热胀系数 α 表示,它表示温度每增加 1℃

（K）时，液体体积或密度的相对变化率，用公式表示为

$$\alpha = \frac{1}{V}\frac{\Delta V}{\Delta T} \tag{1-14}$$

或

$$\alpha = -\frac{1}{\rho}\frac{\Delta \rho}{\Delta T} \tag{1-15}$$

式中：ΔT 为温度变化量，K；α 值愈大，则液体的热胀性也愈大。α 的单位为 1/K。

表 1-5 列举了水在一个大气压下，不同温度时的容重和密度。

表 1-5　　　　　　水在一个大气压下，不同温度时的容重和密度

温度（℃）	容重（kN/m³）	密度（kg/m³）	温度（℃）	容重（kN/m³）	密度（kg/m³）
0	9.808 7	999.87	30	9.767 5	995.67
2	9.809 7	999.97	40	9.733 8	992.24
4	9.810 0	1000.00	50	9.693 0	988.07
6	9.809 1	999.97	60	9.645 6	983.24
8	9.808 8	999.88	70	9.592 3	977.81
10	9.807 3	999.73	80	9.533 6	971.83
15	9.807 2	999.10	90	9.469 9	965.34
20	9.792 6	998.23	100	9.401 7	958.38

从表 1-5 中可看出：在温度较低时（10～20℃），温度每增加 1℃，水的密度减小约为万分之一点五；在温度较高时（90～100℃），水的密度减小也只有万分之七。这说明水的热胀性也是很小的，一般情况下可忽略不计。只有在某些特殊情况下，例如热水采暖时，才须考虑水的热胀性。这一结论同样适用于其他液体。

2. 气体的压缩性和热胀性

气体与液体不同，具有显著的压缩性和热胀性。温度与压强的变化对气体的密度或容重影响很大。在温度不很低、压强不很高的条件下，气体密度、压强和温度之间的关系服从理想气体状态方程式。即

$$\frac{p}{\rho} = RT \tag{1-16}$$

式中　p——气体的绝对压强，N/m²；

　　　T——气体的热力学温度，K；

　　　ρ——气体的密度，kg/m³；

　　　R——气体常数，J/(kg·K)。对于空气 $R=287$；对于其他气体，在标准状态下，$R=8314/n$，n 为气体的分子量。

同一种气体在不同状态下的压强、温度和密度间的关系，可表示为

$$\frac{p_1}{\rho_1 T_1} = \frac{p_2}{\rho_2 T_2} \tag{1-17}$$

式中：符号下的脚注 1、2 分别表示两种不同状态。

(1) 气体的压缩性。在温度不变的等温情况下 $T_1=T_2$，得到密度与压强的关系为

$$\frac{\rho_1}{\rho_2} = \frac{p_1}{p_2} \tag{1-18}$$

式（1-18）表明：在等温情况下压强与密度成正比。也就是说，压强增加，体积缩小，密度增大。如果把一定量的气体压缩到它的密度增大一倍，则压强也要增加一倍。但是，气体密度存在一个极限值，当压强增加到使气体密度增大到这个极限值时，若再增大压强，气体密度也不会增加，这时式（1-18）不再适用。对应极限密度下的压强为极限压强。

（2）气体的热胀性。对压强不变的定压情况下 $p_1=p_2$，得到密度与温度的关系为

$$\frac{\rho_1}{\rho_2} = \frac{T_2}{T_1} \tag{1-19}$$

式（1-19）表明：在定压情况下气体的密度与温度成反比，即温度增加，体积增大，密度减小。这一规律对各种不同温度下的一切气体都是适用的。但是，当气体温度降低到其液化温度时，式（1-19）规律不再适用。

将式（1-19）写成常用的形式

$$\rho_0 T_0 = \rho T = 常数 \tag{1-20}$$

式中：ρ_0 为温度 $T_0=273.16K$（近似为 273K）时气体的密度；ρ、T 为任一状态下的气体密度和热力学温度。

表1-6中列举了在标准大气压下，不同温度时的空气容重及密度，即温度相隔10℃范围内，温度每升高1℃时密度的减小率 $\frac{\Delta\rho}{\rho}$（$\Delta t=1$℃）。

表1-6　　　　　　标准大气压下空气的 γ、ρ 和 $\frac{\Delta\rho}{\rho}$（$\Delta t=1$℃）

温度 (10℃)	容重 (N/m³)	密度 (kg/m³)	温度每升高1℃时 $\Delta\rho/\rho$	温度 (10℃)	容重 (N/m³)	密度 (kg/m³)	温度每升高1℃时 $\Delta\rho/\rho$
0	12.7	1.293		40	11.05	1.128	-3.15×10^{-2}
5	12.47	1.270	-3.54×10^{-2}	50	10.72	1.093	-3.07×10^{-2}
10	12.24	1.248		60	10.40	1.060	-2.97×10^{-2}
15	12.02	1.226	-3.52×10^{-2}	70	10.10	1.029	-2.86×10^{-2}
20	11.80	1.205		80	9.81	1.000	-2.74×10^{-2}
25	11.62	1.185	-3.48×10^{-2}	90	9.55	0.973	-2.72×10^{-2}
30	11.43	1.165		100	9.30	0.947	
35	11.23	1.146	-3.23×10^{-2}				

气体虽然是可以压缩和热胀的，但是具体问题要具体分析。我们在分析任何一种气体流动时，最关键的问题是看压缩性是否起主要的作用。对于气体速度较低（小于68m/s）的情况，在流动过程中压强和温度的变化较小，密度仍然可以看作常数，这种气体称为不可压缩气体。反之，对于气体速度较高（大于68m/s）的情况，在流动过程中其密度的变化很大、已经不能视为常数的气体，称为可压缩气体。

在供热通风中，所遇到的大多数气体流动速度远小于声速，其密度变化不大，可当作不可压缩气体看待。就是在供热系统中蒸汽输送的情况下，对整个系统来说，密度变化很大；但对系统内各管段来讲，密度变化并不显著。因此，对每一管段仍然可按不可压缩气体计算，只是不同管段的密度不同。

在实际工程中,有些情况是要考虑气体的压缩性的,例如燃气的远距离输送等。

【例 1-2】 已知压强为 1atm,0℃时烟气容重为 13.13N/m³。求 200℃时烟气的容重及密度。

解 因压强不变,故为定压情况。

气体热力学温度与摄氏温度关系为

$$T = T_0 + t = 273 + t = 273 + 200 = 473 \text{K}$$

$$\rho_0 = \frac{\gamma_0}{g} = \frac{13.13}{9.807} = 1.34 \text{kg/m}^3$$

因为

$$\rho_0 T_0 = \rho T$$

所以

$$\rho = \frac{\rho_0 T_0}{T} = \frac{1.34 \times 273}{473} = 0.77 \text{kg/m}^3$$

$$\gamma = \rho g = 0.77 \times 9.807 = 7.55 \text{N/m}^3$$

(四)表面张力

在液体的自由表面由于质点间的分子引力有沿切向作用的效应,使液体表面上的质点受到微小的拉力,称这种拉力为表面张力。表面张力的方向和液体表面相切,它有使液体表面尽量缩小的趋势,从而形成一个受力均匀的弹性薄膜。

气体不存在表面张力。因为气体分子的扩散作用,气体不存在自由表面,所以表面张力是液体的特有性质。对液体来讲,表面张力在平面上并不产生附加压力,因为在平面上的力处于平衡状态。只有在曲面上才产生附加压力,以维持平衡。

因表面张力很小,在流体力学中一般不考虑。只有当液体在细密多孔的透水物质中运动以及在细小管子中发生毛细管现象时,才考虑表面张力的作用。所谓的毛细管现象是指:把两端开口的玻璃细管竖立在液体中,液体就会在细管中上升或下降,如图 1-3 及图 1-4 所示,这种现象称为毛细管现象。所以用来测定压强的玻璃管的直径不得小于 8mm。否则因毛细管现象将引起很大误差,影响测量精度。

由于水的内聚力小于对玻璃管的附着力,水在玻璃管内呈下凹状;水银内聚力很大,在玻璃管内呈上凸状。所以水在玻璃管内会由于表面张力而上升,而水银则相反,如图 1-3 和图 1-4 所示。

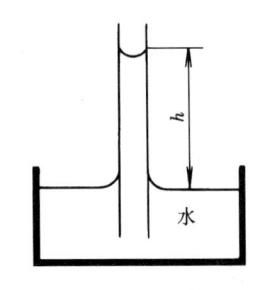

图 1-3 水的毛细管现象

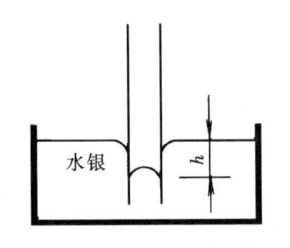

图 1-4 水银的毛细管现象

第三节 作用在流体上的力

要研究流体静止和运动的规律，除了了解流体的力学性质外，还必须对作用于流体上的外力加以分析。前者是改变流体运动状态的内因，后者是改变流体运动状态的外因。根据力作用方式的不同，可以分为质量力和表面力。

一、质量力

质量力是作用在流体每个质点上与质量成正比的力。质量力的合力作用于流体的质量中心。对于均质流体即是体积中心，故又称体积力。例如重力和一切由于加速度存在而产生的惯性力，均为质量力。

质量力常用单位质量力表示。设在流体中取质量为 M 的质点（或微团），作用于该质点的质量力为 F，F 与 M 的比值 F/M 称为单位质量的质量力，简称为单位质量力。一般说来，F 可以沿 x、y、z 坐标轴分为 F_x、F_y、F_z。设 X、Y、Z 为单位质量力在 x、y、z 坐标轴的轴向分力，则单位质量力的轴向分力表示为

$$X = \frac{F_x}{M}; Y = \frac{F_y}{M}; Z = \frac{F_z}{M} \tag{1-21}$$

假如，在 z 轴竖直向上的直角坐标系中，作用在流体上的质量力只有重力 G，$G=Mg$，其方向朝下。它在各坐标轴的分量为

$$X = 0; Y = 0; Z = -\frac{Mg}{M} = -g$$

又如，作用在流体上的质量力除重力外，还有惯性力 $f=Ma$，其中加速度 a 的方向与水平坐标轴同向。它们在各坐标轴上的分量分别为

$$X = -\frac{Ma}{M} = -a; Y = 0; Z = -g$$

从上述可知，单位质量力的单位与加速度单位（m/s²）相同，说明质量力总是与加速度相联系。

二、表面力

表面力是作用在被研究流体表面上、与作用表面的面积成正比的力。它可以是作用在流体边界上的外力，如大气对液体的压力、容器壁面的反作用力等；也可以是流体内部一部分流体作用于另一部分流体接触面上的内力，它们大小相等、方向相反，是互相抵消的。我们在分析问题时，常常从流体内部取出一个分离体研究其受力状态，使流体的内力变成作用在分离体表面上的外力。

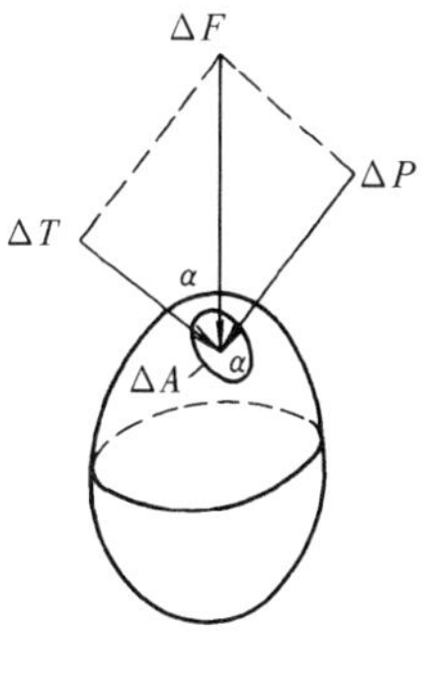

表面力的表达形式是采用单位面积上的切向分力（称为切应力或内摩擦应力）和单位面积上的法向分力（称为压应力或压强）来表示。

在流体中取出一分离体，在其表面上任取一微小面积 ΔA，作用在 ΔA 面上的表面力为 ΔF。一般地，可将 ΔF 分解为沿表面法线方向的分力 ΔP 和沿表面切线方向的分力 ΔT，如图 1-5 所示。因为流体内部不能承受拉力，所以表面法线方向的分力只有沿法线方向的压力。因此表面力可分解为

图 1-5 表面力分析

$$\bar{p} = \frac{\Delta P}{\Delta A}, \bar{\tau} = \frac{\Delta T}{\Delta A} \tag{1-22}$$

式中 $\bar{p}$——面积 ΔA 上的平均压应力，简称平均压强；

$\bar{\tau}$——面积 ΔA 上的平均切应力。

如果面积 ΔA 无限缩小至中心点 a，则

$$p = \lim_{\Delta A \to 0} \frac{\Delta P}{\Delta A}$$

$$\tau = \lim_{\Delta A \to 0} \frac{\Delta T}{\Delta A} \tag{1-23}$$

式中：p 称为 a 点的压强；τ 称为 a 点的切应力。压强和切应力的国际单位是帕，以 Pa 表示，$1Pa = 1N/m^2$。

第四节 流体的力学模型

客观存在的实际流体，物质结构和力学性质是非常复杂的。如果我们全面考虑它的所有因素，很难提出它的力学关系式。为此我们在分析流体力学问题时，建立力学模型，对流体加以科学的抽象，简化流体的物质结构和物理性质，以便总结出表示流体运动规律的数学方程式。下面介绍几个主要的流体力学模型。

一、连续介质与非连续介质

我们将流体视为"连续介质"。与所有物质一样，流体也是由无数的分子所组成的，分子之间有一定的空隙，从微观上看，流体是一种不连续的物质。但是，流体力学研究的是流体宏观的机械运动（无数分子总体的力学效果），是以流体质点作为最小的研究对象。所谓流体质点，是指由无数的分子组成、具有无限小的体积和质量的几何点。因此，从宏观角度出发，认为流体是被其质点全部充满、无任何空隙存在的连续体。在流体力学中，把流体当作"连续介质"来研究，就可以把连续函数的概念引入流体力学中来，利用数学分析这一有力的工具来研究流体的运动规律。

二、理想流体与黏性流体

一切流体都具有黏性，提出无黏性流体是对流体力学性质的简化。因为在某些问题中，黏性不起作用或不起主要作用，这种不考虑黏性作用的流体，称为无黏性流体即理想流体。如果在某些问题中，黏性影响很大，不能忽略时，我们可以先按理想流体分析，得出主要结论，然后采用试验的方法考虑黏性的影响，对该结论加以补充或修正。考虑黏性影响的流体称为黏性流体。

三、不可压缩流体与可压缩流体

实际流体都具有压缩性，视压缩性对问题的影响，可以决定是否考虑压缩性这个因素。这个问题在本章第二节中已作了详细的说明，这里不再重复。

本课程主要讨论不可压缩流体，也有一定的内容讨论可压缩流体在管路中的流动。

以上三个是流体力学的主要力学模型，以后在具体分析问题时，还要提出一些模型。

思 考 题

1-1 流体的基本特性是什么？为什么会有这种特性？

1-2 容重和密度有何区别及联系？

1-3 何谓流体的压缩性与热胀性？它们对流体的容重和密度有何影响？

1-4 什么是流体的黏滞性？它对流体流动有什么作用？动力黏度 μ 和运动黏度 γ 有何区别和联系？

1-5 何谓理想流体？它对流体力学的研究有何意义？

1-6 什么是流体的力学模型？常用的流体力学模型有哪些？

习 题

1-1 体积为 1L 的清水，在 1 个大气压下、温度为 4℃时的质量和重量各为多少？

1-2 已知海水在 15℃时的容重为 10 200N/m³，试求它的密度。

1-3 空气容重 $\gamma=11.5$N/m³，$\nu=0.157$cm²/s，求它的动力黏度 μ。

1-4 当空气温度从 0℃增加至 20℃时，ν 值增加 15%，容重减小 10%，问此时 μ 值增加多少？

1-5 图 1-6 所示为一水平方向运动的木板，其速度为 1m/s。平板浮在油面上，油层厚度 $\delta=10$mm，油的动力黏度 $\mu=0.098\ 07$Pa·s。求作用于平板单位面积上的阻力。

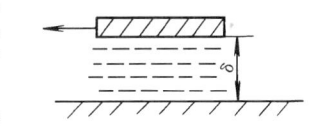

1-6 在常温下，要使水的体积压缩 0.3%，试问压强要增加多少？

图 1-6 习题 1-5 图

1-7 体积为 5m³ 的水，在温度不变的情况下，当压强从 1at 增加到 5at 时，体积减小 1L，求水的压缩系数及弹性模量。

1-8 有圆柱形水箱，直径为 3m，高 2m，上端开口，箱中盛满 10℃的清水，如将水加热至 90℃，问将有多少体积的水从水箱中溢出？

第二章

流 体 静 力 学

流体静力学是研究流体处于静止（相对于地球）或相对静止（相对流体内各流体质点）状态下的力学规律及其在工程中的应用。

当流体处于静止或相对静止时，各质点之间均不产生相对运动，因而流体的黏滞性不起作用；静止或相对静止流体又几乎不能承受拉力。因此，流体静止或相对静止时需要考虑的作用力就只有压力和质量力了。在通常情况下，质量力是已知的。所以，流体静力学的任务主要是研究静止或相对静止流体内的压强分布规律，以及这些规律在工程实际中的应用。

第一节 流体静压强及其特性

一、流体静压强的定义

处于静止状态下的流体，不仅对与其相接触的固体边壁有压力，而且在流体内部一部分流体对相邻的另一部分流体也有压力作用。这种作用在受压面整个面积上的压力称为流体静总压力，简称流体静压力。流体静压力用符号 P 表示，单位是牛顿（N）。

在静止流体中，作用在受压面单位面积上的流体静压力，称为流体静压强。流体静压强用符号 p 表示。

如图 2-1 所示，在静止液体中任取一隔离体，若以平面 $ABCDA$，将其任意分割为Ⅰ和Ⅱ两部分。若将Ⅰ部分移去，以等效的作用力来代替它对Ⅱ部分液体产生的压力，则Ⅱ部分液体将保持原有的平衡状态。

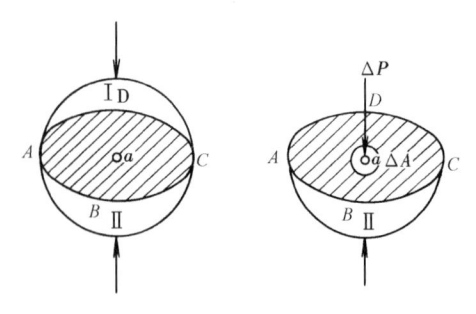

图 2-1 静止液体的相互作用

在 $ABCDA$ 平面上，任取一微小面积 ΔA。设 ΔP 为移去部分液体作用在受压面 ΔA 上的静压力。则 ΔP 与 ΔA 的比值，称为作用在受压面 ΔA 上的平均静压强，以符号 $\overline{p}$ 表示：

$$\overline{p} = \frac{\Delta P}{\Delta A} \tag{2-1}$$

当面积 ΔA 无限小并趋近于零时，ΔP 与 ΔA 的比值趋近于某一极限值。此极限值称为作用在某一点上的静压强，以符号 p 表示

$$p = \lim_{\Delta A \to 0} \frac{\Delta P}{\Delta A} \tag{2-2}$$

由上述看出，流体的静压力和静压强都是压力的一种量度。它们的区别在于：前者是作用在某一面积上的总压力；后者是作用在某一单位面积上的压力。平均静压强反映了受压面

上各点静压强的平均值，而点的静压强则精确的反映了受压面上各点的静压强情况。

静压强的单位为帕（Pa），$1Pa=1N/m^2$；千帕（kPa）；兆帕（MPa）等。

二、静压强的特性

流体静压强有如下两个特性：

(1) 流体静压强的方向与作用面垂直，并指向作用面。

在第一章中，我们讲述了流体在静止时不能承受拉力和切力，所以流体静压强的方向必然是沿着作用面的内法线方向即垂直指向受压面，这就是流体静压强的第一个特性。由于流体内部的表面力只存在压力，因此，流体静力学的根本问题是研究流体静压强问题。

证明这一特性可用反证法。

从静止流体中任取一个正方体，设作用在正方体上表面任意流体质点 A 的静压强 p 不与作用面垂直，则 p 可以分解为一个法向应力 p_1 和一个切向应力 τ，见图 2-2 中的 a。由于流体易流动性，切向应力 τ 的存在必然使流体产生流动，这就违背了流体静止的前提条件。因此，切向应力 τ 必等于零，从而证明流体静压强与作用面垂直。又假设作用在正方体表面任意点 B 的压强方向是外法线方向，见图 2-2 中的 b。而由于流体不能承受拉力（液体自由液面除外），所以静压强方向只能是作用面的内法线方向，见图 2-2 中的 c。因此，流体静压强的方向只能是与作用面垂直，并指向作用面。

(2) 作用于流体中任一点静压强的大小在各个方向上均相等，与作用面的方位无关。

在静止流体中任取一微小直角三棱柱，它在垂直于纸面方向的高度为 dl，设柱体底面三边的长度分别为 da，db，dc，作用在三个微小侧面上的压强分别为 p_1，p_2，p_3，如图 2-3 (a) 所示。于是作用在这三个面上的压力分别为

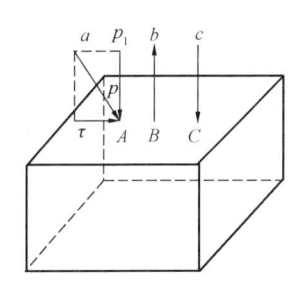

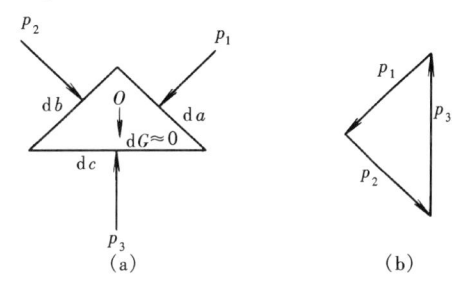

$$P_1 = p_1 \mathrm{d}a \mathrm{d}l$$
$$P_2 = p_2 \mathrm{d}b \mathrm{d}l$$
$$P_3 = p_3 \mathrm{d}c \mathrm{d}l$$

图 2-2　流体静压强方向图　　图 2-3　流体内微小三棱柱的平衡

这个三棱柱的重量 dG 是三阶无限小的量，可以略去不计。由于这三个压力处于平衡状态，据力学原理，必然组成一闭合力三角形，如图 2-3 (b) 所示。根据几何学，这两个三角形是相似的，即

$$\frac{p_1}{\mathrm{d}a} = \frac{p_2}{\mathrm{d}b} = \frac{p_3}{\mathrm{d}c}$$

则有 $p_1 \mathrm{d}l = p_2 \mathrm{d}l = p_3 \mathrm{d}l$，即

$$p_1 = p_2 = p_3$$

当三棱柱体积无限缩小向 O 点趋近时，p_1、p_2、p_3 表示的则是 O 点的压强。而三棱柱是任意取得，这就证明了静止流体内任意一点各方向的流体静压强相等，与作用面的方位无关。当所取点的位置不同时，所对应的静压强也不相同。因此，流体静压强只与点的位置有关，是空间位置的函数，即 $p=f(x, y, z)$。

第二节 流体静压强的分布规律

在讨论了流体静压强特性的基础上，欲求流体中任一点静压强的大小，则需研究流体静压强的分布规律。现在，根据静止流体质量力只有重力这个特点，研究静止流体压强的分布规律。

一、液体静压强的基本方程

图 2-4 为重力作用下的静止均质液体。

在液面下深度为 h 处任选一点 A，围绕 A 点取一水平微小面积 dA，再以 dA 为底，做一铅垂的棱柱体，柱体顶面与自由液面重合，下面分析作用在液柱上的力。

1. 表面力

（1）作用在液柱顶面上的压力为 $P_0=p_0\mathrm{d}A$，方向铅垂向下，p_0 为液面压强；

（2）作用在液柱底面上的压力 $P=p\mathrm{d}A$，方向铅垂向上，p 为作用在底面的压强；

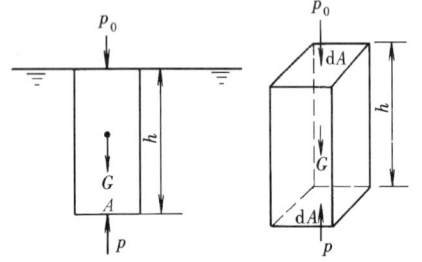

图 2-4 液体内微小液柱的平衡

（3）作用在液柱侧面上的压力，它们都是水平方向，在铅锤方向上投影为0。

2. 质量力

作用在液柱上的质量力只有重力，$G=\gamma h\mathrm{d}A$，方向铅垂向下。

由于液体处于静止状态，所以根据力的平衡原理，列出沿铅垂方向的平衡方程式

$$p\mathrm{d}A - p_0\mathrm{d}A - \gamma h\mathrm{d}A = 0$$

即

$$p = p_0 + \gamma h \tag{2-3}$$

式中　p——静止液体中任一点的静压强，Pa（N/m²）；

p_0——液面压强，Pa（N/m²）；

γ——液体的容重，N/m³；

h——任一点在液面下的深度，m。

式（2-3）就是液体静力学的基本方程，也称静压强基本方程。它表明质量力仅为重力时，静压强在液体内部的分布规律。

式（2-3）可以说明以下几个问题：

（1）静止均质液体中任一点的压强等于液面压强和该点在液面下的深度与液体容重的乘积之和。从这两个组成部分可以看出，静压强的大小与容器的形状无关，只与该点在液体中的深度有关。

（2）当液面压强 p_0 增大或减少 Δp_0 时，则液体内所有各点静压强亦相应的增大或减少 Δp_0。即液面压强的任何变化，将等值的传递到液体内部各点上，这就是著名的帕斯卡定

律。水压机、液压千斤顶等都是利用了这一原理设计的。

(3) 当容重 γ 一定时，在重力作用下的静止液体中，静压强随液面下的深度 h 按线性规律分布。

(4) 当深度 h 一定，容重 γ 不同时，所产生的静压强大小也不同。

【例 2-1】 有一水池，如图 2-5 所示。已知液面压强 $p_0 = 98.10 \text{kPa}$，$h_1 = h_2 = h_3 = 2\text{m}$，求作用在池中 A、B、C、D（这四点位于水深 h_1 处）、E、F（这两点位于水深 $h_1 + h_2$ 处）、G（位于池底）各点的静压强的大小及方向。

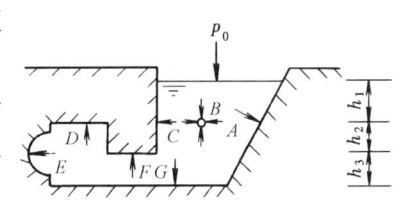

解 因为 A、B、C、D 四点位于同一水深 h_1 处，所以

图 2-5 池壁和水体的点压强

$$p_A = p_B = p_C = p_D = p_0 + \gamma h_1 = 98.10 + 9.81 \times 2 = 117.72 \text{kPa}$$

因为 E、F 两点位于水深 $h_1 + h_2$ 处，所以

$$p_E = p_F = p_0 + \gamma(h_1 + h_2) = 98.10 + 9.81 \times (2+2) = 137.34 \text{kPa}$$

G 点的静压强为

$$p_G = p_0 + \gamma(h_1 + h_2 + h_3) = 98.10 + 9.81 \times 6 = 156.96 \text{kPa}$$

静压强的作用方向根据静压强的特性，如图 2-5 中各点箭头所示的方向。

二、连通器与等压面

连通器是互相连通的两个或两个以上的容器，如图 2-6 所示。

等压面是在静止液体中，压强相等的点组成的面。

由液体静压强的基本方程 $p = p_0 + \gamma h$ 可以看出，在静止的液体中深度相等的各点，压强也相等，这些深度相等的点所组成的平面是一个水平面。因此得出结论：在静止液体中，等压面是水平面。

需要强调指出的是：这一结论只适合于在重力作用下，静止、连续的同一种均质液体。若不能同时满足上述条件，就不能直接应用上述结论。

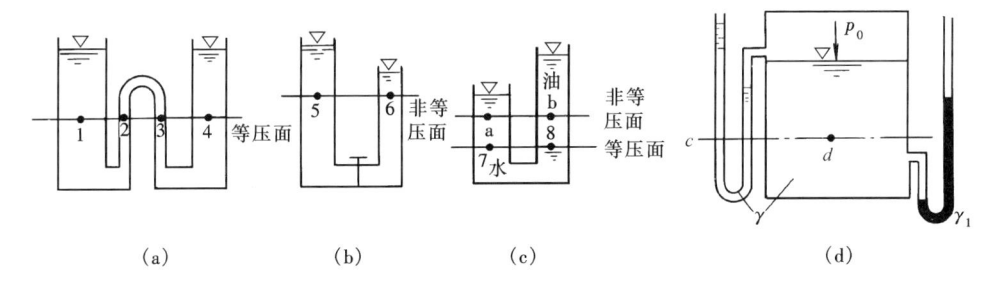

图 2-6 连通器结构示意图

图 2-6 (a) 中，位于同一水平面上的 1、2、3、4 各点满足静止、连续、同一种均质液体三个条件，各点的压强相等，通过该四点的水平面为等压面。图 2-6 (b) 中，因连通器被闸门隔断，液体不连续，故位于同一水平面上的 5、6 两点的静压强不相等，因而通过 5、6 两点的水平面不是等压面。图 2-6 (c) 中，连通器中装有两种不同液体，通过这两种液体分界面的水平面为等压面，位于该水平面上的 7、8 两点压强相等；穿过两种液体的水

平面不是等压面，位于该水平面上的 a、b 两点压强不相等。图 2-6（d）中，c 和 d 两点虽属静止同一种液体，但不连续，中间被气体隔开了，所以在同一水平面上的 c 和 d 两点压强不相等，通过这两点的水平面不是等压面。

等压面的概念非常重要，利用等压面的特性对分析静压强的变化规律有很大的帮助。

三、分界面和自由液面是水平面

两种容重不同、互不混合的液体，在同一容器中处于静止状态，两种液体之间就形成了一个分界面。这种分界面既是水平面又是等压面。

静止的液体和气体接触的表面称为自由液面。因为受到相同的气体压强作用，所以自由液面是分界面的一种特殊形式，它既是等压面又是水平面。事实上，水平面这个概念就是从静止的水面、湖面等具体形式抽象出来的。

最后，还应指出：如果同一容器或同一连通器盛有多种不同容重的液体，要求出液体中某一点的压强，必须注意把分界面作为压强计算的联系面，举例如下。

【例 2-2】 容重为 γ_a 和 γ_b 的两种液体装在图 2-7 所示的容器中，各液面的深度如图所示。若 $\gamma_b = 9.807 \text{kN/m}^3$，大气压强 $p_a = 101.3 \text{kN/m}^2$。求 γ_a 及 p_A。

解 （1）求 γ_a。

由于自由液面的压强均等于大气压强，所以

$$p_1 = p_4 = p_a = 101.3 \text{kN/m}^2$$

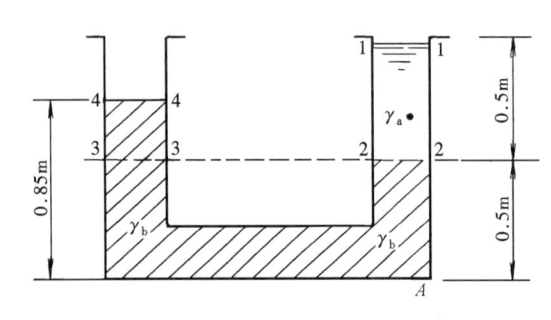

图 2-7 多种液体

根据静止、连续、同种液体的水平面为等压面的规律，2-2 面与 3-3 面为等压面，即

$$p_2 = p_3$$

根据静压强的基本方程

$$p_2 = p_a + \gamma_a \times 0.5$$

$$p_3 = p_a + \gamma_b \times (0.85 - 0.5)$$

所以

$$p_a + \gamma_a \times 0.5 = p_a + \gamma_b \times (0.85 - 0.5)$$

$$\gamma_a = 0.7 \gamma_b = 0.7 \times 9.807 = 6.865 \text{kN/m}^2$$

（2）求 A 点的压强 p_A。

先求出分界面上的压强，再求出分界面以下 A 点的压强。

两液面分界面 2-2 上的压强为

$$p_2 = p_a + \gamma_a \times 0.5 = 98.07 + 0.5 \times 6.865 = 104.733 \text{kN/m}^2$$

A 点的压强为

$$p_A = p_2 + \gamma_b \times 0.5 = 101.503 + 9.807 \times 0.5 = 109.637 \text{kN/m}^2$$

另外，我们可以利用等压面求 A 点的压强。容器底面是等压面，从容器左端求 A 点的压强，即

$$p_A = p_a + \gamma_b \times 0.85 = 101.3 + 9.807 \times 0.85 = 109.637 \text{kPa}$$

四、高差不大时气体压强的计算

由于气体的容重很小，在高差不大的情况下，气柱产生的压强值很小，因而可以忽略 γh 的影响，则式（2-3）可简化为

$$p = p_0 \tag{2-4}$$

式（2-4）为高差不大时气体静压强的基本方程。它表示空间各点气体压强相等，如在封闭的容器中液体上部的气体空间，各点的气体压强相等。

【例 2-3】 某工地用压力水箱供水，如图 2-8 所示。水箱封闭后，打入压缩空气。水箱上部压力表的表压为 147kPa（相对压强），如在自由液面下深度 $h=2$m 的 A 点处接一测压管与水箱连接。试求 A 点的压强；该点压强能使测压管水位上升多少（h_P）？

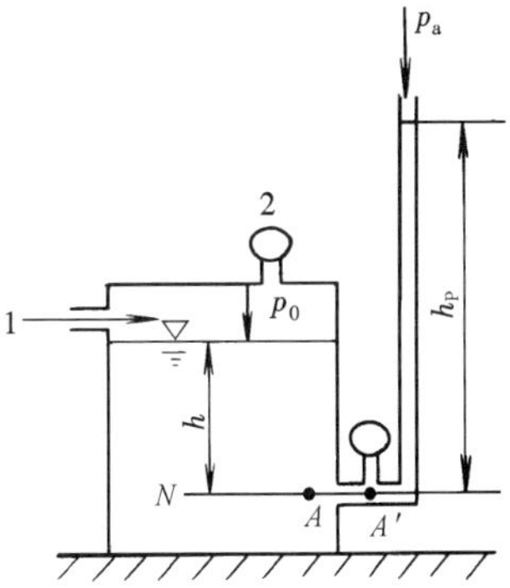

解 （1）求 A 点的压强。

根据气体静压强的基本方程，作用在液面上的压强 p_0 等于压力表的表压 147kPa，即

$$p_0 = 147 \text{kPa}$$

则

$$p_A = p_0 + \gamma h = 147 + 9.807 \times 2 = 166.6 \text{kPa}$$

（2）求测压管高度 h_P。取等压面 N—N，得

$$p_A = p_{A'} = \gamma h_P = 166.6 \text{kPa}$$

则

$$h_P = \frac{p_A}{\gamma} = \frac{166.6}{9.8} = 17 \text{m}$$

图 2-8 例 2-3 图
1—打入压缩空气；2—压力表

第三节 压强的计算基准和计量单位

表示压强的大小，可以采用不同的计算基准和计量单位。

一、压强的两种计算基准

压强有两种计算基准：绝对压强和相对压强。

（一）绝对压强和相对压强

以没有气体分子存在的绝对真空为零点起算的压强，称为绝对压强，用 p' 表示。

以同高程的当地大气压强 p_a 作为零点起算的压强，称为相对压强，用 p 表示。

绝对压强和相对压强之间相差一个当地大气压强，即

$$p = p' - p_a \tag{2-5}$$

式（2-5）表示了绝对压强和相对压强之间的关系。

采用相对压强作为计算基准，则大气压强 p_a 的相对压强为零，即

$$p_a = 0$$

在一个敞口容器中，静止液体自由液面上的气体压强等于大气压强，即 $p_0 = p_a$，则液

体内任一点的相对压强简化为

$$p = \gamma h \tag{2-6}$$

这是工程中常用的计算公式。

在工程中,通常都是以相对压强表示压强值。因为绝大部分测量压强的仪表,都是与大气相通的或者是处于大气的环境中。因此,以后讨论所提压强,如未说明均指相对压强。

(二)真空度

如果流体中某点的绝对压强 p' 小于当地的大气压强 p_a 时,称该点处于真空状态。其真空程度的大小以当地大气压强与该点处绝对压强之差来度量,称为真空度(真空压强),用 p_v 表示

$$p_v = p_a - p' \tag{2-7}$$

或

$$p_v = -p \tag{2-8}$$

式(2-8)说明真空压强是相对压强的相反数。

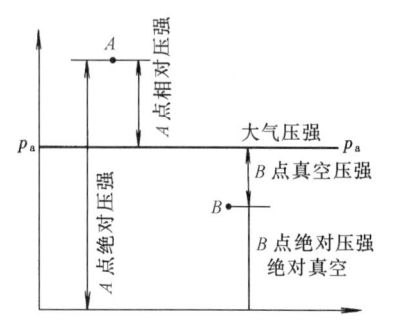

图 2-9 几种压强之间的关系

显然,绝对压强只能是正值,而相对压强可正可负。当相对压强为负时,必有真空状态存在。

为了区别以上几种压强,现以 A 点($p'_A > p_a$)和 B 点($p'_B < p_a$)为例,将它们的关系表示在图 2-9 上。

需要指出的是:流体力学中"真空"的含义与物理学中不同。物理学中常把绝对压强为零的状态称为真空;而流体力学规定:凡绝对压强小于大气压强均认为存在真空,当绝对压强为零时,称为绝对真空。

由式(2-7)可知,最大真空度发生在绝对压强为零时,此时最大真空度理论上应等于大气压强,即 $p_v = p_a$。但实际上,当压强下降到液体的饱和蒸汽压时,液体就会迅速汽化,使压强不再降低。所以最大真空压强不能超过大气压强与液体饱和蒸汽压的差值。例如水,真空压强只能达到 60~70kPa,再大水就汽化了。

二、压强(压力)的计量单位

压强(压力)的计量单位有三种:

(一)以单位面积上的压力表示

在国际单位制中用 N/m²,即 Pa。压强很高时,用 Pa 数值太大,这时可用 kPa 或 MPa。在工程单位制中用 kgf/m² 或 kgf/cm²。

(二)以大气压强的倍数表示

由于大气压强随当地的海拔高度和气候的变化而有差异,作为单位必须给它以定值。

国际上规定标准大气压用符号 atm 表示(温度为 0℃时海平面上的压强,即 760mmHg)。

$$1 \text{ atm} = 101\,325 \text{ N/m}^2 \text{ (Pa)} = 1.033 \text{ kgf/m}^2$$

工程单位中规定大气压用符号 at 表示(相当于海拔 200m 处正常大气压),为 1 kgf/cm²,即 1 at = 98 070N/m² (Pa) = 1 kgf/cm²,称为工程大气压。

（三）以液柱高度表示

常用单位有：米水柱高度（mH₂O）、毫米汞柱高度（mmHg）等。压强的此种表示，可以从基本方程（2-6）$p=\gamma h$ 改写成

$$h = \frac{p}{\gamma} \qquad (2-9)$$

式（2-9）表明了液柱高度 h 与压强 p 的关系，所以液柱高度可以表示相应的压强大小。例如一个标准大气压相应的水柱高度为

$$h = \frac{101\ 325\ \text{N/m}^2}{9807\ \text{N/m}^3} = 10.33\text{mH}_2\text{O}$$

相应的汞柱高度为

$$h' = \frac{101\ 325\ \text{N/m}^2}{133\ 375\ \text{N/m}^3} = 0.76\text{mHg} = 760\text{mmHg}$$

又如一个工程大气压相应的水柱高度为

$$h = \frac{10\ 000\ \text{kgf/m}^2}{1000\ \text{kgf/m}^3} = 10\text{mH}_2\text{O}$$

相应的汞柱高度为 $\quad h' = \dfrac{10\ 000\ \text{kgf/m}^2}{13\ 600\ \text{kgf/m}^3} = 0.736\text{mHg} = 736\text{mmHg}$

压强的上述三种量度单位是我们经常用到的，不仅要求读者熟记，而且要求能灵活掌握应用。

在通风工程中常遇到较小的压强，对于较小的压强可用 mmH₂O 来表示：

对于国际单位，根据 101 325N/m² = 10.33mH₂O 的关系换算为：

$$1\ \text{mmH}_2\text{O} = 9.807\text{N/m}^2$$

对于工程单位，也可以根据 10 000kgf/m² = 10mH₂O 的关系换算为：

$$1\ \text{mmH}_2\text{O} = 1\ \text{kgf/m}^2$$

表 2-1 给出了各种压强单位的换算关系，以供查用。

表 2-1　　　　　　　　　压强单位换算关系

压强单位	Pa (N/m²)	kPa (10³N/m²)	bar (10⁵N/m²)	mmH₂O (kgf/m²)	at (10⁴kgf/m²)	atm (1.033 2kgf/cm²)	mmHg
换算关系	9.807	9.807×10⁻³	9.807×10⁻⁵	1	10⁻⁴	9.678×10⁻⁵	0.073 56
	9.807×10⁴	98.07	9.807×10⁻¹	10⁴	1	9.678×10⁻¹	735.6
	101 325	101.325	1.013 25	10 332.3	1.033 23	1	760
	133.332	0.133 332	1.333 3×10⁻³	13.595	1.359 5×10⁻³	1.316×10⁻³	1

【例 2-4】 图 2-10 所示的容器中，左侧玻璃管的顶端封闭，液面上气体的绝对压强 p'_{01} = 0.75at。右端倒装玻璃管内液体为汞，汞柱高度 h_2 = 120mm。容器内 A 点的淹没深度 h_A = 2m。设当地大气压强为 101.3kPa。试求：（1）容器内空气的绝对压强 p'_{02} 和真空压强 p_{02v}；（2）A 点的相对压强 p_A；（3）左侧玻璃管内水面超出容器内水面的高度 h_1。

解 （1）求 p'_{02} 和 p_{02v}。由于气体容重很小，在高差不大的范围内，γh 引起的压强差很小，可以忽略不计。因此在小范围内一般认为各点的气体压强相等。

在本题中可以认为右侧汞柱表面的绝对压强等于容器内自由液面上的绝对压强 p'_{02}。根据静压强基本方程和等压面的特性，有

$$p'_{02} + \gamma_{Hg} h_2 = p_a$$

则

$$p'_{02} = p_a - \gamma_{Hg} h_2 = 101\,300 - 133\,375 \times 0.12$$
$$= 85\,295 \text{ N/m}^2$$

容器内空气的真空度如用 mmHg 表示，即为 120mmHg

或

$$p_{02v} = -(p'_{02} - p_a) = 101\,300 - 85\,295$$
$$= 16\,005 \text{ N/m}^2$$

（2）求 p_A。容器内空气的相对压强为

$$p_{02} = -p_{02v} = -16\,005 \text{ N/m}^2$$

则

$$p_A = p_{02} + \gamma h_A = -16\,005 + 9807 \times 2 = 3609 \text{ N/m}^2$$

（3）求 h_1

$$p'_{01} = 0.75at = 0.75 \times 9.807 \times 10^4 = 73\,553 \text{N/m}^2$$

容器中的液面与左侧内 B 点在同一等压面上，故有

$$p'_{01} + \gamma h_1 = p'_{02}$$

$$h_1 = \frac{p'_{02} - p'_{01}}{\gamma} = \frac{85\,295 - 73\,553}{9807} \approx 1.2 \text{ m}$$

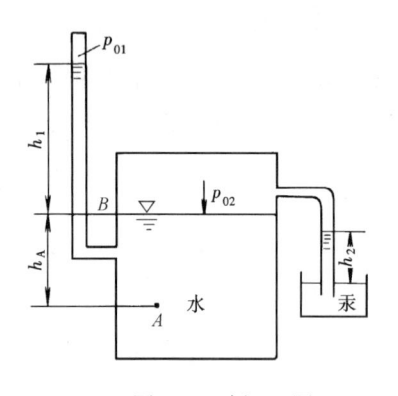

图 2-10 例 2-4 图

第四节 测压管高度和测压管水头

一、液体静压强基本方程的另一种表达形式

如图 2-11 所示，设容器内液体的自由液面压强为 p_0，液体内 A、B 两点在液面下的深度分别为 h_A 和 h_B，距任意基准面 0—0 的高度分别为 Z_A 和 Z_B。自由液面上任意一点距基准面 0—0 的高度为 Z_0。

则 A、B 两点的静压强分别为

$$p_A = p_0 + \gamma h_A = p_0 + \gamma(Z_0 - Z_A)$$
$$p_B = p_0 + \gamma h_B = p_0 + \gamma(Z_0 - Z_B)$$

以上两式分别除以容重 γ，并整理得

$$Z_A + \frac{p_A}{\gamma} = Z_0 + \frac{p_0}{\gamma}$$

$$Z_B + \frac{p_B}{\gamma} = Z_0 + \frac{p_0}{\gamma}$$

两式联立得

$$Z_A + \frac{p_A}{\gamma} = Z_B + \frac{p_B}{\gamma} = Z_0 + \frac{p_0}{\gamma}$$

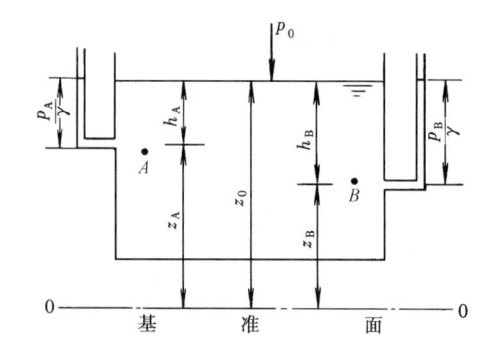

图 2-11 静压强另一种表达形式的推证

液体中 A、B 两点是任意选定的，故可将上述关系推广到整个液体，得出具有普遍意义的规律。即

$$Z + \frac{p}{\gamma} = C(\text{常数}) \tag{2-10}$$

式（2-10）是液体静压强基本方程的另一种表达形式。它表示在同一种静止液体中，任意一点的 $Z+\dfrac{p}{\gamma}$ 总是常数。

二、测压管高度和测压管水头

下面我们来讨论式（2-10）的几何意义和物理意义。

（一）几何意义

Z——位置高度，又称位置水头。表示静止液体中某一点相对于某一基准面的位置高度；

$\dfrac{p}{\gamma}$——测压管高度，又称压强水头。表示液体中某点在压强作用下，液体沿测压管上升的高度；

$Z+\dfrac{p}{\gamma}$——测压管水头。表示测压管内液面相对于基准面的高度；

$Z+\dfrac{p}{\gamma}=C$——表示同一容器内的静止液体中，所有各点的测压管水头均相等；

测压管是指一端开口和大气相通，另一端与容器中液体相接的透明玻璃管，用以测定液体内某一点静压强的大小，如图 2-11 所示。

连接各点测压管水头的液面线称为测压管水头线。位于测压管水头线上的各点，其压强值均等于当地大气压强，如图 2-12 所示。

（二）物理意义

Z——表示单位重量液体相对于某一基准面的位置势能；

$\dfrac{p}{\gamma}$——表示单位重量液体的压力势能；

$Z+\dfrac{p}{\gamma}$——表示单位重量液体的总势能；

$Z+\dfrac{p}{\gamma}=C$——表示同一容器的静止液体中，所有各点对同一基准面的总势能均相等。

【**例 2-5**】 见图 2-13，有一盛水压力容器，液面相对压强 $p_0=49.05\text{kPa}$，$h_1=1\text{m}$，$h_2=2\text{m}$，如以容器底面为基准面，试求 A、B、C 三点的测压管水头。

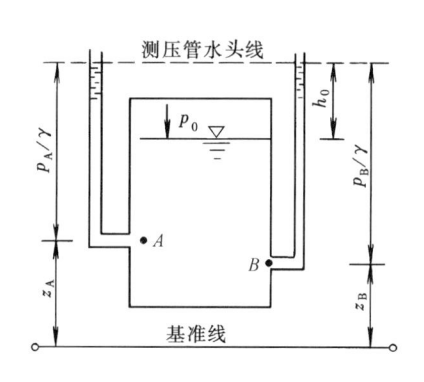

图 2-12 静水头线图示

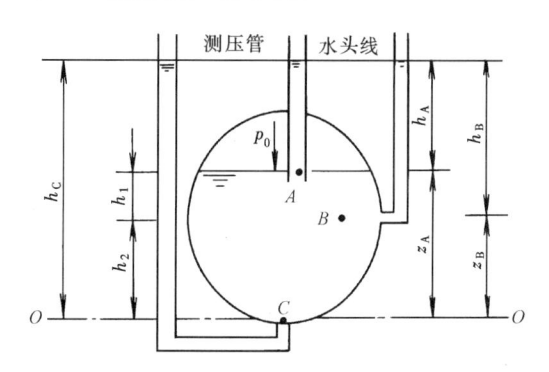

图 2-13 压力盛水容器的水头计算

解 A 点：

位置水头 $\quad Z_A = h_1 + h_2 = 1 + 2 = 3\text{mH}_2\text{O}$

压强水头 $\quad \dfrac{p_A}{\gamma} = \dfrac{p_0}{\gamma} = \dfrac{49.05}{9.81} = 5\text{mH}_2\text{O}$

测压管水头 $\quad Z_A + \dfrac{p_A}{\gamma} = 3 + 5 = 8\text{mH}_2\text{O}$

B 点：

位置水头 $\quad Z_B = h_2 = 2\text{mH}_2\text{O}$

压强水头 $\quad \dfrac{p_B}{\gamma} = \dfrac{p_0 + \gamma h_1}{\gamma} = \dfrac{p_0}{\gamma} + h_1 = 5 + 1 = 6\text{mH}_2\text{O}$

测压管水头 $\quad Z_B + \dfrac{p_B}{\gamma} = 2 + 6 = 8\text{mH}_2\text{O}$

C 点：

位置水头 $\quad Z_C = 0$

压强水头 $\quad \dfrac{p_C}{\gamma} = \dfrac{p_0 + \gamma(h_1 + h_2)}{\gamma} = \dfrac{p_0}{\gamma} + (h_1 + h_2) = 5 + 3 = 8\text{mH}_2\text{O}$

测压管水头 $\quad Z_C + \dfrac{p_C}{\gamma} = 0 + 8 = 8\text{mH}_2\text{O}$

第五节 液体静压强的测量

测量流体静压强的仪器很多，若按作用原理可分为金属测压计和液柱式测压计；还可按所测压强是高于还是低于大气压强来分类，前者称为压力表，后者称为真空表。

一、液柱式测压计

由于液柱式测压计直观、方便和经济，因而在工程上得到广泛的应用。下面介绍几种常用的液柱式测压计。

（一）测压管

测压管是一根玻璃直管或 U 形管（直径 10mm 左右），一端连接在需要测定的器壁孔口上，另一端开口，直接与大气相通，利用玻璃管内的水柱高度来测量液体静压强，如图 2-14 所示。由于相对压强的作用，水在管中上升或下降，与大气相接触的水面相对压强为零。这就可以根据管中水面到所测点的高度直接读出水柱高度。

图 2-14（a）中，根据测压管内水面上升的高度 h_A 便可计算出 A 点的相对压强。

$$p_A = \gamma h_A$$

图 2-14（b）中，测压管水面低于 A 点，以 1—1 为等压面，则

$$p_A + \gamma h'_A = 0$$

故 A 点的相对压强或真空度为

$$p_A = -\gamma h'_A \text{ 或 } p_A = \gamma h'_A$$

如果需要测定气体压强，可以采用 U 形管盛水，如图 2-14（c）所示。因为空气容重远

小于水，一般容器中的气体高度又不十分大，因此，可以忽略气柱高度所产生的压强，认为静止气体充满的空间各点压强相等。现仍以 1—1 为等压面，则

$$p_A = \gamma h_A$$

可见，右端测压管水面高于左端时，液柱高度就是容器气体压强的正压。

图 2-14（d）中，测压管水面低于 A 点，现仍以 1—1 为等压面，则

$$p_A + \gamma h'_A = 0$$

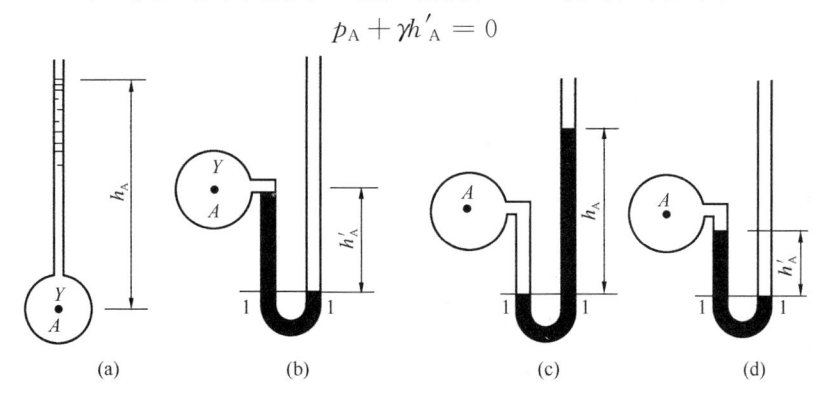

图 2-14 测压管

故容器内气体的相对压强或真空度为

$$p_A = -\gamma h'_A \text{ 或 } p_A = \gamma h'_A$$

如果测压管中液体的压强较大，测压水柱过高，观测不便，可以在 U 形管中装入水银，如图 2-15 所示。在 A 点静压强的作用下 U 形管内的水银液面形成一高差 h_{Hg}，根据这一原理来计算 A 点的静压强。

因 U 形管内液面分界面 N—N 为等压面，容器内液体容重为 γ，水银的容重为 γ_{Hg}，则

$$p_0 + \gamma(h_1 + h_2) = \gamma_{Hg} h_{Hg}$$

或 $$p_0 + \gamma h_1 = \gamma_{Hg} h_{Hg} - \gamma h_2$$

所以 $$p_A = \gamma_{Hg} h_{Hg} - \gamma h_2$$

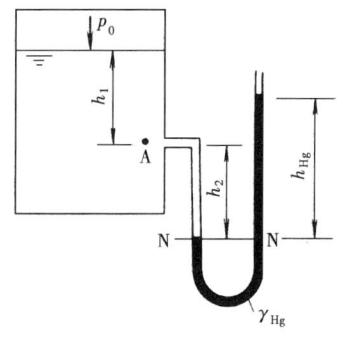

图 2-15 水银测压计

（二）压差计

压差计（又称比压计）是一种直接测量液体内两点压强差或测压管水头差的装置。可分为空气压差计、油压计和水银压差计。

图 2-16 为一水银压差计，两端分别连接在需测点 A 及 B 点。根据 U 形管中水银面的高度差可计算出 A、B 两点的压强差。

取等压面 N—N 进行分析。根据静压强基本方程，N—N 面左、右两玻璃管中的压强 p_1、p_2 分别为

$$p_1 = p_B + \gamma(\Delta Z + x) + \gamma_{Hg} \Delta h_{Hg}$$
$$p_2 = p_A + \gamma(x + \Delta h_{Hg})$$

因 $$p_1 = p_2$$

所以 $$p_B + \gamma(\Delta Z + x) + \gamma_{Hg} \Delta h_{Hg} = p_A + \gamma(x + \Delta h_{Hg})$$

整理上式，可得 A、B 两点的压强差为

$$p_A - p_B = \gamma \Delta Z + (\gamma_{Hg} - \gamma)\Delta h_{Hg} \quad (2\text{-}11)$$

将上式各项除以 γ，经整理可得 A 及 B 两点的测压管水头差为

$$\Delta H_{测A\text{-}B} = \left(Z_A + \frac{p_A}{\gamma}\right) - \left(Z_B + \frac{p_B}{\gamma}\right) = \left(\frac{\gamma_{Hg}}{\gamma} - 1\right)\Delta h_{Hg} \quad (2\text{-}12)$$

本公式可在以后相同条件下直接应用，可表示为

$$\Delta H_{测} = \frac{\gamma' - \gamma}{\gamma}\Delta h \quad (2\text{-}13)$$

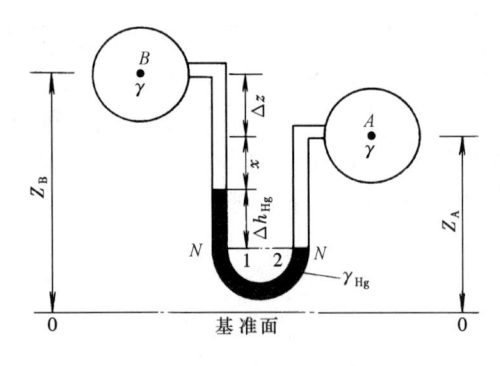

图 2-16 水银压差计

式中：$\Delta H_{测}$ 为两点测压管水头差；γ' 为差压计工作液体容重；γ 为被测液体容重。

（三）微压计

当被测压强或压差很小时，为了提高测量精度，可采用微压计。常用的一种是斜管微压计，如图 2-17 所示。左边测压杯与需要测量压强的点相连，右边测压管的倾斜角为 α。设测压杯与测压管液面的高差位 h 在倾斜管中的读数为 l，而 $l\sin\alpha = h$，则

$$p_1 = p_2 = \gamma l \sin\alpha \quad (2\text{-}14)$$

在测量时，α 为定值，只需测得倾斜长度 l，就可得到压强差或压差。由于 $l = h/\sin\alpha$，表明 l 比 h 放大 $1/\sin\alpha$ 倍。倾角 α 越小，放大的倍数就越大，读数 l 也就越大。因此，工程上常用容重比水更小的液体作为测压工作液体，例如酒精。

二、金属测压计

金属测压计又称压力表。最常用的是弹簧测压计，如图 2-18 所示。表内装有一根一端开口、另一端封闭的镰刀型金属管。开口端与所需测定压强的液体相同，封闭端有一铰链与齿轮连接。在压强作用下，金属管发生伸展，齿轮便带动指针把液体的压强显示在刻度盘上。

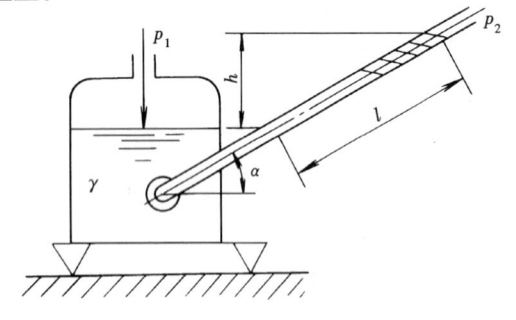

图 2-17 微压计

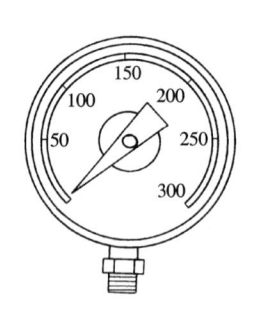

图 2-18 金属测压计

当压力表与大气相通时，压力表指针为零，所以压力表显示的压强为相对压强。

金属测压计的精确度不如液柱测压计，但是它可以量测较高的压强，装置简单，使用方便，在工程中得到广泛应用。

三、真空计

真空计有液体真空计和金属真空计两种。其构造原理与液柱测压计和金属测压计相似，这里不再赘述。

【例 2-6】 如图 2-19 所示，在输水管上装一 U 形水银测压计，量得水银液面差 $h_{Hg}=760$mm，$h=1$m，求管内 A 点处的静压强。

解 取等压面 N—N，则 A 点的静压强为

$$p_A = \gamma h_{Hg} - \gamma h$$
$$= 133.32 \times 0.76 - 9.81 \times 1$$
$$= 91.51 \text{kN/m}^2 = 91.51 \text{kPa}$$

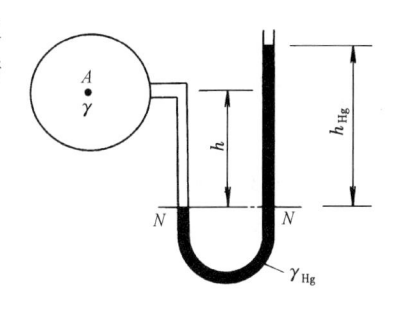

图 2-19 水银测压计测定管内压强

【例 2-7】 对于压强较高的密闭容器，可采用复式水银测压计，如图 2-20 所示。已知 $h_1=1.3$m，$h_2=0.8$m，$h_3=1.7$m，试求容器内液面相对压强 p_0。

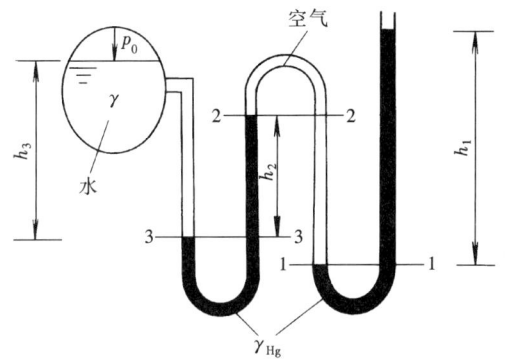

解 取等压面 1—1，3—3，根据静压强基本方程，从右向左推算。等压面 1—1 上的相对压强为

$$p_1 = \gamma_{Hg} h_1$$

由于气体容重很小，所以根据气体静压强基本方程

$$p_1 = p_2$$

于是，等压面 3—3 上的相对压强为

$$p_3 = p_2 + \gamma_{Hg} h_2 = p_1 + \gamma_{Hg} h_2 = \gamma_{Hg}(h_1 + h_2)$$

而

$$p_3 = p_0 + \gamma h_3$$

图 2-20 复式水银测压计测定压强

则容器内液面上的相对压强为

$$p_0 = p_3 - \gamma h_3 = \gamma_{Hg}(h_1 + h_2) - \gamma h_3$$
$$= 133.32 \times (1.3 + 0.8) - 9.81 \times 1.7$$
$$= 263.32 \text{kPa}$$

第六节 作用于平面上的液体总压力

在工程实践中，不仅需要我们牢固地掌握静止流体压强分布规律及任一点处压强的计算这样重要问题，而且有时也需要解决作用在结构物表面上的流体静压力问题，例如气罐、锅炉、水池等盛装流体的结构物，在进行结构设计的时候，需要计算作用于结构物表面上的流体静压力，也就是要研究它的大小、方向和作用点。研究的方法可分为解析法和图解法两种。

一、解析法

图 2-21 所示的静止液体中，有任意形状的平面 ab，其面积为 A，与自由液面夹角为 α，形心为 C 点。液面压强为大气压强。为方便分析，取平面 ab 的延伸面与水面的交线为 ox 轴（ox 轴垂直纸面）；垂直于 ox 轴并沿平面 ab 向下的线为 oy 轴。为使受压平面能展示出来，在图中将平面 ab 绕 oy 轴旋转 90°。如图 2-21 中所示的 xoy 坐标，平面 ab 的形心坐标为

(x_C, y_C)。

（一）液体总压力的大小

在受压面 ab 上任取一微小面积 dA，其中心点在液面下的深度为 h，纵坐标为 y。可以近似认为微小面积 dA 上各点的压强相等，则作用在 dA 上液体的静压力为

$$dP = pdA = \gamma h dA$$

由于各微小面积 dA 上的压力 dP 的方向是互相平行的。根据平行力系求和的原理，作用在整个受压面 ab 上的液体总压力 P 等于各微小面积上的作用力 dP 的代数和，即

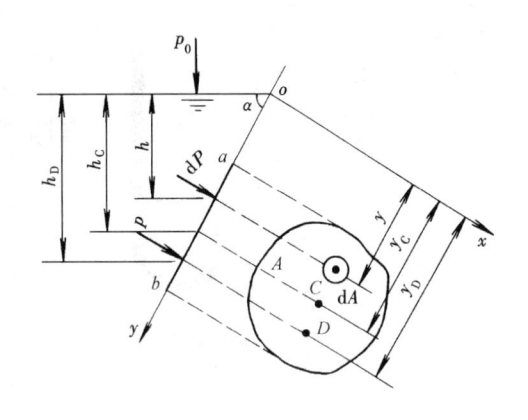

图 2-21 作用在平面壁上的静总压力

$$P = \int dP = \int_A \gamma h dA = \int_A \gamma y \sin\alpha dA = \gamma \sin\alpha \int_A y dA$$

式中：$\int_A y dA$ 为受压面面积对 ox 轴的静矩，其值等于受压面面积 A 与其形心坐标 y_C 的乘积。即

$$\int_A y dA = y_C A$$

作用在平面 ab 上的总压力为

$$P = \gamma y_C \sin\alpha A = \gamma h_C A = p_C A \tag{2-15}$$

式中　P——作用在平面上的液体总压力，N；

　　　γ——液体的容重，N/m³；

　　　h_C——受压面形心在液面下的深度，m；

　　　p_C——受压面形心处压强，Pa。

式（2-17）为计算平面上液体总压力的解析式。它表明作用在受压面上的液体总压力等于受压面面积与受压面形心处静压强的乘积。

（二）液体总压力的方向

液体总压力 P 的方向垂直指向受压面。

（三）液体总压力的作用点

液体总压力的作用点又称压力中心，以 D 表示。D 点的位置可利用力学中的合力矩定律求得，即合力对某轴的力矩等于各分力对同一轴力矩的代数和。则

$$P y_D = \int y dP = \int_A y \gamma h dA = \int_A y^2 \gamma \sin\alpha dA = \gamma \sin\alpha \int_A y^2 dA = \gamma \sin\alpha J_x$$

式中：$J_x = \int_A y^2 dA$，是受压面面积对 ox 轴的惯性矩。则

$$y_D = \frac{\gamma \sin\alpha J_x}{P} = \frac{\gamma \sin\alpha J_x}{\gamma \sin\alpha y_C A} = \frac{J_x}{y_C A}$$

为计算方便，将受压面面积 A 对 ox 轴的惯性矩 J_x 变化成平行于 ox 轴且通过形心轴的

惯性矩，由惯性矩平行移轴定理

$$J_x = J_C + y_C^2 A$$

所以

$$y_D = y_C + \frac{J_C}{y_C A} \tag{2-16}$$

或

$$y_e = y_D - y_C = \frac{J_C}{y_C A} \tag{2-17}$$

式中　y_D——压力中心沿 y 轴方向至液面交线的距离，m；

　　　y_e——压力中心沿 y 轴方向至受压面形心的距离，m；

　　　y_C——受压面形心沿 y 轴方向至液面交线的距离，m；

　　　A——受压面受压部分的面积，m²；

　　　J_C——受压面对通过形心且平行于 ox 轴的惯性矩，m⁴。

由于 $\frac{J_C}{y_C A}$ 总是正值，所以 $y_D > y_C$。说明压力中心 D 的位置总是在形心 C 之下。

D 点在 x 轴上的位置即 x_D 取决于受压面的形状。实际工程中，受压面常是对称平面，则 D 点在 x 轴上的位置就必然在平面的对称轴上，故无需计算 x_D。

利用上述公式只能求出液面压强为大气压强时作用于受压平面的水静压力及其压力中心。如果容器封闭，液面压强 p_0 大于或小于大气压强 p_a 时，应以相对压强为零的虚设液面来求解作用于受压面上的水静压力及压力中心。这个虚设液面和容器的实际液面的距离为 $|p_0 - p_a|/\gamma$，当 $p_0 > p_a$ 时，虚设液面在实际液面上方，反之，在下方。这就是说，在求解作用于受压面上的水静压力用 $P = \gamma h_C A$ 计算时，h_C 应取平面形心至虚设液面的距离；而求压力中心用 $y_e = y_D - y_C = \frac{J_C}{y_C A}$ 时，y_C 取受压面形心沿 y 轴方向至虚设液面的距离。这种方法实际上是将厚为 $|p_0 - p_a|/\gamma$ 的液层，想象地加在实际液面上，而平面上各点所受实际压强没有任何改变。

从式（2-15）$P = \gamma h_C A$ 可知，作用于受压平面上的水静压力，只与受压面面积 A、液体容重 γ 及形心的淹没深度 h_C 有关，而与容器的形状无关。对于底面积水平的盛液容器，如图 2-22 所示，各个容器的液体相同，水深相同，底面积大小也相等，而且形心的淹没深度 h_C 就等于水深。所以，不论容器的形状如何，作用在底面积上水静压力的大小都是一样的，它与容器中水的多少无关。

常见图形的形心位置、惯性矩见表 2-2。

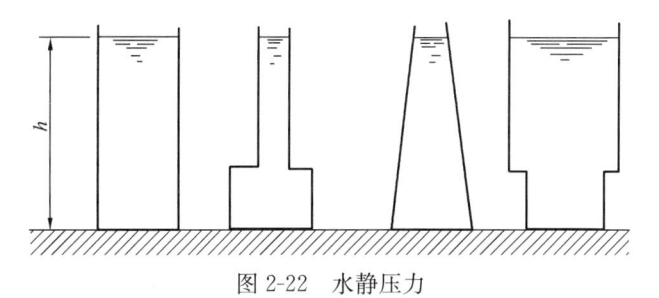

图 2-22　水静压力

表 2-2　　　　　　　　　　几种平面的 J_C 及 C 的计算公式

图　名	平面形状	惯性矩 J_C	形心 C 距下底的距离
矩形		$J_C = \dfrac{bh^3}{12}$	$s = \dfrac{h}{2}$
三角形		$J_C = \dfrac{bh^3}{36}$	$s = \dfrac{1}{3}h$
圆形		$J_C = \dfrac{\pi d^4}{64}$	$s = \dfrac{d}{2}$
梯形		$J_C = \dfrac{h^3}{36}\dfrac{m^2+4mn+n^2}{m+n}$	$s = \dfrac{h}{3}\dfrac{2m+n}{m+n}$

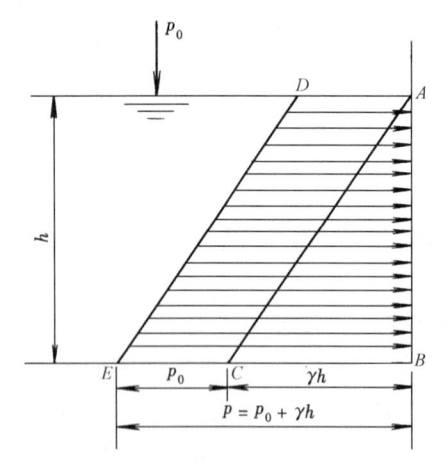

图 2-23　液体静压强分布图

二、图解法

对于底边与液面平行的矩形平面，用图解法求液体总压力及作用点较为方便。

（一）液体静压强分布图

根据液体静压强的基本方程 $p = p_0 + \gamma h$ 和静压强的特性，将作用在受压面上的静压强的大小、方向及分布情况用有向比例线段直接画在受压面上的几何图形，称为液体静压强的分布图。其绘制规则是：

（1）按照一定比例，用一定长度的线段来代表静压强的大小。

（2）用箭头标出静压强的方向，并与受压面垂直。

现以图 2-23 中铅垂面 AB 为例说明液体静压强分布图的绘制。

设横坐标为 p，纵坐标为 h，坐标原点与液面 A 重合。

根据压强 p 与水深 h 成直线变化的规律，只要定出 AB 面上 A、B 两个端点压强的大小，并用一定比例的线段画在相应的 A、B 两点处，连接两线段的端点，便可得液体静压强的分布图。

例如，在液面上的 A 点：$h_A=0$，$p_A=0$；液面下 B 点：$h_B=h$，$p_B=\gamma h_B$。取线段 $BC = p_B$，画在 B 点，连接 AC，即得液体相对压强分布图 ABC，见图 2-23。

如果液面压强为 p_0，则根据帕斯卡等值传递的原理，压强的分布图为 $ADEB$。

在工程中，受压面四周都处在大气中，各个方向的大气压强大小相等，互相抵消。故在工程计算中，只画液体相对压强的分布图。

图 2-24 绘出了几种有代表性的相对压强分布图。

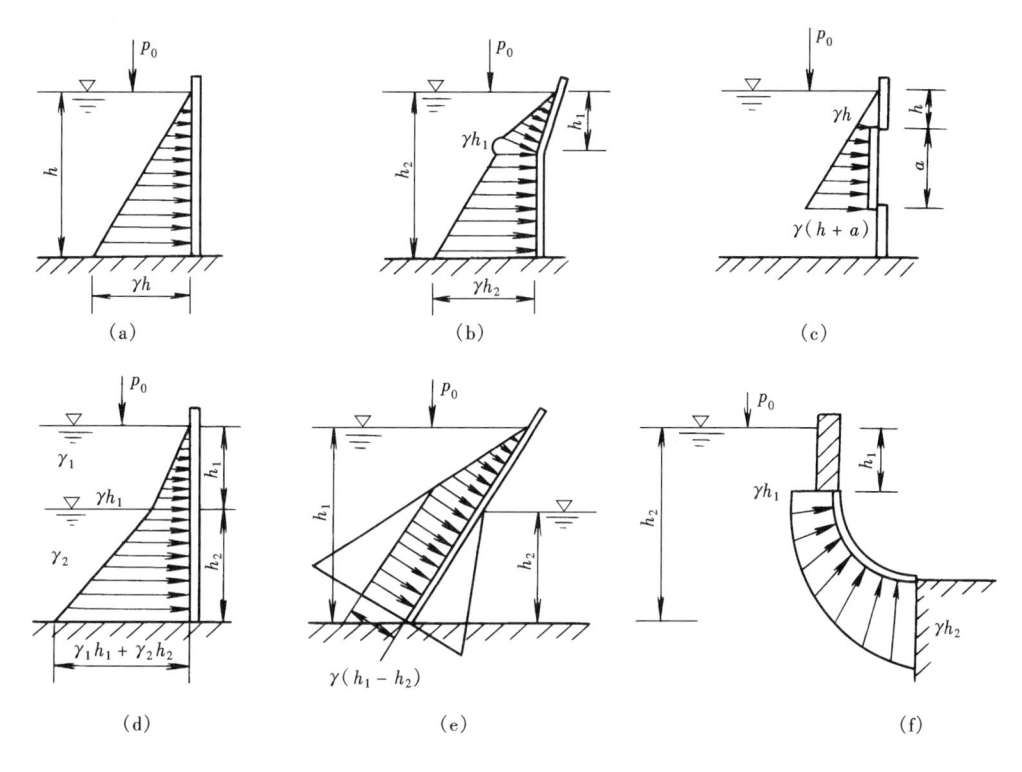

图 2-24 静压强分布图

（二）用图解法求平面总压力

图解法只适用于求作用在底边平行于水平面的矩形平面上的液体总压力。

设有一矩形平面 AB，宽为 b，与水平面的夹角为 α，底边的淹没深度为 H，见图 2-25。

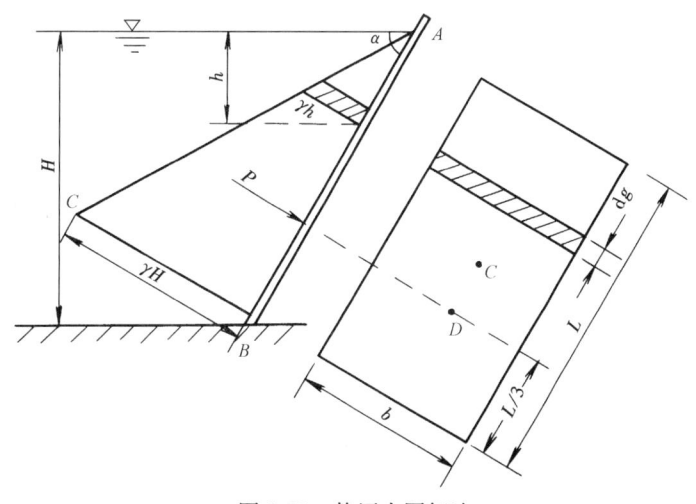

图 2-25 静压力图解法

1. 液体总压力的大小

画出受压面 AB 的压强分布图 ABC。

根据作用于平面上液体总压力的计算式（2-16），得作用在平面 AB 上的总压力为

$$P = p_C A = \gamma h_C A = \gamma \frac{1}{2} HbL = \frac{1}{2}\gamma HLb$$

式中：$\frac{1}{2}\gamma HL$ 为静压强分布图 ABC 三角形的面积，用 S 表示。

故上式可写成

$$P = Sb = V \tag{2-18}$$

式（2-18）指出：作用于矩形平面上的液体总压力等于压强分布图的体积。这个体积 V 是以压强分布图的面积 S 为底面积乘以矩形宽度 b 得到的。

2. 液体总压力的作用点及方向

液体总压力的作用点通过压强分布图的形心，其方向垂直指向受压面。如图 2-25 所示，压强分布图为三角形，则作用点 D 位于距底 $\frac{L}{3}$ 处。L 为平板 AB 的长度。

【例 2-8】 一铅直水下矩形闸门，如图 2-26 所示。顶边在水面下 $h_1 = 1\text{m}$，$h = 2\text{m}$，$b = 1.5\text{m}$，底边与水面平行。试用解析法和图解法求作用在闸门上的总压力及作用点。

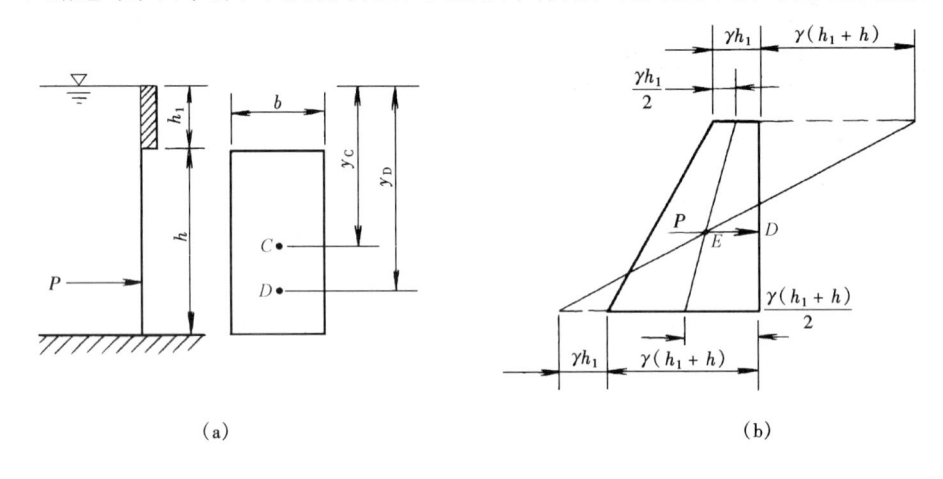

图 2-26 求铅直水下矩形闸门的总压力及作用点

解 （1）解析法。

由式（2-15）得

$$P = p_C A = \gamma y_C A = \gamma\left(h_1 + \frac{h}{2}\right)bh = 9.81 \times (1+1) \times 1.5 \times 2 = 58.86\text{kN}$$

由式（2-16）得

$$y_D = y_C + \frac{J_C}{y_C A} = 2 + \frac{\frac{1}{12} \times 1.5 \times 2^3}{2 \times 1.5 \times 2} = 2.16\text{m}$$

（2）图解法。

1）绘制静压强分布图，如图 2-26（b）所示。

2）计算静压强分布图的体积，即

$$P = V = \frac{1}{2}[\gamma h_1 + \gamma(h_1 + h)]hb = \frac{1}{2}\gamma h(2h_1 + h)b$$
$$= \frac{1}{2} \times 9.81 \times 2(2 \times 1 + 2) \times 1.5 = 58.86 \text{kN}$$

3) 确定总压力的作用点。根据表 2-2，总压力的作用点位于水面下的深度为

$$y_D = h_1 + h - \frac{h}{3}\left(\frac{2m+n}{m+n}\right) = 1 + \frac{2}{3}\left[\frac{\gamma h_1 + 2\gamma(h_1+h)}{\gamma h_1 + \gamma(h_1+h)}\right]$$
$$= 1 + \frac{2}{3}\left(\frac{3h_1 + 2h}{2h_1 + h}\right) = 1 + \frac{2}{3}\left(\frac{3+4}{2+2}\right) = 2.17\text{m}$$

由于闸门是对称平面，所以总压力作用点必位于纵向对称轴上，作用线指向受压面。

【例 2-9】 水下矩形闸门，高 0.5m，宽 0.3m，左右两侧都有水作用，左边水面高出闸门顶 0.2m，如图 2-27（a）所示。求作用在闸门上的总压力的大小及作用点。

解 两侧都受液体作用的平面，可通过图解法求总压力的大小。

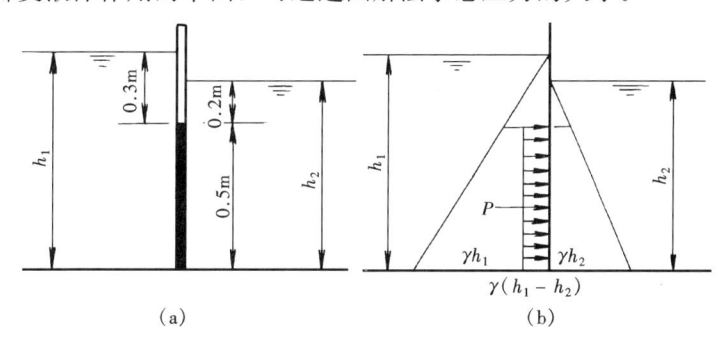

图 2-27　例 2-9 图

图 2-27（b）为闸门两侧的压强分布图，因两侧压强的方向相反，互相抵消了一部分。所以作用在闸门上的压强分布是均匀的，都等于 $\gamma(h_1-h_2)$。因为

$$h_1 = 0.3 + 0.5 = 0.8\text{m}$$
$$h_2 = 0.2 + 0.5 = 0.7\text{m}$$

所以受压面闸门上的总压力为

$$P = bS = 0.3 \times \gamma(h_1 - h_2) \times 0.5 = 0.3 \times 9.81 \times (0.8 - 0.7) \times 0.5 = 0.147\text{kN} = 147\text{N}$$

由于作用闸门上的压强分布均匀，作用点位于受压面形心点上。即在左侧水面下 0.55m 深处，方向向右。

【例 2-10】 有一倾斜矩形闸门 ab，如图 2-28 所示。求作用在闸门上的总压力及作用点。已知 $ab=3\text{m}$，$b=2\text{m}$，$y_1=3\text{m}$，$\alpha=60°$。

解 用解析法：

（1）作用在闸门上总压力的大小

$$P = p_C A = \gamma h_C A = \gamma\left(y_1 + \frac{ab}{2}\right)\sin\alpha \cdot bab$$
$$= 9.81 \times (3 + 1.5) \times \frac{\sqrt{3}}{2} \times 2 \times 3 = 229.32\text{kN}$$

（2）总压力的作用点 y_D

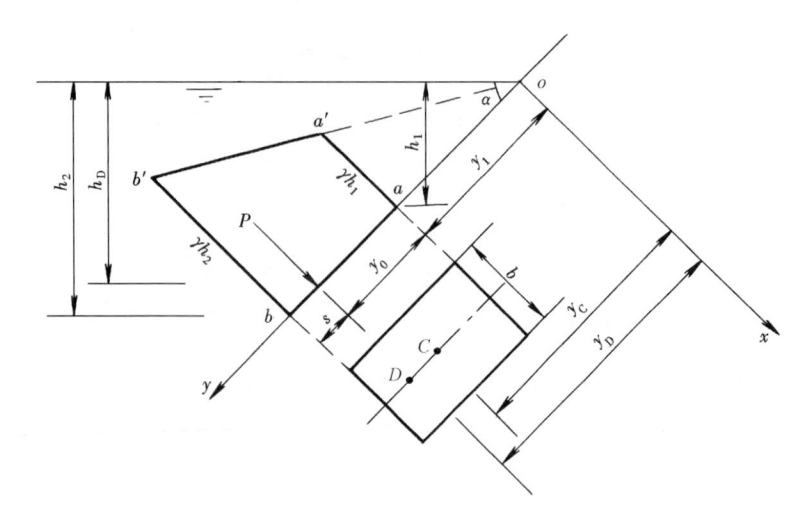

图 2-28 例 2-10 图

$$y_D = y_C + \frac{J_C}{y_C A} = (3+3.5) + \frac{\frac{1}{12} \times 2 \times 3^3}{(3+1.5) \times 3 \times 2} = 4.67\text{m}$$

则总压力作用点在液面下的水深为

$$h_D = y_D \sin\alpha = 4.67 \times \frac{\sqrt{3}}{2} = 4.04\text{m}$$

*第七节 作用于曲面上的液体总压力

在工程中，有时需要计算作用在曲面上的液体总压力，例如弧形闸门、圆形输水管等。下面我们来研究求解作用于曲面上液体总压力的方法。

作用在曲面各微小面积上的压力其大小和方向均不相同，很难直接用积分的方法求解其总压力。因而将作用在曲面上的总压力分解成水平方向和铅直方向的分力，分别计算，然后再求合力。

在实际工程中，常遇到的曲面多为柱体曲面，本节将讨论作用于柱体曲面上液体总压力的计算。

图 2-29 为垂直于纸面的柱体，其长度为 l，受压曲面为 AB，其左侧承受液体压力，设在曲面 AB 上，水深 h 处取一微小面积 dA，作用在 dA 上的液体静压力为

$$dP = p dA = \gamma h dA$$

该力垂直于面积 dA，并与水平面成夹角 α，此力可分解为水平和铅垂两个分力。

水平分力为

$$dP_X = dP\cos\alpha = \gamma h dA\cos\alpha$$

铅垂分力为

$$dP_Z = dP\sin\alpha = \gamma h dA\sin\alpha$$

因为 $dA\cos\alpha$ 和 $dA\sin\alpha$ 分别等于微小面积 dA 在铅垂面上和水平面上的投影。令 $dA_Z = dA\cos\alpha$，$dA_X = dA\sin\alpha$，所以

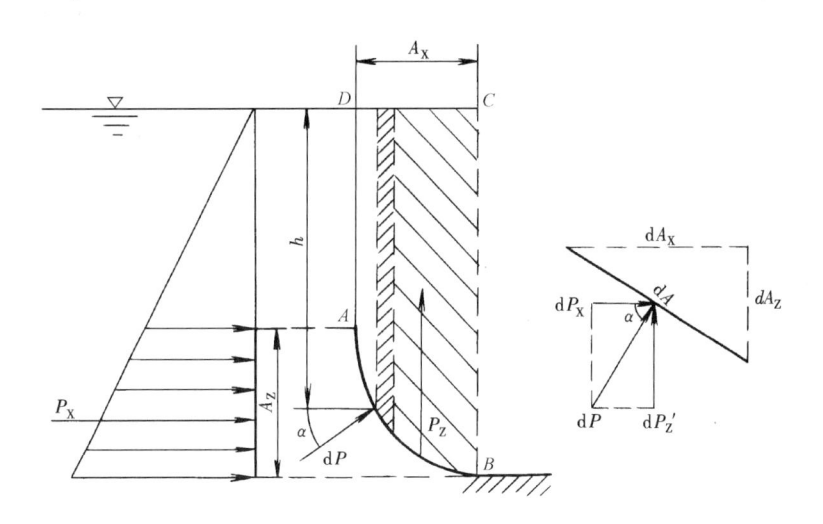

图 2-29 作用于柱体曲面的压力

$$dP_X = \gamma h \, dA_Z$$
$$dP_Z = \gamma h \, dA_X$$

对上两式分别积分得

$$P_X = \int dP_X = \int_{A_Z} \gamma h \, dA_Z = \gamma \int_{A_Z} h \, dA_Z \tag{2-19}$$

$$P_Z = \int dP_Z = \int_{A_X} \gamma h \, dA_X = \gamma \int_{A_X} h \, dA_X \tag{2-20}$$

式（2-19）右边的积分 $\int_{A_Z} h \, dA_Z$ 等于曲面 AB 在铅垂平面上的投影面积 A_Z 对自由液面 y 轴的静矩。它等于 A_Z 与其形心在液面下的淹没深度 h_C 的乘积，即

$$\int_{A_Z} h_C \, dA_Z = h_C A_Z$$

则

$$P_X = \gamma \int_{A_Z} h \, dA_Z = \gamma h_C A_Z \tag{2-21}$$

式（2-21）表明，作用在曲面上液体总压力的水平分力 P_X 等于作用在曲面 AB 的铅垂投影面 A_Z 上的液体静压力。P_X 的作用方向是水平指向受压面，它的作用点按式（2-16）计算。

式（2-20）右边的积分 $\int_{A_X} h \, dA_X$ 是以 dA_X 为底面积、水深 h 为高的柱体体积。所以 $\int_{A_X} h \, dA_X$ 为作用在曲面 AB 上液柱 ABCD 的体积，以 V 表示。曲面 AB 上的液柱 ABCD 称为压力体。

则有

$$P_Z = \gamma \int_{A_X} h \, dA_X = \gamma V \tag{2-22}$$

式（2-22）表明，作用在曲面上液体总压力的铅垂分力 P_Z 等于该曲面压力体内液体的重量。

可见，正确绘制压力体是求解铅垂分力的关键。

压力体一般是由三种面所组成的封闭几何体：底面是受压曲面，顶面是受压面在自由液面（或其延伸面）上的投影面，侧面是通过受压曲面边界线作的铅垂面。

对于自由液面上的压强 p_0 不是大气压强的情况，求压力体时，应将受压面 AB 投影至虚设的自由液面上。虚设的自由液面上压强等于大气压强。

铅垂分力 P_Z 的方向取决于液体、压力体与受压曲面间的相对位置。当液体及压力体位于曲面同侧时，P_Z 的方向向下，此时的压力体称为实压力体；当液体及压力体位于曲面两侧时（如图 2-29 所示），P_Z 的方向向上，此时的压力体称为虚压力体。

不论 P_Z 的方向如何，它在数值上都等于压力体内的液体重量，其作用线均通过压力体的形心。

作用在曲面上的液体的总压力 P 为

$$P = \sqrt{P_X^2 + P_Z^2} \tag{2-23}$$

合力 P 的作用线与水平线的夹角 α 为

$$\alpha = \arctan \frac{P_Z}{P_X} \tag{2-24}$$

总压力 P 的作用线必然通过 P_X 与 P_Z 的交点，对柱体曲面还必定通过圆心。总压力 P 的作用线与曲面的交点，即为液体总压力的作用点。

【例 2-11】 如图 2-30 所示，曲面 AB 为四分之一圆柱体，半径 $R=2.6$m，宽 $b=4.0$m，A 的水深 $OA=1.2$m。求作用在曲面上的静水总压力及其作用点。

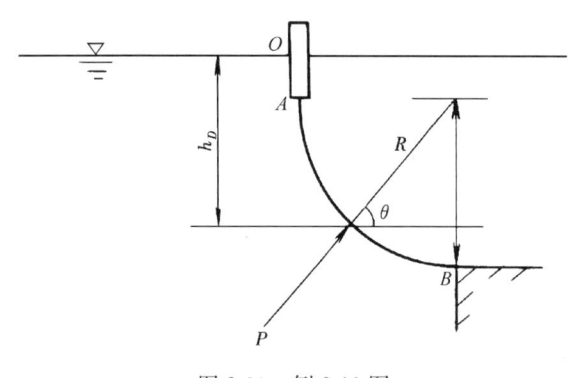

图 2-30 例 2-11 图

解 （1）求水平分力 P_X。

$$P_X = \gamma h_C A_Z = 9.8 \times \left(1.2 + \frac{2.6}{2}\right) \times 2.6 \times 4$$
$$= 254.8 \text{kN}$$

（2）求铅垂分力 P_Z。

$$P_Z = \gamma V = 9.8 \times \left(2.6 \times 1.2 + \frac{3.14}{4} \times 2.6^2\right) \times 4 = 330.32 \text{kN}$$

（3）求合分力 P。

$$P = \sqrt{P_X^2 + P_Z^2} = \sqrt{254.8^2 + 330.32^2} = 417.18 \text{kN}$$

（4）求作用点。

$$\theta = \arctan \frac{P_Z}{P_X} = \arctan \frac{330.32}{254.8} = 52.35°$$

$$h_D = OA + R\sin\theta = 1.2 + 2.6 \times \sin 52.35° = 3.26 \text{m}$$

【例 2-12】 有内径为 1m，壁厚为 17mm，管材允许应力 $[\sigma]=150$MPa 的钢管，计划安装在管内设计压强为 4903.50kPa 的新建给水管路上。试校核管子壁厚是否满足设计要求。

解 取管段长 $l=1$m，并设想沿管子直径方向将管子纵向割开分成两半，取其中的一半作为脱离体来分析受力情况，如图 2-31 所示。

由于管内各点因位置高度不同所引起的压强与管内设计压强 4903.50kPa 比较是很微小的，可忽略不计。认为管内各点处静压强分布是均匀的。因此，作用在半环管内壁面上的总压力 P 的水平分力 P_X 为

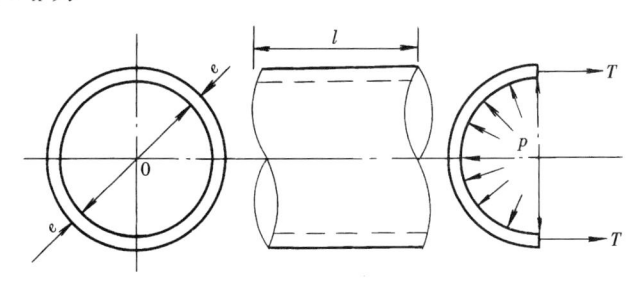

图 2-31 例 2-12 图

$$P_X = pA = pld$$

式中　p——管内液体的静压强，Pa；
　　　A——管道在铅垂方向的投影面积，m^2；
　　　l——管段长度，m；
　　　d——管道直径，m。

作用于管内壁面上的液体总压力的水平分力 P_X 应与半环管壁承受的拉力 T 相等，即

$$P_X = 2T$$

所以
$$T = \frac{P_X}{2} = \frac{1}{2}pld$$

设 T 在壁厚度 e 内是均匀分布的，根据安全的要求，管壁承受的拉应力应等于或小于允许拉应力。则

$$[\sigma] \geqslant \frac{T}{el} = \frac{pld}{2el} = \frac{pd}{2e}$$

$$e \leqslant \frac{pd}{2[\sigma]} = \frac{4903.5 \times 1}{2 \times 150 \times 10^3} = 0.0163\text{m} = 16.3\text{mm} < 17\text{mm}$$

根据计算结果，该管道壁厚能满足设计压强的要求，可以用在该设计管路上。

最后，讨论曲面压力的特例——作用于如图 2-32 所示的潜体或浮体（物体全部或部分浸入水中）的压力计算问题。

先讨论水平压力 P_X。

因潜体或浮体在任意水平方向上，两侧面的铅垂投影面积相等，所以两侧面上的水平作用力大小相等，方向相反，互相抵消。因此，无论潜体或浮体，其水平分力均为零。

再讨论铅垂分力 P_Z。

只需求出压力体，P_Z 的大小就可以确定了。潜体的压力体是物体表面的封闭曲面所包围的体积，即物体的体积。而浮体

图 2-32 潜体和浮体

37

的压力体,是两种面所封闭的体积,即以受压面为底,物体与液面的交面为顶面所围成的体积,即物体浸入液体部分的体积。因此,无论潜体或浮体的压力体均为物体浸入液体的体积。也就是物体排开液体的体积。所以,$P_z=\gamma V$,就是物体排开液体的重量,这就是阿基米德原理。

由此可见,作用于潜体或浮体的液体压力,只有铅垂向上的压力P_z,称为浮力。浮力的作用点称为浮心。对于均质液体来说,浮心就是排开液体体积的形心。

潜体或浮体在重力G和浮力P_z的作用下,可有下列三种情况:

(1) 重力大于浮力,$G>P_z$,则物体沉至底部;

(2) 重力等于浮力,$G=P_z$,则物体可在任意水深处维持平衡;

(3) 重力小于浮力,$G<P_z$,则物体浮出液面,直至物体在液面以下部分所排开的液体重量等于物体重量为止。

*第八节 液体的相对平衡

前面讨论了重力作用下的液体的平衡规律。在实际工程中,有时遇到液体随同容器一同运动的情况。此时液体相对于地球有运动,但液体各质点之间以及液体质点与器壁之间并无相对运动,这种现象称为液体的相对平衡或相对静止,其特点是除重力外还有惯性力存在。

研究液体的相对平衡规律,目的是研究它的等压面形状及液体静压强的分布规律。本节讨论两种相对平衡的例子。

一、等加速直线运动的容器中液体的相对平衡

图 2-33 为一盛有液体的容器,以等加速度a沿x轴作直线运动。液体的自由表面由原来静止时的水平面变成倾斜面,液体处于相对平衡状态。

现在讨论容器内液体的压强分布及等压面。

(一) 相对平衡液体的等压面

将直角坐标的Z轴取在容器的对称轴上,原点在自由液面与对称轴的交点上,如图 2-33 所示。容器内任意一点处的单位质量液体所受的质量力有两个:重力g,方向向下;惯性力a,方向与加速度方向相反。则单位质量的合力R与铅垂方向的夹角α为

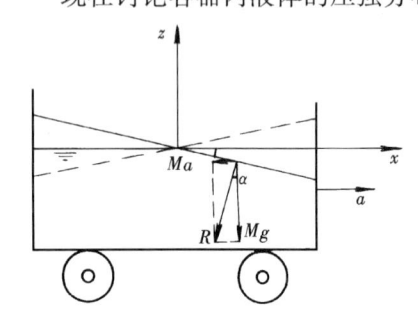

$$\tan\alpha = \frac{a}{g}$$

图 2-33 容器作直线运动

根据质量力的合力与等压面正交的特性,作为等压面的自由液面是与水平面成α角的倾斜面。做等加速直线运动液体的自由液面方程为

$$Z_0 = -\frac{a}{g}X \tag{2-25}$$

容器内部液体的等压面方程为

$$Z = -\frac{a}{g}X + C \tag{2-26}$$

式（2-26）表明等压面是一簇与自由液面平行的倾斜平面。

（二）相对平衡液体中的压强计算

自由液面确定后，我们可根据液体静压强的基本方程，利用自由液面求液体中任一点的压强。

首先求出液体中任一点沿铅垂线在液面下的深度 h

$$h = -\frac{a}{g}X - Z$$

在相对平衡液体中，当竖直向下所受的质量力只有重力时，将上式代入液体静压强基本方程 $p = p_0 + \gamma h$，得

$$p = p_0 + \gamma\left(-\frac{a}{g}X - Z\right) \tag{2-27}$$

式（2-28）就是作等加速直线运动容器中，液体相对平衡时压强分布规律的一般表达式。若容器自由液面作用的是大气压强，则其相对压强可变为

$$p = \gamma\left(-\frac{a}{g}X - Z\right) \tag{2-28}$$

式中　X——液体中某点在 X 轴上的坐标（取坐标原点前为正，原点后为负），m；

Z——液体中某点在 Z 轴上的坐标（取坐标原点上为正，原点下为负），m。

二、绕铅垂轴作等角速度旋转运动的容器中液体的相对平衡

图 2-34 为一盛有液体的圆柱形容器，它绕铅垂轴作等角速度旋转运动。由于液体的黏滞作用，液体在容器壁的带动下，也以同一角速度做旋转运动。液体的自由液面将由原来静止时的水平面变成绕中心轴的旋转抛物面。这种平衡也是相对平衡。

（一）等压面

取以转轴为 Z 轴的直角坐标，原点固定在自由液面与转轴的交点处，如图 2-34 所示。

在自由液面上取任意质点 A，A 点距 OZ 轴为 r，则作用在 A 点上的质量力有重力 mg 和惯性力 $m\omega^2 r$。设合力 R 与铅垂线的夹角为 α，则有

$$\tan\alpha = \frac{\omega^2 r}{g}$$

从图 2-34 知

$$\tan\alpha = \frac{dZ}{dr}$$

因此

$$\frac{dZ}{dr} = \frac{\omega^2 r}{g}$$

则

$$\frac{g}{\omega^2}dZ = rdr$$

对上式积分得

$$\frac{gZ}{\omega^2} = \frac{r^2}{2} + C$$

当 $r=0$，$Z=0$ 时，则 $C=0$。上式可写成

$$Z = \frac{\omega^2 r^2}{2g} \tag{2-29}$$

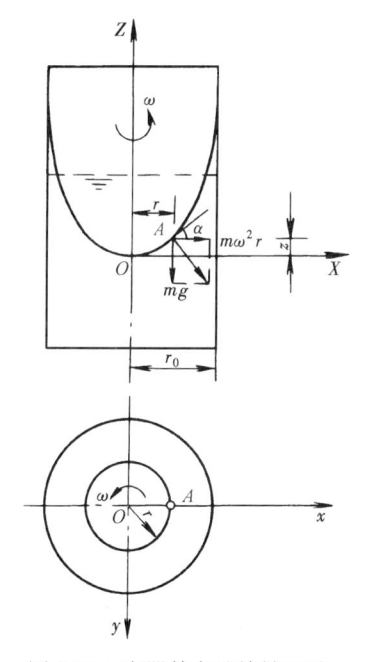

图 2-34　容器等角速旋转运动

式(2-29)为液体在容器内作等角速转动的自由液面方程。其中 Z 为点 A 超出原点的高度。它表明自由液面是绕中心轴旋转的抛物面。在 $r=0$ 时，$Z=0$，即轴心处液面为最低；在 $r=r_0$ 时，$Z=\dfrac{\omega^2 r_0^2}{2g}$，即在边壁处液面为最高。

所以，等角速转动的液体中各等压面不再是平面，而是与自由液面平行的一簇旋转抛物面。

(二) 压强的计算

自由液面下任意一点压强的计算，可根据静压强的基本方程 $p=p_0+\gamma h$ 来计算。

液体中某一点距自由液面的铅垂深度 h 为

$$h=\frac{\omega^2 r^2}{2g}-Z$$

代入静压强基本方程，得

$$p=p_0+\gamma\left(\frac{\omega^2 r^2}{2g}-Z\right) \tag{2-30}$$

式中 $\dfrac{\omega^2 r^2}{2g}$ ——液体中某点处自由液面高出坐标原点的高度，m；

Z ——该点的纵坐标（取坐标原点以上为正，以下为负），m；

r ——该点距铅垂轴 Z 的距离，m。

式(2-31)是绕铅垂轴作等角速度旋转的容器中，液体平衡时压强分布规律的一般形式。当液面作用大气压强时，其相对压强表达式为

$$p=\gamma\left(\frac{\omega^2 r^2}{2g}-Z\right) \tag{2-31}$$

【例 2-13】 有一敞口圆筒容器，直径为 1m，高为 1.5m，盛水深为 1.2m，如旋转后底部中心处恰好无水。求此时旋转的转速及溢出的水量；如果容器是封闭的，为使底部中心水深为零，求旋转速度。

解 (1) 取坐标原点在抛物面最低点 O，则自由液面方程为

$$Z=\frac{\omega^2 r^2}{2g}$$

这里的 $r=0.5$m 时，$Z=1.5$m。故相应的旋转角速度为

$$\omega=\frac{1}{r}\sqrt{2gZ}=\frac{1}{0.5}\times\sqrt{2\times 9.8\times 1.5}=10.84\text{rad/s}$$

由于

旋转后现有的水量 V_1 + 溢出水量 V_2 = 原来静止时的水量 V_0

所以

$$V_2=V_0-V_1$$

而

$$V_0=\frac{\pi}{4}d^2 h=\frac{3.14}{4}\times 1^2\times 1.2=0.942\text{m}^3$$

可以证明：顶点在坐标原点的旋转抛物面至过原点且垂直于旋轴平面间的体积等于相应圆柱体积的一半。所以

$$V_1=\frac{\pi}{2}r_0^2 h=\frac{3.14}{2}\times 0.5^2\times 1.5=0.589\text{m}^3$$

$$V_2 = 0.942 - 0.589 = 0.353 \text{m}^3$$

（2）若容器封闭，则旋转后形成的无水空间应等于静止时上面所留的空间。即

$$\frac{\pi}{4} \times 1^2 \times 0.3 = \frac{\pi}{2} r^2 \times 1.5$$

得

$$r = 0.32 \text{m}$$

因为

$$Z = \frac{\omega^2 r^2}{2g}$$

所以

$$1.5 = \frac{\omega^2 \times 0.32^2}{2 \times 9.8}$$

得

$$\omega = 17.15 \text{rad/s}$$

思 考 题

2-1 什么是静压强？静压强有什么特性？

2-2 静压强基本方程的另一种表达形式"$z + \frac{p}{\gamma} = C$"各项表达的意义是什么？

2-3 图 2-35 中所示的 1、2、3 点的位置水头、压强水头、测压管水头是否相同？为什么？

2-4 图 2-36 所示开敞容器盛有 $\gamma_2 > \gamma_1$ 的两种液体，问 1、2 两测压管中的液面哪个高些？哪个和容器的液面同高？

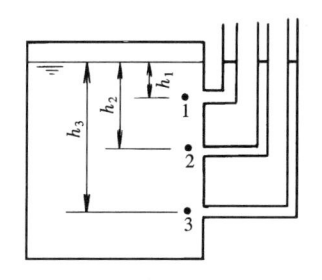

图 2-35 思考题 2-3 图

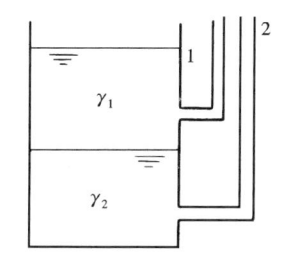

图 2-36 思考题 2-4 图

2-5 图 2-37 中所示为放置在地面上的几个不同形状的盛水容器，它们的底面积 ω 及水深 h 均相等。试说明：（1）各容器底面所受的总压力是否相等？（2）每个容器底面的总压力与地面对容器的反力是否相等（容器的重量不计）并说明理由。

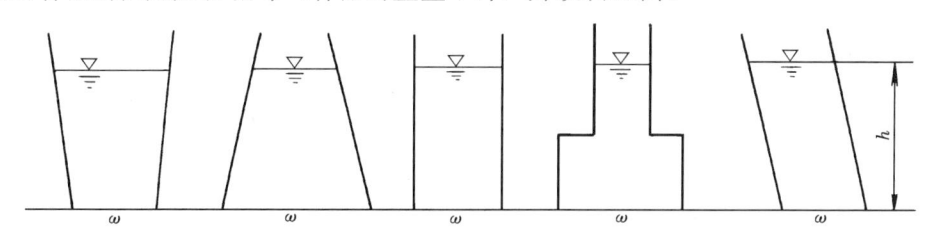

图 2-37 思考题 2-5 图

2-6 表示静压强的单位有几种？它们之间原关系怎样？

2-7 分析图 2-38 中所示的四个半径同为 r 的半球面所受的总压力的水平分力和铅垂分力的大小和方向。

2-8 图 2-39 中所示半径同为 r 的三个球体，它们所受到的浮力是否相同？为什么？

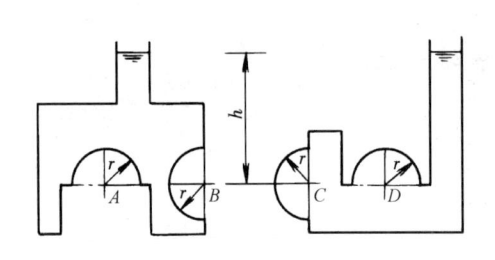

图 2-38 思考题 2-7 图

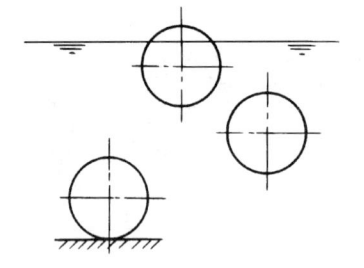

图 2-39 思考题 2-8 图

2-9 什么是压力体？如何利用压力体计算作用在曲面体上的总压力？

习 题

2-1 试计算图 2-40 中（a）、（b）、（c）中 A、B、C 各点的相对压强。图中 p_{0j} 是绝对压强。

2-2 如图 2-41 所示，一封闭容器水面的绝对压强 $p_{0j}=85\text{kPa}$，当地大气压强为 98.1kPa，中间玻璃管两端是开口的。当既无空气通过玻璃管进入容器，又无水进入玻璃管时，玻璃管应该伸入水面的深度 h 是多少？

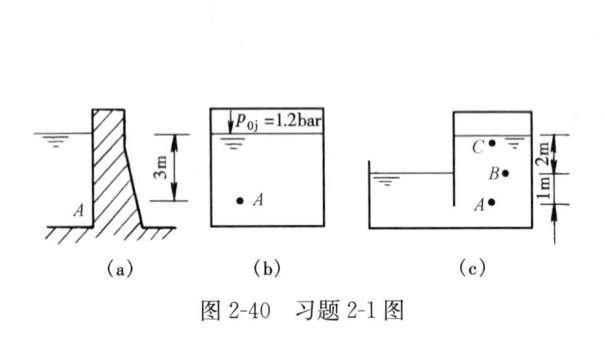

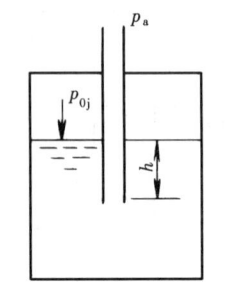

图 2-40 习题 2-1 图

图 2-41 习题 2-2 图

2-3 有一盛水的封闭容器，其两侧各接一根玻璃管，如图 2-42 所示。一管顶端封闭，其水面绝对压强 $p'_{0j}=88.29\text{kN/m}^2$；一管顶端敞开，水面与大气接触，已知 $h_0=2\text{m}$。求：（1）容器内的水面压强 p_C；（2）敞口管与容器内的水面高差 x；（3）以真空值表示 p_{0j}。

2-4 图 2-43 所示有一水银测压计与盛水的封闭容器连通。已知 H 为 3.5m，h_1 为 0.6m，h_2 为 0.4m，分别用绝对压强、相对压强及真空值表示封闭容器内的液面压强 p_0。

2-5 如图 2-44 所示，为了测出盛水容器内的 A 点的压强，在该处装有一复式水银测压计。已知测压计中各液面和

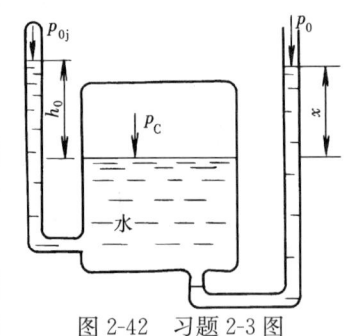

图 2-42 习题 2-3 图

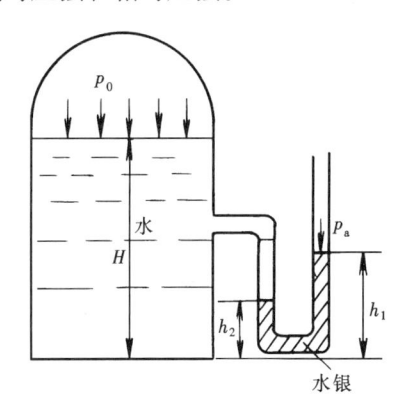

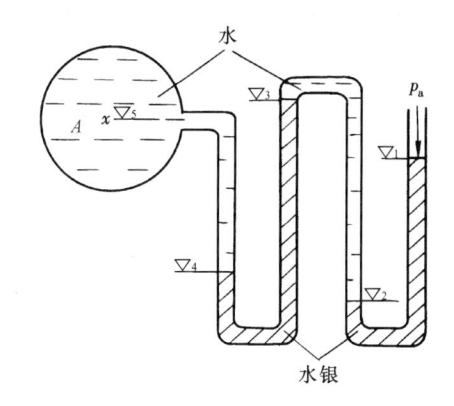

A 点的标高分别为 $\triangledown_1=1.0\text{m}$，$\triangledown_2=0.2\text{m}$，$\triangledown_3=1.3\text{m}$，$\triangledown_4=0.4\text{m}$，$\triangledown_5=1.1\text{m}$。试求 A 点的绝对压强和相对压强。

图 2-43 习题 2-4 图

图 2-44 习题 2-5 图

2-6 图 2-45 有一封闭水箱，金属测压计测得的压强为 4900N/m^2（相对压强），测压计中心比 A 点高 0.5m，A 点在液面下 1.5m。问液面的绝对压强和相对压强各为多少？

2-7 图 2-46 所示测压管中水银柱差 $\Delta h=100\text{mm}$，在水深 2.5m 处安装一测压计。试求 m 的读数，并图示测压管水头线的位置。

2-8 图 2-47 所示有一容器，内有稀薄空气，在容器两处分别装有水银测压计，已知开口测压计水银面上升 $h_1=0.23\text{m}$，测压计液面的绝对压强 $p'_{0j}=12.5\text{kPa}$，求水银面上升高度 h_2。

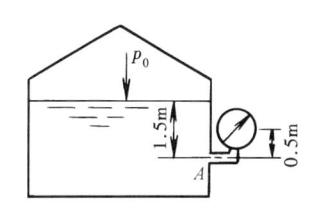

图 2-45 习题 2-6 图

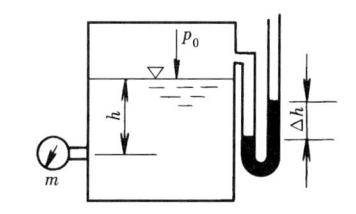

图 2-46 习题 2-7 图

2-9 如图 2-48 所示，求 p_0、p_A 的绝对压强、相对压强和真空值各为若干？

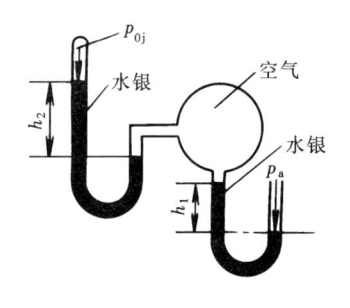

图 2-47 习题 2-8 图

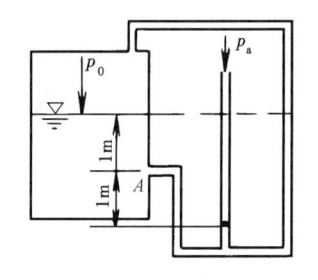

图 2-48 习题 2-9 图

2-10 A、B 两输水管的轴心在同一水平线上，用水银测压计测定两管的压差，如图

43

2-49 所示。测得 $\Delta h=130$mm，试问 A、B 两管的压差是什么？

2-11 图 2-50 所示密封容器中有空气、油、水三种流体。油的容重为 7.26kN/m^3，压力表 A 的读数为 -14.7kN/m^2。求水银测压计中水银柱高差 h。

2-12 有一盛水容器如图 2-51 所示。已知容器的上口直径 $d_1=0.5$m，下底直径 $d_2=1.0$m，容器高 $h=1.5$m。若在上口的活塞上加一力 $G=11.4$kN，活塞重量忽略不计，求作用在容器底面 C、D 两点的相对压强和作用在底面的总压力。

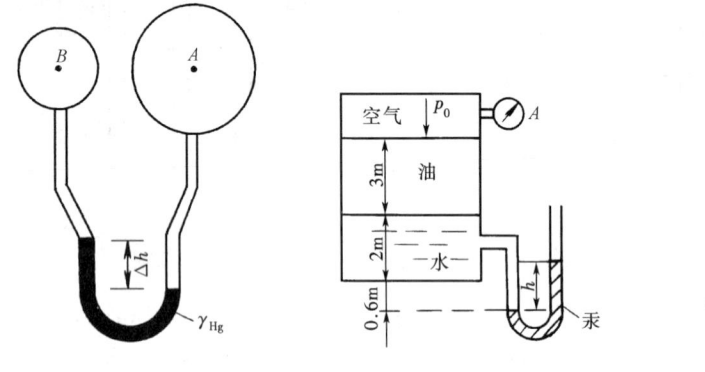

图 2-49 习题 2-10 图　　图 2-50 习题 2-11 图　　图 2-51 习题 2-12 图

2-13 试绘出图 2-52 中各受压面的压强分布图。

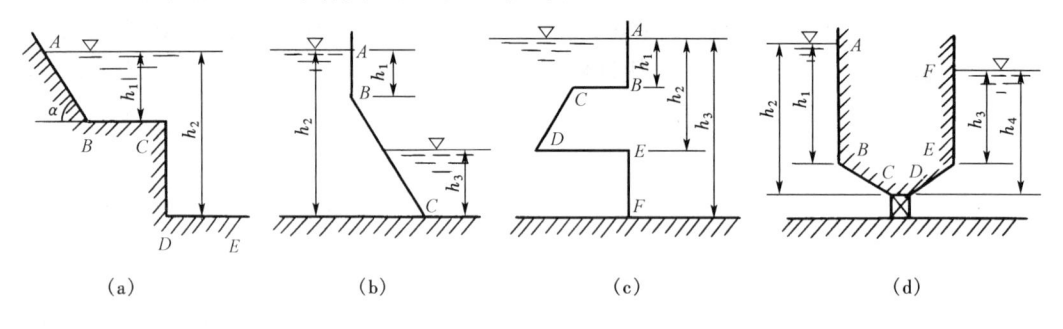

图 2-52 习题 2-13 图

2-14 如图 2-53 所示，已知闸门 AB 的高度 $h=3$m，宽 $b=2$m，水深 $H_1=5$m，闸孔上边缘距水面的距离 $H_2=2$m。试用解析法和图解法计算作用在底边与液面平行的铅直矩形闸门上的总压力及其作用点。

2-15 如图 2-54 所示，宽为 1m，长为 AB 的矩形闸门，倾角为 45°，左侧水深为 $h_1=3$m，右侧水深 $h_2=2$m，试用图解法求作用于闸门上的水静压力及作用点。

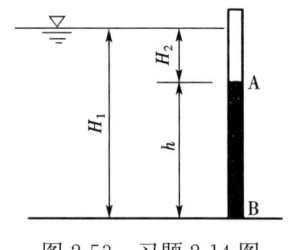

图 2-53 习题 2-14 图

2-16 如图 2-55 所示，倾角 $\alpha=60°$ 的矩形闸门 AB，上部油深 $h=1$m，下部水深 $h_1=2$m，$\gamma_\text{油}=7.84$kN/m^2，求作用在闸门上每米宽度的静压力及作用点。

2-17 如图 2-56 所示，AB 为一矩形闸门，A 为闸门的转轴，闸门宽 $b=2$m，闸门自重 $G=19.62$kN，$h_1=1$m，$h_2=2$m。问 B 端所施的铅垂力 T 为何值时，才能将闸门打开？

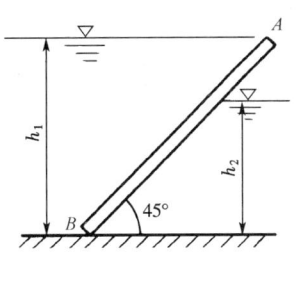

图 2-54 习题 2-15 图　　　　　图 2-55 习题 2-16 图

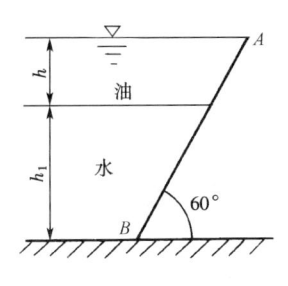

2-18　有一直立的金属平面矩形闸门（见图 2-57），背水面用三根相同的工字梁作支撑，闸门与水深 $h=3\text{m}$ 同高，求各横梁均匀受力时的位置。

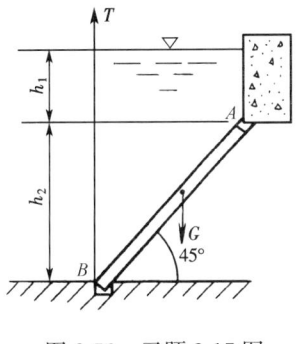

图 2-56 习题 2-17 图　　　　　图 2-57 习题 2-18 图

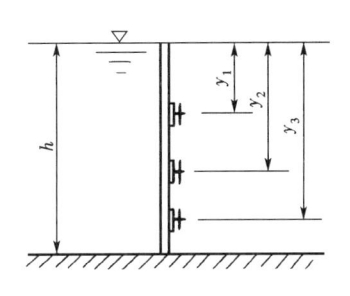

2-19　试绘制图 2-58 中各柱形曲面单位宽度的压力体图及其有铅垂投影面上的压强分布图，并标明静水总压力的水平分力和铅垂分力的方向。

图 2-58 习题 2-19 图　　　　　图 2-59 习题 2-20 图

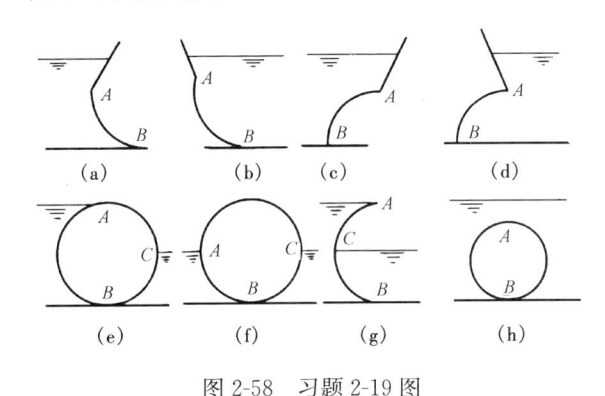

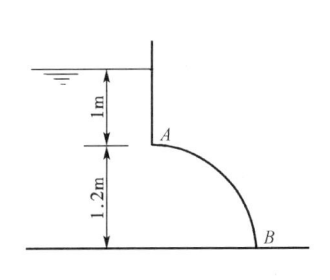

2-20　如图 2-59 所示，AB 为四分之一圆弧形曲面体，壁宽为 1m，求作用在 AB 曲面壁上的总压力、作用点及其方向。

2-21　有一左侧受静压强作用的半圆柱体，已知柱体直径 $D=3\text{m}$，宽度 $b=1\text{m}$，求 AB 曲面所受的总压力、方向和作用点。

2-22　如图 2-60 所示，水车以等加速度 $a_x=0.981\text{m/s}^2$ 在平地直线行驶，水车静止时，A 点位置为 $x_1=1.5\text{m}$，液面下深度 $h=1\text{m}$，求运动后该点受到的静压强是多少？

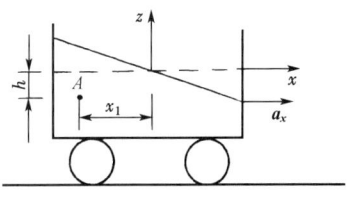

图 2-60 习题 2-22 图

45

第三章

不可压缩一元流体动力学

在自然界或实际工程中，流体的静止总是相对的，运动才是绝对的。流体的最基本特性就是它的流动性。因此，进一步研究流体的运动规律便具有更重要、更普遍的意义。

流体力学中，把表征流体运动状态的物理量如速度、加速度、压强、黏滞力等统称为运动要素。这些运动要素在流体运动时起主导作用的是流速和压强，而流速又更为重要。这是因为流速是流体运动情况的数学描述，同时在流体运动时出现了和流速密切相关的惯性力和黏滞力。其中，惯性力是由质点本身流速变化所产生的，而黏滞力是由于流层与流层之间，质点与质点间存在着流速差异所引起的。因此，流体动力学的基本问题是流速问题，有关流体运动的一系列概念和分类也都是围绕流速提出来的。

研究流体的运动规律，就是研究各运动要素随空间和时间的变化情况及相互的关系，从而提出解决工程实际问题的方法。本章将着重阐述流体运动的连续方程、能量方程和动量方程的基本理论与应用。

第一节 描述流体运动的两种方法

流体运动是在固体壁面所限制的空间内、外进行的，例如空气在室内流动，水在管道内流动，风绕着建筑物流动等。我们把流体运动占据的空间称为流场。流体力学就是研究流场内流体的运动。

描述流体运动的基本方法有拉格朗日法和欧拉法。

一、拉格朗日法

把流场中流体看做是无数连续的质点所组成的质点系。拉格朗日法是以流体中单个质点为对象，研究单个质点的运动轨迹、速度、压强等随时间的变化情况，而后将所有质点的运动情况综合起来，从而掌握整个流体的运动情况。拉格朗日法的着眼点在于流体内各单个质点的运动，研究各单个质点运动的全过程。由于流体内质点的运动极为复杂，用这种方法研究流体运动很困难，同时在大多数情况下并不需知道各质点的来龙去脉。因此这种方法一般不采用。

二、欧拉法

欧拉法是以充满流体质点的空间为对象，研究空间每一给定位置上流体质点的速度、压强等随时间的变化情况，整个流体的运动就是每一空间上流体质点运动的总和。欧拉法的着眼点不是流体的质点，而是固定空间的流体运动。例如扭开水龙头，水从管中流出，我们只需知道水在管口处的流速就可以了，而不需了解水中每个质点由始到终的全部运动过程。因此，工程中广泛采用欧拉法。

流体运动时，其流速、压强是随空间位置和时间而变化的，因此用欧拉法研究流体运动时把流速 u 和压强 p 随空间坐标 x、y、z 和时间 t 的关系表示为下列的函数形式

第三章 不可压缩一元流体动力学

$$u = u(x,y,z,t)$$
$$p = p(x,y,z,t)$$

本书主要采用欧拉法来描述流体的运动。

第二节 流体运动的基本概念

一、一元、二元、三元流

用欧拉法表示流体运动的运动参数（例如速度、压强等）时，一般情况下运动参数是空间位置 x、y、z 和时间 t 的函数。因此，根据运动参数与空间位置 x、y、z 坐标间的函数关系，流场中流体的运动可以分为一元、二元、三元三种流动情况。

当流场中的运动参数必须由三个位置变量来描述的流动，为三元流动，又称之为空间流动，例如 $u = u(x,y,z,t)$。

当所有运动参数可以由两个位置变量来确定的流动，为二元流动，又称平面流动，例如 $u = u(x,y,t)$。

当所有运动参数的变化仅与一个位置变量有关的流动，为一元流动，例如 $u = u(x,t)$。

在管道中运动的流体，同一横断面上各点速度实际上是不相同的。然而在实际工程中，我们感兴趣的是管流整体的平均趋势，即横断面上的平均流速。因而可以认为横断面上所有流体质点的流速都以相同平均流速运动，于是将管道内流体的流动看做是流速在每个横断面上处处相同，仅沿管道长度方向而变化的流动。因此，所有管道或管渠的流动都可以认为是一元流。一元流是本书流体动力学讨论的重点。

二、流线和迹线

前面已述及，描述流体运动有两种不同的方法。拉格朗日法是研究同一流体质点在不同时刻的运动情况；欧拉法是研究同一时刻不同流体质点在空间的运动情况。前者引出了迹线的概念，后者引出了流线的概念。

（一）迹线

流体中同一质点在不同时刻所占有的空间位置连成的空间曲线称为迹线，迹线就是流体质点运动的轨迹线。由于很少利用拉格朗日法来研究流体动力学问题，因此对迹线不作详细讲述。

（二）流线

在某一时刻，各点的切线方向与通过该点的流体质点的流速方向重合的空间曲线称为流线。

用几何直观的方法来进一步说明流线的概念。如图 3-1 所示，从流场中某一点 1 开始，在指定时间 t 时刻，通过 1 点绘制该点的流速方向线 $\vec{u_1}$；沿此方向距 1 点无限小距离取 2 点，绘出 2 点在同一 t 时刻的流速方向线 $\vec{u_2}$；依此类推，我们便得到一条折线 1234… 如图 3-1（a）所示。当折线上各点距离趋于零时，便得到一条光滑曲线，这就是流线，如图 3-1（b）所示。

根据流线的概念，可以看出流线具有以下几个特性：

(1) 流场中任一点处质点的流速方向就是流线在该点的切线方向。流速的大小可由流线的疏密程度反映出来，流线越密处流速越大，流线越稀疏，流速越小。

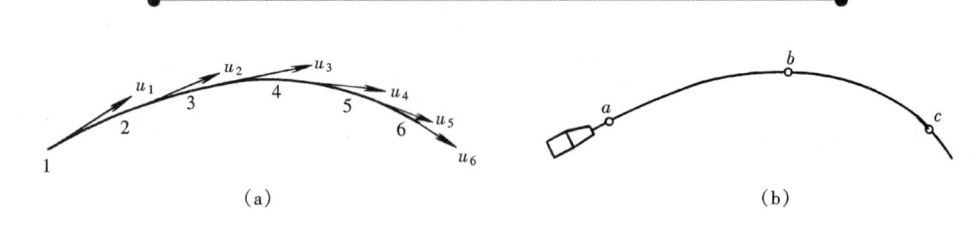

图 3-1 流线的绘制

（2）流线不能相交（驻点和 $u=\infty$ 处除外），也不能是折线。因为流场中任一固定点在同一瞬时只能有一个不等于 0 或 ∞ 速度向量。因此，流线只能是一条光滑的曲线或直线。

（3）在恒定流中，流线和迹线完全重合。在非恒定流中，流线和迹线不重合。因此，只有在恒定流中才能用迹线来代替流线。恒定流在下面要介绍。

三、元流和总流

在流场中任意取一条微小的封闭曲线（曲线本身不能是流线），经曲线上各点作流线则这些流线所构成的管状表面，称为流管。我们把充满流管内的流体称为元流，也称微小流束。因流线不能相交，故流体质点只能在流管内流动，不可能流出管外。同样，外部的流体质点也不可能流入管内。

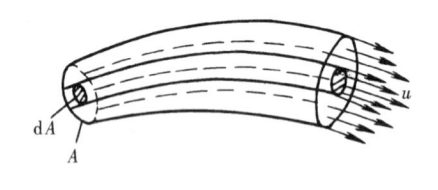

图 3-2 元流与总流

无数元流的总和称为总流，像河流、水管中的水流，风管中的气流等均属总流，如图 3-2 所示。

四、过流断面、流量和平均流速

（一）过流断面

在元流中，与流线垂直的横断面称为元流的过流断面；在总流中与各流线相垂直的横断面称为总流过流断面。总流过流断面的面积等于相应断面上各元流过流断面面积的总和。

当流线相互平行时，过流断面为平面；当流线不相互平行时，过流断面为曲面，如图 3-3 所示。

（二）流量

流量是指单位时间内通过过流断面的流体体积或质量，前者称为体积流量，单位是 m^3/s 或 L/s；后者称为质量流量，单位是 kg/s，在流体力学中，不可压缩流体所用的流量主要是体积流量，一般以符号 Q_v 表示。可压缩流体及某些不可压缩气体（如蒸汽）所用的流量为质量流量，用 Q_m 表示。

设 dA 为元流过流断面面积，由于 dA 很小，故可以认为断面上各点流速的大小和方向是相同的，用 u 表示，如图 3-4 所示。

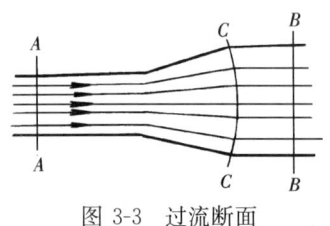

图 3-3 过流断面
A—A、B—B—平面；C—C—曲面

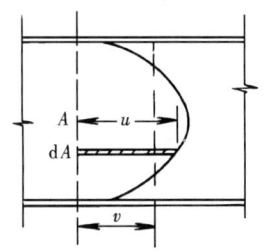

图 3-4 过流断面流速分布

在 dt 时间内通过元流过流断面的流体体积 dΩ 为

$$d\Omega = u dA dt$$

单位时间内通过元流过流断面流体体积，即元流流量为

$$dQ_v = \frac{d\Omega}{dt} = u dA \tag{3-1}$$

单位时间内通过总流过流断面流体体积，即总流流量应等于元流流量的总和

$$Q_v = \int_A dQ = \int_A u dA \tag{3-2}$$

（三）平均流速

流体在流动时，由于黏滞性和流体对管壁附着作用的影响，过流断面上各点流速的大小是不均匀的，而且流速分布规律一般难以用数学式表达，这给流量计算带来困难。为此，引入断面平均流速的概念。

用过流断面上各点流速的平均值来代替各点的实际流速，把它称之为断面平均流速，用 v 表示。平均流速是一个假想的流速，即假设过流断面上各点的流速都相等，而按该流速计算出的流量恰好等于实际流量，如图 3-4 所示。有

$$Q_v = \int_A u dA = v \cdot A$$

则断面平均流速为

$$v = \frac{Q_v}{A} \tag{3-3}$$

式中　Q_v——总流流量，m^3/s；

　　　A——总流过流断面面积，m^2；

　　　v——断面平均流速，m/s。

五、流体运动的几种类型

（一）恒定流与非恒定流

按流体运动要素（流速、压强等）是否随时间变化，将流体运动分为恒定流与非恒定流。

当流体运动时，其空间点上的运动要素（流速、压强等）不随时间而变化，仅与空间位置有关，这种流动称为恒定流。

反之，当流体运动时，其空间点上的运动要素（流速、压强等）不仅与空间位置有关，而且还随时间而变化，这种流动称为非恒定流。

如图 3-5（a）所示：当水从水箱侧孔流出时，由于水箱上部设有充水装置，使水箱的水位保持不变，因此流速、压强等运动要素均不随时间而发生变化，所以是恒定流。

如图 3-5（b）所示：当水箱上部无充水装置时，随着水从孔口的不断出流，水箱的水位不断下降，导致流速、压强等运动要素均随时间发生变化，所以是非恒定流。

实际中，恒定流只是相对的，绝对的恒定流是不存在的。但对于工程中大多数的流动，其流动参数随时间的变化很小，可以忽略不计，这些流动，都可视为或简化为恒定流动。本课程主要研究恒定流问题，对于少数流动现象如水击，其速度、压强等运动参数随时间变化

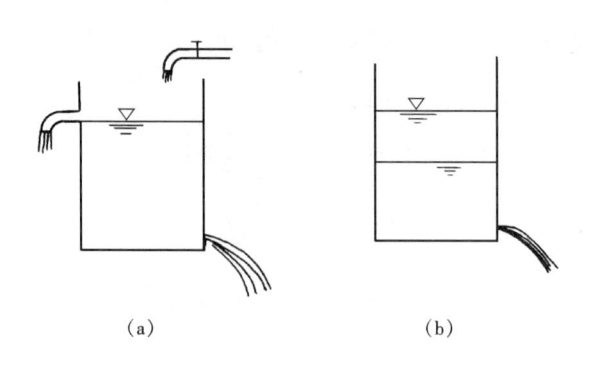

图 3-5 液体经孔口出流
(a) 恒定流；(b) 非恒定流

很大，必须用非恒定流进行计算。

（二）均匀流与非均匀流

按流速是否沿流程变化，将流体运动分为均匀流与非均匀流。流速的大小和方向沿流程都不变的流动称为均匀流。

反之，流速的大小或方向沿流程变化的流动称为非均匀流。

例如，流体在管径不变的直管段中的流动，就是均匀流；而流体在渐变管、弯管中的流动则是非均匀流，如图 3-6 所示。

在均匀流中，流线为互相平行的直线，过流断面为平面；在非均匀流中，流线不互相平行，过流断面为曲面。

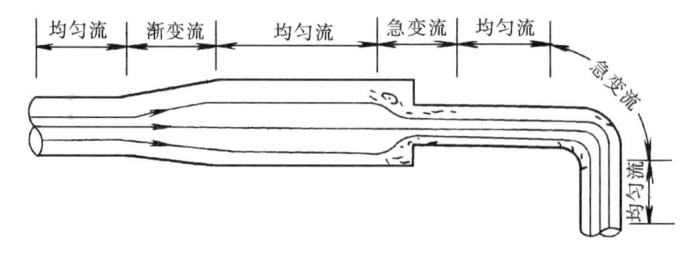

图 3-6 渐变流与急变流

（三）渐变流与急变流

根据流速沿程变化的情况，又可把非均匀流分为渐变流与急变流。

流速沿流程缓慢变化的流动称为渐变流。渐变流的流线曲率（或流线间的夹角）很小，可视为近于平行的直线；渐变流的过流断面可近似的认为是平面，如图 3-6 所示。

流速沿流程急剧变化的流动称为急变流。急变流的流线曲率很大，如图 3-6 所示。

（四）有压流和无压流

按照促使流体运动的作用力不同来分，流体的运动可分为有压流和无压流。

流体在流动时，充满整个流动空间，没有自由液面，主要依靠压力的作用流动，这种流动称为有压流或压力流。压力流是一种充满管道流动的流体，故又称管流。流体内任意一点的压强一般与大气压强不等，例如供热、通风和给水管道中的流体流动，一般都是有压流。

液体在流动时，具有与大气相接触的自由表面，并只依靠液体本身的重力作用而流动的液流，称为无压流。无压流的特点是液体的部分周界不和固体壁面相接触，自有液面上的压强等于大气压强。无压流又称为重力流，它是一种非满管流动的液流，故又称明渠流。例如河道、排水管道中的水流，都是无压流。

第三节 恒定流连续性方程

从本节开始我们将讨论流体运动的基本规律，建立反映这些规律的三大方程。连续性方程是其中之一，它是质量守恒定律在流体运动中的体现。首先研究元流的连续性方程问题，然后推广到总流中去。

如图 3-7 所示，在流体恒定总流中，任意取一流段 1—2。1—1 过流断面面积为 A_1，平均流速为 v_1；2—2 过流断面面积为 A_2，平均流速为 v_2。流体从 1—1 断面流入，从 2—2 断面流出。

再从 1—2 流段中取一元流，流体流入断面的面积为 dA_1，流速为 u_1；流出断面的面积为 dA_2，流速为 u_2。经过 dt 时间以后，从 1—1 元流断面流入的流体质量为

$$dm_1 = \rho_1 u_1 dA_1 dt$$

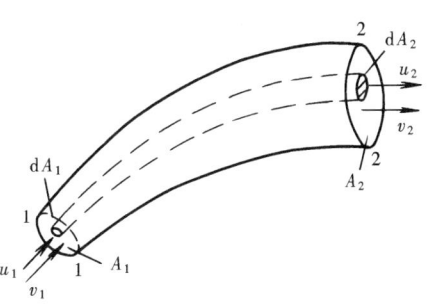

图 3-7 恒定流连续性分析

从 2—2 元流断面流出的流体质量为

$$dm_2 = \rho_2 u_2 dA_2 dt$$

根据质量守恒定律，流入元流的质量等于流出元流的质量，即 $dm_1 = dm_2$
则有

$$\rho_1 u_1 dA_1 dt = \rho_2 u_2 dA_2 dt$$

$$\rho_1 u_1 dA_1 = \rho_2 u_2 dA_2 \tag{3-4}$$

式（3-4）即为可压缩流体恒定元流连续性方程。

当 $\rho_1 = \rho_2$，即为不可压缩流体恒定元流连续性方程。即

$$u_1 dA_1 = u_2 dA_2 \tag{3-5}$$

由于过流断面是任取的，故式（3-5）亦可表示为

$$dQ = u dA = 常数 \tag{3-6}$$

对式（3-5）各项在总流过流断面上积分，即

$$\int_{A_1} u_1 dA_1 = \int_{A_2} u_2 dA_2$$

将 $\int_A u dA = vA$ 代入上式，则得

$$v_1 A_1 = v_2 A_2 \tag{3-7}$$

亦可表示为

$$Q = vA = 常数 \tag{3-8}$$

式中 Q——总流的体积流量，m^3/s；

v——总流过流断面的平均流速，m/s；

A——总流过流断面的面积，m^2。

式（3-7）和式（3-8）称为不可压缩流体恒定总流连续性方程。它表明：总流过流断面的面积与断面平均流速成反比，即

$$\frac{v_1}{v_2} = \frac{A_2}{A_1}$$

如果是可压缩流体，则连续性方程的表达式可写成

$$\rho_1 v_1 A_1 = \rho_2 v_2 A_2 \tag{3-9}$$

应当指出，总流连续性方程式是在流量沿程不变的条件下得出的，但在有流量流入和流出的情况下仍使用，只不过形式有所不同而已。

当两断面间有流体分出（见图3-8）时，则连续性方程可表示为

$$Q_1 = Q_2 + Q_3 \tag{3-10}$$

当两断面间有流体汇入（见图3-9）时，则连续性方程可表示为

$$Q_1 + Q_3 = Q_2 \tag{3-11}$$

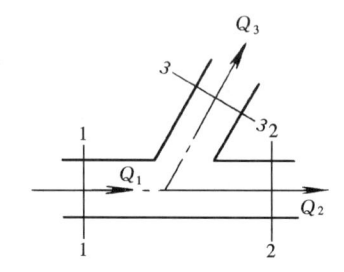

图 3-8 流动的中途分流

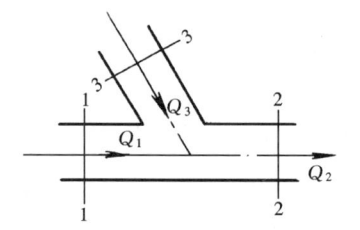

图 3-9 流动的中途汇流

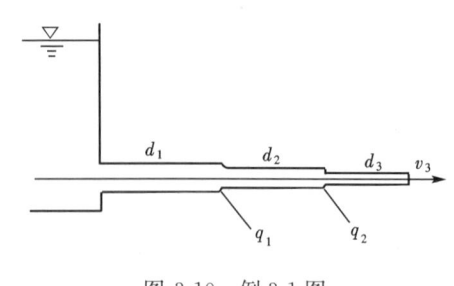

图 3-10 例 3-1 图

【例 3-1】 如图3-10所示的管路系统。各断面的管径分别为 $d_1=0.3$m，$d_2=0.2$m，$d_3=0.1$m，若 $v_3=10$m/s。试求：(1) 管路的流量及各管段的流速；(2) 若节点处分出的流量 $q_1=50$L/s，$q_2=21.5$L/s，则各管段的流量及流速为多少？

解 (1) 当节点处无流量分出时

$$Q_1 = Q_2 = Q_3$$

$$Q_3 = v_3 A_3 = V_3 \frac{\pi}{4} d_3^2 = 10 \times \frac{3.14}{4} \times 0.1^2 = 0.078\,5\,m^3/s$$

由恒定流的连续性方程得

$$v_2 = v_3 \frac{A_3}{A_2} = v_3 \left(\frac{d_3}{d_2}\right)^2 = 10 \times \left(\frac{0.1}{0.2}\right)^2 = 2.5\,m/s$$

$$v_1 = v_3 \frac{A_3}{A_1} = v_3 \left(\frac{d_3}{d_1}\right)^2 = 10 \times \left(\frac{0.1}{0.3}\right)^2 = 1.11\,m/s$$

(2) 当节点处有流量分出时，因为 $Q_3 = 0.078\,5\,m^3/s$ 已求出，所以

$$Q_2 = Q_3 + q_2 = 0.0785 + 0.0215 = 0.1 \text{m}^3/\text{s}$$

$$Q_1 = Q_2 + q_1 = 0.1 + 0.05 = 0.15 \text{m}^3/\text{s}$$

计算各管段的流速

$$v_1 = \frac{Q_1}{A_1} = \frac{0.15}{0.785 \times 0.3^2} = 2.12 \text{m/s}$$

$$v_2 = \frac{Q_2}{A_2} = \frac{0.1}{0.785 \times 0.2^2} = 3.18 \text{m/s}$$

【例 3-2】 断面为 50cm×50cm 的送风管，通过 a、b、c、d 四个 40cm×40cm 的送风口向室内输送空气（见图 3-11），送风口气体平均流速均为 5m/s。求通过送风管 1—1、2—2、3—3 个断面的流速和流量。

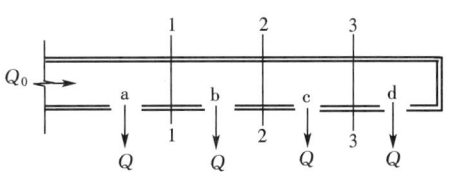

解 每一送风口流量 $Q = 0.4 \times 0.4 \times 5 = 0.8 \text{m}^3/\text{s}$

图 3-11 例 3-2 附图

根据连续性方程

$$Q_3 = Q = 0.8 \text{m}^3/\text{s}$$

$$Q_2 = Q + Q_3 = 0.8 + 0.8 = 1.6 \text{m}^3/\text{s}$$

$$Q_1 = Q + Q_2 = 0.8 + 1.6 = 2.4 \text{m}^3/\text{s}$$

各断面流速

$$v_3 = \frac{Q_3}{0.5 \times 0.5} = \frac{0.8}{0.25} = 3.2 \text{m/s}$$

$$v_2 = \frac{Q_2}{0.5 \times 0.5} = \frac{1.6}{0.25} = 6.4 \text{m/s}$$

$$v_1 = \frac{Q_1}{0.5 \times 0.5} = \frac{2.4}{0.25} = 9.6 \text{m/s}$$

第四节 过流断面的压强分布

一、流体动压强的定义

流体运动时，其内部某点的压强称为流体动压强。流体从静止到运动，质点获得流速，由于黏滞力的作用，改变了压强的静力特性，流体内任一点的压强不仅与该点所在的空间位置有关，也与作用面的方向有关，这就与流体的静压强有所区别。但黏滞力对压强随方向变化的影响很小，在工程上可以忽略不计。而且从理论上可以证明：流体内任意一点在任意三个彼此垂直方向上动压强的平均值是一个常数，不随这三个彼此垂直方向的选取而变化，这个平均值作为该点的动压强值。流体动力学中所指的动压强就是这个平均值，与静力学中静压强概念是不同的。但在实际中，流体流动时的动压强和流体静压强一般在概念和命名上不予区别，一律称为压强。

二、过流断面的压强分布

下面研究压强在垂直于流线方向,即压强在过流断面上的分布规律。

要对压强进行分析,首先牵涉到流体内部作用的力,这就是重力、黏滞力和惯性力,压力是平衡其他三力的结果。重力是不变的,黏滞力和惯性力则与质点流速有关,所以首先要研究流速的变化。

流速是向量,它的变化包括大小的变化和方向的变化。一个质点从一种直径的管道流入另一种直径的管道,流速大小要改变;从一个方向的管道转弯流入另一个方向的管道,流速方向要改变。前一种变化,出现直线惯性力,引起压强沿流向变化;后一种变化,出现了离心惯性力,引起压强沿断面变化,这正是我们要研究的。事实上,总流的流速变化,总是存在着大小的变化和方向的变化,总是出现直线惯性力和离心惯性力。

在断面不变的直管中的流动是均匀流最常见的例子。由于均匀流不存在惯性力,和静止流体受力对比,只多一黏滞力。说明这种流动是重力、压力和黏滞阻力的平衡。但是,三力平衡是对均匀流空间来说的。对于均匀流过流断面情况有所不同,黏滞阻力对垂直于流速方向的过流断面上压强的变化不起作用。所以沿过流断面只考虑压力和重力的平衡,和静止流体所考虑一致。

为了进一步说明,我们任取轴线 $n—n$ 位于均匀流过流断面上的微小柱体为隔离体,如图 3-12 所示,分析作用于隔离体上的力在 $n—n$ 方向的分力。设柱体长为 l,横断面面积为 dA,与铅垂方向的倾角为 α,两端面距基准面 $O—O$ 的铅垂高度为 z_1 和 z_2,压强为 p_1 和 p_2,则有:

1) 柱体重力在 n-n 方向的分力为

$$G\cos\alpha = \gamma l dA\cos\alpha$$

2) 作用在柱体两端的压力 $p_1 dA$ 和 $p_2 dA$,方向分别垂直于作用面。侧表面压力垂直于 $n—n$ 轴,在 $n—n$ 轴上投影为零。

3) 因为微小圆柱体不存在相对运动,故切力为 0。

因此,在 $n—n$ 方向上,微小圆柱体上的力平衡

$$p_1 dA + \gamma l dA\cos\alpha = p_2 dA$$

因为

$$l\cos\alpha = z_1 - z_2$$

所以

$$p_1 + \gamma(z_1 - z_2) = p_2$$

$$z_1 + \frac{p_1}{\gamma} = z_2 + \frac{p_2}{\gamma}$$

或

$$z + \frac{p}{\gamma} = C(\text{常数}) \tag{3-12}$$

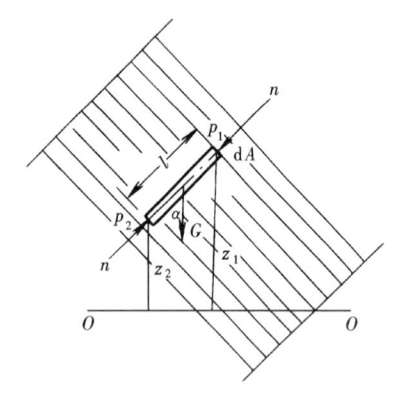

图 3-12 均匀流断面上微小柱体的平衡

式(3-12)说明:在均匀流过流断面上,动压强的分布规律和静压强分布规律相同,即在同一过流断面上测压管水头相等。

需要强调的是:必须是在同一过流断面上各点的动压强才满足上述规律。一般来说,不同的过流断面测压管水头是不相同的。

图 3-13 所示的均匀流中,分别在 1—1 和 2—2 两过流断面上安装测压管,可以发现:

同一过流断面上测压管水头在同一水平面上；但不同断面测压管水头不同。例如图 3-13 中的 1—1 与 2—2 断面上测压管水头不在同一水平面上，这是因为黏滞阻力的作用，使下游断面的水头降低了。

许多流动情况虽然不是严格的均匀流，但接近于均匀流，这种流动称为渐变流。渐变流的流线近乎平行直线，流速沿流向变化所形成的惯性小，可忽略不计；过流断面也可以认为是平面，在过流断面上压强分布也可以认为与静压强的分布规律相同。也就是说，渐变流可近似的按均匀流处理。

需要指出的是：在图 3-14 中 U 形管不能测与 B 点不在同一过流断面上的其他点的压强，例如 E、D 两点的压强。因为测压管和 B 点相接，利用它只能测定和 B 点在同一过流断面上任一点的压强，而不能测定其他点的压强。图中 D 点在 A 点的下游断面上，压强将低于 A 点；E 点在 A 点的上游断面，压强将高于 A 点。

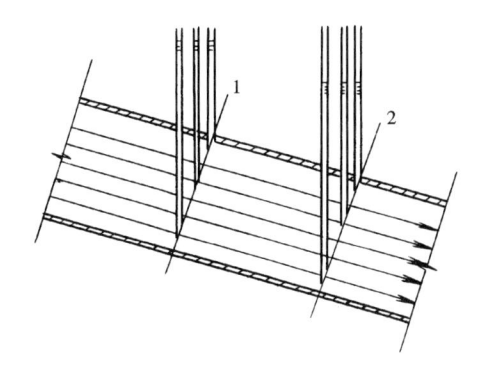

图 3-13　均匀流过流断面的压强分布

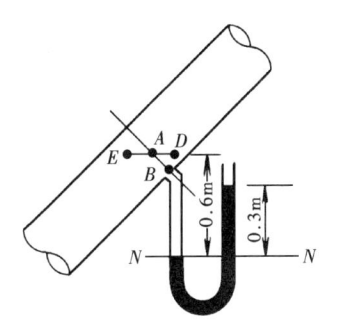

图 3-14　均匀流断面压强测定

综上所述流体动压强具有以下特性：

1）对于理想流体的流动，由于不考虑黏滞力的作用，故流体的动压强具有与静压强相同的特性，即同一点的动压强在各个方向上均相等。

2）实际流体中某点动压强与受压面方向有关。但某些特殊情况，例如对于均匀流、渐变流却可以认为动压强与受压面方向无关，具有与静压强一样的特性。

3）实际流体为均匀流或渐变流时，垂直于过流断面上任意一点的动压强等于沿着过流断面作用于该点的静压强。这一结论将是动力学问题分析和几个方程式推导的重要依据。

【例 3-3】　用 U 形水银测压计测定水在管道中流动时的动压强。测压计在 B 点与管子连接，B 点与 A 点在同一过流面上，求 p_A。

解　由图 3-14 中可看出

$$z_A + \frac{p_A}{\gamma} = z_B + \frac{p_B}{\gamma}$$

因为 $N—N$ 为等压面，所以

$$p_A + \gamma \times 0.6 = \gamma_{Hg} \times 0.3$$
$$p_A = 0.3 \times 133.32 - 0.6 \times 9.81 = 34.14 \text{kN/m}^2$$

应注意 U 形管不能测与 B 点不在同一过流断面上的其他点的压强，例如 E、D 点。

第五节 恒定流能量方程

不可压缩流体恒定流能量方程是研究液体运动时能量转化的基本规律，是能量守恒定律在液体运动中的具体应用。

一、液流的能量转化现象

液流和其他运动物质一样具有动能和势能两种机械能。但液流的势能又分为位置势能和压力势能两种不同的势能。液流的动能与势能之间、机械能与其他形式的能量（热能等）之间也可以相互转化，其转化关系遵守能量转化与守恒定律。只是由于液流本身的特点，所以这一规律在液流中有其特殊的表现形式。

现以图 3-15 所示的管路为例，说明各种机械能之间的相互转化现象。

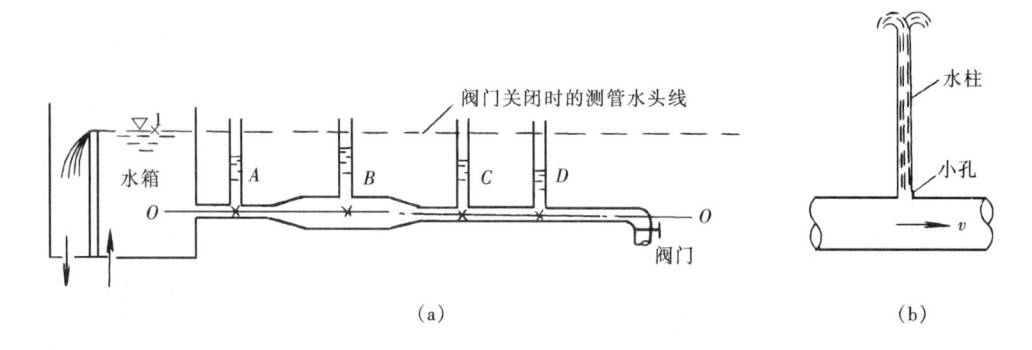

图 3-15 液流的能量转化现象

图 3-15 中，水箱中的水经水平变径管段恒定出流。取管道轴线水平面 O—O 作为基准面，在管道 A、B、C、D 断面处各装一根测压管，观察液流能量转化情况。

(1) 将阀门关闭，则管道中的水处于静止状态，各测压管中水面均与水箱水面齐平，如图 3-15（a）中虚线所示。这表明静止液体中各点的测压管水头 $\left(z+\dfrac{p}{\gamma}\right)$ 等于常数。

(2) 将阀门打开，水开始在管道中流动，各测压管中水位普遍下降，它表明已有部分势能转化为动能。当水箱水位保持不变，水作恒定流动时，各测压管水面分别保持一定高度。观察 A、B 两测压管，发现 B 点测压管水位高于 A 点测压管水位。这是因为 B 点管径大于 A 点管径，即 $D_B > D_A$，根据恒定流连续性方程，则 $v_B < v_A$，说明 B 点管径变粗，动能减小，在水平管道中水流的位置势能 Z 都相等。所以当水流从细管道 A 流至粗管道 B 后，动能减少了，根据能量守恒定律，减少的动能转化为压力势能，这就是粗管 B 上测压管水位高于细管 A 上测压管水位的原因。

然后观察具有相同管径、不同点 C、D 两处的测压管，发现下游 D 的测压管水位低于上游 C 的测压管水位。C、D 两点位置高度相同，流速相等，所以动能和势能相等。但由于液体黏滞性的作用，在运动过程中产生摩擦阻力，从而水流的能量有所损失，损失的能量转化为热能而散失掉，所以 D 点测压管水位较 C 点测压管水位低。

以上讨论说明，流体的机械能共有三种表现形式：动能、位置势能（位能）和压力势能（压能），三种形式可以互相转化；流体运动时，因克服流动阻力，还会引起机械能的损耗。

第三章 不可压缩一元流体动力学

实际工程中的许多流体力学问题都与流体能量转化和守恒有密切的关系。因此，研究流体能量转化与守恒的规律是解决流体力学问题的有效途径。

二、恒定元流能量方程

总流连续性方程虽然揭示了断面平均流速沿流向变化的规律，但却没有涉及液体运动时动压强的变化情况。在外力作用下，液体运动的规律，流速与压强间的关系需要通过能量方程来表达。

从物理学可知，外力对物体所作功的代数和等于物体动能的增量，这就是动能定理。现在我们应用这一定理来推导元流能量方程。

在理想液体恒定流中任取一元流段，如图 3-16 所示。取基准面 0—0，元流进、出过流断面分别为 1—1 和 2—2，断面面积为 dA_1、dA_2，位置高度分别为 z_1 和 z_2，相应断面流速和压强分别为 u_1、p_1 和 u_2、p_2。

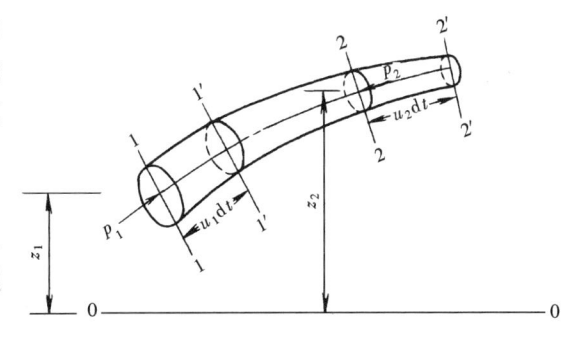

图 3-16 元流能量方程的推证

若在 dt 时间内元流段从位置 1—2 移动到位置 $1'$—$2'$，则断面 1—1 和断面 2—2 移动的距离分别为 u_1dt 和 u_2dt。下面分析一下外力对元流段所做的功及动能变化。

（一）外力做功

由于是理想液体元流运动，不存在黏滞力，因而作用于元流段上的力只有重力和压力。

1. 重力所做的功

由图 3-16 可知，元流在 dt 时间内从 1—2 位置移动到 $1'$—$2'$ 位置，但共有流段 $1'$—2 的位置和形状并未变化，因此，元流从位置 1—2 移到位置 $1'$—$2'$ 时，重力所做的功，就等于流段 1—$1'$ 移到 2—$2'$ 位置时重力所做的功。

对于不可压缩液体，根据连续性方程，流段 1—$1'$ 和 2—$2'$ 内重力相等，即重力 $G = \gamma u_1 dA_1 dt = \gamma u_2 dA_2 dt = \gamma dQ dt$。重力所做的功为

$$\gamma dQ dt(z_1 - z_2)$$

2. 压力所做的功

作用于元流上的压力，有侧面上的和两端过流断面上的。元流侧面上的压力垂直于流动方向，不做功。断面 1—1 上的压力为 $p_1 dA_1$，与流动方向相同，做正功为 $p_1 dA_1 u_1 dt$；断面 2—2 上的压力 $p_2 dA_2$，与流动方向相反，做负功为 $-p_2 dA_2 u_2 dt$。这样作用于两端断面上压力所做的功为

$$p_1 dA_1 u_1 dt - p_2 dA_2 u_2 dt = dQ dt(p_1 - p_2)$$

（二）动能的增量

因共有流段 $1'$—2 的质量和各点的流速不随时间而变，其动能也不变化。所以元流段动能的增量就等于流段 2—$2'$ 与 1—$1'$ 的动能差。根据质量守恒定律，流段 2—$2'$ 与 1—$1'$ 的质量相等，即 $dm = \rho dQ dt = \dfrac{\gamma}{g} dQ dt$，动能为 $\dfrac{1}{2} mu^2$，所以动能的增量为

$$\frac{\gamma dQ dt}{g}\left(\frac{1}{2}u_2^2 - \frac{1}{2}u_1^2\right) = \gamma dQ dt\left(\frac{u_2^2}{2g} - \frac{u_1^2}{2g}\right)$$

根据动能定律,外力对元流所做的功的代数和,应等于元流动能的增量,即

$$\gamma dQdt(z_1-z_2)+dQdt(p_1-p_2)=\gamma dQdt\left(\frac{u_2^2}{2g}-\frac{u_1^2}{2g}\right)$$

上式两端除以 $rdQdt$,经整理后得

$$z_1+\frac{p_1}{\gamma}+\frac{u_1^2}{2g}=z_2+\frac{p_2}{\gamma}+\frac{u_2^2}{2g} \tag{3-13}$$

由于断面 1—1 与 2—2 是任意选取的,因此这个关系式对元流任意两个断面都是适用的。故式(3-13)可表示为

$$z+\frac{p}{\gamma}+\frac{u^2}{2g}=c \quad (\text{常数}) \tag{3-14}$$

式(3-13)和式(3-14)是理想液体恒定元流单位重量液流的能量方程,又称为伯诺里方程。

对于实际液体,液体流动时必须克服黏滞力,消耗一定的能量,即黏滞力阻碍元流运动做负功。如果黏滞力对单位重量液流所做的功为 h'_w,那么流段 1—1′ 移到 2—2′ 时,黏滞力做的功为 $-\gamma dQdth'_w$,于是按动能定理可得

$$\gamma dQdt(z_1-z_2)+dQdt(p_1-p_2)-\gamma dQdth'_w=\gamma dQdt\left(\frac{u_2^2}{2g}-\frac{u_1^2}{2g}\right)$$

整理后得

$$z_1+\frac{p_1}{\gamma}+\frac{u_1^2}{2g}=z_2+\frac{p_2}{\gamma}+\frac{u_2^2}{2g}+h'_w \tag{3-15}$$

式(3-15)称为实际液体恒定元流能量方程。

三、实际液体恒定总流的能量方程

有了元流能量方程,就可以推广到总流,建立总流能量方程。

式(3-15)中的各项表示过水断面 dA 上单位重量液体所具有的能量。而单位时间内通过元流断面液体的重量为

$$\gamma dQ=\gamma u_1 dA_1=\gamma u_2 dA_2$$

于是实际液体恒定元流能量方程式(3-15)各项乘以 γdQ 可得

$$\left(z_1+\frac{p_1}{\gamma}+\frac{u_1^2}{2g}\right)\gamma u_1 dA_1=\left(z_2+\frac{p_2}{\gamma}+\frac{u_2^2}{2g}+h'_w\right)\gamma u_2 dA_2$$

总流是所有元流的总和。那么,对上式沿总流两个过流断面积分,就可得总流能量方程

$$\int_{A_1}\left(z_1+\frac{p_1}{\gamma}+\frac{u_1^2}{2g}\right)\gamma u_1 dA_1=\int_{A_2}\left(z_2+\frac{p_2}{\gamma}+\frac{u_2^2}{2g}+h'_w\right)\gamma u_2 dA_2$$

上式变为

$$\gamma\int_{A_1}\left(z_1+\frac{p_1}{\gamma}\right)u_1 dA_1+\gamma\int_{A_1}\frac{u_1^2}{2g}u_1 dA_1$$

$$=\gamma\int_{A_2}\left(z_2+\frac{p_2}{\gamma}\right)u_2 dA_2+\gamma\int_{A_2}\frac{u_2^2}{2g}u_2 dA_2+\gamma\int_{A_2}h'_w u_2 dA_2 \tag{3-16}$$

式(3-16)中三种形式能量积分的结果如下:

1. 势能积分

$$\gamma\int_A\left(z+\frac{p}{\gamma}\right)u dA$$

表示单位时间通过总流过流断面的液体势能。如果我们所选的总流过流断面 1—1 和 2—2 为渐变流断面，因为渐变流过流断面上 $z+\dfrac{p}{\gamma}=$ 常数，则

$$\gamma\int_A\left(z+\frac{p}{\gamma}\right)u\,\mathrm{d}A = \gamma\left(z+\frac{p}{\gamma}\right)\int_A u\,\mathrm{d}A = \gamma\left(z+\frac{p}{\gamma}\right)vA = \left(z+\frac{p}{\gamma}\right)\gamma Q \tag{3-17}$$

2. 动能积分

$$\gamma\int_A \frac{u^2}{2g}u\,\mathrm{d}A$$

表示单位时间通过总流过流断面上液体的动能。由于总流断面流速分布不均匀，必须用平均流速表示动能，即用 $\dfrac{\gamma}{2g}\int v^3 \mathrm{d}A$ 代替 $\dfrac{\gamma}{2g}\int u^3 \mathrm{d}A$，但二者并不相等，因此在用平均流速表示动能时，需乘一个系数 α 加以修正。则

$$\gamma\int_A \frac{u^3}{2g}\mathrm{d}A = \frac{\gamma}{2g}\alpha\int v^3\mathrm{d}A = \frac{\gamma}{2g}\alpha v^3 A = \frac{\alpha v^2}{2g}\gamma Q \tag{3-18}$$

α 称为动能修正系数，表示过流断面上实际动能与按平均流速所计算的动能之比值。即

$$\alpha = \frac{\int_A u^3 \mathrm{d}A}{v^3 A}$$

其值取决于过流断面的流速分布情况，可通过实验方法来确定。一般 $\alpha=1.05\sim1.10$，实际在工程计算中常取 α 为 1。有时 $\alpha=2$（详见第四章）。

3. 能量损失的积分

$$\gamma\int_{A_2} h'_w u_2 \mathrm{d}A_2$$

表示单位时间内液体克服 1—2 流段的摩擦阻力做功所损失的能量。总流中各元流的能量损失也是沿断面变化的。所以取单位重量液体在总流断面 1—2 间的平均能量损失，用 h_w 表示，则

$$\gamma\int_A h'_w u_2 \mathrm{d}A_2 = h_w \gamma v_2 A_2 = \gamma h_w Q \tag{3-19}$$

将各项能量积分公式（3-17）～式（3-19）代入式（3-16）得

$$\left(z_1+\frac{p_1}{\gamma}\right)\gamma Q + \frac{\alpha_1 v_1^2}{2g}\gamma Q = \left(z_2+\frac{p_2}{\gamma}\right)\gamma Q + \frac{\alpha_2 v_2^2}{2g}\gamma Q + \gamma h_w Q$$

对单位重量的液体而言，即将上式各项除以 γQ，得

$$z_1 + \frac{p_1}{\gamma} + \frac{\alpha_1 v_1^2}{2g} = z_2 + \frac{p_2}{\gamma} + \frac{\alpha_2 v_2^2}{2g} + h_w \tag{3-20}$$

式（3-20）即为实际流体恒定总流能量方程，又称总流伯诺里方程。

四、恒定总流能量方程的意义

恒定总流能量方程中的各项表示了总流过流断面上不同形式的能量和水头。

1. 物理意义

  z——单位重量流体对某一基准面具有的位置势能，称为单位位能；

  $\dfrac{p}{\gamma}$——单位重量流体的压能，称为单位压能；

$\dfrac{\alpha v^2}{2g}$——单位重量流体的平均动能,称为单位动能;

$z+\dfrac{p}{\gamma}$——单位重量流体的总势能,称为单位势能;

$z+\dfrac{p}{\gamma}+\dfrac{\alpha v^2}{2g}$——单位重量流体具有的总能量,称为单位总机械能;

h_w——单位重量流体在流段中所损失的能量,称为单位能量损失。

2. 几何意义

能量方程中的各项都具有长度单位,即可用一定的几何高度表示出来,工程上称之为"水头"。

z——总流过流断面上某点相对于基准面的位置高度,称为位置水头。

$\dfrac{p}{\gamma}$——总流过流断面上与 z 同一点测压管内液面相对于 z 点的高度,称为压强水头。

$\dfrac{\alpha v^2}{2g}$——在断面平均流速 v 作用下液体所能上升高度,称为流速水头。

为了进一步说明流速水头,在恒定管流中放置测压管和测速管,如图 3-17 所示。测速管是一根有 90°弯头两端开口的细管。将有弯头的这一端的端口,放入流场中 A 点,并正对来流方向。流体质点通过 A 点的端口进入管内,使管内液面上升到比原来 A 点测压管高度 $\dfrac{p}{\gamma}$ 高出 h_u 后静止下来,此时 A 点的流体质点由于受到测速管的阻滞,流速等于零。所以高度 h_u 是由 $\dfrac{u^2}{2g}$ 转化而来的,是由于沿流线到达 A 点的流体质点,因运动受阻流速将为零,从而使该点的动能全部转化为压能,即 A 点压强 $p'=\dfrac{p}{\gamma}+\dfrac{u^2}{2g}$,见图 3-17。所以

$$h_u=\dfrac{u^2}{2g} \tag{3-21}$$

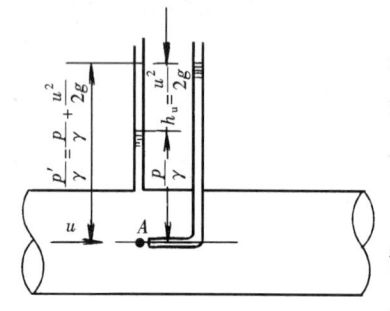

图 3-17 测压管与测速管

式(3-21)表明:流速水头 $\dfrac{u^2}{2g}$ 也是可以实测的高度。它等于测速管与测压管液面高度差 h_u。

对于总流,$\dfrac{\alpha v^2}{2g}$ 则可理解为过流断面上各点流速水头的平均值。

$z+\dfrac{p}{\gamma}$——总流过流断面上各点的测压管水面相对于基准面高度,称为测压管水头。

$z+\dfrac{p}{\gamma}+\dfrac{\alpha v^2}{2g}$——总流过流断面上测速管水面相对于基准面高度,称为总水头。

h_w——总流两断面间流段的平均水头损失,称为水头损失。

第六节 能量方程的应用

一、能量方程的应用

恒定总流能量方程在应用上有很大的灵活性和适应性。

(1) 能量方程的推导是在恒定流前提下进行的。客观上虽然并不存在绝对的恒定流，但多数流动，流速随时间变化缓慢，由此所导致的惯性力较小，方程仍使用。

(2) 能量方程的推导是以不可压缩流体为基础的，密度在运动过程中保持不变。但它不仅适用于压缩性极小的液体流动，也适用于专业上所碰到的大多数气体流动。只有压强变化较大，流速甚高，才需要考虑气体的可压缩性。

(3) 能量方程的推导所选取的两过流断面是均匀流或渐变流过流断面。这在一般条件下是要遵守的，特别是断面流速甚大时更应严格遵守。例如，管路系统进口处在急变流段，一般不能选作能量方程的断面。但在某些问题中，断面流速不大，离心惯性力不显著，或者断面流速相在能量方程中所占比例很小也允许将断面选在急变流处，近似地求流速或压强。但两个断面之间不要求是均匀流或渐变流。

(4) 能量方程的推导是根据两端面间没有分流或合流的情况下推得的。对于有分流的情况，因为总流能量方程是对单位重量流体而言的，所以能量方程仍能近似地应用，例如有分流情况，如图 3-18 所示。

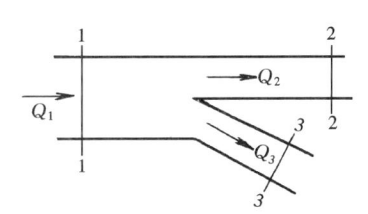

对于断面 1—1 与 2—2 有：

$$z_1 + \frac{p_1}{\gamma} + \frac{\alpha_1 v_1^2}{2g} = z_2 + \frac{p_2}{\gamma} + \frac{\alpha v_2^2}{2g} + h_{\text{w}1\text{-}2}$$

图 3-18 流动中途分流能量方程的应用

对于断面 1—1 与 3—3 有

$$z_1 + \frac{p_1}{\gamma} + \frac{\alpha_1 v_1^2}{2g} = z_3 + \frac{p_3}{\gamma} + \frac{\alpha v_3^2}{2g} + h_{\text{w}1\text{-}3}$$

可见，两断面间虽分出流量，但能量方程的形式并不改变。自然分流对单位能量损失 $h_{\text{w}1\text{-}2}$ 的值是有影响的。

同样，可以得出当为合流时的能量方程。

注意，对于两断面间有流量分出或流入的流动，列能量方程时，只需计入所列两断面间的能量损失，而不考虑另一股分出或流入能量的能量损失。

(5) 能量方程推导过程中，两过流断面间没有能量的输入或输出。如果在所取的两个断面之间有能量输入（中间安装水泵或风机），则可以将输入的单位项 H 加在式（3-20）的左方：

$$z_1 + \frac{p_1}{\gamma} + \frac{\alpha_1 v_1^2}{2g} + H = z_2 + \frac{p_2}{\gamma} + \frac{\alpha_2 v_2^2}{2g} + h_{\text{w}1\text{-}2} \tag{3-22}$$

或者有能量输出（中间安装有水轮机或汽轮机），则将输出的单位项 H_0 加在式（3-20）的右方：

$$z_1 + \frac{p_1}{\gamma} + \frac{\alpha_1 v_1^2}{2g} = z_3 + \frac{p_3}{\gamma} + \frac{\alpha_3 v_3^2}{2g} + H_0 + h_{\text{w}1\text{-}3} \tag{3-23}$$

以维持能量收支平衡。将单位能量乘以 γQ，回到总能量的形式，则换算功率。在前一种情况下，流体机械的输入功率为 $P = \gamma Q H$；后一种情况下，流体机械的输出功率为 $P_0 = \gamma Q H_0$。

(6) 由于能量方程的推导用到了均匀流过流断面上的压强分布规律，因此，断面上的压强 p 和位置高度 z 必须取同一点的值，但该点可以在断面上任取。例如在明渠流中，该点可取在液面，也可取在渠底等，但必须在同一点取。

二、应用能量方程解题的一般步骤及注意事项

应用能量方程解题的步骤是：选断面、定基线、列方程、求水头。现说明如下：

1. 过流断面的选择

选择两个过流断面位置的基本原则，应符合均匀流或渐变流的要求。选择的过流断面应使已知量包括得最多，未知量包括在其中一个断面内或两个断面之间。

2. 基准面的选择

基准面必须是水平面，在计算不同断面的位置水头时，必须用同一基准面。从理论上讲，基准面的位置可以任意选择，但应以计算方便为原则。基准面一般选在最低点或通过两断面中较低断面的中心，这样可避免位置水头为负值。

3. 计算点的选择

过流断面上的计算点，理论上也可任选。因为同一过流断面任一点的测压管水头 $Z+\dfrac{p}{\gamma}$ 等于常数，而动能 $\dfrac{\alpha v^2}{2g}$ 是断面的平均值。所以，同一过流断面上任一点的 $z+\dfrac{p}{\gamma}+\dfrac{\alpha v^2}{2g}$ 都是相同的。为了计算上的方便，对于有自由液面的断面，计算点就选在自由液面上；对于管流，计算点就选在轴线上。

4. 计算断面压强的选取

断面压强要采用同一种压强表示方法，即方程两边同取相对压强或同取绝对压强。通常取相对压强较为方便。

5. 列方程求解

不同过流断面上的动能修正系数 α_1 与 α_2 通常并不相等，也不等于 1，需要依流速情况分别计算。但一般情况下，各断面的 α 大致相同，而且接近于 1。以后在无特别注明的情况下，均取 $\alpha=1$。

【例 3-4】 图 3-19 为一直立水箱，有关尺寸如图所示，在保证水箱出流为恒定流的情况下，试求 B 点的压强。不计水头损失。

解 由于是恒定流，所以水箱水位不变。根据总流能量方程的适用条件，选水箱水面作为 $A—A$ 断面。B 点的压强和流速均未知，故不能一次用能量方程求出。因 B、C 处水流为均匀流，所以 $v_B=v_C$，而 C 点处的断面与大气接触，其压强等于大气压强，所以 C 处断面只有一个未知量 v_C，故先将其求出。所以：取 $A—A$、$C—C$ 断面为计算断面，基准面 0—0 选在 $C—C$ 断面处，列能量方程得

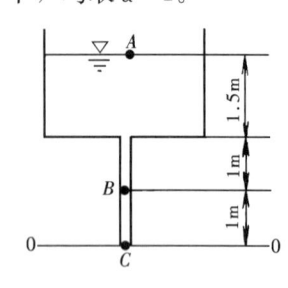

图 3-19 例 3-4 图

$$z_A+\frac{p_A}{\gamma}+\frac{\alpha v_A^2}{2g}=z_C+\frac{p_C}{\gamma}+\frac{\alpha v_C^2}{2g}+h_{wA-C}$$

将有关数据代入，得

$$3.5+0+0=0+0+\frac{\alpha v_C^2}{2g}+0$$

所以

$$\frac{v_C^2}{2g}=3.5$$

再取断面 A—A、B—B 为计算断面，0—0 为基准面，列能量方程得

$$z_A + \frac{p_A}{\gamma} + \frac{\alpha v_A^2}{2g} = z_B + \frac{p_B}{\gamma} + \frac{\alpha v_B^2}{2g} + h_{wA-B}$$

将有关数据代入上式得

$$3.5 + 0 + 0 = 1 + \frac{p_B}{\gamma} + 3.5 + 0$$

$$\frac{p_B}{\gamma} = -1$$

所以

$$p_B = -9.8 \times 1 = -9.8 \text{kN/m}^2$$

说明 B 点压强小于大气压强，处于真空状态，其真空压强

$$p_{VB} = 9.8 \text{kN/m}^2$$

【**例 3-5**】 有一台水泵从水池吸水，经加压后送出，如图 3-20 所示。在直径为 250mm 的吸水管上装一真空计，指示的真空压强为 39.2kN/m²。在直径为 200mm 的出水管上装一压力表，指示的压强为 294.3kN/m²，压力表比真空计高 0.8m。已知水泵出水量为 60L/s，压力表与真空计间的水头损失为 1mH₂O，$\alpha = 1$，试求水泵的扬程和有效功率。

解 选真空计处为断面 1—1，压力表处为断面 2—2。

$$Q = 60\text{L/s} = 0.06\text{m}^3/\text{s}$$

断面 1—1 与 2—2 的流速分别为

$$v_1 = \frac{Q}{A_1} = \frac{4 \times 0.06}{3.14 \times 0.25^2} = 1.22 \text{m/s}$$

$$v_2 = \frac{Q}{A_2} = \frac{4 \times 0.06}{3.14 \times 0.2^2} = 1.91 \text{m/s}$$

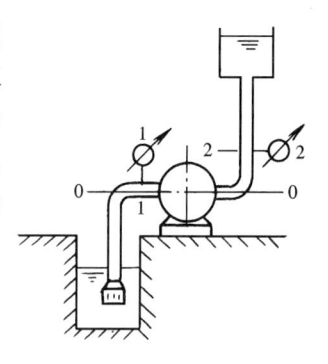

图 3-20 水泵扬程和功率计算

选择基准面 0—0 通过 1—1 断面中心，列断面 1—1 与 2—2 的能量方程，得

$$z_1 + \frac{p_1}{\gamma} + \frac{\alpha_1 v_1^2}{2g} + H = z_2 + \frac{p_2}{\gamma} + \frac{\alpha_2 v_2^2}{2g} + h_w$$

$$0 - \frac{39.2}{9.81} + \frac{1 \times 1.22^2}{2 \times 9.81} + H = 0.8 + \frac{294.3}{9.81} + \frac{1 \times 1.91^2}{2 \times 9.81} + 1$$

则水泵扬程为

$$H = 0.8 + 30 + 0.18 + 3.99 - 0.075 = 35.9 \text{m}$$

水泵有效功率（即输出功率）为

$$P = \gamma Q H = 9.81 \times 0.06 \times 35.9 = 21.1 \text{kW}$$

三、能量方程在流速和流量测量中的应用

（一）毕托管

毕托管是一种测量流体中任一点流速的仪器，它是由一根弯成直角的两端开口的测速管和一根测压管组成，如图 3-17 所示。则 A 点的流速水头由式（3-21）可知

$$h_u = \frac{u_A}{2g}$$

由此可得 A 点的流速为

$$u_A = \sqrt{2gh_u} \tag{3-24}$$

实际用于测定水流中某点流速的仪器——毕托管,是由同心装置的测压管与测速管合并而成的,前端头部弯成 $90°$,开孔正对水流,与测速管相通;在头部侧面有数个小孔,与测压管相通,如图 3-21 所示。测出开口端的液柱高差后,即可按下式计算流速

$$u = \varphi\sqrt{2gh_u} \tag{3-25}$$

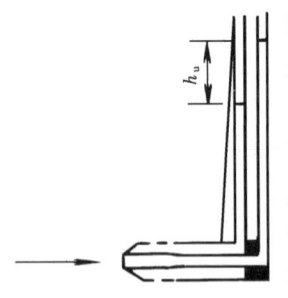

式中:φ 是由实验校正的流速系数,与管子的构造、加工精度有关,一般在 1.0~1.04 之间。

应当指出,用毕托管所测定的流速,只是过流断面上某一点的流速 u,若要测定断面平均流速 v,可将过流断面分成若干等分,用毕托管测定每一小等分面积上的流速,然后计算各点流速的平均值,以此作为断面平均流速。显然,面积划分越小,测点越多,计算结果越符合实际。

图 3-21 毕托管

【例 3-6】 用毕托管测某点流速,测得差压计液面高差 h_u 为 15cm,已知 $\varphi=1.0$,求该点流速。

解 由式(3-25)得

$$u = \varphi\sqrt{2gh_u} = 1.0 \times \sqrt{2 \times 9.8 \times 0.15} = 1.17\text{m/s}$$

(二)文丘里流量计

文丘里流量计是利用流体在管道的流速差引起压强变化,通过压差的量测来求出管道中流量大小的一种装置。

文丘里流量计由渐缩管、喉管和渐扩管三部分组成。在渐缩管进口断面和喉管断面处分别安装测压管(或水银差压计),如图 3-22 所示。

因喉管处管径较小,当流体通过时,由于管径收缩而引起动能增大,势能相应减小,故测压管 2 中液面明显低于测压管 1 中液面。在测得两测压管液面高差后,应用能量方程,即计算出通过管道的流量。

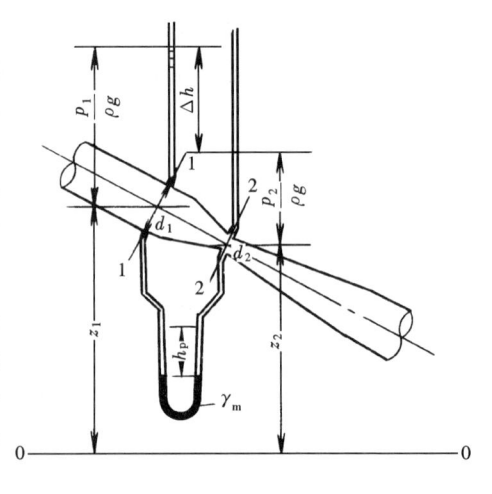

图 3-22 文丘里流量计

取渐缩管进口断面为 1—1 断面,喉管断面为 2—2 断面,以水平面 0—0 作为基准面,暂不考虑能量损失,并取 $\alpha_1 = \alpha_2 = 1$,列能量方程

$$z_1 + \frac{p_1}{\gamma} + \frac{v_1^2}{2g} = z_2 + \frac{p_2}{\gamma} + \frac{v_2^2}{2g} \tag{3-26}$$

得

$$\left(z_1 + \frac{p_1}{\gamma}\right) - \left(z_2 + \frac{p_2}{\gamma}\right) = \frac{v_2^2 - v_1^2}{2g}$$

根据连续性方程 $v_1 A_1 = v_2 A_2$ 得

$$v_2 = \left(\frac{A_1}{A_2}\right)v_1 = \left(\frac{d_1}{d_2}\right)^2 v_1 \tag{3-27}$$

第三章 不可压缩一元流体动力学

又
$$\left(z_1+\frac{p_1}{\gamma}\right)-\left(z_2+\frac{p_2}{\gamma}\right)=\Delta h \tag{3-28}$$

将式（3-27）、式（3-28）代入式（3-26）中，得

$$v_1=\sqrt{\frac{2g\Delta h}{\left(\frac{d_1}{d_2}\right)^4-1}}$$

因此，通过管道的流量

$$Q=v_1 A_1=\frac{\pi}{4}d_1^2\sqrt{\frac{2g\Delta h}{\left(\frac{d_1}{d_2}\right)^4-1}}$$

令

$$K=\frac{\pi}{4}d_1^2\sqrt{\frac{2g}{\left(\frac{d_1}{d_2}\right)^4-1}}$$

则

$$Q=K\sqrt{\Delta h} \tag{3-29}$$

按式（3-29）计算出的流量，是未计算能量损失的理论流量。考虑到能量损失，管道实际流量小于理论流量，故还需乘一个系数进行修正。

这样，实际流量应按下式计算

$$Q=\mu K\sqrt{\Delta h} \tag{3-30}$$

式中 Q——流量，m^3/s；

Δh——两测压管液面高差，m；

μ——流量系数，由实验确定，为 0.95～0.98；

K——文丘里系数，$m^{5/2}/s$。当 d_1 和 d_2 已知时，K 为定值。

如果文丘里流量计安装的是其他流体的压差计，如图 3-22 中管道下部所示，文丘里流量计算公式为

$$Q=\mu K\sqrt{\frac{\gamma_m-\gamma}{\gamma}h_p} \tag{3-31}$$

式中 γ_m——压差计内流体的容重，N/m^3；

γ——管路内被测流体的容重，N/m^3；

h_p——压差计内流体液面高差，m；

其余参数与前相同。

【例 3-7】 利用文丘里流量计测量某管道中液体流量。已知文丘里流量计管径 $d_1=200mm$，$d_2=80mm$，流量系数 μ 为 0.98，当测得水银压差计液面高差 h_p 为 40mm（或测压管水头差 Δh 为 0.53m）时，求管道通过的流量。

解 计算文丘里系数 K

$$K=\frac{\pi d_1^2}{4}\sqrt{\frac{2g}{\left(\frac{d_1}{d_2}\right)^4-1}}=\frac{3.14\times 0.2^2}{4}\sqrt{\frac{2\times 9.8}{\left(\frac{0.2}{0.08}\right)^4-1}}=0.0225$$

则通过管道的流量

$$Q = \mu K \sqrt{\frac{\gamma_m - \gamma}{\gamma} h_p} = 0.98 \times 0.0225 \times \sqrt{\frac{133.2 - 9.8}{9.8} \times 0.04}$$

$$= 0.016 \text{m}^3/\text{s} = 16 \text{L/s}$$

若用测压管量测，则

$$Q = \mu K \sqrt{\Delta h} = 0.98 \times 0.0225 \times \sqrt{0.53} = 0.016 \text{m}^3/\text{s} = 16 \text{L/s}$$

第七节 总水头线和测压管水头线

从分析能量方程的意义知道：能量方程中各项都可表示为某一液柱高度或不同形式的水头，它们都具有长度单位，这样就可以用一定比例的线段表示水头的大小，用几何图形来表示总水头和测压管水头沿程变化情况。

总水头线和测压管水头线，是直接在流段上绘出，以它们距基准面的铅垂距离分别表示相应断面的总水头和测压管水头，如图 3-23 所示。

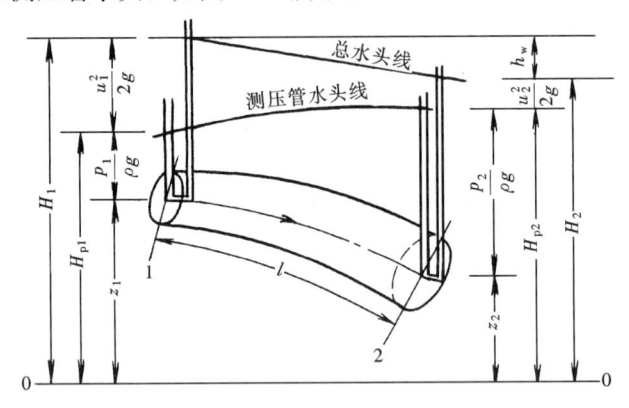

图 3-23 总水头线和测压管水头线

一、总水头线

我们知道，位置水头、压强水头和流速水头之和，$H = z + \frac{p}{\gamma} + \frac{\alpha v^2}{2g}$，称为总水头。

设 1—1 断面的总水头为 H_1，2—2 断面的总水头为 H_2，两断面之间的水头损失为 h_w。根据能量方程

$$H_1 = H_2 + h_w$$

或

$$H_2 = H_1 - h_w$$

由此看出：每一断面的总水头，是上游断面总水头减去两断面之间的水头损失。根据这个关系，从最上游断面起，沿流向依次减去水头损失，求出各断面总水头，一直到流动结束。将这些总水头按一定的比例，直接点绘在水流上并用线连起来，就是总水头线。总水头线也可以看成是流段各过流断面上测速管液面的连线。

由于实际流体运动时总有水头损失，所以总水头线沿程是不断下降的，沿程下降的快慢可用水力坡度 J 表示。

第三章 不可压缩一元流体动力学

水力坡度 J 表示单位重量流体沿流程平均单位长度的水头损失。即

$$J = \frac{h_w}{l} = \frac{H_1 - H_2}{l} \tag{3-32}$$

在绘制总水头线时，需注意区分沿程损失和局部损失（这一内容将在第四章中讲述），它们在总水头线上表现形式是不同的。沿程损失假设为沿管线均匀发生，在等截面直管道中表现为沿管长倾斜下降的直线。局部损失假设在局部障碍处集中作用，表现为在障碍处铅垂下降的直线。

二、测压管水头线

测压管水头是同一断面总水头与流速水头之差。即

$$H_p = H - \frac{\alpha v^2}{2g}$$

根据这个关系，从断面的总水头减去同一断面的流速水头，即得该断面的测压管水头。将各断面的测压管水头连成的线，就是测压管水头线。所以，测压管水头线是根据总水头线减去流速水头绘出的。

测压管水头线沿程的变化可以用测压管坡度 J_p 来表示。即

$$J_p = \frac{\left(z_1 + \dfrac{p_1}{\gamma}\right) - \left(z_2 + \dfrac{p_2}{\gamma}\right)}{l} \tag{3-33}$$

如果 J_p 为正值，表示测压管水头线沿程下降；如果 J_p 为负值，表示测压管水头线沿程上升；如果 J_p 为零时，表示测压管水头线是水平的。

【例 3-8】 如图 3-24 所示，有一水位恒定的水箱，水经下部两段串联的管道流出，前后管段断面面积的比例为 2∶1，管道入口处 A 的水头损失为 $\dfrac{0.5v_1^2}{2g}$，管道突缩处 B 的水头损失为 $\dfrac{0.2v_2^2}{2g}$，AB 与 BC 段水头损失分别为 $\dfrac{3.5v_1^2}{2g}$ 与 $\dfrac{1.8v_2^2}{2g}$。试求管道出口流速并绘出总水头线与测压管水头线。

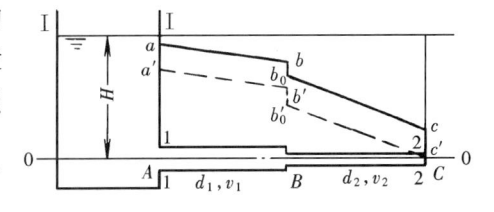

图 3-24 水头线的绘制

解 （1）求管道出口流速 v_2。

以出口管道 C 轴线为基准面 0—0，列水箱水面 1—1 断面和管道出口 2—2 断面的总流能量方程

$$z_1 + \frac{p_1}{\gamma} + \frac{\alpha_1 v_1^2}{2g} = z_2 + \frac{p_2}{\gamma} + \frac{\alpha_2 v_2^2}{2g} + h_w$$

$$z_1 = 8\text{m}, z_2 = 0, p_1 = p_2 = 0, v_1 = 0$$

取 $\alpha_1 = \alpha_2 = 1$，代入上式得

$$8 + 0 + 0 = 0 + 0 + \frac{v_2^2}{2g} + h_w \tag{3-34}$$

根据已知条件

$$h_w = 3.5\frac{v_1^2}{2g} + 1.8\frac{v_2^2}{2g} + 0.5\frac{v_1^2}{2g} + 0.2\frac{v_2^2}{2g}$$

又根据连续性方程

$$\frac{A_2}{A_1} = \frac{v_1}{v_2}$$

而

$$\frac{A_2}{A_1} = \frac{1}{2}$$

所以

$$\frac{v_1}{v_2} = \frac{1}{2} \quad v_1 = \frac{1}{2}v_2$$

$$\frac{v_1^2}{2g} = \frac{1}{4} \times \frac{v_2^2}{2g}$$

则

$$h_w = 3.5 \times \frac{1}{4} \times \frac{v_2^2}{2g} + 1.8\frac{v_2^2}{2g} + 0.5 \times \frac{1}{4} \times \frac{v_2^2}{2g} + 0.2\frac{v_2^2}{2g} = 3\frac{v_2^2}{2g}$$

代入式（3-34）得

$$\frac{v_2^2}{2g} = 2\text{m}$$

$$v_2 = \sqrt{2 \times 9.81 \times 2} = 6.25\text{m/s}$$

而

$$\frac{v_1^2}{2g} = \frac{1}{4} \times 2 = 0.5\text{m}$$

（2）绘制总水头线。为绘制总水头线，必须求出各点总水头值。

1）断面 1—1 的总水头 $H=8$m，因此总水头线也就是水面线。

2）入口点 A 的局部水头损失为 $\frac{0.5v_1^2}{2g}=0.5\times0.5=0.25$m，则 $H_a=8-0.25=7.75$m。

3）AB 段水头损失为 $\frac{3.5v_1^2}{2g}=3.5\times0.5=1.75$m，则 $H_b=7.75-1.75=6$m。

4）B 点的局部水头损失为 $\frac{0.2v_2^2}{2g}=0.2\times2=0.4$m，则 $H_{b_0}=6-0.4=5.6$m。

5）BC 段水头损失为 $\frac{1.8v_2^2}{2g}=1.8\times2=3.6$m，则 $H_c=5.6-3.6=2$m。

将以上各点连接起来就构成了总水头线：a—b—b_0—c。

总水头损失为 $h_w=8-2=6$m。

（3）测压管水头线的绘制。只要用各点的总水头减去相应点的流速水头，即可得测压管水头。由于每段管道断面沿程不变，所以流速水头也不变。在 AB 段 $\frac{v_1^2}{2g}=0.5$m，BC 段 $\frac{v_2^2}{2g}=2$m。图中 a'-b'-b_0'-c' 就是测压管水头线，与相应管段的总水流线平行。从图中可看出，出口断面测压管水头线的位置即在该断面中心。

从上例可以看出，绘制测压管水头线和总水头线之后，图形上出现 4 根有能量意义的线：总水头线、测压管水头线、水流轴线（管轴线）和基准面线。这 4 根线的相互铅垂距离，反映了全线各断面的各种水头值。这样，水流轴线到基准线之间的铅垂距离，就是断面的位置水头；测压管水头线到水流轴线之间的铅垂距离，就是断面的压强水头。而总水头线到测压管水头线之间的铅垂距离，就是断面流速水头。

第八节　恒定气流的能量方程

第五节中总流能量方程式（3-20）虽然是在不可压缩的恒定液体运动模型上提出的，但对于流速不太高（小于 68m/s），压强变化不大的不可压缩气体的恒定流动也是适用的。下面分两个方面来讨论气体的能量方程。

一、气体在高差较大的系统中运动，并且气体容重和空气容重不相等

在这种系统中气体流动时，由于高差较大，大气容重发生变化，所以式（3-20）中的位能 z_1 和 z_2 不能忽略，压强应用绝对压强，这是因为气体的密度 ρ 不等于空气的密度 ρ_a，需要考虑因高差而引起的大气压强差。同时，考虑到对于气体，水头的概念不像液流那样明确具体。因此，将式（3-20）中各项都乘以气体容重 γ，变成具有压强的单位。则可得出

$$\gamma z_1 + p'_1 + \frac{\rho v_1^2}{2} = \gamma z_2 + p'_2 + \frac{\rho v_2^2}{2} + p_w \tag{3-35}$$

式中：$p_w = \gamma h_w$，为两断面间的压强损失。

式（3-35）中，$\alpha_1 = \alpha_2 = 1$，是由于气体过流断面上流速分布比较均匀。

在工程实际中仍习惯采用相对压强，下面结合图 3-25 来导出用相对压强表示的气体能量方程式。

设断面 1—1 在高程 z_1 处，大气压强为 p_a；断面 2—2 在高程为 z_2 处，大气压强将减至为 $p_a - \gamma_a(z_2 - z_1)$。式中 γ_a 为空气容重。

断面 1—1 处的绝对压强可写成

$$p'_1 = p_a + p_1$$

断面 2—2 处的绝对压强可写成

$$p'_2 = p_{a2} + p_2 = p_a - \gamma_a(z_2 - z_1) + p_2$$

上二式中，p_1 和 p_2 分别是以各自高程处大气压强为零点起算的相对压强。将其代入式（3-35）中，整理后可得

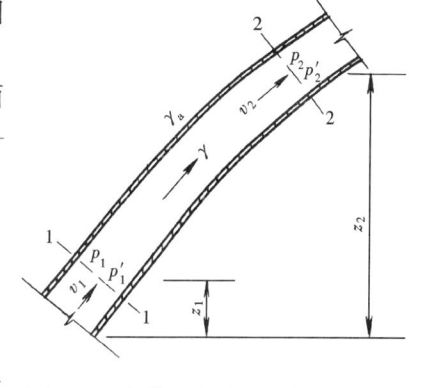

图 3-25　气体的相对压强与绝对压强

$$p_1 + \frac{\rho v_1^2}{2} + (\gamma_a - \gamma)(z_2 - z_1) = p_2 + \frac{\rho v_2^2}{2} + p_w \tag{3-36}$$

式（3-36）即是用相对压强表示的气体能量方程。

气体能量方程与液体能量方程比较，除各项单位为压强，表示气体单位体积的平均能量外，对应项有基本相近的意义：

p_1、p_2——断面 1、2 的相对压强，专业上习惯称为静压。但不能理解为静止气体的压强，它与液流中的压强水头相对应。应当注意，相对压强是以同高程处大气压强为零点计算的，不同的高程引起大气压强的差异，已经计入方程的位压项了。

$\dfrac{\rho v_1^2}{2}$、$\dfrac{\rho v_2^2}{2}$——专业中习惯称动压，它与液流中的流速水头相对应。它表示断面流速没有能量损失地降低至零所转化的压强值。

$(\gamma_a - \gamma)(z_2 - z_1)$——容重差与高程差的乘积，称为位压，与水流的位置水头差相对应。

位压是以 2—2 断面为基准量度的 1—1 断面处单位体积气体的位能。我们知道，$(\gamma_a - \gamma)$ 为单位体积气体所承受的有效浮力，气体从 z_1 到 z_2，顺浮力方向上升 $(z_2 - z_1)$ 铅直距离时，气体所损失的位能为 $(\gamma_a - \gamma)(z_2 - z_1)$。因此 $(\gamma_a - \gamma)(z_2 - z_1)$ 即为断面 1 相对于断面 2 的单位体积位能。位能可正可负，它仅属于 1—1 断面。

p_w——1、2 两断面间的压强损失。

静压与位压之和称为势压，用 p_s 表示

$$p_s = p + (\gamma_a - \gamma)(z_2 - z_1)$$

式中：p_s 的下标 s 表示"势压"的第一个拼音符号。势压与液流的测压管水头相对应。

静压和动压之和称为全压，以 p_q 表示。表示方法同前

$$p_q = p + \frac{\rho v^2}{2}$$

静压、动压和位压三项之和称为总压，以 p_z 表示。与液流中的总水头相对应。

$$p_z = p + \frac{\rho v^2}{2} + (\gamma_a - \gamma)(z_2 - z_1)$$

由上式可知：存在位压时，总压等于位压加全压；位压为零时，总压就等于全压。相应于总水头线和测压管水头线，对气体系统有总压线和势压线。

二、气体在高差相差不大的系统中运动或者气体的容重等于空气的容重

当气体在运动时，或高差甚小，或容重差甚小，$(\gamma_a - \gamma)(z_2 - z_1)$ 可以忽略不计，则气流的能量方程可简化为

$$p_1 + \frac{\rho v_1^2}{2} = p_2 + \frac{\rho v_2^2}{2} + p_w \tag{3-37}$$

【例 3-9】 密度 $\rho = 1.2 \text{kg/m}^3$ 的空气，用风机吸入直径 10cm 的吸风管道，在喇叭形进口处测得水柱吸上高度为 $h_0 = 12\text{mm}$，见图 3-26。不考虑损失，求流入管道的空气流量。

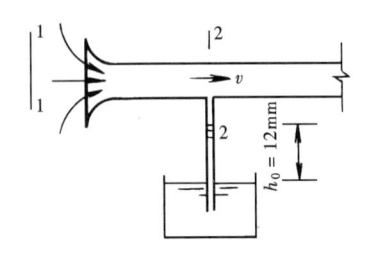

图 3-26 喇叭形进口的空气流量

解 将 1—1 断面取在离喇叭形进口足够远处，且令其断面面积远大于喇叭口的断面面积，则可近似认为 $v_1 = 0$，1—1 断面压强为大气压强，即 $p_1 = 0$。而 2—2 断面的相对压强则为

$$p_2 = -\gamma_{H_2O} h = -9800 \times 0.012 = -118 \text{N/m}^2$$

取 1—1、2—2 断面列能量方程

$$p_1 + \frac{\rho v_1^2}{2} = p_2 + \frac{\rho v_2^2}{2} + p_{w1-2}$$

$$0 + 0 = -118 + \frac{1.2 v_2^2}{2} + 0$$

$$v_2 = \sqrt{\frac{2 \times 118}{1.2}} = 14 \text{m/s}$$

流入管道的空气流量为

$$Q = v_2 A = 14 \times \frac{3.14}{4} \times 0.1^2 = 0.11 \text{m}^3/\text{s}$$

【例 3-10】 气体由压强为 12mmH$_2$O 的静压箱 A，经过直径为 10cm，长度为 100m 的

管 B 流出大气中,高差为 40m,如图 3-27 所示。沿程均匀作用的压强损失为 $p_w=9\dfrac{\rho v^2}{2}$。在:(1)气体为与大气温度相同的空气时;(2)气体为 $\rho=0.8\text{kg/m}^3$ 的煤气时,分别求管中流速、流量及管长一半处 B 点的压强。

解 (1)气体为空气时,$\rho_a=\rho$,用式(3-37)计算流速。

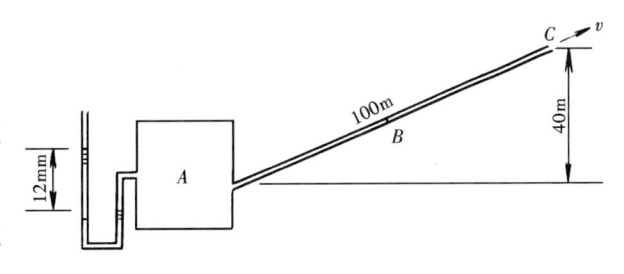

图 3-27 例 3-10 图

取 A、C 断面列能量方程。此时气体密度 $\rho_a=\rho=1.2\text{kg/m}^3$

$$p_1+\frac{\rho v_1^2}{2}=p_2+\frac{\rho v_2^2}{2}+p_w$$

$$0.012\times 9800+0=0+1.2\times\frac{v^2}{2}+9\times 1.2\times\frac{v^2}{2}$$

$$12\times\frac{v^2}{2}=117.6\text{N/m}^2$$

$$v=\sqrt{2\times 117.6/12}=4.43\text{m/s}$$

$$Q=4.43\times 0.1^2\times\frac{3.14}{4}=0.0348\text{m}^3/\text{s}$$

B 点压强计算,取 B、C 断面列能量方程

$$p_B+1.2\times\frac{v^2}{2}=0+1.2\times\frac{v^2}{2}+9\times 1.2\times\frac{v^2}{2}\times\frac{1}{2}$$

$$p_B=4.5\times 1.2\times\frac{v^2}{2}=52.92\text{N/m}^2$$

(2)气体为煤气时,因为 $\rho\neq\rho_a$,所以用式(3-34)计算,即

$$p_1+\frac{\rho v_1^2}{2}+(\gamma_a-\gamma)(z_2-z_1)=p_2+\frac{\rho v_2^2}{2}+p_w$$

$$0.012\times 9800+0+9.8(1.2-0.8)\times 40=0+0.8\times\frac{v^2}{2}+9\times 0.8\frac{v^2}{2}$$

$$8\times\frac{v^2}{2}=274.4\text{N/m}^2$$

$$v=8.28\text{m/s}$$

$$Q=8.28\times\frac{3.14}{4}\times 0.1^2=0.065\text{m}^3/\text{s}$$

B 点的压强计算

$$p_B=9\times 0.8\times\frac{v^2}{2}\times\frac{1}{2}-20\times 9.8\times 0.4=45\text{N/m}^2$$

【例 3-11】 如图 3-28 所示,空气由炉口 a 流入,通过燃烧后废气经 b、c、d 由烟囱流出。烟气 $\rho=0.6\text{kg/m}^3$,空气 $\rho=1.2\text{kg/m}^3$,由 a 到 c 的压强损失换算为出口动压为 $9\times\dfrac{\rho v^2}{2}$,c 到 d 的损失为 $20\dfrac{\rho v^2}{2}$。求:(1)出口流速;(2)c 处静压 p_c。

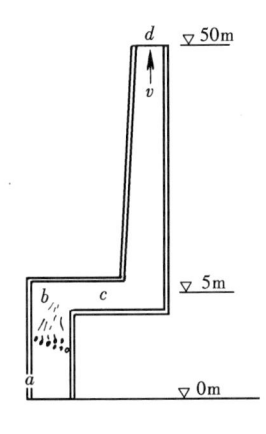

图 3-28 例 3-11 图

解 (1) 出口流速 v。列进口前 0 高程和出口 50m 高程处两断面能量方程

$$0+0+9.8\times(1.2-0.6)\times 50=0+0.6\times\frac{v^2}{2}+9\times\frac{0.6v^2}{2}+20\times\frac{0.6v^2}{2}$$

$$30\times 0.6\times\frac{v^2}{2}=294\text{N/m}^2$$

$$0.6\times\frac{v^2}{2}=9.8\text{N/m}^2$$

$$v=\sqrt{2\times 9.8/0.6}=5.7\text{m/s}$$

(2) 计算 p_c,取 c、d 断面

$$p_c+0.6\times\frac{v^2}{2}+(50-5)\times 9.8\times(1.2-0.6)=0+0.6\times\frac{v^2}{2}+20\times 0.6\times\frac{v^2}{2}$$

$$p_c=20\times 0.6\times\frac{v^2}{2}-264.6=20\times 9.75-264.6=-68.6\text{N/m}^2$$

*第九节 不可压缩流体恒定总流动量方程

在实际工程中，经常涉及流体与固体壁面之间的相互作用力问题。最常见的例子就是液流在管道转弯时对弯管壁面所产生的作用力，它是管道支座设计及其结构计算的重要依据。

对于这类问题，用连续性方程和能量方程是无法解决的，这时就要依靠动量方程。动量方程是从力的角度来研究流体与固体边界的相互作用，它不需要知道流动范围内部的流动情况，如能量损失、压强与切应力的分布情况，而只需知道其边界上的流动情况。

动量方程可由动量定律导出。从物理学中我们知道，物体质量 m 和速度 $\vec{v}$ 的乘积 $m\vec{v}$ 称为物体的动量。作用于物体所有外力的合力 $\Sigma\vec{F}$ 和作用时间 $\mathrm{d}t$ 的乘积 $\Sigma\vec{F}\mathrm{d}t$ 称为冲量。作用于物体的冲量等于物体动量的增量，即为动量定律

$$\Sigma\vec{F}\mathrm{d}t=m\vec{v}_2-m\vec{v}_1 \tag{3-38}$$

冲量与动量都是矢量，冲量的方向与作用力的方向一致，动量的方向与速度的方向一致。流速大小的变化或者方向的变化都将导致流体动量的变化。下面就来导出流体运动的动量方程。

一、恒定总流动量方程

在不可压缩的恒定总流中，取 1—2 流段作为研究对象。设经过很短时间 $\mathrm{d}t$,此流段运动到 $1'—2'$ 位置，如图 3-29 所示。

显然，经过 $\mathrm{d}t$ 时间后，流段动量的增量，应等于 $1'—2'$ 内流体的动量减去 1—2 内流体的动量。由于是恒定流，共有 $1'—2$ 内流体的质量、流速大小与方向均未改变，其动量也不改变。因而，总流段动量的增量就等于 $2—2'$ 段内流体的动量与 $1—1'$ 段内流体动量之差。即

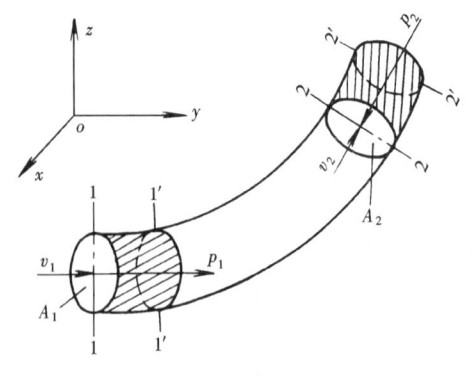

图 3-29 总流动量变化的分析

$$d(m\vec{v}) = m\vec{v}_2 - m\vec{v}_1$$

式中：m 是 dt 时间内通过总流过流断面的流体质量，可写为

$$m = \rho v A dt = \rho Q dt$$

v_1 和 v_2 是断面平均流速。由于直接用断面平均流速来计算动量与用实际流速来计算动量是不相同的。因此，像计算流体的动能一样，需要引入一个系数加以修正，该系数用 α_0 来表示，称为动量修正系数。它是流体的实际动量与按平均流速计算的动量之比。即

$$\alpha_0 = \frac{\int_A \rho u dA dt u}{\rho v A dt v} = \frac{\int_A u^2 dA}{v^2 A}$$

α_0 值的大小取决于过流断面上的流速分布，流速分布愈不均匀，α_0 值愈大。在多数情况下，$\alpha_0 = 1 \sim 1.05$，工程上常近似地取为 1。在少数情况下 α_0 取 1.33（详见第四章）。

则修正后的动量变化为

$$d(m\vec{v}) = \alpha_{02} \rho Q dt \vec{v}_2 - \alpha_{01} \rho Q dt \vec{v}_1$$

代入动量定律表达式（3-36），有

$$\sum \vec{F} dt = (\alpha_{02} \rho Q \vec{v}_2 - \alpha_{01} \rho Q \vec{v}_1) dt$$

两边同除以 dt，得

$$\sum \vec{F} = \alpha_{02} \rho Q \vec{v}_2 - \alpha_{01} \rho Q \vec{v}_1 \qquad (3\text{-}39)$$

式（3-39）为不可压缩流体恒定总流的动量方程。它表明：单位时间内，流体段 1-2 的动量变化等于作用在该流段上外力的合力。式中 $\alpha_0 \rho Q \vec{v}$ 是单位时间内，通过总流过流断面的流体动量，称之为动量流量，其单位显然是力，常用 N 表示。

式（3-39）是个矢量方程，为计算方便，常把该式写成各坐标轴的投影式

$$\sum F_x = \alpha_{02} \rho Q v_{2x} - \alpha_{01} \rho Q v_{1x}$$
$$\sum F_y = \alpha_{02} \rho Q v_{2y} - \alpha_{01} \rho Q v_{1y} \qquad (3\text{-}40)$$
$$\sum F_z = \alpha_{02} \rho Q v_{2z} - \alpha_{01} \rho Q v_{1z}$$

式中　$\sum F_x$、$\sum F_y$、$\sum F_z$——各外力在三个坐标轴上投影的代数和；

　　　v_{1x}、v_{1y}、v_{1z}——动量变化前的流速在三个坐标轴上的投影；

　　　v_{2x}、v_{2y}、v_{2z}——动量变化后的流速在三个坐标轴上的投影。

式（3-40）表明，单位时间内流体在某一方向的动量变化，等于同一方向作用在流体上外力的合力。

二、恒定流动量方程应用条件及注意事项

（一）应用条件

（1）流体必须是恒定流；

（2）流体是不可压缩流体，即 $\rho = C$（常数）；

（3）所选取的两断面为均匀流或渐变流过流断面。

(二) 应用动量方程解题时的一般步骤及注意事项

应用动量方程求解问题时，其计算步骤是选隔离体、标外力、定坐标、解方程。在具体使用时应注意以下几点：

(1) 要正确选取隔离体，使隔离体两端断面取在均匀流或渐变流区段上，以便于计算平均流速及压力。

(2) 分析作用于隔离体上的外力，一般包括重力、两端断面上的压力、固体边界对流体的作用力，注意不要遗漏。

(3) 计算动量的增量必须是流出隔离体的动量减去流入隔离体的动量。

(4) 作用力、流速、动量都是矢量，要弄清作用力与流速的具体方向。外力的合力与动量变化的关系是在同一方向上的关系。当各矢量不在同一方向时，应先取定坐标轴方向，然后分别列出不同坐标轴方向上的动量方程投影式。

(5) 注意各投影分量的正负号，与坐标轴正向一致时为正，反之为负。对于欲求的边界反力，可先假定方向，通常取与坐标方向相同或相反的几个外力。然后根据计算结果验证。

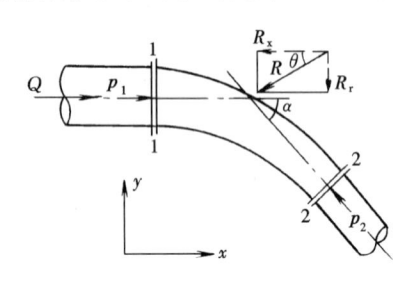

图 3-30 水流对弯管的作用力

【例 3-12】 如图 3-30 所示，管路中一段水平放置的变径弯管，弯角 45°，1—1 断面直径 d_1 为 600mm，v_1 为 1.5m/s，p_1 为 245kPa；2—2 断面直径 d_2 为 400mm，如不考虑弯管的能量损失，试求水流对弯管的作用力。

解 取渐变流过流断面 1—1、2—2 间的流段作隔离体，并取 x、y 坐标如图 3-30 所示。

(1) 作用在隔离体上的外力。

由连续性方程　$v_1 A_1 = v_2 A_2$

得

$$v_2 = \frac{A_1}{A_2} v_1 = \left(\frac{0.6}{0.4}\right)^2 \times 1.5 = 3.375 \text{m/s}$$

$$Q = v_1 A_1 = 1.5 \times \frac{\pi}{4} \times 0.6^2 = 0.424 \text{m}^3/\text{s}$$

1) 由于弯管是水平放置的，重力在 x、y 轴上投影为零。

2) 作用在两端面上的压力，由能量方程，并令 $\alpha_1 = \alpha_2 = 1$

$$\frac{p_1}{\gamma} + \frac{v_1^2}{2g} = \frac{p_2}{\gamma} + \frac{v_2^2}{2g}$$

则　$p_2 = p_1 + \frac{\gamma}{2g}(v_1^2 - v_2^2) = 245 + \frac{1 \times 9.8}{2 \times 9.8}(1.5^2 - 3.375^2) = 240.4 \text{kPa}$

由此得到两端面上总压力

$$P_1 = p_1 A_1 = 245 \times \frac{\pi}{4} \times 0.6^2 = 69.27 \text{kN}$$

$$P_2 = p_2 A_2 = 240.4 \times \frac{\pi}{4} \times 0.4^2 = 30.21 \text{kN}$$

(2) 弯管对水流的作用力 R_x，R_y。

沿 x、y 方向分别列动量方程，并令 $\alpha_{01}=\alpha_{02}=1$
$$P_1-R_x-P_2\cos45°=\rho Q(v_2\cos45°-v_1)$$
$$-R_y+P_2\sin45°=-\rho Qv_2\sin45°$$

故　　　$R_x=P_1-P_2\cos45°-\rho Q(v_2\cos45°-v_1)$
　　　　　　$=69.27-30.21×0.707-1×0.424×(3.375×0.707-1.5)$
　　　　　　$=47.53\text{kN}$
　　　　　$R_y=P_2\sin45°+\rho Qv_2\sin45°$
　　　　　　$=30.21×0.707+1×0.424×3.375×0.707$
　　　　　　$=22.37\text{kN}$

所得 R_x、R_y 为正值，说明原假设方向正确。于是

$$R=\sqrt{R_x^2+R_y^2}=\sqrt{47.53^2+22.37^2}=52.53\text{kN}$$

$$\tan\theta=\frac{R_y}{R_x}=\frac{22.37}{47.53}=0.471$$

$$\theta=25.2°$$

水流对弯管的作用力 R' 与 R 大小相等，方向相反。

思 考 题

3-1　什么是流线与迹线？怎样区别它们？在什么条件下，流线与迹线重合？

3-2　什么是过流断面？什么条件下过流断面是平面？

3-3　什么是断面平均流速？按断面平均流速与按实际流速计算的流量是否相等？

3-4　断面平均流速、流量、过流断面三者有何关系？

3-5　什么是恒定流与非恒定流？举例说明。

3-6　什么是均匀流与非均匀流？什么是渐变流与急变流？它们的过流断面有何不同？

3-7　总流连续性方程 $Q=VA=$ 常数，说明了什么问题？其适用条件是什么？

3-8　动压强与静压强有什么相同点？有什么不同点？

3-9　渐变流过流断面上动压强是按什么规律分布的？

3-10　什么是水力坡度与测压管坡度？在什么条件下水力坡度与测压管坡度相等？

3-11　写出总流能量方程并说明各项所代表的几何意义和物理意义。

3-12　总流能量方程适用的条件是什么？

3-13　建立总流能量方程时，为什么必须选在均匀流或渐变流过流断面上？

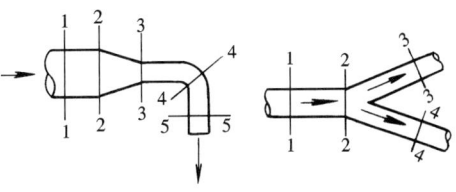

图 3-31　思考题 3-14 图

3-14　图 3-31 中哪两个断面间符合列能量方程的条件，哪两个断面间不符合？为什么？

3-15　动力学的三大基本方程是什么？说明其用途和应用条件。

习 题

3-1 有一直径为 40mm 的管路，10min 内排水量为 600L，试求通过管路的体积流量、重量流量和断面平均流速。

3-2 断面为 300mm×400mm 矩形风道，风量为 2700m³/h，求平均流速。如风道出口处断面收缩为 150mm×400mm，求该断面的平均流速。

3-3 圆形风道，流量为 10 000m³/h，流速不超过 20m/s。试设计直径，根据所定直径求流速。直径当是 50mm 的倍数。

3-4 水从水箱流经直径为 $d_1=100$mm，$d_2=50$mm，$d_3=25$mm 的管道流入大气中。当出口流速为 10m/s 时，求：(1) 体积流量及质量流量；(2) d_1 和 d_2 管段的流量。

3-5 见图 3-32，有一输水管路，经三通管形成分支流，已知 $d_1=d_2=200$mm，$d_3=100$mm。若断面 $v_1=3$m/s，$v_2=2$m/s，试求 v_3。

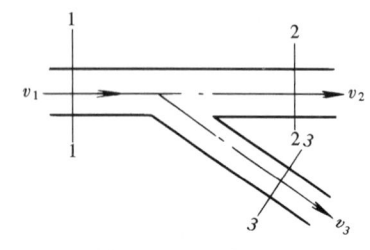

图 3-32 习题 3-5 图

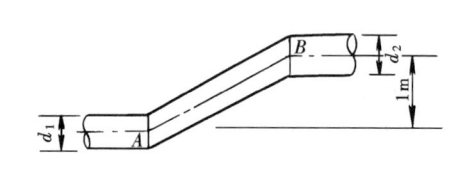

图 3-33 习题 3-6 图

3-6 见图 3-33，有一管路，由管径 $d_1=200$mm，$d_2=400$mm 的两根管子与渐变连接管组成。水在管中流动时，A 点的相对压强为 0.7 大气压，B 点的相对压强为 0.4 大气压，B 点处断面平均流速为 1m/s，A、B 两点的高差为 1m。试判明水流方向，并计算 A、B 两断面间的水头损失。

3-7 如图 3-34 所示，通过水管的流量为 9L/s，若取测压管水面高差 h 为 100.8cm，直径 $d_2=50$mm，假定水头损失可忽略不计，试确定直径 d_1。

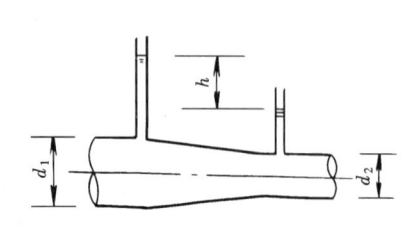

图 3-34 习题 3-7 图

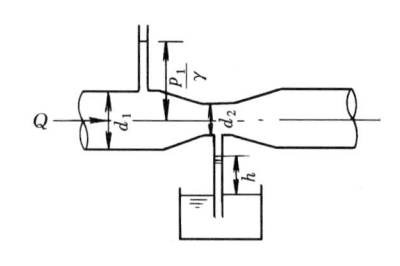

图 3-35 习题 3-8 图

3-8 如图 3-35 所示，在水平管路中，已知管路的流量为 10L/s，$d_1=25$cm，$d_2=5$cm，相对压强 $p_1=0.1$ 大气压，如不计两断面间的水头损失，试问连接于该管收缩断面上的水管可将水自槽内吸上的高度 h 为多少？

3-9 如图 3-36 所示，有一直径相等的立管，两断面的间距 $h=20$m，能量损失 $h_w=1.5$m，断面 A—A 处压强 $p_A=49.1$kPa，在下列情况下，(1) 水向上流动；(2) 水向下流动。试求断面 B—B 处的压强。

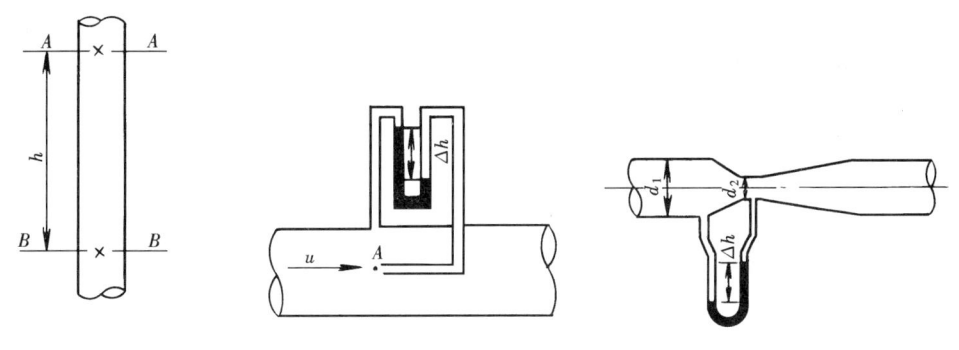

图 3-36 习题 3-9 图　　图 3-37 习题 3-10 图　　图 3-38 习题 3-11 图

3-10　用水银差压计测量输水管中的流量，如图 3-37 所示。已知管子直径为 200mm，差压计读数为 h=60mm，若断面平均流速 $v=0.8u_A$（u_A 为管轴上 A 点的流速），试求输水管的流量。

3-11　如图 3-38 所示，利用文丘里流量计测量石油管路中的流量。已知 $d_1=200$mm，$d_2=100$mm，石油 $\rho=850$kg/m³，文丘里流量系数 $\mu=0.95$。测得水银差压计读数 $h=15$cm，试求此时流量为多少？

3-12　如图 3-39 所示，有一虹吸管，直径为 150mm，喷嘴出口直径为 50mm，不计水头损失。求出 A、B、C、D 各点的压强及出口处的流速和流量。

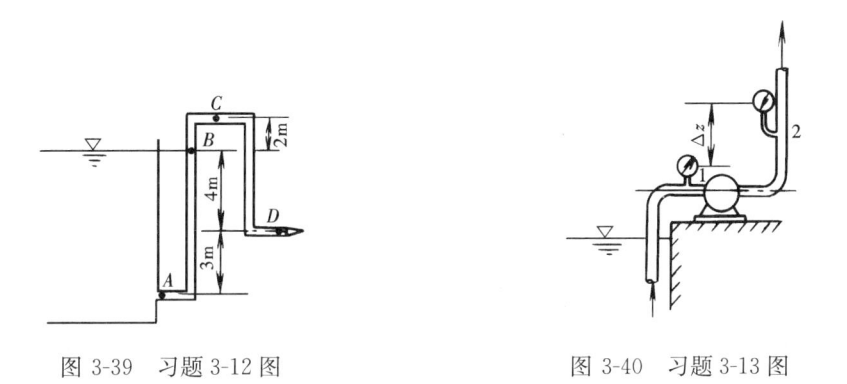

图 3-39 习题 3-12 图　　图 3-40 习题 3-13 图

3-13　如图 3-40 所示，水泵的进口管直径 $d_1=100$mm，断面 1 的真空计读数为 300mm 汞柱，出口管直径 $d_2=50$mm，断面 2 的压力计读数为 29.4kN/m²，两表的高差 z=0.3m，管路内的流量 Q=10L/s，不计水头损失，求水泵所提供的扬程。

3-14　水经接于水箱底部、断面为 0.1m² 和 0.2m² 的串联水平管道与渐缩管（$\omega_3=0.1$m²）流入大气中，如图 3-41 所示。

(1) 若不计水头损失：①求断面流速 v_1 与 v_2、v_3；②绘出总水头线与测压管水头线；③求管道进口 A 点的压强。

(2) 若有水头损失：第一段为 $\dfrac{4v_1^2}{2g}$，第二段为 $\dfrac{3v_2^2}{2g}$，第三段为 $\dfrac{2v_3^2}{2g}$。①求断面流速 v_1 与 v_2、v_3；②绘出总水头线与测压管水头线；③根据水头线求各段中间点的压强。

3-15 图 3-42 所示为一水平风管,空气自断面 1—1 流向断面 2—2,已知断面 1—1 的压强 $p_1=150\text{mmH}_2\text{O}$,$v_1=15\text{m/s}$;断面 2—2 的压强 $p_2=140\text{mmH}_2\text{O}$,$v_2=10\text{m/s}$,空气密度 $\rho=1.29\text{kg/m}^3$,求两断面的压强损失。

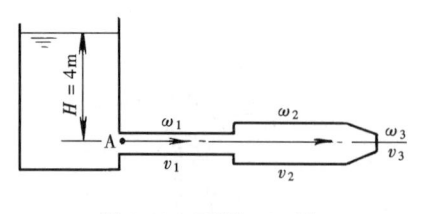

图 3-41 习题 3-14 图

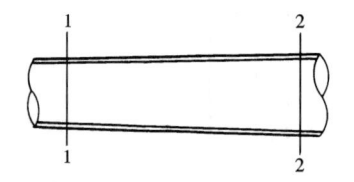

图 3-42 习题 3-15 图

3-16 见图 3-43,在锅炉省煤器的进口处测得烟气负压 $h_1=10.5\text{mmH}_2\text{O}$,出口负压 $h_2=20\text{mmH}_2\text{O}$,如果炉外空气 $\rho=1.2\text{kg/m}^3$,烟气的平均密度 $\rho_1=0.6\text{kg/m}^3$,两测压管断面高差 $H=5\text{m}$,试求烟气通过省煤炉的压强损失。

3-17 如图 3-44 所示,高层楼房煤气立管在 B、C 两个供煤气点各供应 $Q=0.02\text{m}^3/\text{s}$ 的煤气量。假设煤气的密度为 0.6kg/m^3,管径为 50mm,压强损失 AB 段用 $3\rho\dfrac{v_1^2}{2}$ 计算,BC 段用 $4\rho\dfrac{v_2^2}{2}$ 计算,假定 C 点要求保持余压为 300N/m^2,求 A 点酒精($\gamma=7.9\text{kN/m}^3$)液面的高差 h(空气密度为 1.2kg/m^3)。

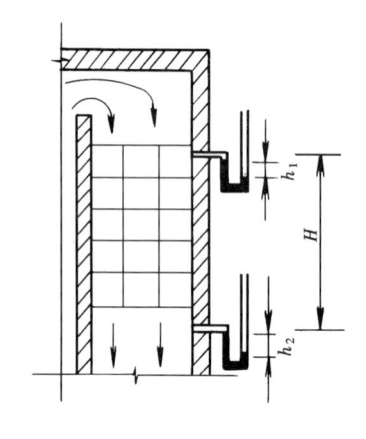

图 3-43 习题 3-16 图

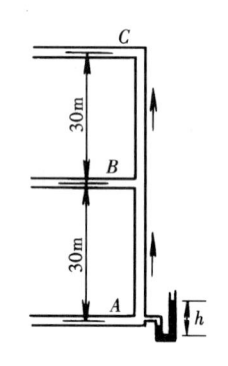

图 3-44 习题 3-17 图

3-18 水自喷嘴水平身向一与其交角成 60°的光滑平板上(不计摩擦阻力),如图 3-45 所示。喷嘴直径 $d=25\text{mm}$,射流量 $Q=33.4\text{L/s}$,若不计水头损失,试求射水流对平板的作用力。已知分流前后的流速是相等的,即 $v=v_1=v_2$。

3-19 图 3-46 中为嵌入支座内的一段输水管,其直径由 $d_1=1.5\text{m}$ 变化到 $d_2=1\text{m}$,若支座前的相对压强 $p=4$ 个大气压,流量 $Q=1.8\text{m}^3/\text{s}$,试求在渐变段支座所受的轴向力 R(不计水头损失)。

3-20 如图 3-47 所示,水在渐变弯管中流动。已知弯角 45°,$d_A=25\text{cm}$,$d_B=20\text{cm}$,$Q=0.2\text{m}^3/\text{s}$,断面 A—A 的相对压强 $p_A=1.8$ 大气压,管子中心线均在同一水平面上。试求固定此弯管所需要的力 F_x 和 F_y(不计水头损失)。

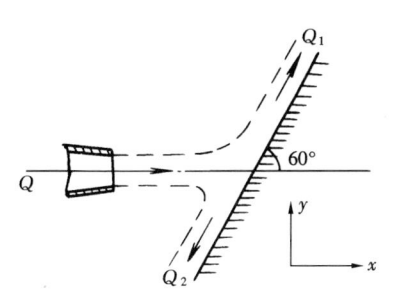

图 3-45　习题 3-18 图

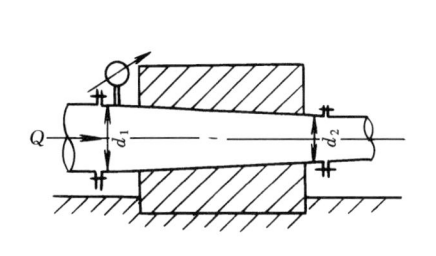

图 3-46　习题 3-19 图

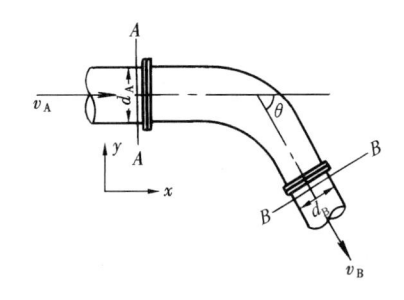

图 3-47　习题 3-20 图

第四章 流动阻力和能量损失

从恒定总流能量方程可知,流体在运动过程中必须要克服阻力而消耗一定的能量,形成能量损失。流体中单位重量流体的机械能损失称为能量损失(亦称水头损失)。为了应用能量方程解决实际工程问题,必须掌握能量损失的计算方法,能量损失的计算是工程中重要的计算问题之一。

本章主要分析能量损失的规律,研究计算能量损失的方法。

能量损失一般有两种表示方法:一种是用液柱高度来量度,即单位重量流体的能量损失(或称水头损失),用 h_w 表示,常用于液体;另一种是用压力来量度的,即单位体积流体的能量损失(或称压强损失),用 p_w 来表示,常用于气体。它们之间的关系为 $p_w = \gamma h_w$。

第一节 概　　述

一、流动阻力和能量损失的两种形式

流体在运动过程中,由于黏滞性的存在及固体壁面对流体流动的阻滞与扰动而形成了流动阻力,阻力做功使一部分机械能转化为热能而散失。其中流体具有黏滞性是流体产生能量损失的根本内因;固体壁面对流体的阻滞作用是能量损失的外因。外因通过内因起作用,导致能量损失。

根据流体的边界情况,将流动阻力和能量损失分为两种形式:一是沿程阻力与沿程能量损失;二是局部阻力与局部能量损失。

在边壁沿程不变的管段上(见图 4-1 中的 1—2、2—3、3—4、4—5 段),阻碍流体流动的阻力沿程基本不变,这类阻力称为沿程阻力。为克服沿程阻力而产生的能量损失称为沿程能量损失(亦称沿程水头损失),用符号 h_f 表示。

图 4-1 中的 h_{f1-2}、h_{f2-3}、h_{f3-4}、h_{f4-5} 就是 1—2、2—3、3—4、4—5 段的沿程能量损失。由于沿程损失沿程均匀分布,即与流段的长度成正比,所以也称为长度损失。

在边界急剧变化的区域,阻力主要集中在该区域及其附近,这种集中分布的阻力称为局部阻力。为克服局部阻力而产生的能量损失称为局部能量损失(亦称局部水头损失),用符号 h_j 表示。

图 4-1 中的管道进口、变径管和阀门等处都会产生局部阻力,h_{j1}、h_{j2}、h_{j3}、h_{j4} 等就是相应的局部能量损失。引起局部阻力的原因是由于旋涡区的产生和流体流动速度大小和方向的变化。

二、能量损失的计算公式

能量损失计算公式用水头损失表达时:

沿程水头损失

第四章 流动阻力和能量损失

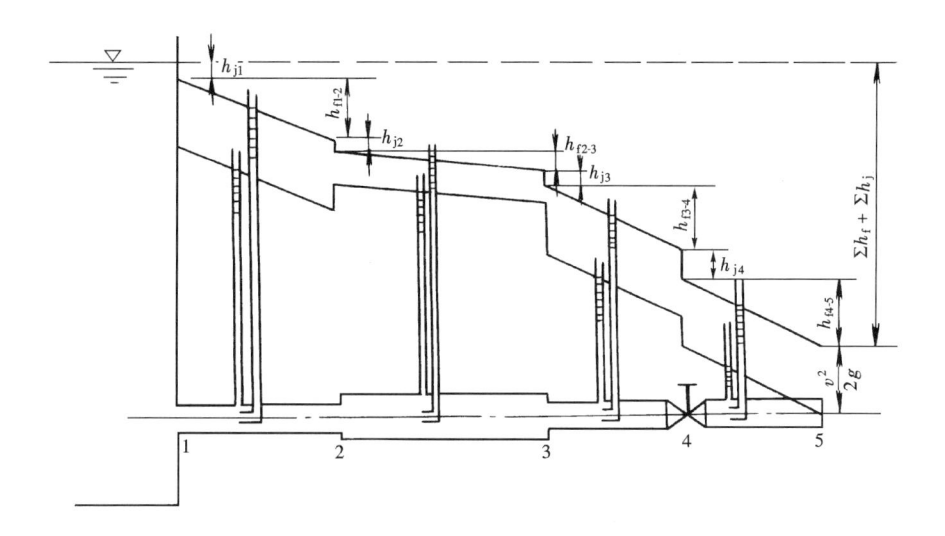

图 4-1 沿程损失和局部损失

$$h_f = \lambda \frac{l}{d} \frac{v^2}{2g} \tag{4-1}$$

局部水头损失

$$h_j = \xi \frac{v^2}{2g} \tag{4-2}$$

用压强损失表达，则为

$$p_f = \lambda \frac{l}{d} \frac{\rho v^2}{2} \tag{4-3}$$

$$p_j = \xi \frac{\rho v^2}{2} \tag{4-4}$$

式中 l——管长，m；

d——管径，m；

v——断面平均流速，m/s；

g——重力加速度，m/s²；

λ——沿程阻力系数；

ξ——局部阻力系数；

ρ——流体密度，kg/m³。

这些公式是长期工程实践的经验总结，其核心问题是各种流动条件下沿程阻力系数 λ 和局部阻力系数 ξ 的计算，除了少数简单情况，主要是经验或半经验的方法获得的。本章的主要内容就是介绍沿程阻力系数 λ 和局部阻力系数 ξ 的计算方法。

整个管路的总能量损失等于各管段的沿程能量损失和各局部能量损失的总和。即

$$h_w = \Sigma h_f + \Sigma h_j \tag{4-5}$$

对于图 4-1 所示的流动系统，能量损失为

$$h_w = h_{f1\text{-}2} + h_{f2\text{-}3} + h_{f3\text{-}5} + h_{j1} + h_{j2} + h_{j3} + h_{j4}$$

第二节 流体流动的两种流态

一、流态实验——雷诺实验

很早以前人们就发现能量损失与流速之间存在着某种关系，但直到1883年，由英国物理学家雷诺在他做的实验中揭示了流体运动时存在着两种流态——层流和紊流，才认识到水头损失与流速的关系因流态不同而异。

雷诺实验的装置如图4-2所示。它包括带溢流口的水箱A，以保持实验中水箱水位不变；水箱进水管B；水箱C盛有容重与水相近的颜色水；颜色水引出管D；控制颜色水流量的阀门K；接在水箱A侧面的水平放置、直径为d的直玻璃管E；在E管

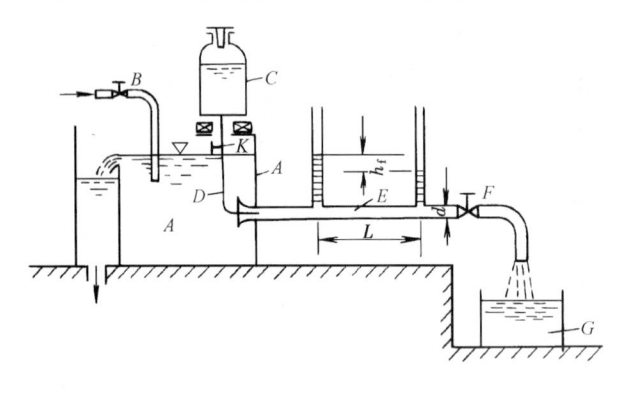

图4-2 雷诺实验装置

上设距离为l的两根测压管；E管末端设阀门F以控制管中的流速；水箱G用于计量在Δt时间内流出管道水量的体积ΔV，则E管内的流量和流速分别为

$$Q=\frac{\Delta V}{\Delta t};\ v=\frac{4Q}{\pi d^2}$$

实验时，先把水箱A充满水并使水位保持不变。当液面稳定时，先微微开放阀门F，使清水以很低的速度在玻璃管E内流动；同时开启阀门K，使颜色液体细细流出。此时可以看到E管中的液色液体是一股边界非常清晰的细直流束，与周围清水并不互相混杂，如图4-3（a）所示。这说明管中水流的全部质点以平行而不混杂的方式分层流动，这种水流形态称为层流。

如果继续开大阀门F，E管中水流速度逐渐加大，在流速未达到一定数值以前，可看到流体运动仍维持这种层流状态。

当阀门F逐渐开大，E管中流速增加到某一临界流速v'_k时，颜色水出现摆动，如图4-3（b）所示。继续增大流速，则颜色水迅速与周围清水相混，使E管中的水流全部染色，如图4-3（c）所示。这表明液体质点的运动轨迹是极不规则的，各部分流体质点互相剧烈渗混，这种流动状态称为紊流。

由此可得初步结论：当流速较低时，流体质点作彼此平行且不互相混杂的层流运动；当流速逐渐增高到一定值时，流体运动便成为流体质点互相混杂的紊流运动。流速愈大，紊流也愈强烈。由层流状态变为紊流状态时的流速称为上临界流速，用v'_k表示。

上述实验还可以按相反的程序进行。即先将阀门F开得很大，使流体以高速在管E中流动，而后慢慢将F关小，使流体速度降低，这样可看出下述现象：在高速流动时流体作紊流

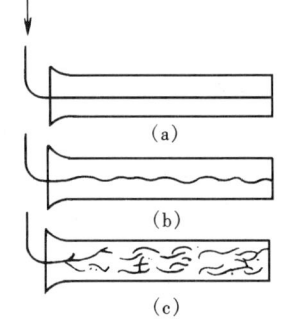

图4-3 紊流与层流

第四章 流动阻力和能量损失

运动；当流速慢慢降低到一定值时，流体层流作彼此不相混杂的层流运动；流速愈低，层流状态也愈稳定。由紊流状态改变为层流状态时流速称为下临界流速，用 v_k 表示。

实验进一步表明：上临界流速 v_k' 值很不稳定，它与实验时水流受到的扰动状况有关；下临界流速 v_k 却是一个稳定的数值。在实际工程中，扰动是普遍存在的，所以上临界流速 v_k' 没有实际意义。以后所指的临界流速都是下临界流速 v_k。

二、沿程损失与流动形态的关系

不同流态形成的流动阻力规律不同，也必然形成不同的沿程损失，进一步实验的结果揭示了这个规律。

实验中，由于图 4-2 中 E 管上的 L 流段是均匀流，故只有沿程损失。根据能量方程，E 管上两个测压管的液面高差，即是测压管所在的两个断面间水流的沿程水头损失 h_f。用阀门 F 调节流量，测量在不同开度下的沿程水头损失 h_f 和相应的断面平均流速 v，得到不同开度下的一组 h_f、v 值。将这些值点绘在双对数坐标 $(\lg v, \lg h_f)$ 图上，得到 h_f 随 v 变化的关系曲线，如图 4-4 所示。

实验曲线 $abcef$ 是流速由小变大时获得的；而 $fedba$ 是流速由大变小时获得的。其中 be 部分不重合，e 点对应的流速是上临界流速 v_k'，b 点对应的流速是下临界流速 v_k。

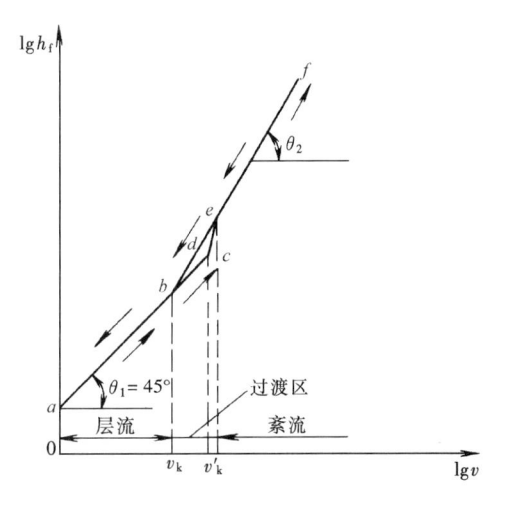

图 4-4 h_f 与 v 的关系

图 4-4 所示的实验曲线，分为三部分：
(1) ab 段为直线段，$v<v_k$，流体作层流运动。ab 的斜率 $m_1=1.0$；
(2) ef 段为直线段，$v>v_k'$，流体作紊流运动。ef 段的斜率 $m_2=1.75\sim2.0$；
(3) be 段，$v_k<v<v_k'$，流态不稳，可能是层流也可能是紊流，称为过渡区域。

沿程水头损失 h_f 与断面平均流速 v 之间的变化关系可用下列函数式表示

$$\lg h_f = \lg K + m \lg v$$

或
$$h_f = K v^m$$

式中 K——曲线截距；
m——曲线线段的斜率。

不同的流动形态，有不同的 K 与 m 值。

由图 4-4 分析得出：

层流时，$m=1$，$h_f=Kv$。所以层流时沿程水头损失 h_f 与流速 v 的一次方成正比。

紊流时，$m_2=1.75\sim2.0$，$h_f=Kv^{1.75\sim2}$ 紊流强烈时，$m_2=2.0$。所以紊流时沿程水头损失 h_f 与流速 v 的 $1.75\sim2.0$ 次方成正比。

由于流体运动时呈两种不同的流态，所以水头损失规律也不相同。故计算时首先判别流体的运动型态。

三、流态的判别标准——临界雷诺数

上述实验观察到了两种不同的流态，以及在管 E 管径和流动介质—清水不变的条件下得到流态与流速有关的结论。雷诺等人进一步的实验表明：流动状态不仅和流速 v 有关，还和管径 d、流体的动力黏滞系数 μ 和密度 ρ 有关。

以上四个参数可组合成一个无因次数，叫做雷诺数，用 Re 表示。

$$Re = \frac{vd\rho}{\mu} = \frac{vd}{\nu} \tag{4-6}$$

式中　Re——雷诺数，它是一个无量纲数；

　　　ν——流体运动黏滞系数，cm^2/s；

　　　v——管中流体的流速，cm/s。

对应于临界流速的雷诺数称临界雷诺数，用 Re_K 表示。实验表明：尽管当管径或流动介质不同时，临界流速 v_k 不同，但对于任何管径和任何牛顿流体，判别流态的临界雷诺数却是相同的，其值约为 2000。即

$$Re_K = \frac{v_k d}{\nu} = 2000 \tag{4-7}$$

Re 在 2000～4000 是由层流向紊流转变的过渡区，相当于图 4-4 上的 be 段。工程上为简便起见，假设当 $Re > Re_K$ 时，流动处于紊流状态。这样对于圆管满流流态的判别条件是

$$Re = \frac{vd}{\nu} < 2000 \quad 为层流$$

$$Re = \frac{vd}{\nu} > 2000 \quad 为紊流$$

对非圆形管流和明渠水流，由于没有直径 d，可采用另外的特征长度——水力半径 R 代替管径 d 来计算雷诺数。

水力半径 R 为过流数断面面积 A 和湿周 χ 之比

$$R = \frac{A}{\chi} \tag{4-8}$$

所谓湿周，即过流断面上液体和固体壁面接触的周界长度，m。

非圆形管流和明渠水流的临界雷数 Re_{KR} 的计算公式为

$$Re_{KR} = \frac{v_K R}{\nu} \tag{4-9}$$

由于圆形管流的湿周 $\chi = 2\pi r = \pi d$，则圆管的水力半径 R 为

$$R = \frac{A}{\chi} = \frac{\frac{\pi}{4}d^2}{\pi d} = \frac{d}{4}$$

所以圆形管流的临界雷诺数 Re_{Kd} 与非圆形流体的临界雷诺数 Re_{KR} 的关系为 $Re_{Kd} = 4Re_{KR}$。因此非圆形流体的临界雷诺数为 $Re_{KR} = 500$。

非圆形流体的实际雷诺数计算公式为

$$Re = \frac{vR}{\nu} \tag{4-10}$$

非圆管流流动形态的判别方法为

$$Re > 500 \quad 为紊流$$

$$Re < 500 \quad 为层流$$

由雷诺实验可知：层流和紊流的根本区别是流层间是否有质点的掺混，而涡体的形成是

质点掺混产生的根源。

涡体的产生是由于外界的干扰造成流层波动，波峰和波谷两侧的流速不同，动水压强也不同所致。惯性作用有保持涡体运动的倾向，而黏滞作用则是约束涡体运动的。涡体能否脱离原流层而进入临层，或者说流层间能否有质点的掺混取决于这两种作用力的大小。

下面我们研究雷诺数的物理意义，以说明雷诺数为什么能够作为判别流体流动形态的标准。

从式（4-9）可知，其分子是表征流体惯性力大小的物理量，分母是表征黏滞力大小的物理量。所以雷诺数是惯性力与黏性力的比值。下面我们从量纲分析来证明上述结论。

$$[惯性力] = [m][a] = [\rho][L]^3[L]/[T]^2 = [\rho][L]^3[V]^2[L]^{-1}$$

$$[黏滞力] = [\mu][A]\left[\frac{du}{dy}\right] = [\mu][L]^2[V]^2[L]^{-1}$$

$$\frac{[惯性力]}{[黏滞力]} = \frac{[\rho][L]^3[V]^2[L]^{-1}}{[\mu][L]^2[V]^2[L]^{-1}} = \frac{[\rho][V][L]}{[\mu]} = \frac{[V][L]}{[\nu]} = [Re]$$

经上面分析，雷诺数恰好反映了惯性力与黏滞力的比值。当实际流体的雷诺数小于临界雷诺数时，反映了黏滞力的作用强，该力对流体质点起控制作用，此时，流体呈层流状态；当实际雷诺数大于临界雷诺数时，流体所受的惯性力占主导地位，黏滞力控制不住流层间互相混杂的质点，此时，流体呈紊流状态。

最后尚需说明：上述临界雷诺数 Re_K 的数值仅对牛顿液体是适用的；实际工程中的液流运动其雷诺数相当大，一般属于紊流，因而通常也很少进行流动形态的判别。

【例 4-1】 试判断下述液流的流动形态：（1）输水管直径 $d=10$cm，通过流量 $Q=5$L/s，水温 $t=20℃$；（2）输油管 $d=10$cm，通过 $Q=3$L/s，已知油的运动黏度 $\nu=0.4$cm²/s

解 （1）输水管

$$d = 10\text{cm}$$

$$A = \frac{\pi d^2}{4} = \frac{3.14 \times 10^2}{4} = 78.5\text{cm}^2$$

$$v = \frac{Q}{A} = \frac{5 \times 1000}{78.5} = 63.5\text{cm/s}$$

当 $t=20℃$ 时，查得 $\nu=0.010~1$cm²/s

$$Re = \frac{vd}{\nu} = \frac{63.7 \times 10}{0.010~1} = 63~000 > 2000$$

故管中水流为紊流。

（2）输油管

$$d = 10\text{cm}, A = 78.5\text{cm}^2$$

$$v = \frac{Q}{A} = \frac{3 \times 1000}{78.5} = 38.2\text{cm/s}$$

$$Re = \frac{vd}{\nu} = \frac{38.2 \times 10}{0.4} = 955 < 2000$$

故管中流态为层流。

【例 4-2】 矩形明渠水流，底宽 $b=20$cm，水深 $h=10$cm，流速 $v=12$cm/s，水温 $t=14℃$，试判别液流的流动形态。

解
$$A=bh=20\times10=200\text{cm}^2$$
$$\chi=b+2h=20+2\times10=40\text{cm}$$
$$R=\frac{A}{\chi}=\frac{200}{40}=5\text{cm}$$

当 $t=14℃$ 时，$\nu=0.011\ 8\text{cm}^2/\text{s}$

$$Re=\frac{vR}{\nu}=\frac{12\times5}{0.011\ 8}=5085>500$$

故该明渠水流为紊流。

第三节 均匀流基本方程

为了解决沿程水头损失的计算问题，本节将研究恒定均匀流沿程水头损失和切应力的关系。

根据第三章中的讨论，均匀流只能发生在过流断面的大小、形状及方位沿流程都不改变的直管道或渠道里，因此只有沿程损失，而无局部损失。

一、均匀流动的基本方程

图 4-5 为一圆形恒定均匀流段，在相距 l 的两个断面处各设一测压管。

1. 列 1—1 和 2—2 断面的能量方程

$$z_1+\frac{p_1}{\gamma}+\frac{\alpha_1 v_1^2}{2g}=z_2+\frac{p_2}{\gamma}+\frac{\alpha v_2^2}{2g}+h_{w1\text{-}2}$$

(4-11)

由均匀流的性质

$$\frac{\alpha_1 v_1^2}{2g}=\frac{\alpha_2 v_2^2}{2g}$$
$$h_w=h_f$$

代入式（4-11），得

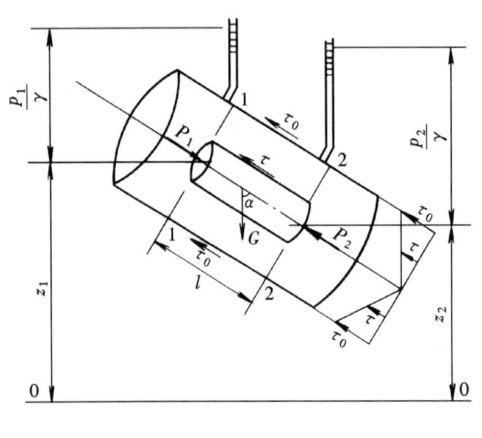

图 4-5 均匀流基本方程的推证

$$h_f=\left(z_1+\frac{p_1}{\gamma}\right)-\left(z_2+\frac{p_2}{\gamma}\right)$$

(4-12)

式（4-12）表明：均匀流两过流断面间的沿程水头损失，等于两断面间的测压管水头差。

2. 作用于 1-2 流段上的外力沿流向的分量

设两断面间的间距为 l，两过流断面面积 $A_1=A_2=A$，断面上流体和固体壁面接触的周界（湿周）为 χ。对于半径为 r_0 的管流来讲，湿周即为断面周长，即 $\chi=2\pi\cdot r_0$。则在沿着水流流向的方向上，该流段所受的作用力为：

重力分量　　　　　　　　　　　$\gamma Al\cos\alpha$
两过流断面上的压力　　　　　　p_1A 和 p_2A
管壁切力　　　　　　　　　　　$\tau_0\chi l$

式中　τ_0——管壁切力；
　　　χ——湿周。

第四章 流动阻力和能量损失

在均匀流中，流体质点作等速运动，加速度为零。因此，以上各力的合力为零，考虑到各力的作用方向，得

$$p_1 A - p_2 A + \gamma A l \cos\alpha - \tau_0 \chi l = 0$$

将 $l\cos\alpha = z_1 - z_2$ 代入上式，经整理得

$$\left(z_1 + \frac{p_1}{\gamma}\right) - \left(z_2 + \frac{p_2}{\gamma}\right) = \frac{\tau_0 \chi l}{\gamma A} \tag{4-13}$$

比较式（4-12）、式（4-13），得

$$h_f = \frac{\tau_0 \chi l}{\gamma A} \tag{4-14}$$

令 $J = \dfrac{h_f}{l}$ 表示单位长度的沿程水力损失，称为水力坡度；

$R = \dfrac{A}{\chi}$ 称为水力半径。

则式（4-14）可写为

$$\tau_0 = \gamma J R \tag{4-15}$$

式（4-14）或式（4-15）就是均匀流动的基本方程。它反映了沿程水头损失和固体边壁切应力之间的关系。

二、圆管均匀流过流断面上切应力的分布

对于圆管流，水力半径 $R = \dfrac{A}{\chi} = \dfrac{\pi r_0^2}{2\pi r_0} = \dfrac{r_0}{2}$，所以均匀流方程可写为

$$\tau_0 = \gamma J \frac{r_0}{2} \tag{4-16}$$

如取半径为 r 的同轴圆柱形流体来讨论，见图 4-5。可类似地求得管内任一点轴向切应力 τ 与沿程水头损失 J 之间的关系

$$\tau = \gamma J \frac{r}{2} \tag{4-17}$$

比较式（4-16）和式（4-17），得

$$\frac{\tau}{\tau_0} = \frac{r}{r_0} \tag{4-18}$$

式（4-18）表明圆管均匀流中，切应力与半径成正比，在断面上按直线规律分布，轴线上为零，在管壁上达最大值，如图 4-5 所示。

第四节 沿程水头损失的计算公式

由于流体运动有两种形态，其切应力的变化规律不同，因而产生的水头损失规律也不相同。本节将在均匀流基本方程的基础上，对圆管层流和紊流的沿程水头损失规律和计算公式分别进行研究。

一、圆管层流运动

（一）圆管层流过流断面上的流速分布

在层流状态下，黏滞力起主导作用，各流层间互不掺混，流体质点只有平行于管轴方向的流速。在管壁处因粘附作用流速为零，在管轴处流速最大。圆管中的层流运动，可以看成

无数无限薄的圆筒层，一个套着一个地相对滑动，各流层间互不渗混。各流层间的切应力大小满足牛顿摩擦定律，即

$$\tau = -\mu \frac{\mathrm{d}u}{\mathrm{d}r}$$

式中　r——以管轴为中心的圆周半径。

由于速度 u 随 r 的增大而减小，所以等式右边加负号，以保证 τ 为正。

将均匀流基本方程和牛顿内摩擦定律联立并整理后得到

$$\mathrm{d}u = -\frac{\gamma J}{2\mu}\gamma \mathrm{d}r$$

在均匀流中，J 值不随 r 而变，将上式积分，得

$$u = -\frac{\gamma J}{4\mu}r^2 + C$$

利用边界条件，当 $r=r_0$，$u=0$。代入上式后，得

$$C = \frac{\gamma J}{4\mu}r_0^2$$

因此，圆管中层流的流速分布方程为

$$u = \frac{\gamma J}{4\mu}(r_0^2 - r^2) \tag{4-19}$$

式（4-19）表明圆管中层流的流速分布是一个以管中心线为轴的旋转抛物面，如图 4-6 所示。用该公式可求得层流时 $\alpha=2$，$\alpha_0=1.33$。因此，在第三章的能量方程和动量方程中，在流动为层流时，α、α_0 不能省略。

当 $r=0$ 时，得轴中心线上的最大流速为

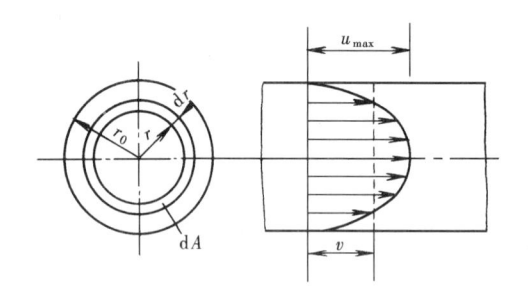

图 4-6　圆管中层流的流速分布

$$u_{\max} = \frac{\gamma J}{4\mu}r_0^2 = \frac{\gamma J}{16\mu}d^2 \tag{4-20}$$

断面平均流速为

$$v = \frac{Q}{A} = \frac{\int_A u \mathrm{d}A}{A} = \frac{\int_0^{r_0} u 2\pi r \mathrm{d}r}{\pi r_0^2}$$

将式（4-19）代入，经整理后

$$v = \frac{\gamma J}{8\mu}r_0^2 = \frac{\gamma J}{32\mu}d^2 \tag{4-21}$$

比较式（4-20）和式（4-21）得

$$v = \frac{1}{2}u_{\max}$$

上式表明：圆管层流断面，平均流速等于最大流速的一半。

（二）圆管层流沿程水头损失计算公式

将 $J=\dfrac{h_\mathrm{f}}{l}$ 代入式（4-21），整理得

$$h_\mathrm{f}=Jl=\dfrac{32\mu l}{\gamma d^2}v \tag{4-22}$$

上式从理论上证明了层流时沿程损失与平均流速的一次方成正比，这与本章第二节的实验结果一致。

将式（4-22）改写成计算水头损失的一般形式，则

$$h_\mathrm{f}=\dfrac{32\mu l}{\gamma d^2}v=\dfrac{64}{\dfrac{\rho vd}{\mu}}\dfrac{l}{d}\dfrac{v^2}{2g}=\dfrac{64}{Re}\dfrac{l}{d}\dfrac{v^2}{2g}$$

令 $\lambda=\dfrac{64}{Re}$，则

$$h_\mathrm{f}=\lambda\dfrac{l}{d}\dfrac{v^2}{2g} \tag{4-23}$$

式（4-23）为圆管恒定均匀层流沿程水头损失计算公式。

$\lambda=\dfrac{64}{Re}$ 为圆管层流的沿程阻力系数计算公式。它表明圆管层流的沿程阻力系数仅与雷诺数有关，且成反比，而和管壁粗糙无关。

二、圆管紊流运动

前述圆管中的层流运动，从理论上解决了过流断面上流速分布和沿程水头损失的计算问题。而在实际工程中，除了少数流动属于层流之外，大部分管流为紊流。因此，研究紊流运动的特征及其能量损失规律，更具有普遍意义和实用意义。

（一）紊流的特征

紊流与层流的根本区别在于紊流中产生大小不等的涡体。流体在做紊流运动时，质点的运动杂乱无章，流体的运动参数如流速、压强等均随时间做无规则的变动。在做相同条件下的重复试验时，所得瞬时值不相同，但多次重复试验的结果的算术平均值趋于一致，具有规律性。运动参数值围绕着某一平均值上下波动的现象称为运动参数的脉动。

流体质点相互掺混和运动参数的脉动是紊流运动的两个基本特征，也是研究紊流运动的出发点。

紊流运动参数随时间脉动的现象表明它不属于恒定流，这对于紊流的研究带来一定困难。但由实验发现，紊流中空间任意点上的运动参数在足够长的时间段内，其运动参数时间平均值是不变的，并有一定的规律性。

图 4-7 为紊流状态某空间点流速随时间的脉动曲线。

在 t 时段内，某空间点在流动方向上的瞬时速度 u 在无规则地变化，但总是在 $\bar{u}$ 值上下波动。称 $\bar{u}$ 为时间平均流速，它与该点瞬时流速 u 的关系为

$$u=\bar{u}\pm u'$$

式中：u' 为某空间点瞬时流速与时间

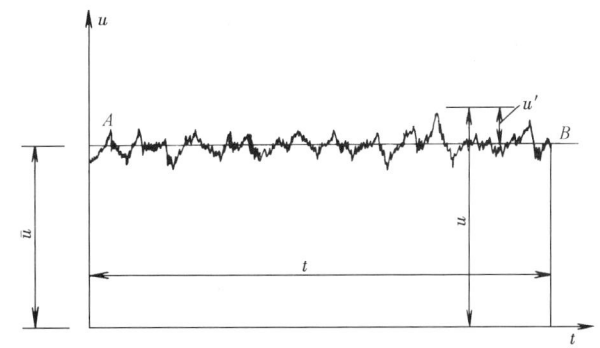

图 4-7 紊流脉动

平均流速的差值，称为脉动流速。

我们可以对比断面平均流速来定义时间平均流速，即时间平均流速是瞬时流速对时段 T 的平均值

$$\overline{u} = \frac{1}{t}\int_t u \, \mathrm{d}t \tag{4-24}$$

同理，可定义时间平均压强

$$\overline{p} = \frac{1}{t}\int_t p \, \mathrm{d}t \tag{4-25}$$

时间平均值简称时均值。引进时均值的概念研究紊流时，若各运动参数的时均值不随时间变化时，可以认为这时的紊流是恒定流。于是，第三章中恒定流动的三大方程都可以应用，因此，以后提到的紊流流动参数一般都是指它的时均值。

（二）层流底层与紊流核心

实验表明，在邻近管壁的极小区域存在着很薄的一层流体，由于固体壁面的黏滞作用，流速很小，惯性力很小，因而仍保持着层流运动。在紊流中，将这一流层称为层流底层。该流层以外的部分，流体质点相互碰撞和掺混，称之为紊流核心。在紊流核心与层流底层之间还存在一个由层流到紊流的过渡层，如图 4-8 所示。

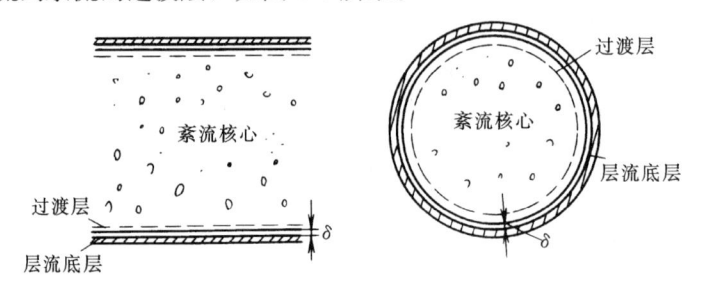

图 4-8 层流底层与紊流核心

层流底层的厚度 δ 与紊流程度有关。紊流流动愈强烈，雷诺数愈大，层流底层就愈薄。层流底层厚度 δ 与雷诺数 Re 的关系如下

$$\delta = \frac{32.8d}{Re\sqrt{\lambda}}$$

式中：d——管径；

λ——沿程阻力系数。

层流底层的厚度 δ 虽然很小（一般为几毫米或零点几毫米），但它对沿程阻力和沿程损失却有很大影响。

在实际工程中，不论管壁是什么材料制成的，都会有不同程度的凹凸不平。我们把管壁表面粗糙凸出的平均高度叫做管壁的绝对粗糙度，用 K 表示。把绝对粗糙度 K 与管径 d 的比值，称为相对粗糙度，用 K/d 表示。

当层流底层的厚度 δ 显著大于管壁粗糙度 K 时，即 $\delta \gg K$，管壁的粗糙完全被掩盖在层流底层以内，见图 4-9（a），它对紊流核心的流动几乎没有影响。粗糙引起的扰动作用完全被层流底层内流体黏性的稳定作用所抑制，所以流体的沿程水头损失与管壁的绝对粗糙度无关。流体好像在完全光滑的管道中流动，这种情况称为水力光滑管，亦称紊流光滑管。

当层流底层厚度显著小于管壁粗糙度 K 时，即 $\delta \ll K$，管壁的粗糙大部分暴露在紊流核

心区内，见图 4-9（c），此时紊流区中的流体流过管壁粗糙突出部分时将会引出旋涡，随着旋涡的不断产生和扩散，流体紊动加大，造成更大的能量损失。这时沿程损失与管壁的粗糙度有关，这种情况称为水力粗糙管，亦称紊流粗糙管。

在水力粗糙管和水力光滑管之间有一个过渡段，见图 4-9（b）。

流体属于水力光滑管还是水力粗糙管，不仅与管壁的粗糙状况有关，还与层流底层的厚度有关。同一管道，雷诺数增大，则层流底层厚度变小，水力光滑管可能成为水力粗糙管，反之，水力粗糙管则变为水力光滑管。

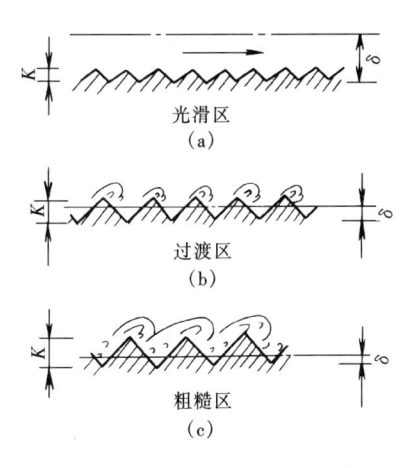

图 4-9 层流底层与管壁粗糙的作用
(a) 光滑区；(b) 过渡区；(c) 粗糙区

（三）紊流阻力

紊流流动比层流流动要复杂得多。在紊流中，一方面因各流层的时均流速不同，有相对运动，因此各流层间存在着黏性切应力 τ_1，它可由牛顿内摩擦定律给出；另一方面还存在着由紊流脉动产生的惯性切应力 τ_2。由于紊流运动的复杂性，至今还不能用严格的数理方法确定，在工程上常用半经验理论计算，这里不再详述。故紊流切应力 τ 为黏性切应力 τ_1 和惯性切应力 τ_2 之和，即

$$\tau = \tau_1 + \tau_2 \tag{4-26}$$

紊流核心的出现是紊流形态的标志。当雷诺数较小时，紊流核心范围较小，这时黏性切应力起主要作用；当雷诺数较大时，紊流充分发展，此时惯性切应力起主要作用，其数值比黏性切应力甚至大几百倍。因此，在计算紊流的切应力时，黏性切应力可忽略不计。

（四）紊流的流速分布

实验表明，流体在圆管内作紊流运动时，其过流断面上的时均流速分布如图 4-10 所示。流速分布图可分为两部分：一部分是近壁处的层流底层内，流速按抛物线规律分布（近似为直线分布）；另一部分在紊流核心区内，流速按对数曲线规律分布。最大流速仍发生在管轴上。但由于质点的碰撞和掺混的结果，使过流断面上的流速分布趋于均匀化，从而导致断面平均流速与最大流速比较接近，即

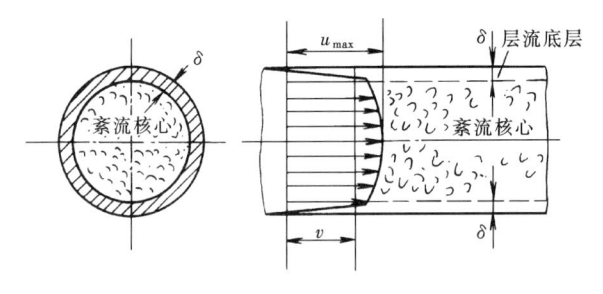

图 4-10 圆管中紊流的流速分布

$$v = (0.75 \sim 0.9) u_{max}$$

（五）紊流沿程水头损失

由均匀流基本方程可知，沿程水头损失与切应力成正比；由雷诺实验可知，紊流时沿程水头损失与流速的 1.75～2.0 次方成正比，当紊流充分发展时，沿程水头损失与流速的 2 次方成正比。其关系可用下式表示

$$\tau_0 = kv^2$$

式中：k 为比例系数。将上式代入式（4-14），得

$$h_f = \frac{kv^2 \chi l}{A\gamma} = \frac{kv^2 l}{R\gamma}$$

如为圆形管流，则 $R = \dfrac{d}{4}$，再以 $\gamma = \rho g$ 代入上式，整理得

$$h_f = \frac{8k}{\rho} \frac{l}{d} \frac{v}{2g}$$

令 $\dfrac{8k}{\rho} = \lambda$，上式为

$$h_f = \lambda \frac{l}{d} \frac{v^2}{2g} \tag{4-27}$$

式（4-27）为圆管恒定均匀紊流沿程水头损失计算公式。式中 λ 称为沿程阻力系数。对比式（4-23）和式（4-27）可以看出：层流和紊流沿程水头损失计算公式的形式完全一样，将式（4-27）称为达西—韦斯巴赫公式。但要注意两种流动形态的 λ 计算公式是不相同的。

第五节　沿程阻力系数 λ 的确定

上一节我们分析出了无论流体做层流运动还是做紊流运动，沿程水头损失计算公式的基本形式是一样的。但是，在不同流态下，沿程阻力系数 λ 的计算方法却是不同的。因此，沿程水头损失的计算关键是如何确定沿程阻力系数 λ。

一、沿程阻力系数 λ 及其影响因素分析的影响因素

由于紊流的复杂性，λ 的确定不可能像层流那样严格地从理论上推导出来。其研究途径通常有二：一是直接根据紊流沿程损失的实测资料，综合成阻力系数 λ 的纯经验公式；二是用理论和试验相结合的方法，以紊流的半经验理论为基础，整理成半经验公式。

为了通过试验研究沿程阻力系数 λ，首先要分析 λ 的影响因素。层流的阻力是黏性阻力，理论分析已表明，在层流中，$\lambda = 64/Re$，即 λ 仅与 Re 有关，与管壁粗糙度无关。而紊流的阻力由黏性阻力和惯性阻力两部分组成，壁面的粗糙在一定条件下成为产生惯性阻力的主要外因。每个粗糙点都将成为不断在产生并向管中输送漩涡引起紊流的源泉。因此，粗糙的影响在紊流中是一个十分重要的因素。这样，紊流的能量损失一方面取决于反映运动内部矛盾的黏性力和惯性力的对比关系，另一方面又决定于流动的边壁几何条件。前者可用 Re 来表示，而后者包括管长、过流断面的形状、大小及壁面的粗糙度等。对圆管来说，过流断面的形状固定了，管长 l 和管径 d 已包括在式 $h_f = \lambda \dfrac{l}{d} \dfrac{v^2}{2g}$ 中。因此边壁的几何条件中只剩下壁面的粗糙度需要通过 λ 来反映。所以，在紊流中沿程阻力系数 λ 取决于 Re 和壁面粗糙度这两个因素。

二、尼古拉兹实验

壁面的粗糙情况包括粗糙的突起高度、粗糙的形状、粗糙疏密程度和排列等因素。而实

际管道的这些因素是极复杂的。尼古拉兹在试验中使用了一种简化的粗糙模型。他把大小基本相同、形状近似球体的砂粒用漆汁均匀而稠密地黏附于管壁上,如图4-11所示。这种尼古拉兹使用的人工均匀粗糙叫做尼古拉兹粗糙。对于这种特定的粗糙形

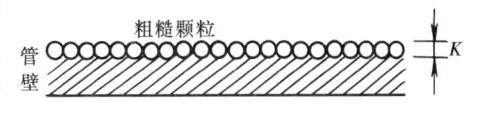

图4-11 人工粗糙管示意

式,可用糙粒的突起高度 K(相当于砂粒直径)来表示边壁的粗糙程度。K 称为绝对粗糙度。但实验表明,粗糙对沿程损失的影响并非取决于绝对粗糙度,而是取决于相对粗糙度,即 K 与管径 d 之比,K/d。这样影响 λ 的因素就是雷诺数和相对粗糙度,即

$$\lambda = f\left(Re, \frac{K}{d}\right)$$

尼古拉兹为了研究沿程阻力系数 λ 的变化规律,在不同管径的管子内壁上黏附不同粒径的均匀砂粒,造成相对粗糙度 $\frac{K}{d}$ 为 $\frac{1}{30}$、$\frac{1}{61.2}$、$\frac{1}{120}$、$\frac{1}{252}$、$\frac{1}{504}$、$\frac{1}{1014}$ 六种。在类似于图4-2的装置中,量测不同流量时的平均流速 v 和沿程水头损失 h_f。根据

$$Re = \frac{vd}{\nu} \text{ 和 } \lambda = \frac{d}{l} \frac{2g}{v^2} h_f$$

两式,算出 Re 和 λ。将所得不同粗糙度管子的 Re 和 λ 绘在对数坐标图上,得 λ 和 Re 的关系曲线,如图4-12所示。

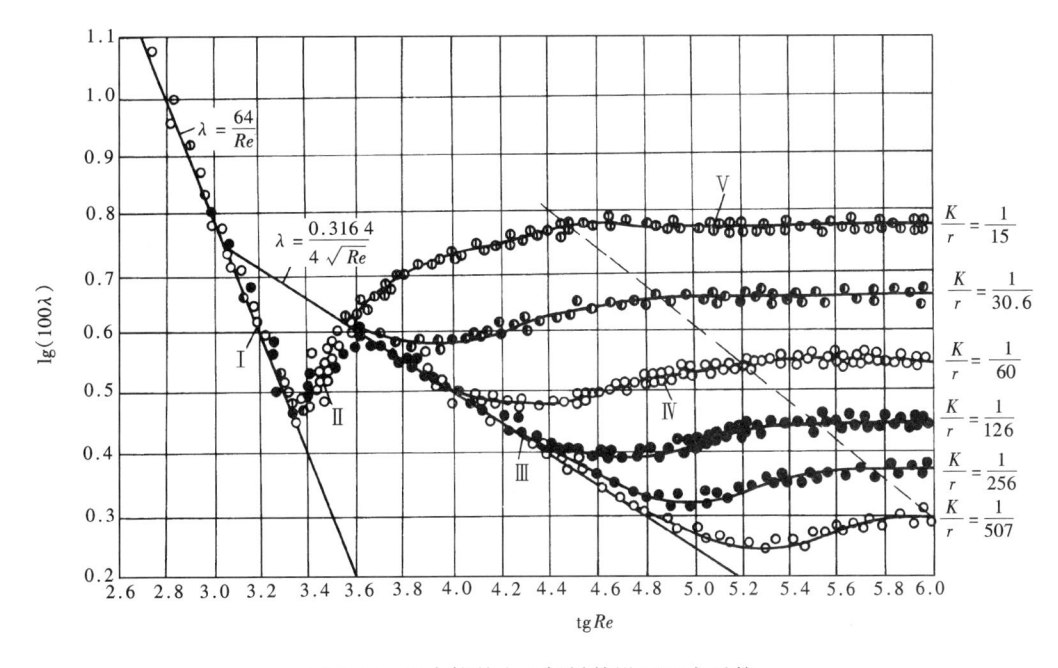

图4-12 尼古拉兹人工粗糙管沿程阻力系数

根据 λ 的变化特征,图中曲线可分为五种阻力区:

第Ⅰ区为层流区。当 $Re<2000$ 时,所有的试验点,不论其相对粗糙度如何,都集中在第一根直线上。这表明 λ 仅随 Re 变化,而与相对粗糙度无关,所以它的方程就是 $\lambda = \frac{64}{Re}$。证实了理论分析得到的层流计算公式是正确的。

第Ⅱ区为临界区。在 $Re=2000\sim4000$ 范围内，是由层流向紊流的转变过程。λ 随 Re 的增大而增大，与相对粗糙无关。该区不稳定，无实用意义。

第Ⅲ区为紊流光滑区。在 $Re>4000$ 后，不同相对粗糙度的试验点，起初都集中在曲线Ⅲ上。随着 Re 增大，相对粗糙度较大的管道，其试验点在较低的 Re 时就偏离曲线Ⅲ。而相对粗糙度较小的管道，其试验点要在较大的 Re 才偏离光滑区。在曲线Ⅲ范围内，λ 只与 Re 有关而与 K/d 无关。

第Ⅳ区为紊流过渡区。在这个区域内。试验点已偏离光滑区曲线。不同相对粗糙度的试验点各自分散成一条条波状的曲线。在曲线Ⅳ范围内，λ 既与 Re 有关，又与 k/d 有关。

第Ⅴ区为紊流粗糙区。在这个区域里，不同相对粗糙度的试验点，分别落在一些与横坐标平行的直线上。λ 只与 k/d 有关，而与 Re 无关。当 λ 与 Re 无关时，沿程损失就与流速的平方成正比。因此第Ⅴ区又称为阻力平方区。

尼古拉兹实验所揭示的沿程阻力系数 λ 的变化规律，可概括归纳为以下五点：

Ⅰ 层流区 $\qquad\qquad\qquad \lambda=f_1(Re)$
Ⅱ 临界过渡区 $\qquad\qquad \lambda=f_2(Re)$
Ⅲ 紊流光滑区 $\qquad\qquad \lambda=f_3(Re)$
Ⅳ 紊流过渡区 $\qquad\qquad \lambda=f_4(Re,K/d)$
Ⅴ 紊流粗糙区 $\qquad\qquad \lambda=f_5(K/d)$

尼古拉兹实验比较完整地反映了沿程阻力系数 λ 的变化规律，揭示了影响 λ 变化的主要因素，他对紊流断面流速分布的测定和推导紊流的半经验公式提供了可靠的依据。

三、沿程阻力系数 λ 的计算

（一）用公式计算沿程阻力系数 λ

这里所介绍的计算公式都是根据实测资料结合半经验理论分析而总结提出的半经验公式或纯经验公式。

1. 层流

圆形管流 $\qquad\qquad\qquad \lambda=\dfrac{64}{Re}$

2. 紊流

（1）紊流光滑区。半经验公式——尼古拉兹光滑区公式

$$\frac{1}{\sqrt{\lambda}}=2\lg Re\sqrt{\lambda}-0.8 \qquad (4-28)$$

或写成

$$\frac{1}{\sqrt{\lambda}}=2\lg\frac{Re\sqrt{\lambda}}{2.51} \qquad (4-29)$$

经验公式——布劳修斯公式

$$\lambda=\frac{0.316\,4}{Re^{0.25}} \qquad (4-30)$$

经验公式仅适用于 $Re<10^5$ 的情况，而尼古拉兹光滑区可适用于更大的 Re 范围。但布

劳修斯公式简单，计算方便。因此，也得到了广泛的应用。

（2）紊流粗糙区。半经验公式——尼古拉兹粗糙区公式

$$\frac{1}{\sqrt{\lambda}} = 2\lg \frac{r_0}{K} + 1.74 \tag{4-31}$$

或写成

$$\frac{1}{\sqrt{\lambda}} = 2\lg \frac{3.7d}{K} \tag{4-32}$$

经验公式——希弗林松公式

$$\lambda = 0.11\left(\frac{K}{d}\right)^{0.25} \tag{4-33}$$

上式具有形式简单和计算方便的特点。

（3）紊流过渡区。柯列勃洛克根据大量实际管道试验资料，并且考虑到实际管过渡区曲线的特点，提出该区域曲线的方程为

$$\frac{1}{\sqrt{\lambda}} = -2\lg\left(\frac{K}{3.7d} + \frac{2.51}{Re\sqrt{\lambda}}\right) \tag{4-34}$$

为简化计算，在柯氏公式的基础上提出了经验公式——阿里托苏里公式

$$\lambda = 0.11\left(\frac{K}{d} + \frac{68}{Re}\right)^{0.25} \tag{4-35}$$

式（4-34）和式（4-35）实际上是适用于紊流三个阻力区的综合公式，可直接应用于紊流三区的 λ 计算。当 Re 很小时，括号里的第一项 $\frac{K}{3.7d}$ 或 $\frac{K}{d}$ 可忽略，则此二式分别接近于光滑区的式（4-29）和式（4-30）；当 Re 很大时，括号里的第二项 $\frac{2.51}{Re\sqrt{\lambda}}$ 或 $\frac{68}{Re}$ 可忽略，则此二式就接近于粗糙区公式（4-32）和式（4-33）。

柯氏公式虽然是一个经验公式，但这个公式在国内外得到了广泛的应用。我国供热、通风管道的设计计算，目前就是以柯氏公式为基础的。

而在给排水工程的钢管和铸铁管的水力计算时，常用给水排水工程的专用公式——舍维列夫公式，计算沿程阻力系数 λ。

由于钢管和铸铁管，使用后会发生锈蚀或沉垢，管壁粗糙加大，λ 也会加大。所以工程设计一般按旧管计算。

在紊流过渡区，当 $Re < 9.2 \times 10^5$ 或 $v < 1.2$m/s 时

$$\lambda = \frac{0.0179}{d^{0.3}}\left(1 + \frac{0.867}{v}\right)^{0.3} \tag{4-36}$$

在紊流粗糙区，$Re \geq 9.2 \times 10^5$ 或 $v \geq 1.2$m/s

$$\lambda = \frac{0.021}{d^{0.3}} \tag{4-37}$$

在上面的公式中提到的 K 称为当量绝对粗糙度。它是指和工业管道粗糙管区 λ 值相等的同直径人工粗糙管的糙粒高度，简称当量粗糙度。表 4-1 列出了几种工业管道中的

K 值。

表 4-1　　　　　　　　　　　几种常用管道当量糙粒高度　　　　　　　　　　　mm

管道材料	K	管道材料	K
钢板制风管	0.15(引自全国通用通风管道计算表)	竹风道	0.8～1.2
塑料板制风管	0.01(引自全国通用通风管道计算表)	铅管、钢管、玻璃管	0.01 光管(以下引自莫迪当量粗糙图)
矿渣石膏板风管	1.0(以下引自采暖通风设计手册)	镀锌钢管	0.15
表面光滑砖风道	4.0	钢管	0.046
矿渣混凝土板风道	1.5	涂沥青铸铁管	0.12
铁丝网抹灰风道	10～15	铸铁管	0.25
胶合板风道	1.0	混凝土管	0.3～3.0
地面沿墙砌砖风道	3～6	木条拼合圆管	0.18～0.9
墙内砌砖风道	5～10		

（二）图解法——莫迪图求解沿程阻力系数 λ

应用经验公式和半经验公式计算 λ 值较为复杂。为了简化计算，莫迪以柯氏公式(4-34)为基础绘制出反映 Re、$\dfrac{K}{d}$ 和 λ 对应关系的曲线——莫迪图，见图 4-13。在图上可根据 Re 和 $\dfrac{K}{d}$ 直接查出 λ。

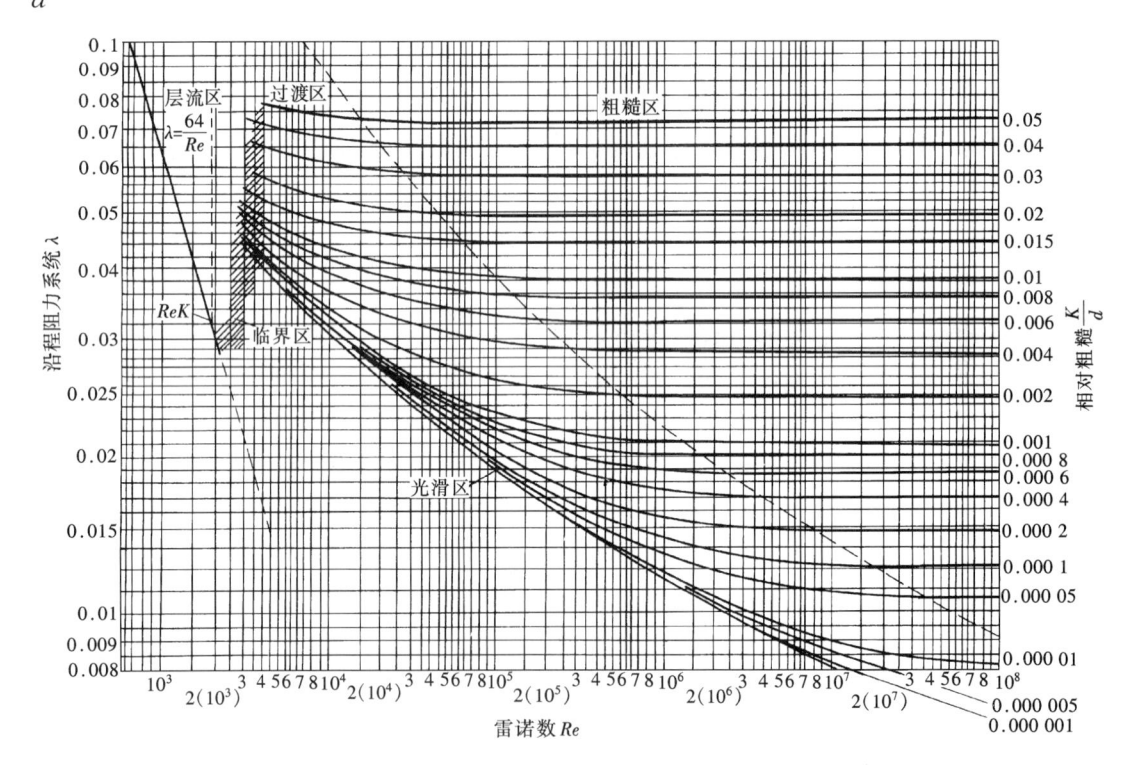

图 4-13　莫迪图

图中虚线是紊流过渡区和紊流粗糙区的分界线，K 为管道的当量粗糙度，d 为管道内径。

使用莫迪图确定 λ 值的步骤如下：

(1) 从表 4-1 中查出所用管道的当量粗糙度 K；

(2) 计算相对粗糙度 $\dfrac{K}{d}$；

(3) 计算雷诺数 Re；

(4) 由 $\dfrac{K}{d}$ 和 Re 查图 4-13，求出 λ 值。

【例 4-3】 有一根铸铁管，$d=120\text{mm}$，$l=500\text{m}$，$Q=6\text{L/s}$，水温 $t=15℃$，求沿程水头损失。

解 由表 4-1 查得铸铁管 $K=0.25\text{mm}$。

$$\text{相对粗糙度}\ \frac{K}{d}=\frac{0.25}{120}=0.002\ 08$$

$$\text{管中流速}\ v=\frac{Q}{A}=\frac{0.006}{\dfrac{3.14}{4}\times 0.12^2}=0.53\text{m/s}$$

$t=15℃$ 时，水的运动黏度 $\nu=0.011\ 5\text{cm}^2/\text{s}$

$$Re=\frac{vd}{\nu}=\frac{53\times 12}{0.011\ 5}=55\ 304>2000$$

故流态为紊流。

用莫迪图查 λ 值，当 $\dfrac{K}{d}=0.002\ 08$，$Re=55\ 304$ 时，在图 4-13 上查得 $\lambda=0.026\ 5$

$$h_f=\lambda\frac{l}{d}\frac{v^2}{2g}=0.026\ 5\times\frac{500}{0.12}\times\frac{0.53^2}{2\times 9.81}=1.58\text{m}$$

【例 4-4】 某厂修建一条长 300m 的输水管道，输水量为 200m³/h，水温按 10℃ 考虑，管径采用 200mm，试确定：

(1) 若铺设铸铁管，沿程水头损失为多少？

(2) 改用钢筋混凝土管（$K=2\text{mm}$），则沿程水头损失为多少？

解 (1) 铸铁管

根据 $Q=vA$

管内流速 $v=\dfrac{Q}{A}=\dfrac{4\times 200}{3600\times 3.14\times 0.2^2}=1.77\text{m/s}$

由于 $v>1.2\text{m/s}$，所以

$$\lambda=\frac{0.021}{d^{0.3}}=\frac{0.021}{0.2^{0.3}}=0.034$$

铸铁管水头损失

$$h_f=\lambda\frac{l}{d}\frac{v^2}{2g}=0.03\times\frac{300}{0.2}\times\frac{1.77^2}{2\times 9.81}=8.14\text{m}$$

(2) 钢筋混凝土管

水温为 10℃，查表 $\nu=1.31\times 10^{-6}\text{m}^2/\text{s}$

$$Re=\frac{vd}{\nu}=\frac{1.77\times 0.2}{1.31\times 10^{-6}}=2.7\times 10^5$$

$$\frac{K}{d}=\frac{2}{200}=0.01$$

查莫迪图得 $\lambda=0.038$,水流处于粗糙区。

钢筋混凝土管的沿程水头损失

$$h_{\mathrm{f}}=\lambda\frac{l}{d}\frac{v^2}{2g}=0.038\times\frac{300}{0.2}\times\frac{1.77^2}{2\times9.81}=9.1\mathrm{m}$$

【例 4-5】 如果管道的长度不变,允许水头损失不变,若使管径增大一倍,则流量增加多少倍。试分别讨论下列三种情况:

(1) 管中流动为层流,$\lambda=\dfrac{64}{Re}$;

(2) 管中流动为紊流光滑区,$\lambda=\dfrac{0.316\,4}{Re^{0.25}}$;

(3) 管中流动为紊流粗糙区,$\lambda=0.11\left(\dfrac{K}{d}\right)^{0.25}$。

解 (1) 流动为层流。

$$h_{\mathrm{f}}=\frac{64}{Re}\frac{l}{d}\frac{v^2}{2g}=\frac{128vl}{g\pi}\frac{Q}{d^4}$$

令

$$C_1=\frac{128vl}{g\pi}$$

则

$$h_{\mathrm{f}}=C_1\frac{Q}{d^4}$$

可见,层流时若 h_{f} 不变,则流量与管径的 4 次方成正比。

即

$$\frac{Q_2}{Q_1}=\left(\frac{d_2}{d_1}\right)^4$$

当 $d_2=2d_1$ 时,$Q_2/Q_1=16$,即层流时管径增大一倍,流量为原来的 16 倍。

(2) 流动为紊流光滑区。

$$h_{\mathrm{f}}=\frac{0.316\,4}{Re^{0.25}}\frac{l}{d}\frac{v^2}{2g}=\frac{0.316\,4v^{0.25}l}{2g(\pi/4)^{1.75}}\frac{Q^{1.75}}{d^{4.75}}$$

$$\left(\frac{Q_2}{Q_1}\right)^{1.75}=\left(\frac{d_2}{d_1}\right)^{4.75}$$

$$Q_2=2^{\frac{4.75}{1.75}}Q_1=6.56Q_1$$

(3) 流动为紊流粗糙区。

$$h_{\mathrm{f}}=0.11\left(\frac{K}{d}\right)^{0.25}\frac{l}{d}\frac{v^2}{2g}=0.11\frac{K^{0.25}L}{2g(\pi/4)^2}\frac{Q^2}{d^{5.25}}$$

$$\left(\frac{Q_2}{Q_1}\right)^2=\left(\frac{d_2}{d_1}\right)^{5.25}$$

$$Q_2=2^{2.635}Q_1=6.17Q_1$$

第六节 非圆管流沿程损失的计算

以上讨论的都是圆管,圆管是最常用的断面形式。但在工程上也常用到非圆管的情况,如通风系统中的风道,有许多就是矩形的。明渠流中,渠道多为矩形或梯形。如果设法把非圆管折合成圆管来计算,那么根据圆管所得出的上述公式和图表,也就适用于非圆管了。

由非圆管折算到圆管的方法是从水力半径的概念出发,通过建立非圆管的当量直径来实

现的。在第二节中曾定义水力半径 R 是过流断面面积 A 与湿周 χ 之比，即

$$R = \frac{A}{\chi}$$

湿周是指过流断面上流体和固体壁面接触的周界长度。

在紊流中，由于断面上的流速变化主要集中在邻近管壁的流层内，机械能转化为热能的沿程损失主要集中在这里。因此，流体所接触的壁面大小，即湿周的大小是影响能量损失的主要外因条件。若两种不同的断面形式具有相同的断面面积，在水力条件相同的情况下，湿周越小，通过的流量就越大。这是因为湿周小，固体壁面对运动流体产生的阻力小，因而流速就大，通过的流量就多，单位重量流体的能量损失就小。所以，沿程损失 h_f 和水力半径 R 成反比，水力半径 R 是一个基本上能反映过流断面大小、形状对沿程损失综合影响的物理量。

我们已经知道，圆管的水力半径为

$$R = \frac{A}{\chi} = \frac{\frac{\pi d^2}{4}}{\pi d} = \frac{d}{4}$$

边长为 a 和 b 的矩形断面水力半径为

$$R = \frac{A}{\chi} = \frac{ab}{2(a+b)}$$

边长为 a 的正方形断面的水力半径为

$$R = \frac{A}{\chi} = \frac{a^2}{4a} = \frac{a}{4}$$

令非圆管的水力半径 R 和圆管的水力半径 $\frac{d}{4}$ 相等，即得非圆管当量直径的计算公式

$$d_e = 4R \tag{4-38}$$

上式说明当量直径为水力半径的 4 倍。

因此，矩形管的当量直径为

$$d_e = \frac{2ab}{a+b}$$

方形管的当量直径为

$$d_e = a$$

有了当量直径，只要用 d_e 代替 d，我们就可用式（4-1）来计算非圆管的沿程损失，即

$$h_f = \lambda \frac{l}{d} \frac{v^2}{2g} = \lambda \frac{l}{4R} \frac{v^2}{2g} \tag{4-39}$$

也可以用当量相对粗糙度代入沿程阻力系数 λ 公式中求 λ 值。

计算非圆管的 Re，同样可以用当量直径 d_e 代替式中的 d，即 $Re = \frac{vd_e}{\nu} = \frac{v(4R)}{\nu}$。这个 Re 也可近似用来判别非圆管中的流态，其临界雷诺数仍取 2000。

必须指出，应用当量直径计算非圆管的能量损失，并不适用于所有情况。这表现在两方面：

（1）图 4-14 所示为非圆管和圆管的 λ-Re 的对比试验。试验表明，在紊流对于矩形、方

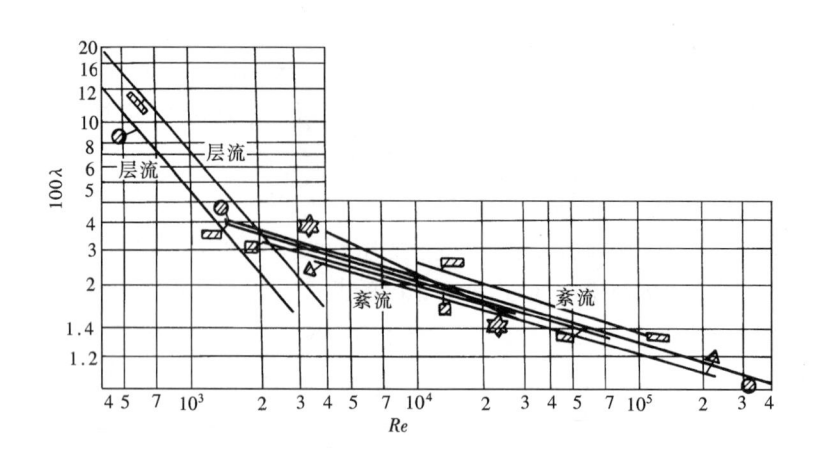

图 4-14 非圆管和圆管 λ 曲线的比较

形、三角形断面使用当量直径原理所获得试验数据的结果和圆管是很接近的，但长缝形和星形断面差别较大。非圆形截面的形状和圆形的偏差越小，则运用当量直径的可靠性就越大。

（2）由于层流的流速分布不同于紊流，沿程损失不像紊流那样集中在管壁附近。这样单纯用湿周大小作为影响能量损失的主要外因条件，对层流来说就不充分了。因此在层流中应用当量直径进行计算时，将会造成较大误差，见图 4-14。

【例 4-6】 已知断面面积 $A=0.48\text{m}^2$ 的正方形管道、宽为高的 3 倍的矩形管道和圆形管道。

（1）分别求出它们的湿周和水力半径；
（2）正方形和矩形管道的当量直径。

解 （1）求湿周和水力半径。

1）正方形管道。

边长 $\qquad a = \sqrt{A} = \sqrt{0.48} = 0.692\text{m}$

湿周 $\qquad \chi = 4a = 4 \times 0.692 = 2.77\text{m}$

水力半径 $\qquad R = \dfrac{A}{\chi} = \dfrac{0.48}{2.77} = 0.174\text{m}$

2）矩形管道。

边长 $\qquad a \times b = a \times 3a = A = 0.48$

$$a = \sqrt{\dfrac{A}{3}} = \sqrt{\dfrac{0.48}{3}} = 0.4\text{m}$$

$$b = 3a = 3 \times 0.4 = 1.2\text{m}$$

湿周 $\qquad \chi = 2(a+b) = 2(0.4+1.2) = 3.2\text{m}$

水力半径 $\qquad R = \dfrac{A}{\chi} = \dfrac{0.48}{3.2} = 0.15\text{m}$

3）圆形管道。

管径 $\qquad \dfrac{\pi d^2}{4} = A = 0.48$

$$d = \sqrt{\frac{4 \times 0.48}{3.14}} = 0.78\text{m}$$

湿周 $\quad \chi = \pi d = 3.14 \times 0.78 = 2.45\text{m}$

水力半径 $\quad R = \dfrac{A}{\chi} = \dfrac{0.48}{2.45} = 0.195\text{m}$

以上计算说明：过流断面面积虽然相等，但因形状不同，湿周长短就不等。湿周越短，水力半径越大，沿程损失随水力半径的加大而减小。从上述计算结果总结出，在面积相同的情况下圆形断面的湿周最小，水力半径最大；矩形断面的湿周最大，水力半径最小。从减小能量损失的观点来看，圆形断面是最佳的。这就说明了工程上输送流体的管道为什么大多使用圆形断面。

（2）正方形管道和矩形管道的当量直径。

1）正方形管道。
$$d_\text{e} = a = 0.692\text{m}$$

2）矩形管道。
$$d_\text{e} = \frac{2ab}{a+b} = \frac{2 \times 0.4 \times 1.2}{0.4 + 1.2} = 0.6\text{m}$$

【例 4-7】 某钢板制风道，断面尺寸为 $400\text{mm} \times 200\text{mm}$，管长 80m。管内平均流速 $v=10\text{m/s}$。空气温度 $t=20℃$，求压强损失 p_f。

解 （1）当量直径
$$d_\text{e} = \frac{2ab}{a+b} = \frac{2 \times 0.2 \times 0.4}{0.2 + 0.4} = 0.267\text{m}$$

（2）求 Re。查表，$t=20℃$ 时，$\nu = 15.7 \times 10^{-6}\ \text{m}^2/\text{s}$
$$Re = \frac{vd}{\nu} = \frac{10 \times 0.267}{15.7 \times 10^{-6}} = 1.7 \times 10^5$$

（3）求 $\dfrac{K}{d}$。钢板制风道，$K=0.15\text{mm}$
$$\frac{K}{d} = \frac{0.15 \times 10^{-3}}{0.267} = 5.62 \times 10^{-4}$$

查莫迪图得 $\quad \lambda = 0.019\,5$

（4）计算压强损失
$$p_\text{f} = \lambda \frac{l}{d} \frac{\rho v^2}{2} = 0.019\,5 \times \frac{80}{0.267} \times \frac{1.2 \times 10^2}{2} = 350\text{N/m}^2$$

第七节　局部水头损失的计算

实际工程中用于输送流体的管道都要安装一些阀门、弯头、三通等配件，用以控制和调节流体在管内的流动。流体经过这些配件，由于边壁条件的改变，均匀流在这一局部地区遭到破坏，引起流速大小、方向或分布的变化，由此产生较集中的能量损失，称为局部能量损失（或局部水头损失），用符号 h_j 表示。

局部水头损失的种类繁多，形状各异，边壁变化也比较复杂，加之紊流本身的复杂性，局部损失的计算，应用理论来解决有很大难度，多数情况是用实验方法来解决。

下面分别讨论局部水头损失产生的原因和计算方法。

一、局部损失产生的原因

局部水头损失的发生，是由于流体边界急剧改变而使液流形态发生激烈变化而引起的。在工程中出现的边界急剧变化的形式很多，但分析其运动特征，主要有以下三类：一类是过流断面的扩大或收缩，如突扩管和突缩管、渐扩管和渐缩管等；二类是流体运动方向的改变，如直角弯头、折角弯头、圆管弯头等；三类是流量的合入与分出，如合流三通、分流三通等。

图 4-15 为圆形管流断面突变时，流体运动形态的变化情况。

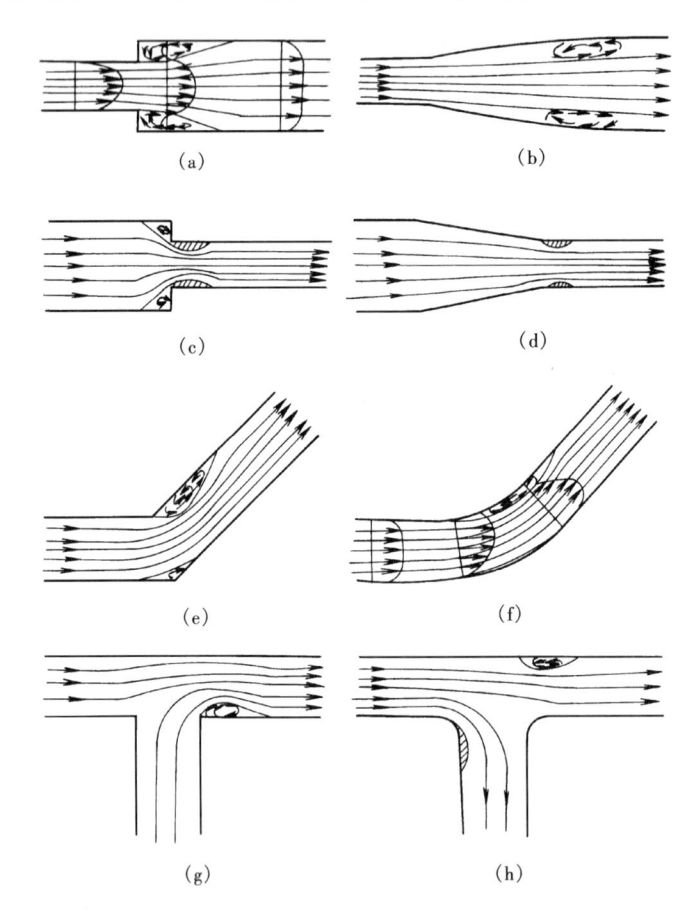

图 4-15 几种典型的局部阻碍
(a) 突扩管；(b) 渐扩管；(c) 突缩管；(d) 渐缩管；(e) 折弯管；
(f) 圆弯管；(g) 锐角合流三通；(h) 圆角分流三通

因此，引起局部水头损失的原因主要在以下两方面：

(1) 在过流断面突变处，流体因惯性而脱离了固体边壁，主流和固体边壁间产生旋涡区（回流区）。旋涡区的产生加剧了流体内的紊乱程度，同时旋涡区内流体的质点与主流区的质点在交界面处不断地交换能量，从而增加水头损失。

(2) 由于旋涡区的出现，压缩了主流的过流断面，使主流流速急剧增大。随后，到下游后又恢复到正常流速。这样流体流速在不断的调整，引起流体内部剧烈的相对运动，增加了流体质点的碰撞与摩擦，促使水头损失的增加。

由于过流断面突然变化对水流的影响还扩展到断面下游一定的范围内，加剧这一区域水流的紊乱程度，也产生能量损失，所以，局部水头损失包括断面突变处及其后一小段距离流体的水头损失，即流线由平缓到弯曲再到平缓的范围内的流体水头损失两部分。

因此，局部水头损失产生的外因是流体脱离固体边壁而形成旋涡区；内因则是流体具有黏滞性和惯性。

二、局部水头损失的计算公式

由于边界形状是多种多样的，局部水头损失的机理比较复杂。除有少部分情况可用理论方法计算外，大部分只能根据各种具体情况（例如管道的进口、闸阀、弯头等）通过实验来解决。

根据局部水头损失产生原因的共同性，通常确定各种局部水头损失的通用公式为流速水头的倍数，即

$$h_j = \xi \frac{v^2}{2g} \tag{4-40}$$

对于气体，则

$$p_j = \xi \frac{\rho v^2}{2} \tag{4-41}$$

式中 h_j——局部水头损失，一般用于液体，m；

p_j——局部压强损失，N/m²；

ξ——局部阻力系数；

v——断面的平均流速，m/s。

在局部水头损失计算公式中的断面平均流速 v 一般采用局部损失发生以后断面的平均流速。但有时也用局部损失发生以前的断面平均流速，采用不同断面的平均流速，ξ 值也将不同，根据连续性方程，两者的关系可按下式换算

$$\frac{\xi_1}{\xi_2} = \left(\frac{A_1}{A_2}\right)^2 \tag{4-42}$$

式中：A_1 和 A_2 分别为局部损失发生前和发生后的过流断面面积。

三、局部阻力系数 ξ 的确定

从式（4-40）中可以看出：求局部水头损失 h_j 的问题就转变为求局部阻力系数 ξ 的问题。一般来说，ξ 值取决于流动的雷诺数及产生局部阻力处的边界形状。但由于局部阻碍处的流动受到很大的干扰，流体的流动形态一般都处于紊流状态。所以 ξ 值往往只决定于固体边壁的几何形状而与雷诺数 Re 无关。也就是说，计算局部损失时无需判断流态。

对于不同的边界条件，有不同的局部阻力系数 ξ，其值由试验确定。一般计算时 ξ 值可查有关书籍或专门手册上的局部阻力系数表得到。

现将常用的几种局部阻力系数值列于表 4-2 中。

应当注意，表 4-2 中 ξ 值与所指的平均流速相对应（表中已标明），凡未标明者，均采用局部管件后的流速。

应当指出，几个局部阻碍连在一起或相当近地连在一起，它们的总损失不能认为就等于各个局部损失的简单相加。计算局部总损失不但要看它们之间的距离，还要看它们的方向和所在平面的相互关系。研究表明，如果各局部阻碍之间的距离大于 3 倍的管径简单地相加，所得结果偏于安全。

表 4-2　　　　　　　　　　常用各种管件的局部阻力系数 ξ 值

序号	管件名称	示意图	局部阻力系数								
1	突然扩大		$\dfrac{A_1}{A_2}$	0.01	0.1	0.2	0.4	0.6	0.8	0.9	1.0
			ξ	0.93	0.81	0.64	0.36	0.16	0.04	0.01	0
2	突然缩小		$\dfrac{A_2}{A_1}$	0.01	0.1	0.2	0.4	0.6	0.8	0.9	1.0
			ξ	0.5	0.47	0.45	0.34	0.25	0.15	0.09	0
3	管子入口		边缘尖锐时　$\xi=0.50$ 边缘光滑时　$\xi=0.20$ 边缘极光滑时　$\xi=0.05$									
4	管子出口		$\xi=1.0$									
5	转心阀门		α	10°	15°	20°	25°	30°	35°	40°	45°	50°	55°	60°
			ξ	0.29	0.75	1.56	3.10	5.47	9.68	17.3	31.2	52.6	106	206
6	带有滤网底阀		$\xi=5\sim10$									
7	直流三通		$\xi=1.0$									
8	分流三通		$\xi=1.5$									
9	合流三通		$\xi=3.0$									

第四章 流动阻力和能量损失

续表

序号	管件名称	示意图	局部阻力系数						
10	渐缩管		当 $\alpha \leqslant 45°$ 时，$\xi=0.01$							

序号	管件名称	示意图			A_2/A_1			
11	渐扩管		α	1.50	1.75	2.00	2.25	2.50
			10°	0.02	0.03	0.04	0.05	0.06
			15°	0.03	0.05	0.06	0.08	0.10
			20°	0.05	0.07	0.10	0.13	0.15

序号	管件名称	示意图						
12	折管		α	20°	40°	60°	80°	90°
			ξ	0.05	0.14	0.36	0.74	0.99

序号	管件名称	示意图							
13	90°弯头		d (mm)	15	20	25	32	40	≥50
			ξ	2.0	2.0	1.5	1.5	1.0	1.0

序号	管件名称	示意图							
14	90°煨弯		d (mm)	15	20	25	32	40	≥50
			ξ	1.5	1.5	1.0	1.0	0.5	0.5

序号	管件名称	示意图	局部阻力系数
15	止回阀		$\xi=1.70$

序号	管件名称	示意图							
16	闸阀		DN (mm)	15	20	25	32	40	≥50
			ξ	1.5	0.5	0.5	0.5	0.5	0.5

序号	管件名称	示意图							
17	截止阀		DN (mm)	15	20	25	32	40	≥50
			ξ	16.0	10.0	9.0	9.0	8.0	7.0

【例 4-8】

如图 4-16 所示，水从 A 箱经底部连接管流入 B 箱。已知：水管为一般钢管，直径 $d=100$mm，长度 $L=50$m，流量 $Q=0.031\ 4$m³/s，转弯半径 $R=200$mm，折角 $\alpha=30°$，阀门 $\xi=0.5$，水温 $t=20℃$，待水位静止后，试求两水箱的水面差。

解 取水箱 B 水面 0—0 为基准面。

列 1—1、2—2 两断面能量方程

$$z_1 + \frac{p_1}{\gamma} + \frac{\alpha_1 v_1^2}{2g} = z_2 + \frac{p_2}{\gamma} + \frac{\alpha_2 v_2^2}{2g} + h_{w1-2}$$

式中 $z_1 = H, z_2 = 0, \dfrac{p_1}{\gamma} = \dfrac{p_2}{\gamma} = 0, v_1 = v_2 \approx 0$

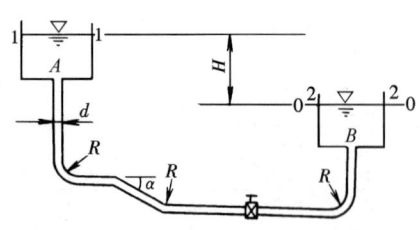

图 4-16 管路水头损失计算

则

$$H = h_{w1-2} = h_f + h_j = \lambda \frac{l}{d} \frac{v^2}{2g} + \Sigma \xi \frac{v^2}{2g}$$

$$v = \frac{Q}{A} = \frac{4 \times 0.031\ 4}{3.14 \times 0.1^2} = 4 \text{m/s}$$

水温 $t=20℃$ 时，$\nu = 1.01 \times 10^{-6}$ m²/s

$$Re = \frac{vd}{\nu} = \frac{4 \times 0.1}{1.01 \times 10^{-6}} = 3.96 \times 10^5 > 2000$$

所以水流状态为紊流。

由表 4-1 查得 $K=0.19$mm

$$\frac{K}{d} = \frac{0.19}{100} = 0.001\ 9$$

查图 4-13 得 $\lambda = 0.024$

从表 4-2 得：进口 $\xi_1 = 0.5$；90°弯管，$\xi_2 = 0.5$；30°折管，$\xi_3 = 0.084$；阀门，$\xi_4 = 0.5$；出口，$\xi_5 = 1.0$

水面高差为

$$H = \left(\lambda \frac{l}{d} + \xi_1 + 2\xi_2 + 2\xi_3 + \xi_4 + \xi_5\right)\frac{v^2}{2g}$$

$$= \left(0.024 \times \frac{50}{0.1} + 0.5 + 2 \times 0.5 + 2 + 0.084 + 0.5 + 1.0\right)\frac{4^2}{2 \times 9.8}$$

$$= 12.13 \text{m}$$

【例 4-9】

图 4-17 所示水由管道中 A 点向 D 点流动，管中流量 $Q=0.02$m³/s，各管段的沿程阻力系数 $\lambda=0.02$。B 处为阀门，$\xi=2.0$；C 处为渐缩管，$\xi=0.5$。已知管长 $L_{AB}=100$m，$L_{BC}=200$m，$L_{CD}=150$m；管径 $d_{AB}=d_{BC}=150$mm，$d_{CD}=125$mm。若 A 点总水头 $H_A=20$m，试求 D 点的总水头。

图 4-17 例 4-9 图

解 由于整个管路直径不等，计算水头损失时，AC 与 CD 两段需分别进行。

AC 段

第四章 流动阻力和能量损失

$$h_{wAB} = \left(\lambda \frac{L_{AC}}{d_{AC}} + \Sigma \xi_{AC}\right) \frac{v_{AC}^2}{2g}$$

式中

$$L_{AC} = L_{AB} + L_{BC} = 100 + 200 = 300\text{m}$$

$$v_{AC} = \frac{4Q}{3.14 d_{AC}^2} = \frac{4 \times 0.02}{3.14 \times 0.15^2} = 1.13\text{m/s}$$

$$\Sigma \xi_{AC} = \xi_B = 2$$

所以

$$h_{wAC} = \left(0.02 \times \frac{300}{0.15} + 2\right) \times \frac{1.13^2}{2 \times 9.8} = 2.73\text{m}$$

CD 段

$$h_{wCD} = \left(\lambda \frac{L_{CD}}{d_{CD}} + \Sigma \xi_{CD}\right) \frac{v_{CD}^2}{2g}$$

式中

$$L_{CD} = 150\text{m}$$

$$v_{CD} = \frac{4Q}{3.14 d_{CD}^2} = \frac{4 \times 0.02}{3.14 \times 0.125^2} = 1.63\text{m/s}$$

$$\Sigma \xi_{CD} = \xi_D = 0.5$$

所以

$$h_{wCD} = \left(0.02 \times \frac{150}{0.125} + 0.5\right) \times \frac{1.63^2}{2 \times 9.8} = 3.32\text{mH}_2\text{O}$$

于是管路的总水头损失

$$h_{wAD} = h_{wAC} + h_{wCD} = 2.73 + 3.32 = 6.05\text{mH}_2\text{O}$$

由于

$$H_A = H_D + h_{wAD}$$

$$H_D = H_A - h_{wAD} = 20 - 6.05 = 13.95\text{mH}_2\text{O}$$

思 考 题

4-1 什么是流体的能量损失？能量损失形成的原因是什么？

4-2 什么是雷诺数，其物理意义是什么？为什么它能起到判别流态的作用？

4-3 两个不同管径的管道，通过不同黏性的液体，它们的临界雷诺数是否相同？

4-4 瞬时流速，时间平均流速，断面平均流速有何区别？

4-5 当输水管的管径一定时，随流量的增大 Re 是增大还是减少？

4-6 层流和紊流的流速分布有何不同？为什么？

4-7 有两根管路，其管径、长度和粗糙度都相同，其中一根输油，一根输水。试问：（1）当两根管路中流速相等时，沿程能量损失是否相等；（2）两管中液流的 Re 相等时，沿程能量损失是否相等？

4-8 为什么会产生近壁层流层？其厚度与哪些因素有关？为什么在一根绝对粗糙度为 K 的定值的管路中，既可能是水利光滑管，又可能是水利粗糙管？

4-9 沿程阻力系数 λ 的确定主要取决于哪些因素？它的规律是什么？

4-10 局部阻力系数 ξ 是怎样确定的？它与哪些因素有关？

习 题

4-1 直径 $d=100\text{mm}$，输送流量为 4L/s，如水温为 20°C，试确定管内水的流态。如管内通过的是同样流量的某种润滑油，其运动黏度 $\nu=0.44\text{cm}^2/\text{s}$，试判别管内油的流动形态。

4-2 有一圆形风管，管径为 300mm，输送的空气温度为 20°C，求气流保持层流时的最大流量。若输送的空气量为 200kg/h，气流是层流还是紊流？

4-3 水流经过一个渐扩管，如果小断面的直径为 d_1，大断面的直径为 d_2，而 $\dfrac{d_2}{d_1}=2$，试问哪个断面的雷诺数大？这两个断面的雷诺数的比值 Re_1/Re_2 是多少？

4-4 在换热器的管道中，为了保证传热效果，必须使水处于紊流形态。若已知管道直径 $d=200\text{mm}$，通过流量 $Q=0.35\text{L/s}$，如水温为 90°C，试核算在此条件下，水流形态能否满足要求？

4-5 为确定圆管内径，在管内通过运动黏度 $\nu=0.013\text{cm}^2/\text{s}$ 的水，经实测，管道流态为紊流光滑区，流量为 35L/s，长 15m 的管段上的水头损失为 $200\text{mmH}_2\text{O}$，求圆管内径。

4-6 设圆管直径 $d=200\text{mm}$，管长 $l=1000\text{m}$，输送石油的流量 $Q=40\text{L/s}$，运动黏度 $\nu=1.6\text{cm}^2/\text{s}$，求沿程水头损失。

4-7 由薄钢板制作的通风管道，直径 $d=400\text{mm}$，管长 $L=20\text{m}$，空气流量 $Q=700\text{m}^3/\text{h}$，沿程阻力系数 $\lambda=0.0219$，空气密度 $\rho=1.2\text{kg/m}^3$，试问风道的沿程压强损失。当其他条件相同时，将上述风管改为矩形风道，断面尺寸为：高 $h=300\text{mm}$，宽 $b=500\text{mm}$。其沿程压强损失为多少？

4-8 如图 4-18 所示，油在管中以 $v=1\text{m/s}$ 的速度流动，油的密度 $\rho=920\text{kg/m}^3$，管长 $l=3\text{m}$，管径 $d=25\text{mm}$；水银压差计测得 $h=9\text{cm}$，试求：(1) 油在管中的流态；(2) 油的运动黏度 ν。

4-9 某风管直径 $d=500\text{mm}$，流速 $v=20\text{m/s}$，沿程阻力系数 $\lambda=0.017$，空气温度为 20°C。求风管的粗糙度 K。

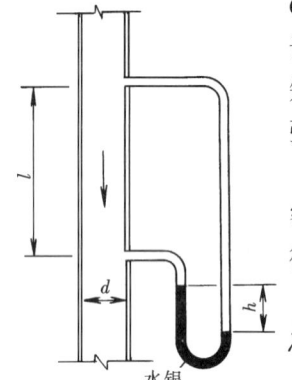

图 4-18 习题 4-8 图

4-10 有一 $d=250\text{mm}$ 的圆管，内壁涂有 $K=0.5\text{mm}$ 的砂粒，如水温为 10°C。问流动要保持为粗糙区的最小流量为多少？

4-11 在管径 $d=50\text{mm}$ 的光滑铜管中，水的流量为 3L/s，水温为 20°C。试求：

(1) 在管长 $l=500\text{m}$ 的管道中的沿程水头损失；
(2) 管壁切应力；
(3) 层流底层厚度 δ。

4-12 对 300mm 管径的输水管道进行试验，测的流速 $v=3\text{m/s}$，$\lambda=0.015$，实验时水温为 15°C（$\rho=999.1\text{kg/m}^3$）。试求：管壁处的切应力 τ_0。

4-13 由钢板制作的风管，直径 $d=500\text{mm}$，流量 $Q=1.2\text{m}^3/\text{s}$，空气温度为 20°C。试判别流动处于什么阻力区？并求 λ 值。

4-14 长度 10m，直径 $d=50\text{mm}$，直径 $d=50\text{mm}$ 的水管，测得流量为 4L/s，沿程水

头损失为 1.2m，水温为 20℃，求该种管材的 K 值。

4-15 如果管道长度不变，通过的流量不变，欲使沿程水头损失减少一半，直径需增大百分之几？试分别讨论下列三种情况：

(1) 管内流动为层流 $\lambda = 64/Re$；

(2) 管内流动为光滑区 $\lambda = \dfrac{0.3164}{Re^{0.25}}$；

(3) 管内流动为粗糙区 $\lambda = 0.11\left(\dfrac{K}{d}\right)^{0.25}$。

4-16 如图 4-19 所示，烟囱的直径 $d=1$m，通过的烟气流量 $Q=18\,000$kg/h，烟气的密度 $\rho=0.7$kg/m³，外面大气的密度按 $\rho=1.29$kg/m³ 考虑，如果烟道的 $\lambda=0.035$，要保证烟窗底部 1-1 断面的负压不小于 100N/m²，烟窗的高度至少应为多少？

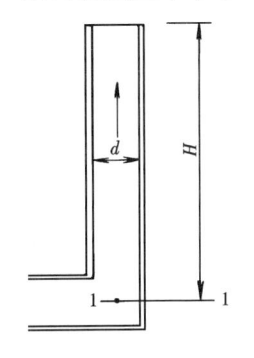

图 4-19 习题 4-16 图

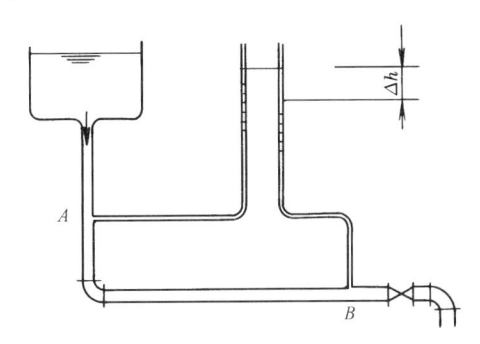

图 4-20 习题 4-17 图

4-17 为测定 90°弯头的局部阻力系数 ξ，可采用如图 4-20 所示的装置。已知 AB 段管长 $l=10$m，管径 $d=50$mm，$\lambda=0.03$。实测数据为：(1) AB 两断面测压管水头差 $\Delta h=0.629$m；(2) 经两分钟流入水箱的水量为 0.329m³。求 90°弯头局部阻力系数 ξ。

4-18 测定一阀门的局部阻力系数 ξ。如图 4-21 所示，在阀门的上下游设置了 3 个测压管，其间距 $L_1=1$m，$L_2=2$m，若直径 $d=50$mm，实测 $H_1=150$cm，$H_2=125$cm，$H_3=40$cm，流速 $v=3$m/s，求阀门 ξ 值。

4-19 如图 4-22 所示，水自 A 点流向 B 点，已知管长 $L_{AD}=150$m，$L_{DB}=100$m，直径 $d_{AD}=150$mm，$d_{DB}=100$mm，流量 $Q=20$L/s，沿程水头损失系数 $\lambda=0.024$，C 处有阀门，D 处有一突然缩小。试计算管路中的水头损失。

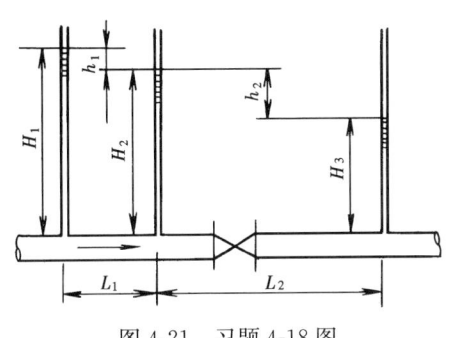

图 4-21 习题 4-18 图

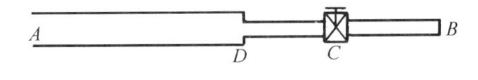

图 4-22 习题 4-19 图

4-20 如图 4-23 所示，水从封闭容器 A 沿直径为 25mm，长度为 10m 的管道流入容器 B。若容器 A 水面的相对压强 $p_0=2$ 个工程大气压，$H_1=1$m，$H_2=5$m。局部阻力系数：$\xi_{进口}=0.5$，$\xi_{阀门}=4.0$，$\xi_{弯头}=0.3$，$\xi_{出口}=1.0$，沿程阻力系数 $\lambda=0.025$。求流量。

4-21 如图 4-24 所示，自水池引出一根有三段直径不同的水管，已知：$d=50\text{mm}$，$D=200\text{mm}$，$l=100\text{mm}$，$H=12\text{m}$。局部阻力系数 $\xi_{进口}=0.5$，$\xi_{阀门}=5.0$，沿程阻力系数 $\lambda=0.03$。求通过水管的流量并绘制总水头线和测压管水头线。

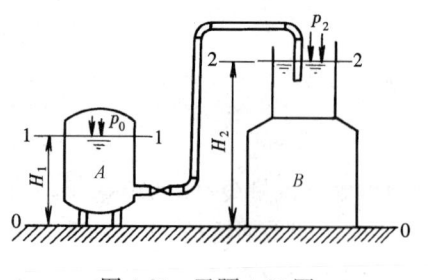

图 4-23 习题 4-20 图

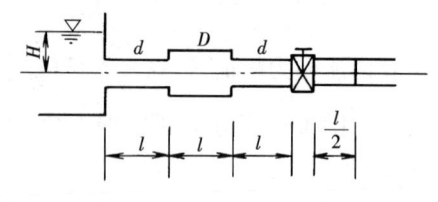

图 4-24 习题 4-21 图

第五章

管 路 计 算

第一节 概 述

关于流体运动的基本规律，在前四章已作了较为详尽的阐述。本章将进一步研究如何运用这些规律，特别是运用能量方程和能量损失的公式来解决实际工程中的管路计算问题。

一、长管和短管

在第四章已经阐明了流体运动的总能量损失包括沿程损失和局部损失两部分。在有压管路水力计算时，根据这两部分损失和流速水头所占的比重不同，将管路分为短管和长管两种情况。

（一）短管

管路中流体的局部损失和流速水头之和占有相当的比重（一般大于沿程损失的10%），计算时不能忽略的管路，称为短管。

在工程中水泵吸水管、虹吸管、室内供热管等都须按短管计算。

（二）长管

管路中的损失以沿程损失为主，局部损失和流速水头之和所占的比重很小，在计算时可以忽略不计；或者按沿程损失的一定百分数进行估算的管路，称为长管。

城市集中供热干管、自来水的输水干管等一般都按长管进行计算。

划分长管与短管的目的，是为了简化计算，但忽略局部损失和流速水头缺乏充分根据时，首先应按短管计算，以免造成被动。

二、简单管路和复杂管路

（一）简单管路

管径及流量沿程没有变化的管路系统称为简单管路。

（二）复杂管路

管径或流量沿程发生变化的管路称为复杂管路。按管路的布置情况，复杂管路分为串联管路、并联管路和分支管路。根据分支管路的特点可将其划分为枝状管网和环状管网。

本章将对上述管路分别加以讲述。

第二节 简单管路的水力计算

简单管路系统中管径和流量都沿程不变，它是各种复杂管路的基本组成部分，其水力计算方法是各种复杂管路水力计算的基础。

一、短管的水力计算

短管的水力计算可分为自由出流和淹没出流两种情况。

(一)短管水力计算的基本公式

1. 自由出流

管路出口的流体进入大气,流体四周都受到大气压力的作用,称为自由出流。如图 5-1 所示。

(1) 对于液体管路,如图 5-1 所示,水箱水位到管路出口轴线的高差为 H,以通过管道出口断面中心的水平面 0-0 为基准面,

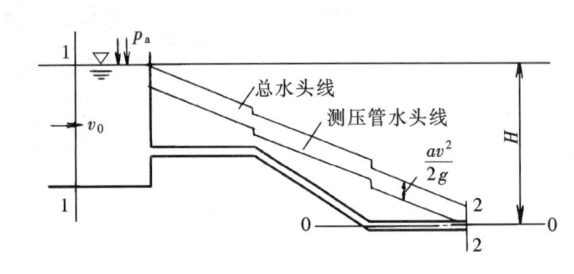

图 5-1 短管自由出流

列 1-1,2-2 两断面的能量方程

$$z_1 + \frac{p_1}{\gamma} + \frac{\alpha_1 v_1^2}{2g} = z_2 + \frac{p_2}{\gamma} + \frac{\alpha_2 v_2^2}{2g} + h_w$$

由于 $z_1 = H, v_1 = v_0 \approx 0, z_2 = 0, p_1 = p_2 = 0$

所以

$$H = h_w + \frac{\alpha v^2}{2g}$$

而

$$h_w = h_f + h_j = \lambda \frac{l}{d} \frac{v^2}{2g} + \Sigma \xi' \frac{v^2}{2g}$$

代入上式得

$$H = \left(\lambda \frac{l}{d} + \Sigma \xi' + 1\right)\frac{v^2}{2g}$$

因为出口局部阻力系数 $\xi_0 = 1$,若将 1 作为 ξ_0 包括到 $\Sigma\xi$ 中去,则上式变为

$$H = \left(\lambda \frac{l}{d} + \Sigma\xi\right)\frac{v^2}{2g}$$

用 $v^2 = \left(\frac{4Q}{\pi d^2}\right)^2$ 代入上式

$$H = \frac{8\left(\lambda \frac{l}{d} + \Sigma\xi\right)}{\pi^2 d^4 g} Q^2$$

令

$$S_H = \frac{8\left(\lambda \frac{l}{d} + \Sigma\xi\right)}{\pi^2 d^4 g} \quad (\text{s}^2/\text{m}^5) \tag{5-1}$$

则

$$H = S_H Q^2 \tag{5-2}$$

式中:S_H 为综合反映管道流动阻力情况的系数,称为管道阻抗。

(2) 对于气体管路,图 5-2 所示风机带动的气体管路,式(5-2)仍适用。气体常用压

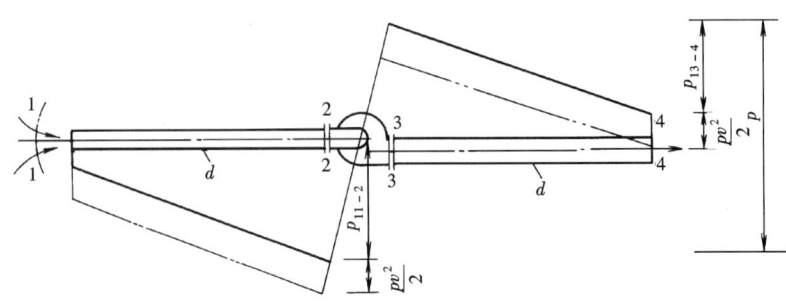

图 5-2 气体管路

第五章 管路计算

强表示,于是

$$p = \gamma H = \gamma S_H Q^2$$

令

$$S_p = \gamma S_H = \frac{8\left(\lambda \dfrac{l}{d} + \Sigma\xi\right)}{\pi^2 d^4}\rho \quad (\text{kg/m}^7) \tag{5-3}$$

则

$$p = S_p Q^2 \tag{5-4}$$

式中:p 为管路的作用压头;S_p 为气体管路的阻抗。

2. 淹没出流

管路出口淹没在下游液面以下称为淹没出流,如图 5-3 所示。

上下游液面高差为 H',以下游水面为基准面 0—0,列 1—1,2—2 断面的能量方程

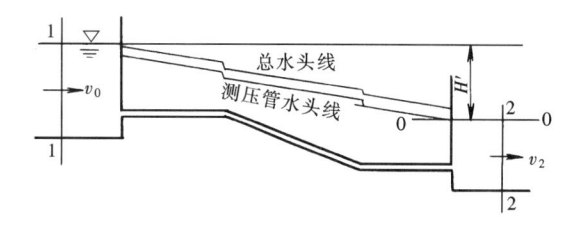

$$z_1 + \frac{p_1}{\gamma} + \frac{\alpha_1 v_1^2}{2g} = z_2 + \frac{p_2}{\gamma} + \frac{\alpha_2 v_2^2}{2g} + h_w$$

图 5-3 短管淹没出流

由于 $z_1 = H', v_1 = v_2 = 0, z_2 = 0, p_1 = p_2 = 0$

而

$$h_w = h_f + h_j = \lambda \frac{l}{d}\frac{v^2}{2g} + \Sigma\xi\frac{v^2}{2g}$$

代入能量方程,并整理得

$$H' = \left(\lambda \frac{l}{d} + \Sigma\xi\right)\frac{v^2}{2g}$$

上式中 $\Sigma\xi$ 包含了管路出口处的局部阻力系数 ξ_0。将 $v^2 = \left(\dfrac{4Q}{\pi d^2}\right)^2$ 代入上式,并整理得

$$H' = \frac{8\left(\lambda \dfrac{l}{d} + \Sigma\xi\right)}{\pi^2 d^4 g}Q^2$$

令

$$S_H = \frac{8\left(\lambda \dfrac{l}{d} + \Sigma\xi\right)}{\pi^2 d^4 g} \quad (\text{s}^2/\text{m}^5) \tag{5-5}$$

则

$$H' = S_H Q^2 \tag{5-6}$$

比较式(5-1)和式(5-5)发现二者完全相同。式(5-2)和式(5-6)在表现形式上也相同,但自由出流和淹没出流的区别在于 H 和 H'。H 表示管路出口的作用水头;而 H' 表示上下游的液面差。

无论是 S_p 或 S_H,对于一定的流体(γ 或 ρ 一定),在 d、l 已给定时,S 只随 λ 和 $\Sigma\xi$ 变化。从第四章知道 λ 值与流动状态有关,当流动处在紊流粗糙区时,λ 仅与 k/d 有关。所以在管路的管材已定的情况下,λ 值可视为常数。$\Sigma\xi$ 项只有在管路系统有调节阀门时,ξ 值可以改变,而当其他局部阻碍已确定时,ξ 值是不变的。因此,S_p 或 S_H 对给定管路一般可认

113

为是一个常数。它综合反映了管路上沿程阻力和局部阻力情况。

从式（5-2）和式（5-6）可以看出：简单管路中，总能量损失与流量的平方成正比。这一规律在管路计算中广为应用。由于该公式综合反映了流体在管路中的构造特性和流动特性规律，故可称为管路特性方程。

（二）短管水力计算的实例

1. 虹吸管的水力计算

虹吸管是一种压力管，它的布置特点是管道中有一部分高于上游自由液面，如图5-4所示。

由于虹吸管的一部分高出上游自由液面，必然在虹吸管中存在真空区段。这样液流就在大气压强作用下通过虹吸管的最高处引向下游。只要管内真空不被破坏并使上下游保持一定的水位差，虹吸作用就将保持下去。理论上管内真空值最大能达到10m水柱高。但实际上，当真空值达到一定数值时将发生汽化，使溶解在水中的空气分离出来。大量气体集结在虹吸管顶部，缩小了有效过流断面，阻碍液体运动。严重时造成气塞，破坏液体连续输送。为保证虹吸管正常工作，虹吸管内最大真空不得超过允许值 $[h_v]$

$$[h_v] = 7 \sim 8 \text{mH}_2\text{O}$$

虹吸管的水力计算可按短管计算，其计算任务主要有两项：

（1）计算虹吸管的输水能力；

（2）确定虹吸管顶部的真空值或安装高度。

【例5-1】 图5-4所示的虹吸管路系统，已知上下游液面差 $H=2\text{m}$，管道直径 $d=200\text{mm}$，$l_1=15\text{m}$，$l_2=20\text{m}$。设管道进、出口的局部阻力系数均为 $\xi=1$，弯管的局部阻力系数 $\xi_0=0.2$，沿程阻力系数 $\lambda=0.025$。试求虹吸管的过流能力及管顶 C 的最大允许安装高度 $h_{\max}$。

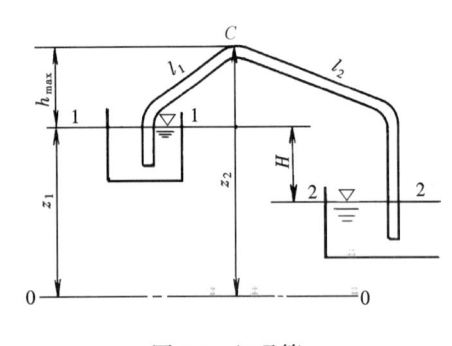

图5-4 虹吸管

解 （1）求虹吸管的过流能力——输入量 Q。因为该管路为淹没出流，列1—1和2—2断面能量方程，得水位差

$$H = S_H Q^2$$

$$Q = \sqrt{\frac{H}{S_H}}$$

而

$$S_H = \frac{8\left(\lambda \frac{l}{d} + \Sigma \xi\right)}{\pi^2 d^4 g} = \frac{8\left(\lambda \frac{l_1+l_2}{d} + 2\xi + 3\xi_0\right)}{\pi^2 d^4 g}$$

$$= \frac{8\left(0.025 \times \frac{15+20}{0.2} + 2\times 1 + 3\times 0.2\right)}{9.81 \times 3.14^2 \times 0.2^4} \approx 360 \text{s}^2/\text{m}^5$$

则流量为

$$Q = \sqrt{\frac{2}{360}} = 0.074\ 5 \text{m}^3/\text{s} = 74.5 \text{L/s}$$

第五章 管路计算

(2) 求允许的安装高度 $h_{\max}$。

取 $[h_v] = 7 \text{mH}_2\text{O}$，则虹吸管最高点 C 的相对压强为

$$\frac{p_C}{\gamma} = -7 \text{mH}_2\text{O}$$

列 1—1、C—C 断面能量方程

$$z_1 + \frac{p_1}{\gamma} + \frac{\alpha_1 v_1^2}{2g} = z_2 + \frac{p_2}{\gamma} + \frac{\alpha_2 v_2^2}{2g} + h_w$$

由于

$$z_C - z_1 = h_{\max}, v_1 \approx 0, p_1 = 0$$

而

$$v_C = \frac{4Q}{\pi d^2} = \frac{4 \times 0.0745}{3.14 \times 0.2^2} = 2.37 \text{m/s}$$

$$h_w = h_f + h_j = \lambda \frac{l}{d} \frac{v_C^2}{2g} + \xi \frac{v_C^2}{2g} + 2\xi_0 \frac{v_C^2}{2g}$$

$$= \left(0.025 \times \frac{15}{0.2} + 1 + 2 \times 0.20\right) \times \frac{2.37^2}{2 \times 9.81} = 0.94 \text{m}$$

将以上数值代入能量方程，得

$$0 = h_{\max} - 7 + \frac{2.37^2}{2 \times 9.8} + 0.94$$

所以

$$h_{\max} = 5.78 \text{m}$$

2. 水泵管路的水力计算

图 5-5 是离心式水泵装置示意图。水泵的管路由吸水管和压水管组成。水泵管路水力计算的任务主要是确定水泵的安装高度和水泵的扬程。

确定水泵的安装高度需进行吸水管段的水力计算，确定水泵扬程需要进行压水管段的水力计算。吸水管段一般按短管计算，而压水管段视具体情况而定，一般当压力管的长度 $L > 1000d$ 时，按长管计算其损失。d 为压水管的管径。

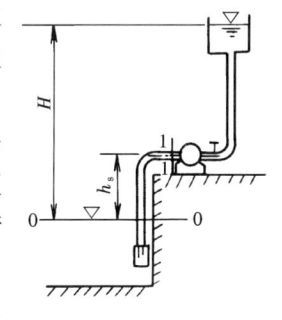

图 5-5 水泵装置

【例 5-2】 一水泵装置如图 5-5 所示，已知水泵流量 $Q = 30 \text{m}^3/\text{h}$，提水高度 $H = 15\text{m}$；吸、压水管的直径和长度分别为：$d_{吸} = 100\text{mm}$，$d_{压} = 80\text{mm}$，$L_{吸} = 5\text{m}$，$L_{压} = 20\text{m}$，水管的沿程阻力系数 $\lambda = 0.046$，局部阻力系数分别为：$\xi_{底阀} = 8.5$，$\xi_{弯} = 0.17$，$\xi_{阀门} = 0.15$，$\xi_{出口} = 1.0$。若水泵允许吸上真空高度 $h_v \leqslant 6\text{m}$，试确定：

(1) 水泵的安装高度 h_s；

(2) 水泵扬程和管路系统的阻抗 S_H。

解 (1) 确定水泵的安装高度 h_s。以水源水面 0—0 为基准面，对断面 0—0 和水泵进口断面 1—1 列能量方程，取 $\alpha = 1$ 得

$$0 + 0 + 0 = h_s + \frac{p_1}{\gamma} + \frac{v_{吸}^2}{2g} + h_{w吸}$$

其中：$\frac{p_1}{\gamma} = -h_v = -6\text{m}$ 是水泵最大允许吸上真空高度。

又

$$v_{吸} = \frac{4Q}{\pi d_{吸}^2} = \frac{4 \times 30}{3.14 \times 0.1^2 \times 3600} = 1.06 \text{m/s}$$

115

$$\frac{v_{\text{吸}}^2}{2g} = \frac{1.06^2}{2 \times 9.81} = 0.06 \text{m}$$

$$h_{\text{w吸}} = \left(\lambda \frac{l_{\text{吸}}}{d_{\text{吸}}} + \Sigma \xi_{\text{吸}}\right) \frac{v_{\text{吸}}^2}{2g}$$

$$= \left(0.046 \times \frac{5}{0.1} + 8.5 + 0.17\right) \times 0.06 = 0.66 \text{m}$$

所以水泵的安装高度为

$$h_s = 6 - 0.06 - 0.66 = 5.28 \text{m}$$

上式说明：水泵轴线的安装高程不能高于水源水面 5.28m 以上，否则水泵进口处的真空值将超过允许值，会影响水泵的正常工作。

（2）确定水泵扬程 H_p 和管路阻抗 S_H。以水源液面 0—0 为基准面，列 0—0，2—2 能量方程

$$H_p z_0 + \frac{p_0}{\gamma} + \frac{\alpha_0 v_0^2}{2g} = z_2 + \frac{p_2}{\gamma} + \frac{\alpha_2 v_2^2}{2g} + h_w$$

式中

$$v_0 = v_2 = 0, z_0 = 0, p_0 = p_2 = 0, z_2 = H = 15 \text{m}$$

而

$$h_w = h_{\text{压}} + h_{\text{吸}} = \left(\lambda \frac{l_{\text{压}}}{d_{\text{压}}} + \Sigma \xi_{\text{压}}\right) \frac{v_{\text{压}}^2}{2g} + h_{\text{吸}}$$

$$= \left(0.046 \times \frac{20}{0.08} + 0.15 + 0.17 + 1\right) \times \left(\frac{4 \times 30}{3.14 \times 0.08^2 \times 3600}\right)^2 \times \frac{1}{2 \times 9.81} + 0.66$$

$$= 1.80 + 0.66 = 2.46 \text{m}$$

则水泵总扬程为

$$H_p = 15 + 2.46 = 17.46 \text{m}$$

管路的阻抗

$$S_H = \frac{h_w}{Q^2} = \frac{2.46}{(30/3600)^2} = 35\ 424 \text{s}^2/\text{m}^5$$

二、长管的水力计算

（一）长管水力计算的基本公式

对于长管，管路的局部损失和流速水头可以忽略不计，或者按沿程损失的一定百分数估算。因此根据能量方程可得长管水力计算的公式

$$H = h_f = \lambda \frac{l}{d} \frac{v^2}{2g}$$

由于 $v = \frac{4Q}{\pi d^2}$ 代入上式，并整理得

$$H = \frac{8\lambda l}{g \pi^2 d^5} Q^2$$

令

$$S'_H = \frac{8\lambda l}{g \pi^2 d^5}$$

则

$$H = S'_H Q^2 \tag{5-7}$$

式中：S'_H 为长管的阻抗，其物理意义同前。

对于气体管路，长管的水力计算公式为

$$p = S'_p Q^2 \tag{5-8}$$

式中

$$S'_p = \frac{8\rho\lambda l}{g\pi^2 d^5}$$

式（5-7）和式（5-8）表明，长管的作用水头全部消耗于沿程水头损失。

在实际工程中，对于简单管路的长管水力计算有多种方法，下面仅介绍用比阻法和查表法计算管路的沿程水头损失。

1. 用比阻法计算沿程水头损失

在给水工程中，习惯上将式（5-7）改写成

$$h_f = H = \frac{8\lambda}{8\pi^2 d^5} l Q^2 = A l Q^2$$

即

$$h_f = A l Q^2 \tag{5-9}$$

式中 h_f——沿程水头损失，m；

A——比阻，$A = \frac{8\lambda}{g\pi^2 d^5}$，$s^2/m^6$。

式（5-9）是管路特性方程的另一种表达形式，称为舍维列夫公式。比阻 A 表示单位管长通过单位流量时所消耗的水头损失。

舍维列夫根据实测资料，总结出旧钢管、旧铸铁管的沿程阻力系数 λ 值的计算式（4-37）和式（4-36）。将此两式分别代入 $A = \frac{8\lambda}{8\pi^2 d^5}$ 中整理得：

阻力平方区（$v \geq 1.2$ m/s）

$$A = \frac{0.001\,736}{d^{5.3}} \tag{5-10}$$

紊流过渡区（$v < 1.2$ m/s）

$$A' = 0.852\left(1 + \frac{0.867}{v}\right)^{0.3}\left(\frac{0.001\,736}{d^{5.3}}\right) = kA \tag{5-11}$$

式中：$k = 0.852\left(1 + \frac{0.867}{v}\right)^{0.3}$ 为修正系数。

按式（5-10）对不同管径算出的比阻 A 值，列于表 5-1 中。对于 $v < 1.2$ m/s，若仍用表 5-1 的数据，则需将其乘以修正系数 k，k 值列于表 5-2 中。

表 5-1　旧铸铁管的比阻 A 值

管径(mm)	50	75	100	125	150	200	250	300	350	400	450	500
$A(s^2/m^6)$	15 190	1709	365.3	110.8	41.85	9.029	2.752	1.025	0.453	0.223	0.120	0.068

表 5-2　比阻 A 值的修正系数 k

v (m/s)	0.2	0.3	0.4	0.5	0.6	0.7	0.8	0.9	1.0	1.1	≥ 1.2
k	1.41	1.28	1.2	1.15	1.12	1.09	1.06	1.04	1.03	1.02	1.00

2. 按水力坡度计算

由式 (5-7)

$$H = h_\mathrm{f} = \frac{8\lambda l}{g\pi^2 d^5}Q^2 = \lambda \frac{l}{d}\frac{v^2}{2g}$$

改写成

$$J = \frac{H}{l} = \frac{h_\mathrm{f}}{l} = \lambda \frac{1}{d}\frac{v^2}{2g} \tag{5-12}$$

则

$$h_\mathrm{f} = Jl \tag{5-13}$$

式中 J——水力坡度，表示单位重力液体在单位长度上的能量损失。

式 (5-13) 就是长管按水力坡度计算的基本公式。对于钢管、铸铁管将式 (4-37) 和式 (4-36) 分别代入式 (5-12) 得

$v \geqslant 1.2\mathrm{m/s}$
$$J = 0.001\,07\frac{v^2}{d^{1.3}} \tag{5-14}$$

$v < 1.2\mathrm{m/s}$
$$J = 0.000\,912\frac{v^2}{d^{1.3}}\left(1+\frac{0.867}{v}\right)^{0.3} \tag{5-15}$$

按式 (5-14)、式 (5-15) 编制出水力坡度计算表 5-3。

在 v、d、J 三个量中，知道任意两个量，即可从表 5-3 查出第三个量，使计算大为简化。

表 5-3　　　　　　　　　　水力坡度计算表

Q		d (mm)								
		300		350		400		450		500	
m³/s	L/s	v	1000J	v	1000J	v	1000J	v	1000J	v	1000J
439.2	122	1.73	15.3	1.27	6.74	0.97	3.43	0.77	1.90	0.62	1.13
446.4	124	1.75	15.8	1.29	6.96	0.99	3.53	0.78	1.96	0.63	1.16
453.6	126	1.78	16.3	1.31	7.19	1.00	3.64	0.79	2.02	0.64	1.20
460.8	128	1.81	16.8	1.33	7.42	1.02	3.75	0.80	2.09	0.65	1.23
468.0	130	1.84	17.3	1.35	7.65	1.03	3.85	0.82	2.15	0.66	1.27
511.2	142	2.01	20.7	1.48	9.13	1.03	4.55	0.89	2.53	0.72	1.49
518.4	144	2.04	21.3	1.50	9.39	1.15	4.67	0.91	2.59	0.73	1.53
525.6	146	2.07	21.8	1.52	9.65	1.16	4.79	0.92	2.66	0.74	1.57
532.8	148	2.09	22.5	1.54	9.92	1.18	4.92	0.93	2.73	0.75	1.61
540.0	150	2.12	23.1	1.56	10.2	1.19	5.04	0.94	2.80	0.76	1.65
547.2	152	2.15	23.7	1.58	10.5	1.21	5.16	0.96	2.87	0.77	1.69
554.4	154	2.18	24.3	1.60	10.7	1.23	5.29	0.97	2.94	0.78	1.73
561.6	156	2.21	24.9	1.62	11.0	1.24	5.43	0.98	2.01	0.79	1.77
568.8	158	2.24	25.6	1.64	11.3	1.26	5.57	0.99	3.08	0.80	1.81
576.0	160	2.26	26.2	1.66	11.6	1.27	5.71	1.01	3.14	0.81	1.85

第五章 管 路 计 算

以上介绍的两种方法，都是依据式（5-7）导出的，其实质并无差别。只是按比阻计算时，由于比阻和流量无关，应用于各管段分配流量待定的并联管路时较为方便；按水力坡度计算时，对简单管路及串联管路则比较方便。

（二）长管水力计算举例

简单管路水力计算的基本类型有三种，下面通过例题分别介绍应用基本公式解决三类问题的方法。

（1）已知管路尺寸及作用水头，计算其输水能力。

【例 5-3】 一简单管路如图 5-6 所示。管长 $l=500\text{m}$，管径 $d=100\text{mm}$，管路上有两个弯头，每个弯头的局部阻力系数 $\xi_\text{弯}=0.3$，管路沿程阻力系数 $\lambda=0.025$，若作用水头 $H=30\text{m}$，试求通过管路的流量。

解 为了比较，先按短管计算。该管路系统为自由出流。所以

$$H = S_\text{H} Q^2$$

而

$$S_\text{H} = \frac{8\left(\lambda \dfrac{l}{d} + \Sigma\xi\right)}{g\pi^2 d^4}$$

式中 $\Sigma\xi = 1 + \xi_\text{进口} + 2\xi_\text{弯头}$，$\xi_\text{进口} = 0.5$

则

$$S_\text{H} = \frac{8\left(0.025 \times \dfrac{500}{0.1} + 1 + 0.5 + 2 \times 0.3\right)}{3.14^2 \times 0.1^4 \times 9.81} = 105\,125.3 \text{s}^2/\text{m}^5$$

所以

$$Q = \sqrt{\frac{H}{S_\text{H}}} = \sqrt{\frac{30}{105\,125.3}} = 0.016\,9 \text{m}^3/\text{s}$$

按长管计算

$$H = S_\text{H} Q^2$$

而

$$S_\text{H} = \frac{8\lambda \dfrac{l}{d}}{\pi^2 d^4 g} = \frac{8 \times 0.025 \times \dfrac{500}{0.1}}{3.14^2 \times 0.1^4 \times 9.81} = 103\,388.4 \text{s}^2/\text{m}^5$$

$$Q = \sqrt{\frac{H}{S_\text{H}}} = \sqrt{\frac{30}{103\,388.4}} = 0.017\,0 \text{m}^3/\text{s}$$

可见，上述管路按长管计算时引起的误差是很小的。

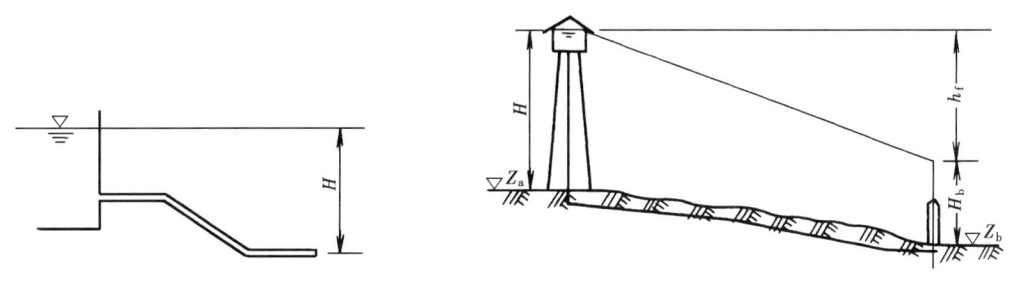

图 5-6 管路流量计算

图 5-7 工厂供水

（2）已知管路尺寸和流量，确定作用水头。

【例 5-4】 如图 5-7 所示，由水塔沿长度 $l=1.5\text{km}$，直径 $d=400\text{mm}$ 的铸铁管向某厂区

供水，水塔所处地面高程 $Z_a=120$m，厂区地面高程 $Z_b=100$m，若工厂需水量为 $Q=130$L/s，需自由水头 $H_b=25$m，试确定水塔高度（即地面至水塔水面的高度）。

解 自来水管道可按比阻计算。

先验算阻力区

$$v = \frac{4Q}{\pi d^2} = \frac{4 \times 0.13}{3.14 \times 0.4^2} = 1.03\text{m/s} < 1.2\text{m/s}$$

查表 5-1 得管道比阻 $A=0.223\ 2\text{s}^2/\text{m}^6$

查表 5-2 得修正系数 $k=1.025$

则管道的总水头损失为

$$h_f = kAlQ^2 = 1.025 \times 0.223\ 2 \times 1500 \times 0.13^2 = 5.80\text{m}$$

于是水塔的高度为

$$H = Z_b + H_b + h_f - Z_a = 100 + 25 + 5.8 - 120 = 10.8\text{m}$$

(3) 已知流量、管长、作用水头，确定管径。

【例 5-5】 有一条长 2km 的管道，作用水头为 $H=30$m，工程要求输送的流量 $Q=65$ L/s，拟采用铸铁管，求管径 d。

解 因为 $H = AlQ^2$

$$A = \frac{H}{lQ^2} = \frac{30}{2000 \times 0.065} = 3.55\text{s}^2/\text{m}^6$$

查表 5-1 可知：

当取 $d=200$mm 时，$A=9.029\text{s}^2/\text{m}^6$；

当取 $d=250$mm 时，$A=2.752\text{s}^2/\text{m}^6$。

在作用水头 H 和管长 l 一定时，若采用较小的管径，比阻 A 会大于计算结果，从而使流量减小。为了保证设计流量，就得选用 $d=250$mm 管径的管道。

第三节 复杂管路的水力计算

在实际工程中经常遇到由不同管径，不同流量或有分支管段组成的复杂管路系统。复杂管路一般都按长管计算。下面分别介绍几种复杂管路的基本类型。

一、串联管路

串联管路是由许多直径不同的管段首尾相接组合而成的，如图 5-8 所示。

串联管路的特点：

(1) 管段相接的点称为节点，如图 5-8 中的 a、b 两点。在每一节点处应满足连续方程，即对不可压缩流体流入节点的流量应等于流出节点的流量。取流入流量为正，流出流量为负，则对于每一节点可以写出 $\Sigma Q = 0$。因此对于串联管路，当各管段末端节点有流量分处时，则有

$$Q_i = q_i + Q_{i+1} \quad (5\text{-}16)$$

式中：Q_i 和 Q_{i+1} 分别为节点 i 上下游管段的流量。例如，对于图 5-8 中的 a 节点，则有

$$Q_1 = q_a + Q_2$$

式中：q_a 为从节点 a 分出的流量。

如果管路中途没有分合流，则各管段的流量相等。即

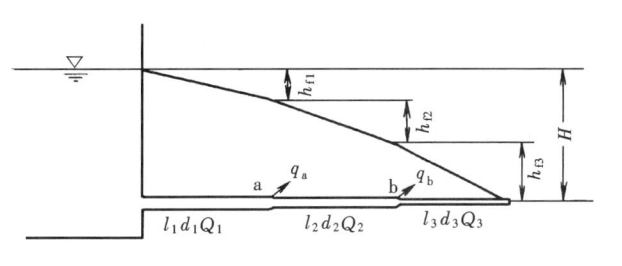

图 5-8 串联管路

$$Q_1 = Q_2 = \cdots = Q_n = Q \quad (5\text{-}17)$$

（2）串联管路按长管考虑时，总作用水头等于各管段沿程水头损失之和，即

$$H = \sum h_{fi} = S_1 Q_1^2 + S_2 Q_2^2 + \cdots + S_n Q_n^2 \quad (5\text{-}18)$$

当各管段流量相等时，串联管路总阻抗 S 为

$$S = S_1 + S_2 + S_3 + \cdots + S_n \quad (5\text{-}19)$$

综上，串联管路的特点是：无中途分流或合流时，则各管段的流量相等；总能量损失等于各管段能量损失之和，总管路的阻抗 S 等于各管段的阻抗之和。这是串联管路的计算原则。

【例 5-6】 有一铸铁输水管路，已知管路长为 $l=2000$m，作用水头 $H=15$m，要求通过的流量 $Q=160$L/s。在保证供水前提下，为节约管材，拟采用两种不同管径的管段串联，$d_1=400$mm，$d_2=350$mm。试确定两端管子各长多少？

解 设 $d_1=400$mm 的管段长为 l_1；$d_2=350$mm 的管段长为 l_2，则有

$$l_1 + l_2 = 2000 \quad (5\text{-}20)$$

根据式（5-18）有

$$H = S_1 Q_1^2 + S_2 Q_2^2 = (A_1 l_1 + A_2 l_2) Q^2$$

校核流速

在 $d_1=400$mm 时 $v_1 = \dfrac{4Q}{\pi d_1^2} = \dfrac{4 \times 0.16}{3.14 \times 0.4^2} = 1.27$m/s

水流在阻力平方区，A 值不需要修正。则查表 5-1 可知

在 $d_1=400$mm 时，$A_1=0.223$s^2/m^6

在 $d_2=350$mm 时，$A_2=0.453$s^2/m^6

则

$$15 = (0.223 \times l_1 + 0.453 \times l_2) \times 0.16^2 \quad (5\text{-}21)$$

解式（5-20）、式（5-21）联立的二元一次方程得

$$l_1 = 1418\text{m}, \quad l_2 = 582\text{m}$$

二、并联管路

并联管路是由两条或两条以上的管段在同一处分出，又在另一处汇集而构成的管路。如图 5-9 中的 BC 是由三条管段组成的并联管路。

并联管路的特点：

（1）同串联管路一样，各管段的流量分配应满足节点连续性方程。即对于不可压缩流体，应满足 $\sum Q = 0$。对于图 5-9 所示的并联管路

$$Q = Q_1 + Q_2 + Q_3 \quad (5\text{-}22)$$

可写成一般形式

$$Q = \sum Q_i \quad (5\text{-}23)$$

（2）虽然组成并联管路的各管段的管材、管径、管长未必相同，但由于并联管路 BC 的起点和终点是共同的，因此各管段的水头损失必然相等，都等于 B、C 两断面间的水头差。忽略局部水头损失可写为

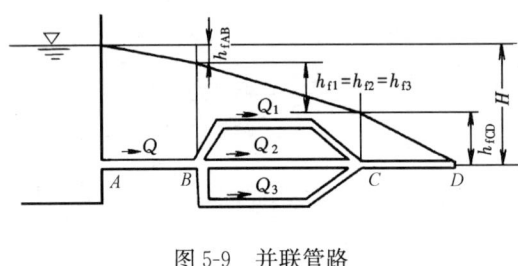

$$h_{f1} = h_{f2} = h_{f3} = h_{fBC} \quad (5\text{-}24)$$

图 5-9 并联管路

设 S 为并联管路的总阻抗，Q 为总流量，由于各管段都是简单管路，因而有

$$S_1 Q_1^2 = S_2 Q_2^2 = S_3 Q_3^2 = SQ^2 \quad (5\text{-}25)$$

因为

$$Q = \frac{\sqrt{h_{fBC}}}{\sqrt{S}}, Q_1 = \frac{\sqrt{h_{f1}}}{\sqrt{S_1}}, Q_2 = \frac{\sqrt{h_{f2}}}{\sqrt{S_2}}, Q_3 = \frac{\sqrt{h_{f3}}}{\sqrt{S_3}} \quad (5\text{-}26)$$

根据式（5-22）有

$$\frac{\sqrt{h_{fBC}}}{\sqrt{S}} = \frac{\sqrt{h_{f1}}}{\sqrt{S_1}} + \frac{\sqrt{h_{f2}}}{\sqrt{S_2}} + \frac{\sqrt{h_{f3}}}{\sqrt{S_3}}$$

再根据式（5-24）可得出

$$\frac{1}{\sqrt{S}} = \frac{1}{\sqrt{S_1}} + \frac{1}{\sqrt{S_2}} + \frac{1}{\sqrt{S_3}} \quad (5\text{-}27)$$

于是得到并联管路的流动规律：并联节点上的总流量为各分支管段中流量之和；并联各支路上的能量损失相等；并联管路总阻抗平方根倒数等于各支管阻抗平方根倒数之和。

现在进一步分析式（5-26），将它变为

$$\frac{Q_1}{Q_2} = \frac{\sqrt{S_2}}{\sqrt{S_1}}, \frac{Q_2}{Q_3} = \frac{\sqrt{S_3}}{\sqrt{S_2}}, \frac{Q_3}{Q_1} = \frac{\sqrt{S_1}}{\sqrt{S_3}}$$

写成连比形式

$$Q_1 : Q_2 : Q_3 = \frac{1}{\sqrt{S_1}} : \frac{1}{\sqrt{S_2}} : \frac{1}{\sqrt{S_3}} \quad (5\text{-}28)$$

上式即为并联管路流量分配规律。各支路的流量将按水头损失相等来分配，S 值大的支路流量小，S 值小的支路流量大。

在专业上遇到的并联管路的设计计算，实质上就是应用并联管路中的流量分配规律，在满足用户需要流量的前提下，设计合适的管路尺寸及局部构件，使各支管上的能量损失相等，这就是管路水力计算中的"阻力平衡"。

【例 5-7】 某两层楼的供暖立管，管段 I 的直径为 20mm，总长为 20m，$\sum \xi_1 = 15$。管段 II 的直径为 20mm，总长为 10m，$\sum \xi_2 = 15$，管路的 $\lambda = 0.025$，干管中的流量 $Q = 1 \times 10^{-3} \text{m}^3/\text{s}$，求 Q_1 和 Q_2。

解 从图 5-10 可知，节点 A、B 间并联有 I、II 两管

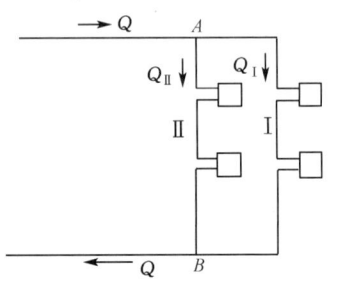

图 5-10 并联管路计算

段。由 $S_1Q_1^2 = S_2Q_2^2$ 得

$$\frac{Q_1}{Q_2} = \frac{\sqrt{S_2}}{\sqrt{S_1}}$$

计算 S_1、S_2

$$S_1 = \left(\lambda_1 \frac{l_1}{d_1} + \Sigma\xi_1\right)\frac{8}{\pi^2 d_1^4 g} = \left(0.025 \times \frac{20}{0.02} + 15\right)\frac{8}{\pi^2 d^4 g} = 40 \times \frac{8}{\pi^2 d^4 g}$$

$$S_2 = \left(\lambda_2 \frac{l_2}{d_2} + \Sigma\xi_2\right)\frac{8}{\pi^2 d_2^4 g} = \left(0.025 \times \frac{10}{0.02} + 15\right) \times \frac{8}{\pi^2 d^4 g} = 27.5 \times \frac{8}{\pi^2 d^4 g}$$

所以

$$\frac{Q_1}{Q_2} = \frac{\sqrt{S_2}}{\sqrt{S_1}} = \sqrt{\frac{27.5}{40}} = 0.829$$

则

$$Q_1 = 0.829 Q_2$$

又因

$$Q = Q_1 + Q_2 = 0.829 Q_2 + Q_2 = 1.829 Q_2$$

$$Q_2 = \frac{1}{1.829} Q = \frac{1}{1.829} \times 10^{-3} = 0.55 \times 10^{-3} \, \text{m}^3/\text{s}$$

于是得

$$Q_1 = 0.829 Q_2 = 0.829 \times 0.55 \times 10^{-3} = 0.46 \times 10^{-3} \, \text{m}^3/\text{s}$$

从计算结果看出：支管Ⅰ中，阻抗 S_1 比支管Ⅱ中的 S_2 大，所以流量分配是支管Ⅰ中流量小于支管Ⅱ中的流量。如果要求两管段中流量相等，显然现有的管径 d 及 $\Sigma\xi$ 必须进行改变，使 S 相等才能达到流量相等。这种重新改变 d 及 $\Sigma\xi$，使在 $Q_1 = Q_2$ 下达到 $S_1 = S_2$；$h_1 = h_2$ 的计算，就是"阻力平衡"的计算。

三、管网计算基础

管网是一种在许多节点上有分支的复杂管路，它由简单管路经串并联组合而成。通常分为两种类型：枝状管网和环状管网，如图 5-11 所示。

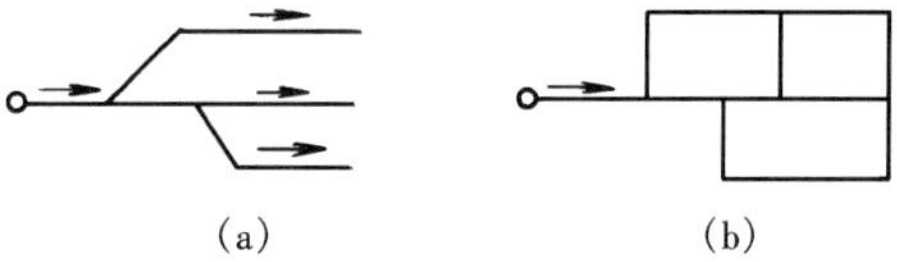

枝状管网的特点是管线在某点分开后不再汇合到一起，呈树枝形状，管路中流体的运动方向都是单向的。一般来说枝状管网的总长度较短、建造费用较低。但安全可靠性较差，当某处发生事故切断管路时，就要影响到一些用户。

环状管网的特点是管线在某一共同的节点分支，然后又在另一共同节点汇合形成一闭合状管路。环状管网中每条管路的流体运动方向不是单一的，这种管网工作的可靠性高，不会因某段管路发生故障切断时而中断其余管线的流量供给。城市集中供热管网、城市给水管网等常采用环状。但这种管网规模大，所需管材多，故造价高。

图 5-11 管网
(a) 枝状管网；(b) 环状管网

管网的水力计算一般比较复杂，在各专业课中有针对性地详细讨论。这里仅介绍一下管网计算的一般原则。

(一) 枝状管网

枝状管网的水力计算，分为新建管网系统和扩建已有管网系统两种情况。

1. 新建管网系统的水力计算

新建管网管路布置已定，则管长 l 和局部构件的型式和数量均已确定。在已知各用户所

需流量 Q 及末端要求自由水压 h_C 的条件下，确定管径 d 和作用水头 H。

这类问题先按流量 Q 和允许流速 v 求管径 d，计算时，先求出各管段通过的流量，然后按允许流速选择管径。所谓允许流速，是指工程中根据技术经济要求所规定的合适流速，在该流速下输送流量最经济合理。不同专业，各类管路有不同的允许流速，可在设计手册中查得。

在管径 d 确定之后，对枝状管网进行水头损失计算，然后按总水头损失和总流量选择泵或风机。计算时，先计算各管段的水头损失，最后求出从水塔到控制点的总水头损失 Σh_w。控制点是指管网各节点中，地形标高、要求自由水头及管网起点至该点总水头损失这三项之和为最大值的节点。

于是管网所需的作用水头 H（即水泵的扬程）可由下式确定

$$H = Z_C + h_C + \Sigma h_w + h_{吸} + h_{压} - z_0 \tag{5-29}$$

式中　Z_C——控制点地形标高；

　　　z_0——清水池最低水位标高；

　　　h_C——控制点的自由水头；

　　　Σh_w——水泵至控制点总水头损失；

　　　$h_{吸}$、$h_{压}$——水泵吸水管、压水管水头损失。

2. 扩建管网系统的水力计算

扩建管网系统是已有泵或风机，即已知作用水头 H，并知用户所需流量 Q 及末端自由水压 h_C，在管路布置之后已知管长 L，求管径 d。

这类问题首先按 $H—h_C$ 求得单位长度上允许水头损失，即平均水力坡度 J

$$J = \frac{H + z_0 - h_C - z_C}{\Sigma L} \tag{5-30}$$

式中　ΣL——水泵至控制点管线的总长度。

其余各项同式（5-29）中各项。

在一般计算中，假设扩建管路水头损失均匀分配，即各管段的水力坡度相同，它等于平均水力坡度 $\overline{J}$，于是可根据 $\overline{J}$ 求各管段的比阻 A_i 值。

因为
$$J = \frac{h_f}{L} = AQ^2$$

所以
$$A_i = \frac{\overline{J}}{Q_i^2} \tag{5-31}$$

式中　Q_i——各管段通过的流量。

由 A_i 值即可选择各管段的直径。实际选用时，由于标准管径的比阻不是正好等于计算值，可选择部分比阻值大于计算值，部分小于计算值，使这些管段的组合恰好在给定的作用下通过所需的流量。

（二）环状管网

通常管网的布置及各管段的长度 l 和各节点流出的流量为已知。因此，环状管网水力计算的目的是确定各管段通过的流量 Q 和管径 d。一般环状管网均按长管考虑。

环状管网的水力计算，应符合两条原则：

（1）环状管网中任一节点，流入节点的流量应等于由该节点流出的流量。若以流入节点的流量为正值，流出节点的流量为负值，则流经任一节点流量的代数和等于零，即

$$\sum Q_i = 0$$

（2）对任一闭合环数，从某一节点沿两个方向至另一节点的水头损失应相等（此即并联管路的水力计算特点）。在一个环内，若以顺时针流向管段的水头损失为正，逆时针流向管段的水头损失为负，则闭合环路内各管段水头损失总和等于零，即

$$\sum h_{fi} = 0$$

根据以上两个条件进行环状管网的计算，理论上没什么困难，但是实际计算程序上是相当繁琐的，由于环状管网的计算问题将在专业课程中详细介绍，这里就不具体讨论了。

第四节 有压管路中的水击

在有压管路中，由于某种外界原因（如水泵突然停止工作、阀门突然关闭等），使液流速度发生急剧变化，从而引起液体内部压强在极短时间内大幅度升降的现象，称为水击。水击所产生的增压或减压交替进行，对管壁和阀门的作用如同水击一样，故又称为水锤。水击引起的压强升高值可以达到正常工作压强的几十倍甚至上百倍，因而具有很大的破坏性，往往造成阀门损坏、管道接头断开甚至管道爆裂的重大事故。

一、水击的发生及水击波的传播

发生水击现象的根本原因在于液体的惯性和压缩性。通常情况下将液体视为不可压缩的。但发生水击时，水击压强的数值很大，液体和管壁都将发生变形，这时必须考虑液体的压缩性，而且还要考虑管壁的弹性。

水击现象发生时，压力管路中任一点的压强和流速等运动要素都是随时间变化的，这时流动属于非恒定流动。

下面以有压管路的阀门突然关闭为例，说明水击现象发生和发展过程。

图 5-12 为一简单管路，水流由水位保持不变的水池流入管路。管径为 d，管长为 l。管路末段设一阀门，阀门关闭前管中流速 v_0，压强为 p_0。由于管路中流速水头和水头损失均远小于压强水头，故在水击计算中略去不计。

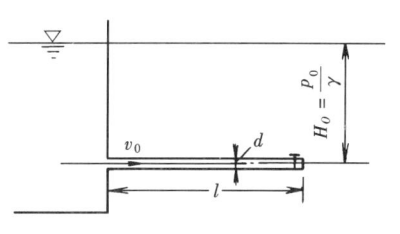

图 5-12 简单有压管道

水击的过程分为 4 个阶段，设关闭阀门的时间为零。

第一阶段：在压强 p_0 的作用下，水以 v_0 的速度从上游水池流向下游。若阀门突然关闭，则紧靠阀门的第一层微小流段停止流动，速度由 v_0 骤变为零。而由于水流的惯性，管中水流仍以速度 v_0 流向阀门，使紧靠阀门的微小流段受压，密度增大，压强骤然升高至 $p_0 + \Delta p$，同时管壁也受到膨胀。压强的升高值 Δp 称为水击压强。

当紧靠阀门的第一层微小流段停止流动后，与之相邻的第二层微小流段停止流动。同时伴随着水体密度增大，压强升高，管壁膨胀。接着第三层、第四层、……依次停下来，形成一个减速、升压的运动，直到全管液体处于暂时静止受压和整个管壁被胀大的状态。

这种减速增压的过程，是以增压 $(p_0 + \Delta p)$ 弹性波的形式向管的上游传递，称此弹性波为水击波。以 C 表示水击波的传播速度，则在 $0 < t < \dfrac{l}{c}$ 时段内，管中部分液体停止流动，部分液体仍以 v_0 速度向阀门方向流动。当 $t = \dfrac{l}{c}$ 时，自阀门开始的水击波正好传到管

道进口处，这时管中液体停止流动，全部液体便处在 $p_0+\Delta p$ 作用下的受压缩状态。如图 5-13（a）所示。

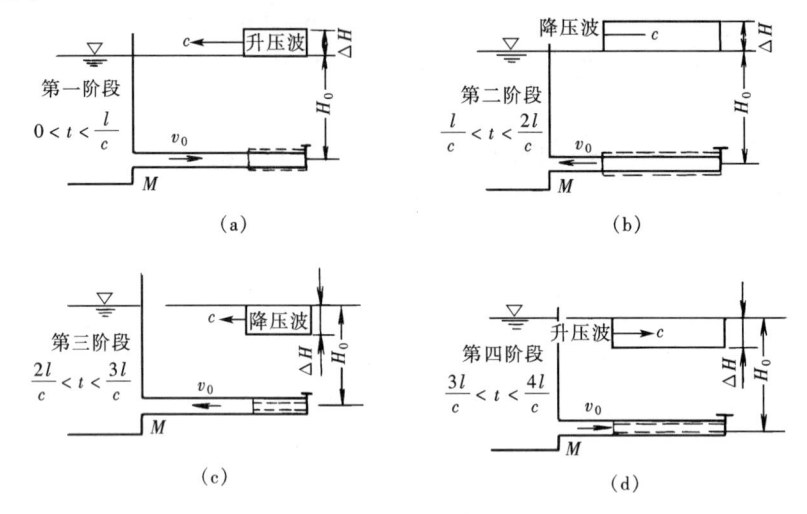

图 5-13 水击现象分析 $\left(H_0=\dfrac{p_0}{\gamma},\ \Delta H=\dfrac{\Delta p}{\gamma}\right)$

第二阶段：当 $t=\dfrac{l}{c}$ 时，管内压强 $p_0+\Delta p$ 大于进口外侧水池内的压强 p_0，在压强差 Δp 的作用下，管中水体将以 $-v_0$ 的速度向水池倒流。在时段 $\dfrac{l}{c}<t<\dfrac{2l}{c}$ 内，管中水体逐层向水池倒流，压缩解除，压强恢复到 p_0。此过程相当于第一阶段的反射波。当 $t=\dfrac{2l}{c}$ 时，反射波传到阀门处，全管内液体都恢复到正常压强 p_0，但具有一个反向流速 $-v_0$ 向水池方向倒流。如图 5-13（b）所示。

第三阶段：当 $t=\dfrac{2l}{c}$ 时，管中液体压强为 p_0，速度为 $-v_0$。由于液体的惯性，水向水池倒流。由于此时阀门关闭，没有水源补充，致使紧靠阀门处水体的压强降低为 $p_0-\Delta p$，该处流速由 $-v_0$ 变为零。在时段 $\dfrac{2l}{c}<t<\dfrac{3l}{c}$ 内，管中水体逐层停止倒流，压强降低到 $p_0-\Delta p$，至 $t=\dfrac{3l}{c}$ 时，管中水体全部停止流动，全管处于低压状态。如图 5-13（c）所示。

第四阶段：当 $t=\dfrac{3l}{c}$ 时，管中的水全部停止流动，而压强比水池的压强 p_0 低 Δp，由于 Δp 的存在使管中水体以 v_0 的速度向阀门方向流动。在时段 $\dfrac{3l}{c}<t<\dfrac{4l}{c}$ 内，管中水体以速度 v_0 向阀门流动，压强恢复到 p_0。当 $t=\dfrac{4l}{c}$ 时，升压波传到阀门处，此时全管压强恢复到正常值 p_0，而管中的水体具有速度 v_0，即恢复到第一阶段。如图 5-13（d）所示。

经过上述 4 个阶段，水击波的传播完成了一个周期。在一个周期内，水击波由阀门至进口，再由进口至阀门共往返两次。往返一次所需的时间为相或相长，以 T 表示。即 $T=\dfrac{2l}{c}$，一个周期包括两相。

现将水击波传播过程的运动特征归纳如表 5-4 所示。

表 5-4　　　　　　　　　　　　水击波传播过程运动特征

阶段	时　距	速度变化	流　向	压强变化	水击波传播方向	运动特征	水体状态
一	$0 < t < \frac{l}{c}$	$v_0 \to 0$	进口→阀门	升高 Δp	阀门→进口	减速升压	压　缩
二	$\frac{l}{c} < t < \frac{2l}{c}$	$0 \to -v_0$	阀门→进口	恢复原状	进口→阀门	增速降压	恢复原状
三	$\frac{2l}{c} < t < \frac{3l}{c}$	$-v_0 \to 0$	阀门→进口	降低 Δp	阀门→进口	减速降压	膨　胀
四	$\frac{3l}{c} < t < \frac{4l}{c}$	$0 \to v_0$	进口→阀门	恢复原状	进口→阀门	增速升压	恢复原状

如果水击波在传播过程中，没有能量损失，水击波将按这个周期周而复始地传播下去。但实际上由于水流阻力引起的能量损失，水击波的传播将是一个逐渐衰减的过程，最终水击现象将会停止。图 5-14 是阀门断面压强随时间的变化曲线。其中虚线是不计能量损失的理论曲线，实线是实际变化曲线。

综观上述分析不难看出：引起管路中的速度突然变化的因素，如阀门突然关闭，这只是水击现象产生的外因，而液体本身具有的可压缩性和惯性是发生水击现象的内因。

二、直接水击和间接水击

以上分析是在管路阀门瞬时关闭时发生的水击，但实际上关闭阀门需要一定的时间。设关闭阀门需要的时间为 T_s，这样实际关闭阀门的时间 T_s 与水击相长 T 的对比关系，将水击分为下列两种情况：

当阀门的关闭时间 T_s 小于一个相长，即 $T_s < \frac{2l}{c}$ 时，从阀门发出的水击波会从管道入口反射回来变成减压波，减压波到达阀门之前，阀门已完全关闭，于是阀门处发生的最大水击压强将不会受到反射波的影响。工程上将 $T_s < \frac{2l}{c}$ 时发生的水击称为直接水击。

当阀门关闭时间 $T_s > \frac{2l}{c}$ 时，阀门开始关闭时发生的水击波从管路入口反射回来，其反射波到达阀门时，阀门还没有完全关闭。这时阀门的继续关闭要引起阀门处压强继续升高，而不断反射回来的水击波又会使该处压强降低。这样作用在阀门处总的压强值必然小于直接水击时的压强。工程上将 $T_s > \frac{2l}{c}$ 时发生的水击称为间接水击。

直接水击产生的压强是相当大的，可达到正常工作压强的几十倍甚至上百倍，工程上应力求避免。

三、水击压强的计算

（一）直接水击压强

直接水击时，阀门处所受的压强增值达到水击所能引起的最大压强，其值大小可按式（5-31）计算

$$\Delta p = \rho c (v_0 - v) \quad (5-32)$$

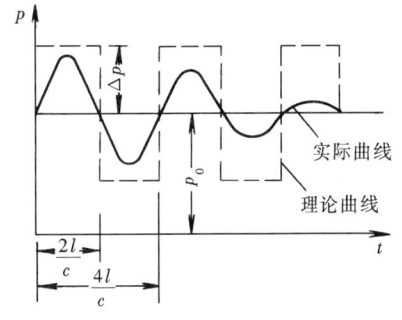

图 5-14　阀门断面压强随时间变化曲线

式中 ρ——液体密度，kg/m³；

v——关阀后管中的流速（完全关闭 $v=0$）；

v_0——水击前管中平均流速，m/s；

c——水击波的传播速度，m/s。

水击波速 c 约等于液体中的声速，其值可由式（5-32）得出

$$c = \frac{c_0}{\sqrt{1+\frac{E_0}{E}\frac{d}{\delta}}} \tag{5-33}$$

式中 c_0——水中的声速，一般取 $c_0 \approx 1425$ m/s；

E_0——水的弹性系数，$E_0 \approx 2.03 \times 10^6$ kN/m²；

d——管道内径，m；

δ——管壁厚度，m；

E——管材的弹性系数，kN/m²，见表5-5。

$\frac{E\delta}{d}$ 表示管壁的硬度。因此管壁硬度越大，水击压强值也越大。

表 5-5　　　　　　　　各种管材的弹性系数

材　料	E（kN/m²）	E_0/E	材　料	E（kN/m²）	E_0/E
钢管	206×10^6	0.01	混凝土管	196.2×10^6	0.10
铸铁管	98.1×10^6	0.02			

（二）间接水击压强

随着关阀时间的延长，发生水击波的叠加，而使水击压强的计算变得十分复杂。通常间接水击压强可按下式近似计算

$$\Delta p = \rho v_0 \frac{2l}{T_s}$$

式中 l——管道长度，m；

T_s——阀门关闭时间，s；

v_0——水击前管中的平均流速，m/s；

ρ——液体密度，kg/m³。

四、防止水击危害的措施

巨大的水击压强可能使管道变形甚至爆裂，造成严重的危害。为防止水击危害，必须设法减弱水击。基本思路是满足 $T_s > \frac{2l}{c}$ 即 $l < \frac{T_s c}{2}$ 的条件，尽量避免直接水击，使 Δp 值减少，一般采取下列措施：

1. 延长阀门的启闭时间

从水击压强的传播过程可知，T_s 越大，降压波的抵消作用越大，水击压强就越小。工程上总是使 $T_s > \frac{2l}{c}$，以免发生直接水击，并尽可能延长 T_s，以减小间接水击压强值。

2. 限制管中流速 v_0

从直接水击和间接水击压强的计算公式可知，v_0 值越小，水击压强 Δp 值就越小，因此

减小管中流速 v_0 值，可以减小水击压强值。在工程计算中，管道往往规定了最大允许流速，就是将防止水击危害的因素考虑在内了。

3. 设置安定装置

在管路上设置空气罐、安全阀、水击消除器等安全装置，可以有效地缓冲和消除水击压力。

【例 5-8】 图 5-13 中已知水击波速 $c=1000$m/s，管长 $l=600$m，管径 $d=1.2$m，管内流量 $Q=0.9$m³/s。试计算阀门处水击压强：(1) 当瞬时关闭阀门时；(2) 当关闭时间 $t=4$s 时。

解 (1) 瞬时关阀，$t \to 0$，属于直接水击，则阀门处的水击压强为

$$\Delta p = \rho c (v_0 - v) = \rho c \left(\frac{4Q}{\pi d^2} - 0 \right) = 1000 \times 1000 \times \frac{4 \times 0.9}{3.14 \times 1.2^2} = 800 \text{kPa}$$

(2) 水击相长

$$T = \frac{2l}{c} = \frac{2 \times 600}{1000} = 1.2\text{s} < 4\text{s}$$

所以水击为间接水击，则阀门处的水击压强为

$$\Delta p = 2\rho v_0 \frac{l}{T_s} = 2 \times 1000 \times \frac{4 \times 0.9}{3.14 \times 1.2^2} \times \frac{600}{4} = 240 \text{kPa}$$

思 考 题

5-1 什么是简单管路？什么是复杂管路？

5-2 长管和短管有什么区别？

5-3 对于同一条压力短管，自由出流和淹没出流的阻抗是否相同？作用水头是否一样？

5-4 什么叫管路阻抗？为什么有两种表示？在什么情况下，S 与管中流量无关，仅决定于管路中尺寸及构造？

5-5 并联管路中各支管流量分配，遵循什么原理？如果要得到各支管中流量相等，该如何设计管路？

5-6 有两长度尺寸相同的支管并联，如果在支管 2 中加一个调节阀（阻力系数为 ξ），则 Q_1 和 Q_2 哪个大些？阻力 h_{f1} 和 h_{f2} 哪个大些？

5-7 什么是水击？引起水击的外界条件和内在原因是什么？

5-8 水击有何危害？工程上一般采用什么措施防止水击危害？

习 题

5-1 如图 5-15 所示，水池间以一条直径 $d=10$cm，长 $l=30$m 的铸铁管连通，管道沿程阻力系数 $\lambda=0.025$，管道上设一闸阀 $\xi_1=0.17$，有 90°弯头两个，每个 $\xi_2=1.7$，水流为恒定流，试求：(1) 两水池水位差 $Z=3$m 时的管中流量；(2) 要使管中通过流量 30L/s 时的作用水头。

5-2 如图 5-16 所示，两水池用虹吸管连通，管径 $d=200$mm，管长为：$l_1=2$m，$l_2=5$m，$l_3=4$m，管道沿程阻力系数 $\lambda=0.026$，滤网损失系数 $\xi_1=10$，转弯损失系数 $\xi_2=1.5$，若上游水面至管顶高差 $h_1=1$m，上下游水池水位差 $z=2$m，出口 $\xi=1.0$，试求：(1) 虹吸管的过水流量；(2) 压强最低点位置及最大真空值。

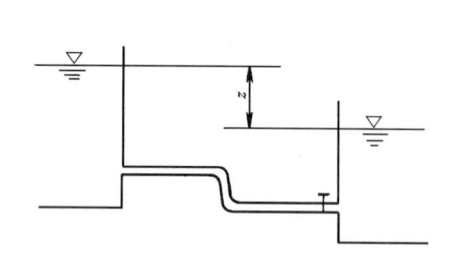

图 5-15 习题 5-1 图

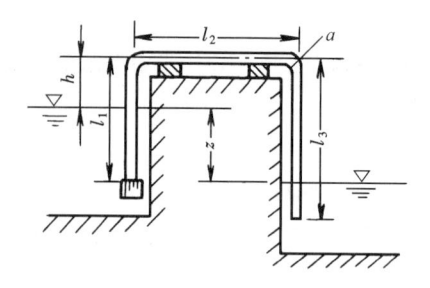

图 5-16 习题 5-2 图

5-3 如图 5-17 所示，以水泵装置提水至高位水池，已知水源水面高程 150.0m，水池水面高程 175.5m，吸水管长度 $l_{吸}=4$m，直径 $d_{吸}=200$mm，吸水管路中装有带底阀莲蓬头、90°弯头各一个；压水管长度 $l_{压}=50$m，直径 $d_{压}=150$mm，设逆止阀一个 $\xi=1.7$，闸阀一个 $\xi=0.1$，45°弯头两个，每个 $\xi=0.2$。另外沿程阻力系数 $\lambda=0.02$，底阀莲蓬头 $\xi=1$，90°弯头 $\xi=0.5$。若水泵抽水量 Q 为 5L/s，试求水泵扬程及管路的特性阻力系数 S。

5-4 如图 5-18 所示，以水平串联管路从 A 池向 B 池输水，管道为铸铁管，两尺水位分别为 $H_1=6$m，$H_2=2$m，各段管长、管径分别为 $l_1=30$m，$l_2=40$m，$l_3=20$m，$d_1=100$mm，$d_2=200$mm，$d_3=150$mm，沿程阻力系数分别为 $\lambda_1=0.016$，$\lambda_2=0.014$，$\lambda_3=0.02$，若按长管计算时，试求输水流量。

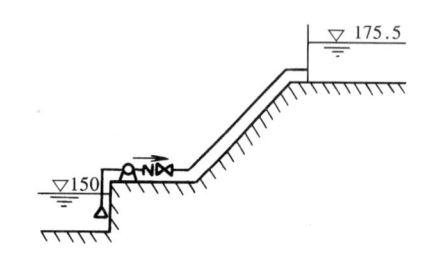

图 5-17 习题 5-3 图

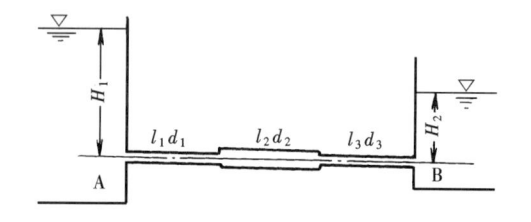

图 5-18 习题 5-4 图

5-5 某通风管道系统尺寸为 500mm×600mm，空气的总压头损失（不包括风机本身）为 491.3N/m²，当管中风量 $Q=3.2$m³/s 时，试求风机的总压头。

5-6 某通风管路系统，通风机总压头 $p=100$Pa，风量 $Q=3.5$m³/s。如果将该系统的风量提高 12%，试求此时通风机的总压头 p' 为多少？

5-7 如图 5-19 所示，一水平管道由三段铸铁管组成，各段长度和管径分别为：$l_1=400$m，$l_2=400$m，$l_3=300$m，$d_1=200$mm，$d_2=150$mm，$d_3=100$mm，节点分出流量分别为 $q_1=15$L/s，$q_2=10$L/s，$q_3=10$L/s。按长管计算时，试求输水流量。

5-8 如图 5-20 所示，有一水平安装的通风机，吸入管 $d_1=200$mm，$l_1=1$m。压出管为直径不同的两段管道串联组成，$d_2=200\text{mm}$，$l_2=50\text{m}$，$d_3=100\text{mm}$，$l_3=50\text{m}$。各管段 $\lambda=0.02$，空气密度 $\rho=1.2\text{kg/m}^3$，风量 $Q=0.15\text{m}^3/\text{s}$，若按长管计算，试计算：（1）风机产生的总风压是多少？（2）如风机和管路铅垂安装，但管路情况不变，风机的风压有无变化？

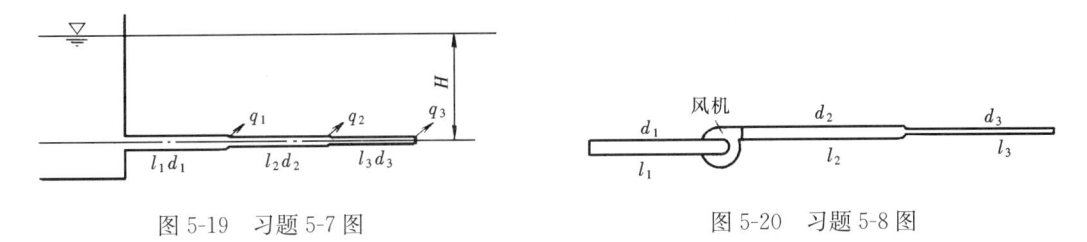

图 5-19　习题 5-7 图

图 5-20　习题 5-8 图

5-9　见图 5-21，一铸铁管供水管道，$L_{AB}=500\text{m}$，$d_{AB}=300\text{mm}$；并联段 BC：$l_1=200\text{m}$，$d_1=150\text{mm}$；$l_2=300\text{m}$，$d_2=100\text{mm}$；$L_{CD}=200\text{m}$，$d_{CD}=200\text{mm}$。节点分出流量 $Q_B=40\text{L/s}$，$Q_C=55\text{L/s}$。水自 D 点流出，要求服务水头 $H_D=6\text{m}$，流量 $Q_D=40\text{L/s}$，试确定并联段的流量分配及水塔作用水头 H。

5-10　见图 5-22，某采暖系统，立管Ⅰ的直径 $d_1=20\text{mm}$，长度 $l_1=20\text{m}$，局部阻力系数 $\sum\xi_1=15$；立管Ⅱ的直径 $d_2=15\text{mm}$，长度 $l_2=10\text{m}$，局部阻力系数 $\sum\xi_2=14$。沿程阻力系数均为 $\lambda=0.025$，试求各立管的流量分配比例。

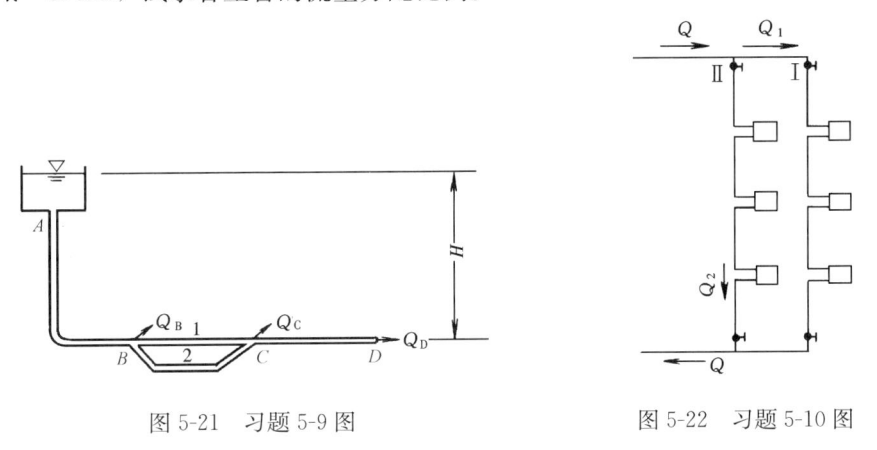

图 5-21　习题 5-9 图

图 5-22　习题 5-10 图

5-11　接 5-10 题。如两立管间进行阻力平衡计算需要使两立管热媒流量相等，则立管Ⅱ的直径 d_2 应调整为多少？

5-12　供水管直径 $d=500\text{mm}$，管长 $l=200\text{m}$，钢管的厚度 $\delta=10\text{mm}$，若供水量 $Q=2000\text{m}^3/\text{h}$。试求：（1）阀门突然关闭时所产生的水击压强；（2）为使水击压强不超过 50kPa，阀门的关闭时间不得少于多少？

第六章

附面层与绕流阻力

前面，我们仅讨论了本专业中应用得极为广泛的一元流动。而对于有些空间问题，则需要多元流动，即二元和三元流动的理论。本章将简要地论述一下本专业涉及的一些黏性流体的问题——绕流运动、附面层及悬浮速度等概念。

第一节 绕流运动与附面层基本概念

流体绕过不同几何形状固体边界的流动称为绕流运动。如飞机在空中飞行，船在水中航行，粉尘颗粒在空气中飞扬或沉降，风绕建筑物流动等，都是绕流运动。

绕流运动有三种基本形式：流体绕静止物体运动、物体在静止流体中运动、物体和流体做相对运动。不管是哪一种形式，我们研究时，将物体看做是静止的，而探讨流体相对于物体的运动。因此，所有这些绕流运动。都可以看成是同一类型的绕流问题。

在绕流中，流体作用在物体上的力可以分为两个分量：一个是垂直于来流方向的作用力，叫做绕流升力；另一个是平行于来流方向的作用力，叫做绕流阻力。

绕流阻力由两类阻力组成：摩擦阻力和形状阻力。摩擦阻力是流体运动时由于黏滞性存在所产生的，主要发生在紧靠物体表面流速梯度很大、厚度极薄的一层流体薄层内，这个薄层称为附面层。形状阻力主要是指流体绕曲面体或具有锐缘棱角的物体流动时，附面层发生分离，从而产生旋涡所产生的阻力，这种阻力与物体形状有关，故称为形状阻力。这两种阻力都与附面层有关，所以，我们先建立附面层概念。

一、附面层的形成及其特性

（一）附面层的形成

为了帮助理解附面层概念，同时了解它的形成，观察图 6-1 所示的流体绕平板的绕流运动。

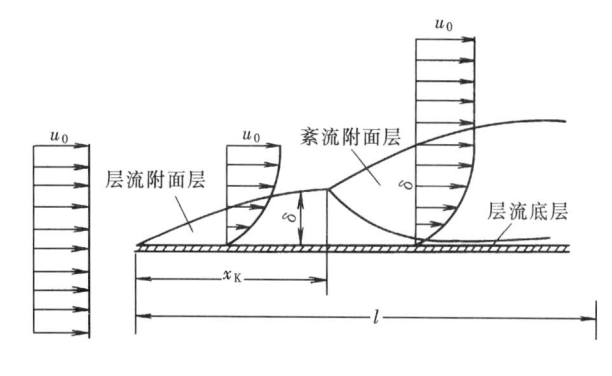

图 6-1 平板附面层

流体的运动速度 u_0 是均匀分布的，它的运动方向与平板平行。如果平板对流动不产生影响，则流经平板上的流速将没有任何变动，仍保持均匀分布。但黏滞性作用使紧靠物体表面的流体质点流速为零，在垂直于平板方向上，流速急剧增加，迅速接近于未受扰动进的流速 u_0。这样，流场中就出现了两个性质不同的流动区域：紧贴物体表面的一层薄层，流速低于 u_0，流体作黏性流体的有旋运动，称为附面层。附面层内，黏性力不能忽略，黏性对绕流物体的阻力、能量损耗、扩散和传热等问题起着主要作用；在附面层边沿以外，由于流体的惯性力远远大于作用于流体上的黏性力，黏性力相对于惯性力可以忽略不计，将流体视为理想流体。流体做理想的无旋运动，速度保持原有的速度，称为势流区。在实际计算中，要确定附面层和势流区之间的界限是困难的，因为虽然物体表面附近流速梯度很大，但离开表面稍远，速度梯度迅速变小，流速变化很慢，很难确定流速为 u_0 的附面层边界。为此，一般把速度等于 $0.99u_0$ 处作为两区间的分界。

上面提到的有旋运动是指流体质点的旋转角速度不为零的运动，即流体质点在向前流动的同时本身还存在着旋转，流体运动产生旋涡是流体有旋运动的结果。无旋运动是指流体质点旋转角速度等于零的运动。在势流区的流体为无旋运动。

（二）附面层的特性

（1）附面层厚度沿流动方向逐渐增加。

（2）在附面层内流体也存在紊流与层流两种流动形态，如图 6-1 所示。在 x_K 距离内，流体是层流状态，形成层流附面层；在大于 x_K 距离的平板表面上，层流转变为紊流，形成紊流附面层。在紊流附面层内还存在一很薄的层流底层。在附面层内，层流转化为紊流的条件用临界雷诺数来判定

$$Re_K = \frac{u_0 x_K}{\nu} = (3.5 \sim 5.0) \times 10^5 \tag{6-1}$$

（3）附面层内，沿物体表面外法线方向，速度由在表面上的零迅速增加到接近于未扰动的速度 u_0。因而，在这极小的距离内，势必出现很大的速度梯度。根据牛顿内摩擦定律，在附面层内将产生很大的内摩擦力，由此就形成了摩擦阻力。

（4）附面层内，沿物体表面法线方向上压强保持不变。

二、管流附面层

附面层的概念同样适用于管内流动。图 6-2 是管流入口段的情况。均匀流动的流体在管道入口起始端保持均匀的流速分布。由于管壁的作用，靠近管壁的流体将受阻滞形成附面层，其厚度 δ 随离管口距离的增加而增加。当附面层厚度 δ 等于管半径 r_0 后，则上下四周附面层相衔接，使附面层占有管流的全部断面，形成充分发展的管流。其下游断面将保持这种状态不变。

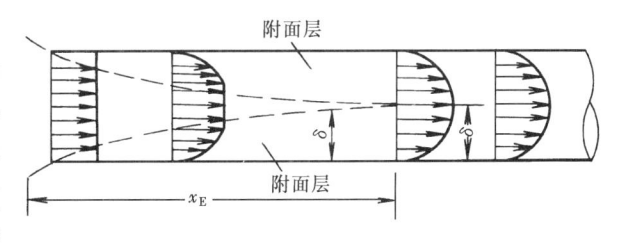

图 6-2 管流入口处的附面层

从管道入口到形成充分发展管流的长度称入口段长度，以 x_E 表示。根据试验资料分析：

对于层流 $$\frac{x_E}{d} = 0.028Re \tag{6-2}$$

对于紊流 $$\frac{x_E}{d} = 50 \tag{6-3}$$

显然，入口段的流体运动情况是不同于正常的层流或紊流的。因此在进行管路阻力试验时，需避开入口段的影响。

第二节 曲面附面层分离现象与卡门涡街

一、曲面附面层的分离现象

当流体绕过表面为曲面的物体流动时，称为绕曲面流动。同绕平板流动一样，在紧贴曲

面的表面上也形成附面层,这个附面层称为曲面附面层,流动也同样分成势流区流动和附面层流动两个区。

对所给的来流方向,曲面上相应存在最高位置点 M,其法线 M-M' 距离内为附面层区,见图 6-3。在 M—M' 的上游,曲面构成收缩的过流断面;在 M—M' 断面的下游,曲面构成扩张的过流断面。

在 M—M' 断面上游,由于过流断面收缩,流速成沿程增加,因而压强沿程减小,即 $\frac{\partial p}{\partial x} < 0$。

在 M—M' 断面下游,由于过流断面不断扩大,速度不断减小,因而压强沿程增加,即 $\frac{\partial p}{\partial x} > 0$。这样,$M$—$M'$ 断面将流体绕曲面流动分成两个区域;M—M' 断面上游的减压增速区和其下游的增压减速区。在附面层的外边界上 M' 必然具有速度的最大值和压强的最小值。

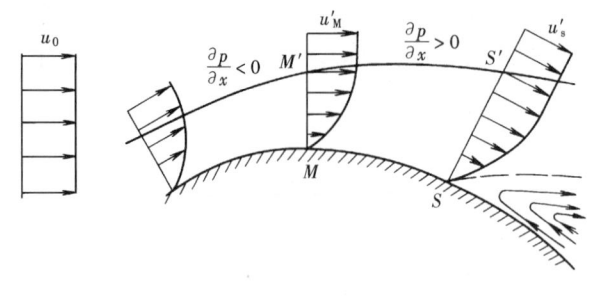

图 6-3 曲面附面层的分离

由于附面层内,沿壁面法线方向的压强都相等,所以以上关于压强沿程的变化规律,也适用于附面层内,即在 M—M' 断面前,附面层为减压增速区。在这个区域内流体质点一方面受到黏性力的阻滞作用,另一方面又受到与流速方向一致的压力差的推动作用,使用流体质点仍能正常向下游沿着曲面表面流动。当流体进入 M—M' 断面下游的增压减速区,流体质点不仅受到粘黏力的阻滞作用,压力差也阻止流体质点向前运动。越是靠近壁面的流体,受粘黏力的阻滞作用越大。在这两个阻力的阻滞下,流速会急剧下降,在 M 点下游某一靠近壁面的 S 点处,速度降为零。S 点以后的流体质点在与主流方向相反的压差作用下,将产生回流。但是离物体壁面较远的流体质点,仍保持原来的流向和速度。于是,在回流与原方向流体之间就形成了旋涡,从而使附面层与曲面分离,形成附面层脱体,这种现象称为附面层分离,S 点称为附面层分离点。附面层的分离只能发生在增压减速区。

附面层分离后,物体后部形成许多无规则的旋涡,由此产生阻力,这个阻力的大小与分离点的位置和形成旋涡区的大小有关,而分离点的位置和形成旋涡区的大小又与物体的形状有关,因此这个阻力称为形状阻力。分离点愈靠前,形成的漩涡区相应增大,则形成的阻力也愈大;分离点愈向后,则产生的阻力减小。在实际中,许多运动的物体,其外形都尽量做成流线型,其目的就是使分离点位置尽量推后,缩小旋涡区,从而减小形状阻力。

二、卡门涡街

当流体绕圆柱体流动时,在圆柱体后半部分,流体处于减速增压区,附面层要发生分离。分离点位置及所形成的流动图形取决于雷诺数

$$Re = \frac{u_0 d}{\nu}$$

式中 u_0——来流速度;
d——圆柱体直径。

当 $Re < 40$ 时,分离点 S 对称地发生在圆柱体的后半部稍后位置。形成两个旋转方向相对的对称旋涡。随着 Re 增大,分离点 S 不断向前移动,如图 6-4(a)所示。当 Re 增大到

40～70 时，可观察到尾流中有周期性的振荡，如图 6-4（b）所示。待 Re 达到 90 左右，旋涡不再对称发生，而是交替地释放出来，形成有序的排列图形，如图 6-5 所示。这种交换有序排列的旋涡尾流，由匈牙利人冯·卡门所发现，故称为卡门涡街。

图 6-4　卡门涡街的尾流振荡　　　　图 6-5　卡门涡街的排列

由于卡门涡街是以一定频率交替释放，故而产生弱的压强波动，形成一定频率的声响和振动。因此，当横风吹过电线、烟气或空气横向流过管束时，都会形成卡门涡街，从而产生振动和噪声声响。

卡门涡街振动频率，在 $Re=250\sim2\times10^5$ 范围内，可用斯特洛哈尔提出的经验公式计算

$$\frac{fd}{u_0} = 0.198\left(1 - \frac{19.7}{Re}\right) \tag{6-4}$$

式中　f——振动频率，次/s。

当雷诺数再增大至 $3.3\times10^5 \leqslant Re \leqslant 3.5\times10^6$ 范围时，柱体后尾流完全紊乱，卡门涡街消失。而当 $Re>3.5\times10^6$，柱体后又会复现卡门涡街。

除圆柱体外，其他一切钝形物体后都会出现卡门涡街，同样会产生振动和噪声。

【例 6-1】　气温 10℃，速度 14.7m/s 的风速横向吹过直径为 30mm 的高压电线，求产生的卡门涡街的振动频率。

解　计算雷诺数，查表得：

当 $t=10℃$ 时　　　　　　$\nu = 14.7\times10^{-6}\,\text{m}^2/\text{s}$

$$Re = \frac{u_0 d}{\nu} = \frac{14.7\times0.03}{14.7\times10^{-6}} = 3\times10^4 < 2\times10^5$$

$$\frac{fd}{u_0} = 0.198\left(1 - \frac{19.7}{Re}\right)$$

$$f = 0.198\times\left(1 - \frac{19.7}{3\times10^4}\right)\times\frac{14.7}{0.03} = 97 \text{ 次/s}$$

第三节　绕流阻力和升力

一、绕流阻力

（一）绕流阻力的计算公式

1. 平面上绕流阻力的计算

绕流阻力包括摩擦阻力和形状阻力。附面层理论用于求摩擦阻力，形状阻力一般依靠实验决定。绕流阻力的计算公式常用下列形式

$$D = C_d A \frac{\rho u_0}{2} \tag{6-5}$$

式中　D——物体所受的绕流阻力，N；

　　　C_d——无因次摩阻系数；

A——平板面积，m^2，这里 $A=bL$；

u_0——未受干扰时的来流速度，m/s；

ρ——流体的密度，kg/m^3。

如果要求流体对平板两面的总摩擦阻力时，只需乘2。

只有摩擦阻力而无形状阻力的绕流流动，其阻力计算公式为

$$D_\mathrm{f} = C_\mathrm{f} \frac{\rho u_0^2}{2} A_\mathrm{f} \tag{6-6}$$

式中　D_f——物体所受的摩擦阻力，N；

C_f——摩阻系数；

A_f——流体与物体接触的摩擦面积，m^2。

其余符号同式（6-5）。

绕流阻力通常指的是物体对流动的阻力。绕流阻力方向是与来流速度的方向一致（这里只指流体对固体的阻力）。

2. 曲面绕流阻力的计算

曲面绕流阻力的计算式和平板阻力计算式相同

$$D = C_\mathrm{d} A \frac{\rho u_0^2}{2} \tag{6-7}$$

式中　D——物体所受的绕流阻力，N；

C_d——无因次的阻力系数；

A——物体的投影面积，如主要受形状阻力时，采用垂直于来流速度方向的投影面积，m^2；

u_0——未受干扰时的来流速度，m/s；

ρ——流体的密度，kg/m^3。

（二）绕流阻力的阻力系数

1. 绕平板流动的摩阻系数 C_f

流体平行于平板的绕流流动，是一种典型的只有摩擦阻力而无形状阻力的流动，因此 C_f 仅与附面层中的流动状态有关。其计算公式列在表 6-1 中。

表 6-1　　　　　　　　绕平板流摩擦系数 C_f 计算式

附面层中流态	层　流	层流与紊流共存	紊　流
C_f	$\dfrac{1.46}{\sqrt{Re}}$	$\dfrac{0.074}{Re^{0.2}} - \dfrac{1700}{Re}$	$\dfrac{0.074}{\sqrt[5]{Re}}$，$\dfrac{0.455}{(\lg Re)^{2.58}}$
$Re = \dfrac{u_0 x_\mathrm{k}}{\nu}$ 范围	$<10^5$		$3 \times (10^5 \sim 10^7)$，$10^5 \sim 10^7$

2. 绕圆球流动的阻力系数 C_d

作均匀直线流动的流体，以速度 u_0 流过直径为 d 圆球。如果流动的雷诺数很小，在忽略惯性力的前提下可以推导出

$$D = 3\pi \mu d u_0 \tag{6-8}$$

式（6-7）就是有名的斯托克斯公式。式中 μ 为流体的动力黏度，若将式（6-7）写成式（6-5）的形式

$$D = 3\pi\mu d u_0 = \frac{24}{\frac{\rho d u_0}{\mu}} \frac{\pi d^2}{4} \frac{\rho u_0^2}{2} = \frac{24}{Re} A \frac{\rho u_0}{2}$$

由此得

$$C_d = \frac{24}{Re} \tag{6-9}$$

以雷诺数 Re 为横坐标，C_d 为纵坐标，根据 $C_d = \frac{24}{Re}$，将 Re、C_d 绘在对数坐标纸上，则式 $C_d = \frac{24}{Re}$ 是一条直线，见图 6-6。

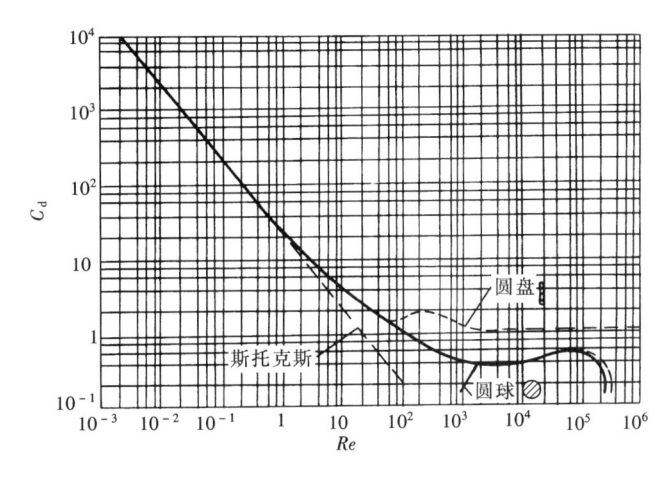

图 6-6 圆球和圆盘的阻力系数

再把不同雷诺数 Re 下对应的阻力系数 C_d 的实测值也绘在图 6-6 中。由图中可发现：

$Re < 1$ 时，斯托克斯公式与实测结果一致，斯托克斯公式是正确的。但这样小的雷诺数只能出现在黏性很大的流体（如油类），或黏性虽不大但球体直径很小的情况下。故斯托克斯公式只能用来计算空气中微小尘埃或雾珠运动时的阻力，以及静水中直径 $d < 0.05mm$ 的泥沙颗粒的沉降速度等。

$Re \geq 1$ 时，斯托克斯公式偏离了实验曲线。这是因为 $Re \geq 1$ 时惯性力不能忽略。由于圆球是光滑的曲面，圆球绕流既有摩擦阻力，又有形状阻力。Re 越大，附面层的分离点的位置越向前移，形状阻力随之加大，而摩擦阻力则有所减小，因此 C_d 随 Re 而变化。

$Re \approx 3 \times 10^5$ 时，C_d 值突然下降。这是由于附面层出现紊流，而紊流的掺混作用，使附面层内的流体质点取得更多的动能补充，使分离点的位置后移，形状阻力大大降低。虽然摩擦阻力有所增加，但总的绕流阻力还是大大地减小。

3. 绕圆盘流动的阻力系数

绕圆盘流动的阻力系数由实验测得，也绘在图 6-6 中。从曲线中可看到：

当 $Re > 3 \times 10^3$ 以后，C_d 值为常数。这是因为此时圆盘绕流只有形状阻力，没有摩擦阻力，附面层的分离点固定在圆盘的边线上。由于分离点位置保持不变，形状阻力也就不变，因而 C_d 值保持不变。

4. 绕圆柱流动的阻力系数

绕圆柱体流动，其阻力系数 C_d 的实验曲线见图 6-7。

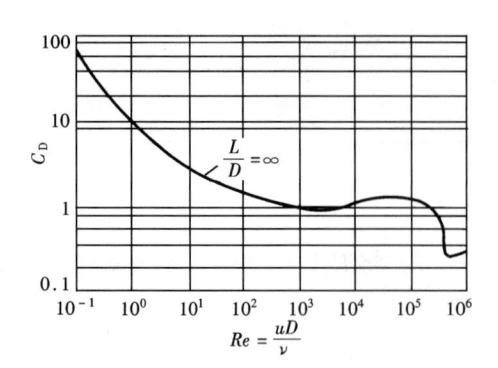

图 6-7 无限长圆柱体的阻力系数

综上所述，可以根据绕流物体的形状对阻力规律作出区分：

（1）细长流线型物体，以平板为典型例子。绕流阻力主要由摩擦阻力来决定，阻力系数与雷诺数有关。

（2）有钝形曲面或曲率很大的曲面物体，以圆球和圆柱为典型例子，绕流阻力既与摩擦阻力有关又与形状阻力有关。但在低雷诺数时，主要为摩擦阻力，阻力系数与雷诺数有关；在高雷诺数时，主要为形状阻力，阻力系数与附面层分离点的位置有关。分离点位置不变，阻力系数不变；分离点向前移，旋涡区加大，阻力系数也增加。反之亦然。

（3）有尖锐边缘的物体，以迎流方向的圆盘为典型例子。附面层分离点位置固定，旋涡区大小不变，阻力系数基本不变。

【例 6-2】 浮于水面上长 $L=0.8\text{m}$，宽 $b=0.4\text{m}$ 的矩形平板，以速度 $u_0=0.5\text{m/s}$ 拖动均速前进，求水平方向所用拖动力 F。已知水的 $\rho=998.2\text{kg/m}^3$，$\nu=1.007\times10^{-6}\text{m}^2/\text{s}$。如果增大速度 u_0 至 1m/s，则 F 为多少？

解 计算雷诺数

$$Re=\frac{u_0 L}{\nu}=\frac{0.5\times0.8}{1.007\times10^{-6}}=3.97\times10^5<Re_K=5\times10^5$$

平板上为层流流态附面层

$$C_f=\frac{1.46}{\sqrt{Re}}=\frac{1.46}{\sqrt{3.97\times10^5}}=0.0023$$

计算阻力

$$D_f=C_f A\frac{\rho u_0^2}{2}=0.0023\times0.8\times0.4\times\frac{998.2\times0.5^2}{2}=0.92\text{N}$$

拖动力

$$F=D_f=0.092\text{N}$$

当 $u_0=1\text{m/s}$ 时，计算 $Re=7.94\times10^5>Re_K$，平板后部形成紊流附面层，构成混合流态附面层

$$C_f=\frac{0.074}{Re^{0.2}}-\frac{1700}{Re}=\frac{0.074}{(7.94\times10^5)^{0.2}}-\frac{1700}{7.94\times10^5}=0.00275$$

$$F=D_f=0.00275\times0.8\times0.4\times\frac{998.2\times1^2}{2}=0.439\text{N}$$

二、绕流升力

当流体流过的物体为非对称性时，或虽是对称，但来流方向与其对称轴不平行，如图 6-8 所示，这样造成绕流物体上部流线的密度大，下部流线的密度较小，从而形成上部流速大于下部流速的流动。由能量方程可得：速度大则压强小，速度小则压强大。因此，物体上下表面受到不相等的压力作用，在垂直于来流速度方向上，将产生向上的作用力，这个力就是升力，用 L 表示。升力的计算公式为

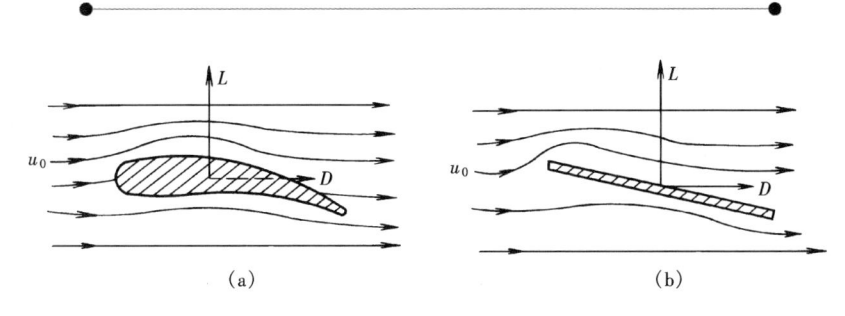

图 6-8 升力示意图

$$L = C_L A \frac{\rho u_0^2}{2} \tag{6-10}$$

式中 C_L——升力系数，一般用实验测定。

其余符号意义同前。

绕流升力对于轴流水泵和轴流风机的叶片设计具有重要意义。良好的叶片应具有较大的升力和较小的阻力。

【例 6-3】 高 $H=25$m 圆柱烟囱，直径 $d=0.6$m，求风速 $u_0=12$m/s 横向吹过烟囱时，烟囱所受作用力。已知空气 $\rho=1.205$kg/m²，运动黏度 $\nu=15.7\times10^{-6}$m²/s。

解 求雷诺数

$$Re = \frac{u_0 d}{\nu} = \frac{12 \times 0.6}{15.7 \times 10^{-6}} = 4.6 \times 10^6$$

查图 6-7 的阻力系数 $C_d = 1.00$

烟囱所受作用力，即为绕流阻力 D

$$D = C_d d \frac{\rho u_0^2}{2} = 1 \times 25 \times 0.6 \times \frac{1.205 \times 12^2}{2} = 1301.4\text{N}$$

第四节 悬 浮 速 度

在气力输送中，固体颗粒在何种条件下才能被气体带走；在除尘室中，尘粒在何种条件下才能沉降；在燃烧技术中，是采用层燃式、沸腾燃烧式、还是悬浮燃烧式等。为了解决上述问题，都要研究固体颗粒在气流中的运动情况，这就提出了悬浮速度概念。

根据作用力和反作用力的原理，固体对流体的阻力也就是流体对固体的推动力。因此，固体微粒在垂直向上的气流中受到向上的作用力有绕流阻力和浮力，而受到向下的作用力只有自身的重力。在绕流阻力、浮力与重力的共同作用下，固体微粒将会出现平衡状态，即微粒悬浮在空中。使微粒处于悬浮状态下的气流速度，定义为悬浮速度，用 u_f 表示。

假设固体微粒都是球状，其密度为 ρ_m，上升气流的密度为 ρ，$\rho_m > \rho$。固体微粒受力情况如下：

1. 方向向上的力

（1）绕流阻力

$$D = C_d A \frac{\rho u_0^2}{2} = \frac{1}{8} C_d \pi d^2 \rho u_0^2$$

式中 d——微粒的直径；

u_0——气流相当于微粒的速度。当微粒悬浮时，$u_0 = u_f$。

(2) 微粒浮力

$$B = \frac{1}{6}\pi d^3 \rho g$$

2. 方向向下的力

小球的重量

$$G = \frac{1}{6}\pi d^3 \rho_m g$$

绕流阻力、浮力、重力三个力的合作用，使微粒可能产生三种运动状态：

1) 当 $D+B>G$ 时，微粒随气流上升，达到气力输送的要求。

2) 当 $D+B<G$ 时，微粒下沉，与气流反向运动。如果下沉的整个过程都满足这个条件，微粒就一直下沉到地面，达到除尘室的效果。

3) 当 $D+B=G$ 时，微粒处于悬浮状态。此时 $u_0 = u_f$，由此条件，可以求得悬浮速度 u_f。

将 D、B 和 G 代入式 $D+B=G$，则有

$$\frac{1}{8}C_d \pi d^2 \rho u_f^2 + \frac{1}{6}\pi d^2 \rho g = \frac{1}{6}\pi d^3 \rho_m g$$

$$u_f = \sqrt{\frac{4}{3C_d}\left(\frac{\rho_m - \rho}{\rho}\right)gd} \tag{6-11}$$

式(6-10)为微粒是球形的悬浮速度计算公式。对于非球形微粒，式(6-10)须予以修正

$$u_f = \sqrt{\frac{4\psi}{3C_d}\left(\frac{\rho_m - \rho}{\rho}\right)gd_e} \tag{6-12}$$

式中 d_e——体积当量直径，$d_e = \sqrt{\frac{4V}{\pi}}$，式中 V 为微粒体积；

ψ——微粒圆柱度，$\psi = \dfrac{\text{体积为 }V\text{ 的圆球表面积}}{\text{同体积实际微粒的表面}}$。对于立方体微粒，$\psi = 0.806$；圆柱形微粒，$\psi = 0.86$；砂粒，$\psi = 0.53 \sim 0.63$；煤粉，$\psi = 0.7$。

式(6-11)和式(6-12)中，C_d 与雷诺数 Re 有关，而雷诺数计算需用悬浮速度 u_f。因此，对应不同的 Re 下有不同的求解 u_f 的公式。

(1) 当 $Re<1$ 时，$C_d = \dfrac{24}{Re}$，则

$$u_f = \frac{\psi}{18\mu}(\rho_m - \rho)gd_e^2 \tag{6-13}$$

(2) 当 $1 \leqslant Re \leqslant 800$ 时，$C_d = \dfrac{10}{\sqrt{Re}}$，则

$$u_f = \left[\frac{4}{225}\frac{(\rho_m - \rho)^2 \psi^2 g^2}{\rho\mu}\right]^{1/3} d_e \tag{6-14}$$

(3) 当 $800 < Re \leqslant 10^3$ 时，$C_d = \dfrac{13}{Re}$，则

$$u_f = \left[\frac{16}{1521}\frac{(\rho_m - \rho)^2 \psi^2 g^2}{\rho\mu}\right]^{1/3} d_e \tag{6-15}$$

(4) 当 $10^3 < Re \leqslant 2 \times 10^3$ 时，$C_d = 0.48$，则

$$u_f = \frac{5}{3}\sqrt{\frac{(\rho_m - \rho)^2}{\rho} \psi g d_e} \tag{6-16}$$

(5) 当 $2 \times 10^3 < Re \leqslant 2 \times 10^5$ 时，$C_d = 0.43$，则

$$u_f = \sqrt{3.1 \times \frac{(\rho_m - \rho)^2}{\rho} \psi g d_e} \tag{6-17}$$

当微粒为圆球时，式（6-16）中 $\psi = 1$，$d_e = d$。

由于 C_d 是一个随 Re 而变的值，而 Re 中又包含未知数 u_f。因此，一般要经过多次试算才能求得悬浮速度。

【例 6-4】 在煤粉炉膛中，若上升气流的速度 $u_0 = 0.5\,\text{m/s}$，烟气的 $\nu = 223 \times 10^{-10}\,\text{m}^2/\text{s}$，烟气密度 $\rho = 0.2\,\text{kg/m}^3$，试计算在这个速度下，烟气中的 $d_e = 90 \times 10^{-6}\,\text{m}$ 的煤粉颗粒是否会沉降。煤粉的密度 $\rho_m = 1.1 \times 10^3\,\text{kg/m}^3$。

解 （1）计算雷诺数。认为 $d_e = 90 \times 10^{-6}\,\text{m}$ 的煤粉处于悬浮状态。于是，u_0 就是悬浮速度 u_f

$$Re = \frac{u_f \times d_e}{\nu} = \frac{u_0 \times d_e}{\nu} = \frac{0.5 \times 90 \times 10^{-6}}{223 \times 10^{-6}} = 0.193 < 1$$

（2）当 $Re < 1$ 时（煤粉 $\psi = 0.7$）

$$\begin{aligned} u_f &= \frac{\psi}{18\mu}(\rho_m - \rho)g d_e^2 \\ &= \frac{0.7}{18 \times 223 \times 10^{-6} \times 0.2} \times (1.1 \times 10^3 - 0.2) \times 9.8 \times (90 \times 10^{-6})^2 \\ &= 0.076\,1\,\text{m/s} \end{aligned}$$

（3）判断：由于 $u_0 > u_f$，即气流速度大于悬浮速度，所以直径 $d_e \leqslant 90 \times 10^{-6}\,\text{m}$ 的煤粉颗粒不会沉降，而是被烟气带走。

【例 6-5】 一竖井式的磨煤粉机中，空气速度 $u_0 = 2\,\text{m/s}$，空气的运动黏度 $\nu = 20 \times 10^{-6}\,\text{m}^2/\text{s}$，密度 $\rho = 1\,\text{kg/m}^3$，煤粉的密度 $\rho_m = 1 \times 10^3\,\text{kg/m}^3$。试计算此气流能带走的最大颗粒直径 d_e 为多大？

解 （1）假设 $Re < 1$，应用式（6-13）导出计算 d_e 的算式

$$d_e = \sqrt{\frac{18\nu \rho u_f}{\psi(\rho_m - \rho)g}} = \sqrt{\frac{18 \times 20 \times 10^{-6} \times 1 \times 2}{0.7 \times (1000 - 1) \times 9.8}} = 0.323 \times 10^{-3}$$

（2）计算雷诺数

$$Re = \frac{u_f \times d_e}{\nu} = \frac{2 \times 0.323 \times 10^{-3}}{20 \times 10^{-6}} = 32.3 > 1$$

与假设不符合，需另假设。

（3）假设 $Re = 1 \sim 800$ 范围，则计算 d_e 的算式为

$$d_e = \frac{u_f}{\left[\dfrac{4}{225}\dfrac{(\rho_m - \rho)^2 \psi^2 g^2}{\rho \mu}\right]^{1/3}} = \frac{2}{\left[\dfrac{4}{225} \times \dfrac{(1000-1)^2 \times 0.7^2 \times 9.8^2}{1 \times 2 \times 10^{-6} \times 1}\right]^{1/3}} = 0.577\,\text{mm}$$

（4）计算雷诺数

$$Re = \frac{u_f \times d_e}{\nu} = \frac{2 \times 0.577 \times 10^{-3}}{20 \times 10^{-6}} = 57.6$$

在假设范围内，计算结果正确。

气流能带走最大直径的煤粉颗粒的直径为 $d_e < 0.577$mm。

思 考 题

6-1 什么是附面层？附面层有何特征？

6-2 什么是绕流阻力？绕流阻力由哪两部分组成？

6-3 分析管流附面层并说明为什么在进行管路阻力试验时，需避开入口段的影响？

6-4 在减缩管中会不会产生附面层的分离？为什么？

6-5 什么是卡门涡街？

习 题

6-1 在管径 $d=100$mm 的管道中，试分别计算层流和紊流时的入口段长度（层流按 $Re=2000$ 计算）。

6-2 40℃的空气，沿长 6m，宽 2m 的光滑平板，以 60m/s 的速度流动，设平板附面层由层流转变为紊流的条件为 $Re = \dfrac{u_0 x_K}{\nu} = 10^6$。求平板两侧受到的总摩擦阻力。

6-3 高 20m 的圆柱形电线杆，直径 $D=300$mm，水平风速 $u=18$m/s，空气密度 $\rho=1.293$kg/m³，运动黏度 $\nu=13 \times 10^{-6}$m²/s，求电线杆所受水平推力。

6-4 空气流速 $u_0 = 2$m/s，球形微粒密度 $\rho_m = 2500$kg/m³，空气温度 20℃，求 $Re=1$ 条件下，微粒在空中悬浮的最大粒径。

6-5 已知煤粉炉炉膛中上升烟气流的最小速度为 0.5m/s，烟气的运动黏度系数 $\nu = 230 \times 10^{-6}$m²/s，问直径 $d=0.1$mm 的煤气颗粒是下沉还是被烟气带走？已知烟气的密度 $\rho = 0.2$kg/m³，煤粉的密度 $\rho_m = 1.3 \times 10^3$kg/m³。

第七章

孔口、管嘴出流和气体射流

在实际工程中，经常遇到孔口管嘴出流与气体射流。例如，在通风和空调工程中，空气通过门窗的自然通风，通过顶棚内的多孔板向房间内送风；在供热工程中，管道内装设的孔板流量计，都属于这类流动。本章应用流体力学基本原理，结合具体的流动条件，研究实际流体流经孔口、管嘴的流量计算方法，以及气体由孔口或管嘴流出进入气体空间后，所形成的速度场与温度场问题。

第一节 孔 口 出 流

如图 7-1 所示，在容器侧壁（或底壁）上开一孔口，容器中的流体在水头差的作用下经孔口流出，这种流动现象称为孔口出流。

孔口的类型较多。按液面至侧壁孔口形心的深度 H 与孔口高 d 的比值来分，有小孔口和大孔口两种。若 $d \leqslant 0.1H$ 则为小孔口，作用在小孔口过流断面上各点的水头可以近似认为与孔口形心水头 H 相等；若 $d > 0.1H$ 则为大孔口，其断面上各点水头有显著差别，应由各点到液面的高度来确定。

按孔壁的厚度，可将孔口分为薄壁孔口和厚壁孔口两种。若孔口具有尖锐的边缘，出流流股与孔壁接触仅是一条周线，具有这种条件的孔口称薄壁孔口，其流动不受孔壁厚度的影响。若孔口壁厚和形状促使出流流股与孔壁接触形成面而不是线，则为厚壁孔口或管嘴。

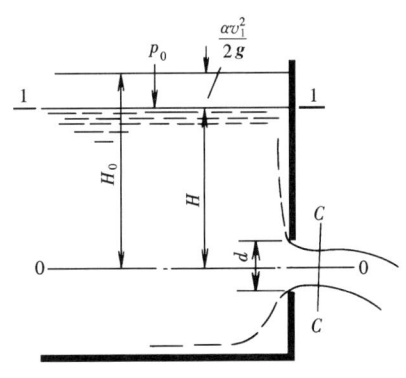

图 7-1 孔口自由出流

如果容器中的流体自孔口出流到大气中，称为孔口自由出流，也称非淹没出流；若流体出流到流体空间中，则称为淹没出流。

本节讨论在恒定流条件下，流体通过圆形薄壁小孔口的出流规律。主要在于确定流体经孔口出流的流速和流量。

一、薄壁孔口自由出流

图 7-1 给出一自由出流薄壁小孔口。设孔口在出流过程中，容器内水位保持不变，则水流经孔口作恒定出流。

当水流由各个方向向孔口集中射出时，由于质点的惯性，当绕过孔口边缘时，流线不能折角地改变方向，只能以光滑曲线逐渐弯曲。因此，水流经过孔口后形成收缩，在离孔口 $d/2$ 处的 C—C 断面收缩完毕后流入大气。C—C 断面称为收缩断面。在该断面处，收缩达到最小，流线趋近平直，流动可认为是渐变流动。

下面讨论出流规律。对图 7-1 所示自由出流，以通过孔口形心的水平面为基准面，列水箱液面 1—1 与收缩断面 C—C 的能量方程

$$z_1+\frac{p_1}{\gamma}+\frac{\alpha_1 v_1^2}{2g}=z_c+\frac{p_c}{\gamma}+\frac{\alpha_c v_c^2}{2g}+h_w$$

式中，h_w 为孔口出流的能量损失。考虑到两断面间流程较短，沿程水头损失可忽略不计。由于薄壁、厚壁孔口或管嘴的能量损失都只发生在局部范围，对比整个管路流动而言，孔口或管嘴只发生局部损失。设薄壁孔口的局部阻力系数为 ξ_c，则

$$h_w=h_j=\xi_c\frac{v_c^2}{2g}$$

上述能量方程经移项整理得

$$\frac{\alpha v_1^2}{2g}+\left(z_1+\frac{p_1}{\gamma}\right)-\left(z_c+\frac{p_c}{\gamma}\right)=(\alpha_c+\xi_c)\frac{v_c^2}{2g}$$

令

$$H_0=\left(z_1+\frac{p_1}{\gamma}\right)-\left(z_c+\frac{p_c}{\gamma}\right)+\frac{\alpha v_1^2}{2g} \tag{7-1}$$

则有

$$H_0=(\alpha_c+\xi_c)\frac{v_c^2}{2g} \tag{7-2}$$

H_0 称为孔口的作用水头。由式（7-1）可知，其实质是上游水箱液面的测压管水头与孔口收缩断面的测压管水头之差。

当容器为开口时，$p_1=p_c=p_a$，相比较于 v_c，自由液面 v_1 的值很小，可忽略不计，即 $v_1\approx 0$，则

$$H_0=z_1-z_c=H$$

对于其他条件下孔口出流 H_0 的决定，应从 H_0 的定义式（7-1）出发，视其具体条件简化而定。

由式（7-2）可得

$$v_c=\frac{1}{\sqrt{\alpha_c+\xi_c}}\times\sqrt{2gH_0}$$

设

$$\frac{1}{\sqrt{\alpha_c+\xi_c}}=\varphi$$

则流速计算公式为

$$v_c=\varphi\times\sqrt{2gH_0} \tag{7-3}$$

式中 v_c——孔口自由出流收缩断面 C-C 上实际流体的流速，m/s；

φ——孔口的流速系数。实验测得，对圆形薄壁小孔口 $\varphi=0.97\sim 0.98$。

下面讨论流速系数 φ 的物理意义。对理想流体，不考虑能量损失，即 $\xi=0$，若 $\alpha_c=1$ 则可得 $\varphi=1$，其速度 $v_c'=\sqrt{2gH_0}$。与式（7-3）比较可得

$$\varphi=\frac{v_c}{v_c'}=\frac{\text{实际流体的速度}}{\text{理想流体的速度}}$$

接下来推求通过孔口的流量计算公式。

设收缩断面 C—C 的断面积为 A_c，孔口几何面积为 A，引入 $\varepsilon=\frac{A_c}{A}$，称 ε 为收缩系数，其反映水流经孔口后的收缩程度。对圆孔口，实验得到 $\varepsilon=0.60\sim 0.64$。用 $A_c=\varepsilon A$ 代入流量计算公式 $Q=v_c A_c$，可得

$$Q=v_c\varepsilon A=\varepsilon\varphi A\sqrt{2gH_0}$$

令 $\mu=\varepsilon\varphi$ 则得

$$Q=\mu A\sqrt{2gH_0} \tag{7-4}$$

式中 Q——孔口自由出流的流量，m^3/s；

μ——孔口的流量系数；对圆形薄壁小孔口，$\mu=0.60\sim0.62$。

式（7-4）就是孔口自由出流流量计算公式。实际应用时，根据孔口的具体条件确定 μ 和 H_0。

流量系数 μ 与 ε、φ 有关。φ 值接近于 1，ε 值则随孔口在容器侧壁上的位置不同而有变化。如图 7-2 所示，孔口Ⅰ四周的流线全部发生弯曲，在各个方向上都获得较好的收缩效果，这种称作全部收缩。而孔口Ⅱ只有 1，2 两边发生收缩，其他 3，4 两边没有收缩，这种称非全部收缩。非全部收缩时的流量系数 μ' 比全部收缩时要大，两者间的关系可由下列经验公式给出

$$\mu'=\mu\left(1+C\frac{S}{X}\right) \tag{7-5}$$

式中 S——未收缩部分周长（如图 7-2 中孔口Ⅱ的 3+4 边长）；

X——孔口全部周长（如图 7-2 中孔口Ⅱ的 1+2+3+4 边长）；

C——孔口形状系数；圆孔口取 0.13，方孔口取 0.15。

在流线全部收缩中，根据容器壁对流线弯曲的影响程度而分为完善收缩与不完善收缩。如图 7-2 上孔口Ⅰ，孔口周边离侧壁的距离大于三倍孔口在该方向的尺寸，即 $l_1>3a$，$l_2>3b$，则为完善收缩。此时流量系数 μ 为最小，对薄壁孔口出流，$\mu=0.60\sim0.62$。当孔口任一边离器壁的距离不满足上述条件时，则为不完善收缩。ε 增大，μ 亦增大。不完善收缩的 μ'' 可用下式计算

$$\mu''=\mu\left[1+0.64\left(\frac{A}{A_0}\right)^2\right] \tag{7-6}$$

式中 A——孔口面积，m^2；

A_0——孔口所在壁的全部面积，m^2；

μ——完善收缩流量系数。

图 7-2 孔口位置与孔口收缩

二、薄壁孔口淹没出流

如前所述，当流体由孔口出流到流体空间称为淹没出流，本节讨论的是等密度流体的淹没出流，如图 7-3 所示。以通过孔口形心的水平面为基准面，取水箱两侧上下游自由液面 1—1 与 2—2 列能量方程

$$z_1+\frac{p_1}{\gamma}+\frac{\alpha_1 v_1^2}{2g}=z_2+\frac{p_2}{\gamma}+\frac{\alpha_2 v_2^2}{2g}+h_{w1-2}$$

式中，h_{w1-2} 为孔口淹没出流的能量损失。忽略上下游两断面间的沿程水头损失。对孔口淹没出流，出流水股经孔口形成收缩后还有一个扩散段。因此局部水头损失包括孔口收缩的局部水头损失（设局部阻力系数 ξ_c）和收缩断面 C—C 之后突然扩大的局部水头损失（设局部阻力系数为 ξ_k）。则

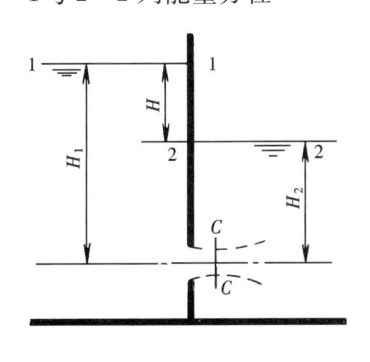

图 7-3 孔口淹没出流

$$h_w=h_j=(\xi_c+\xi_k)\frac{v_c^2}{2g}$$

令
$$H_0 = \left(z_1 + \frac{p_1}{\gamma} + \frac{\alpha_1 v_1^2}{2g}\right) - \left(z_2 + \frac{p_2}{\gamma} + \frac{\alpha_2 v_2^2}{2g}\right) \tag{7-7}$$

将上述条件代入能量方程得

$$H_0 = (\xi_c + \xi_k) \frac{v_c^2}{2g}$$

则
$$v_c = \frac{1}{\sqrt{\xi_c + \xi_k}} \sqrt{2gH_0} \tag{7-8}$$

令 $\varphi = \dfrac{1}{\sqrt{\xi_c + \xi_k}}$，代入式（7-8）有

$$v_c = \varphi \sqrt{2gH_0} \tag{7-9}$$

式（7-9）为液体淹没出流流速计算公式。式中 H_0 为淹没出流作用水头，根据具体条件确定。由式（7-7）可知，H_0 实质是孔口上、下游液面的总水头之差。在图 7-3 所示条件下：$p_1 = p_2 = p_a$（容器敞开），又 $v_1 = 0$，$v_2 = 0$，则 $H_0 = H_1 - H_2 = H$，即为水箱两侧液面间的位置水头差。

φ 为淹没出流流速系数。因为 2—2 断面比 C—C 断面大得多，所以突然扩大局部阻力系数 $\xi_k = \left(1 - \dfrac{A_c}{A_2}\right)^2 \approx 1$，则 $\varphi = \dfrac{1}{\sqrt{1 + \xi_c}}$。对比自由出流的 φ 值，在孔口形状、尺寸相同条件下，两者数值上相等。但物理意义有所不同。

淹没出流的流量计算公式 $Q = v_c A_c$；引入孔口收缩系数 $\varepsilon = \dfrac{A_c}{A}$，并将式（7-9）代入得

$$Q = \varepsilon \varphi A \sqrt{2gH_0} = \mu A \sqrt{2gH_0} \tag{7-10}$$

式（7-10）中流量系数 μ 与自由出流的 μ 值完全相同。

孔口自由出流与淹没出流流速与流量计算公式形式完全相同，μ、φ 值在孔口条件相同下亦相等。但应注意式（7-1）与式（7-7）中作用水头 H_0 物理意义上的差异，在实际应用时，应根据出流的具体条件简化确定。

气体出流一般为淹没出流。只需用压强差 Δp_0 代替作用水头 H_0，有 $\Delta p_0 = \gamma H_0$。由于气体容重较轻，可忽略孔口前后总水头差中的位置水头项。则 Δp_0 即为孔口上、下游气体的全压差

$$\Delta p_0 = \left(p_1 + \frac{\rho}{2} \alpha_1 v_1^2\right) - \left(p_2 + \frac{\rho}{2} \alpha_2 v_2^2\right) \tag{7-11}$$

由式（7-3）与式（7-4）可推导得孔口气体淹没出流的流速与流量计算公式

$$v_c = \varphi \sqrt{2g \frac{\Delta p_0}{\gamma}} = \varphi \sqrt{\frac{2}{\rho} \Delta p_0} \tag{7-12}$$

$$Q = \mu A \sqrt{2g \frac{\Delta p_0}{\gamma}} = \mu A \sqrt{\frac{2}{\rho} \Delta p_0} \tag{7-13}$$

式中 γ——气体的容重，N/m³；

ρ——气体的质量密度，kg/m³。

第七章 孔口、管嘴出流和气体射流

【例7-1】 如图7-4所示，一具有表面压强 p_0（相对压强）的液体容器，经孔口出流。试分析 $H_2=0$，$p_c=p_a$ 时自由出流与 $H_2 \neq 0$ 时的淹没出流的流量计算公式。

解 两种出流条件下流量计算公式的形式相同，为

$$Q = \mu A \times \sqrt{2gH_0}$$

由具体出流条件确定 H_0 值，μ 取 0.60~0.62。

（1）$H_2=0$，$p_c=p_a$ 自由出流时，H_0 为 1—1 截面的总水头与 c—c 截面上的测压管水头差

$$H_0 = H_1 + \frac{p_0' - p_c}{\gamma} + \frac{\alpha_1 v_1^2}{2g}$$

式中 p_0'——液面的绝对压强。

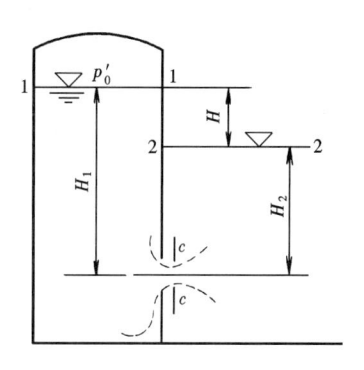

图 7-4 例 7-1 图

代入已知条件：$v_1 \approx 0$，$p_c = p_a$，得

$$H_0 = H_1 + \frac{p_0' - p_a}{\gamma} = H_1 + \frac{p_0}{\gamma}$$

将上式代入流量计算公式得

$$Q = (0.6 \sim 0.62) A \sqrt{2g\left(H_1 + \frac{p_0}{\gamma}\right)}$$

（2）$H_2 \neq 0$ 时为淹没出流，H_0 为 1—1 与 2—2 两截面上的总水头差，为

$$H_0 = (H_1 - H_2) + \frac{p_0' - p_a}{\gamma} + \frac{\alpha_1 v_1^2 - \alpha_2 v_2^2}{2g}$$

若 $v_1 = v_2 \approx 0$，则

$$H_0 = (H_1 - H_2) + \frac{p_0}{\gamma} = H + \frac{p_0}{\gamma}$$

将上式代入流量计算公式得

$$Q = (0.6 \sim 0.62) A \sqrt{2g\left(H + \frac{p_0}{\gamma}\right)}$$

三、孔口出流的应用

下面讨论孔口出流规律及其计算公式在实际工程中的应用。

1. 孔板流量计

孔板流量计是根据孔口出流原理设计制造的，主要用来量测管道中气体的流量。如图 7-5 所示，气体管路中装一带有薄壁孔口的隔板，称为孔板（孔口面积 A），此时气体通过孔口的出流是淹没出流。在孔板的上、下游渐变流段上选择 1、2 两断

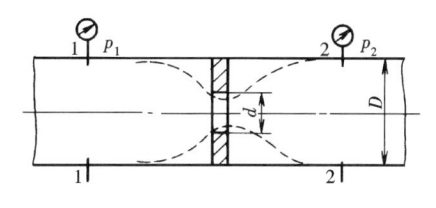

图 7-5 孔板流量计

面，测得 1、2 两断面上的静压 p_1 与 p_2。因为流量、管径在给定条件下不变，所以测压断面上 $v_1 = v_2$，利用式（7-11）化简得

$$\Delta p_0 = p_1 - p_2$$

代入式（7-13）中即可计算出通过孔板的气体流量

$$Q=\mu A\sqrt{\frac{2}{\rho}(p_1-p_2)}$$

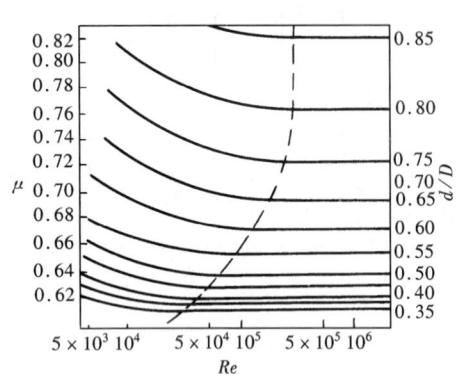

孔板流量计的流量系数 μ 值与孔板尺寸、管道直径及流态（雷诺数）有关，一般由实验测定得到。工程中按具体孔板查相关的孔板流量计手册获得 μ 值。为了便于练习做题，现给出圆形薄壁孔板的流量系数曲线，见图 7-6，以供参考。

【例 7-2】 某水管上安装有一孔板流量计，参见图 7-5。测得 $\Delta p_0=100\text{mmH}_2\text{O}$，管道直径 $D=100\text{mm}$，孔板直径 $d=40\text{mm}$，试求水管中流量 Q。

解 （1）此题为液体淹没出流。首先利用式 (7-7) 确定孔口作用水头 H_0 值

图 7-6 圆形薄壁孔板流量计 μ 值曲线

$$H_0=\left(z_1+\frac{p_1}{\gamma}+\frac{\alpha_1 v_1^2}{2g}\right)-\left(z_2+\frac{p_2}{\gamma}+\frac{\alpha_2 v_2^2}{2g}\right)$$

分析有 $z_1=z_2$，$v_1=v_2$，代入上式得

$$H_0=\frac{p_1-p_2}{\gamma}=\frac{100}{1000}=0.1\text{m}$$

（2）$\dfrac{d}{D}=\dfrac{40}{100}=0.4$；假设流动处于阻力平方区，$\mu$ 值与 Re 无关，则查图 7-6 得 $\mu=0.61$。

（3）利用式 (7-10)

$$Q=\mu A\sqrt{2gH_0}=0.61\times\frac{\pi\times 0.04^2}{4}\times\sqrt{2\times 9.8\times 0.1}=1.07\times 10^{-3}\text{m}^3/\text{s}$$

【例 7-3】 如上题，孔板流量计装在气体管路中，空气温度 20℃。测得 $p_1-p_2=100\text{mmH}_2\text{O}$，其 D、d 尺寸同上例，求气体流量。

解 （1）此题为气体淹没出流。

$$\Delta p_0=p_1-p_2=100\text{mmH}_2\text{O}=100\times 9.81=981\text{N/m}^2$$

（2）$d/D=0.4$，采用上题假设，取 $\mu=0.61$。

（3）20℃空气的密度 $\rho=1.205\text{kg/m}^3$，运动黏度 $\nu=15.7\times 10^{-6}\text{s}^2/\text{m}$，由式 (7-13) 得

$$Q=\mu A\sqrt{\frac{2\Delta p_0}{\rho}}=0.61\times\frac{\pi}{4}\times 0.04^2\times\sqrt{\frac{2\times 981}{1.205}}=0.030\,9\text{m}^3/\text{s}$$

校核雷诺数

$$Re=\frac{4Q}{\pi\nu d}=\frac{4\times 0.030\,9}{\pi\times 0.04\times 15.7\times 10^{-6}}=6.27\times 10^4>5\times 10^4$$

处于阻力平方区，以上假设合理。

2. 多孔板送风

房间顶部设置夹层，将处理过的清洁空气用风机送入夹层空间，并使夹层内的压强比房间内的压强大。清洁空气在此压强差作用下，通过布置在顶棚上的孔口向房间流出，达到净化房间内空气的目的。这就是多孔板送风。

空气经多孔板出流，属于孔口气体淹没出流。其流速和流量可按式 (7-12) 和式 (7-13)

第七章 孔口、管嘴出流和气体射流

计算。

【例 7-4】 如图 7-7 所示,某空调房间采用多孔板向室内送风。已知:夹层内压强比房间内大 300Pa,送风温度 $t=20℃$。若顶棚上布置有 200 个直径 $d=5$mm 的小孔口,且孔口流量系数 $\mu=0.6$。试求孔口的出流速度和向房间内的送风量。

解 (1) 计算孔口流速:

取流速系数 $\varphi=0.97$,$t=20℃$ 时空气密度 $\rho=1.205$kg/m³,又 $\Delta p_0=300$Pa,代入式(7-12)得

$$v_c = 0.97 \times \sqrt{\frac{2}{1.205} \times 300} = 21.64 \text{m/s}$$

(2) 计算每个孔口的送风量。

由公式 $Q' = \mu A \sqrt{\frac{2}{\rho}\Delta p_0} = 0.6 \times \frac{\pi}{4} \times 0.005^2 \times \sqrt{\frac{2}{1.205} \times 300} = 2.63 \times 10^{-4} \text{m}^3/\text{s}$

则向房间总的送风量 $Q=NQ'$(N 为孔口数量,单位:个)

$$Q = 200 \times 2.63 \times 10^{-4} = 0.0526 \text{m}^3/\text{s} = 189.2 \text{m}^3/\text{h}$$

3. 自然通风风量的计算

在高温车间,自然通风是指利用室内外温度差所造成的热压来实现换气的一种全面通风方式。如图 7-8 所示。因为室内空气温度 t_n 大于室外空气温度 t_w,即室外空气密度 ρ_w 大于室内空气密度 ρ_n。所以在密度差的作用下,冷空气由下部侧窗吸入,与室内空气进行热交换后,热空气由上部天窗排出,形成空气的对流。当空气流经厂房的侧窗或天窗时,其出流规律可按薄壁孔口气体淹没出流考虑。即自然通风的风量可按式(7-13)计算

$$Q = \mu A \sqrt{2g\frac{\Delta p_0}{\gamma}} = \mu A \sqrt{\frac{2}{\rho}\Delta p_0}$$

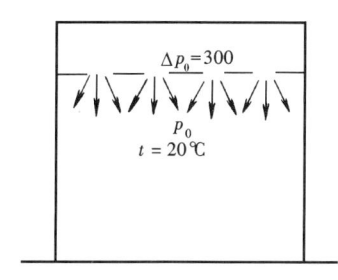

图 7-7 多孔板送风

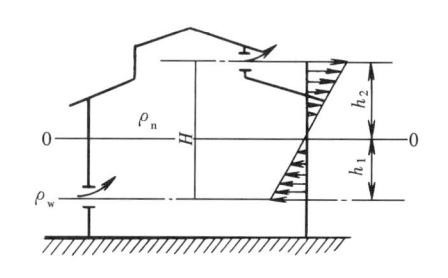

图 7-8 厂房自然通风

若以重量流量来表示,则

$$G = \gamma Q = \rho g Q = \mu A g \sqrt{2\rho \Delta p_0}$$

式中 Q——流经窗孔空气的体积流量,m³/s;

G——流经窗孔空气的重量流量,N/s;

μ——窗孔的流量系数;

A——窗孔的面积,m²;

ρ——空气的密度,kg/m³;

g——重力加速度,一般取 $g=9.81$m/s²;

Δp_0——窗孔两侧空气的压强差，Pa。

下面讨论 Δp_0 的确定。当空气由底部侧窗（进风窗）进入厂房时，室外空气的压强必然大于室内空气的压强；当空气由厂房的上部天窗（排风窗）排出时则相反。在室内空气压强相对于室外空气压强由小到大的连续变化过程中，在室内某一高度必然存在一个室内外压强相等的等压面（中和面）0—0。该处室内外压差为零，既不进风，也不排风。等压面以上窗孔均排风，等压面以下窗孔均进风。

设等压面 0—0 距进风窗中心的高度为 h_1，距排风窗中心的高度为 h_2，进排风窗中心的高差为 H；根据流体静力学原理可得：

进风窗两侧空气的压强差

$$\Delta p_\mathrm{j} = \rho_\mathrm{w} g h_1 - \rho_\mathrm{n} g h_1 = (\rho_\mathrm{w} - \rho_\mathrm{n}) h_1 g$$

排风窗两侧空气的压强差

$$\Delta p_\mathrm{p} = -(\rho_\mathrm{n} g h_2 - \rho_\mathrm{w} g h_2) = (\rho_\mathrm{w} - \rho_\mathrm{n}) h_2 g$$

已知了 Δp_j 或 Δp_p，在代入上述 Q 和 G 的计算公式求解自然通风量时须注意：计算进风量时，采用 Δp_j、室外空气密度 ρ_w 与进风窗窗口面积 A_j 代入；计算排风量时，应采用 Δp_p、室内空气密度 ρ_n 及排风窗窗口面积 A_p 代入求解。

【例 7-5】 某工业厂房，参见图 7-8。下部进风窗的总面积为 $80\mathrm{m}^2$，上部天窗的总面积为 $52\mathrm{m}^2$。室外空气温度为 $20℃$，密度 $\rho=1.205\mathrm{kg/m}^3$；室内空气温度为 $30℃$，密度 $\rho=1.165\mathrm{kg/m}^3$。进风窗的流量系数 $\mu_\mathrm{j}=0.56$，排风窗的流量系数 $\mu_\mathrm{p}=0.51$，天窗与进风窗之间的中心距离为 $15\mathrm{m}$。经实测，等压面与进风窗中心的垂直距离为 $3.8\mathrm{m}$，试求自然通风的换气量。

解 已知：$h_1=3.8\mathrm{m}$；$h_2=H-h_1=15-3.8=11.2\mathrm{m}$

(1) 进风窗内外空气压差

$$\Delta p_\mathrm{j} = (\rho_\mathrm{w} - \rho_\mathrm{n}) h_1 g = (1.205-1.165) \times 3.8 \times 9.81 = 1.49\mathrm{Pa}$$

通过进风窗进入厂房的空气的重量流量

$$G_\mathrm{j} = \mu_\mathrm{j} A_\mathrm{j} g \sqrt{2\rho_\mathrm{w} \Delta p_\mathrm{j}} = 0.56 \times 80 \times 9.81 \times \sqrt{2 \times 1.205 \times 1.49} = 832.8\mathrm{N/s}$$

(2) 排风窗内外空气压差

$$\Delta p_\mathrm{p} = (\rho_\mathrm{w} - \rho_\mathrm{n}) h_2 g = (1.205-1.165) \times 11.2 \times 9.81 = 4.39\mathrm{Pa}$$

通过排风窗流出厂房的空气的重量流量

$$G_\mathrm{p} = \mu_\mathrm{p} A_\mathrm{p} g \sqrt{2\rho_\mathrm{n} \Delta p_\mathrm{p}} = 0.51 \times 52 \times 9.81 \times \sqrt{2 \times 1.165 \times 4.39} = 832.1\mathrm{N/s}$$

计算结果表明，进入厂房的风量约等于排出厂房的风量，符合流体运动的连续性方程式。

第二节 管 嘴 出 流

一、圆柱形外管嘴出流

当容器壁极厚或在薄壁孔口处外接一段长 $L=3\sim4d$ 的圆柱形短管，此时的出流现象称为圆柱形外管嘴出流。此短管称为圆柱形外管嘴（简称管嘴）。如图 7-9 所示。

管嘴出流与孔口出流一样，在靠近管道入口处流股也发生收缩，存在收缩断面 $C—C$。但与孔口出流不同的是，经 $C—C$ 后流股逐渐扩张到整个管嘴，出口断面呈满管出流。在收

第七章 孔口、管嘴出流和气体射流

缩断面的周围，流股与管壁分离，并伴有旋涡产生，旋涡区内的流体处于真空状态，出现了管嘴的真空现象。

下面讨论管嘴出流的流速与流量计算公式。

以通过管嘴中心的水平面为基准面，列水箱液面 1—1 和管嘴出口断面 2—2 的能量方程

$$z_1+\frac{p_1}{\gamma}+\frac{\alpha_1 v_1^2}{2g}=z_2+\frac{p_2}{\gamma}+\frac{\alpha_2 v_2^2}{2g}+h_{w1-2} \quad (7\text{-}14)$$

与孔口出流一样，$v_1=0$，令

$$H_0=\left(z_1+\frac{p_1}{\gamma}+\frac{\alpha_1 v_1^2}{2g}\right)-\left(z_2+\frac{p_2}{\gamma}\right) \quad (7\text{-}15)$$

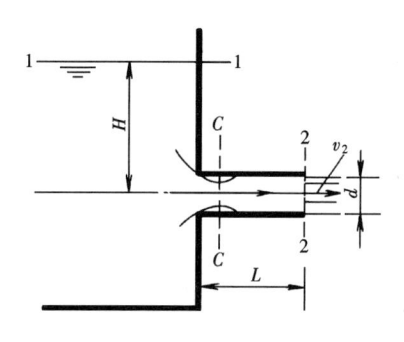

图 7-9 圆柱形管嘴出流

代入式（7-14）可得

$$H_0=\frac{\alpha_2 v_2^2}{2g}+h_w$$

由于 1—1 与 2—2 断面间的流程较短，忽略其沿程损失，并设管嘴的局部阻力系数为 ξ，则水头损失 $h_w=h_j=\xi\frac{v_2^2}{2g}$；取 $\alpha_2=1.0$。

所以有

$$H_0=(1+\xi)\frac{v_2^2}{2g}$$

则管嘴出流的流速

$$v=v_2=\frac{1}{\sqrt{1+\xi}}\sqrt{2gH_0}$$

令 $\frac{1}{\sqrt{1+\xi}}=\varphi$ 代入上式得

$$v=\varphi\sqrt{2gH_0} \quad (7\text{-}16)$$

通过管嘴的流量

$$Q=vA=\varphi A\sqrt{2gH_0}=\mu A\sqrt{2gH_0} \quad (7\text{-}17)$$

以上式中　Q——管嘴的作用水头，m；

A——管嘴的过流面积，m^2；

μ——管嘴出流的流速系数；

φ——管嘴出流的流量系数。

管嘴的阻力损失，主要发生在管嘴进口处的流线收缩段到扩大段部分，其后所出现的摩擦损失很小，可以忽略不计。根据局部阻力系数图查得：管道锐缘进口 $\xi=0.5$，则 $\varphi=\frac{1}{\sqrt{1+0.5}}=0.82$。由于圆柱形外管嘴出口断面没有收缩，断面收缩系数 $\varepsilon=1$，则流量系数等于流速系数，即 $\mu=\varphi=0.82$。

当管嘴为自由出流时，由式（7-15），H_0 与孔口自由出流公式中的 H_0 一样，其实质是水箱液面测压管水头与管嘴出口断面的测压管水头之差。当管嘴为淹没出流时，H_0 的物理意义与孔口淹没出流公式中的 H_0 也一样，表示管嘴上下游水箱液面总水头之差。即

$$H_0=\left(z_1+\frac{p_1}{\gamma}+\frac{\alpha_1 v_1^2}{2g}\right)-\left(z_2+\frac{p_2}{\gamma}+\frac{\alpha_2 v_2^2}{2g}\right) \quad (7\text{-}18)$$

在图 7-8 所给具体条件下，$z_1-z_2=H$，$p_1=p_2=p_a$，$v_1=0$，$v_2=0$，于是 $H_0=H$，则流量

$$Q = \mu A \sqrt{2gH}$$

在相同条件（H_0 相等、$A_孔 = A_嘴$）下，比较圆柱形外管嘴与薄壁小孔口出流的流速与流量关系，可得

流速比 $\quad \dfrac{v_嘴}{v_孔} = \dfrac{\varphi_嘴 \sqrt{2gH_0}}{\varphi_孔 \sqrt{2gH_0}} = \dfrac{\varphi_嘴}{\varphi_孔} = \dfrac{0.82}{0.97} = 0.85$

即，管嘴出流的流速比孔口出流的流速减少15%。原因是，当 H_0 相同时，流速的大小取决于流速系数 φ，而 φ 的大小主要取决于局部阻力系数 ξ，由于 $\xi_嘴 = 0.5$，远大于 $\xi_孔 = 0.06$，因此 $v_嘴 < v_孔$。

流量比 $\quad \dfrac{Q_嘴}{Q_孔} = \dfrac{\mu_嘴 A \sqrt{2gH_0}}{\mu_孔 A \sqrt{2gH_0}} = \dfrac{\mu_嘴}{\mu_孔} = \dfrac{0.82}{0.62} = 1.32$

即，管嘴出流的流量比孔口出流的流量增大了32%。这是因为管嘴出流收缩断面处的真空现象起的作用。这也是管嘴出流不同于孔口出流的基本特点。

管嘴的真空度可通过收缩断面 C—C 与出口断面 2—2 间建立的能量方程得到证明。

$$\frac{p_c}{\gamma} + \frac{\alpha_c v_c^2}{2g} = \frac{p_2}{\gamma} + \frac{\alpha_2 v_2^2}{2g} + h_{wc \to 2} \tag{7-19}$$

$$h_{wc \to 2} = \xi' \frac{v_2^2}{2g}$$

$$\xi' = \left(\frac{A}{A_c} - 1\right)^2 = \left(\frac{1}{\varepsilon} - 1\right)^2$$

式中，$h_{wc \to 2}$ 是由 C—C 扩大到满管的水头损失；ξ' 为突扩局部阻力系数。

取 $\alpha_c = \alpha_2 = 1.0$，令 $v = v_2$，又 $v_c = \dfrac{A}{A_c} v = \dfrac{1}{\varepsilon} v$

将上述条件代入式（7-19）得

$$\frac{p_a - p_c}{\gamma} = \frac{v_c^2}{2g} - \frac{v^2}{2g} - \xi' \frac{v^2}{2g} = \frac{1}{2g} \left(\frac{1}{\varepsilon^2} v^2\right) - \left(\frac{1}{\varepsilon} - 1\right)^2 \frac{v^2}{2g}$$

$$= \frac{v^2}{2g} \left[\frac{1}{\varepsilon^2} - 1 - \left(\frac{1}{\varepsilon} - 1\right)^2\right]$$

由式（7-16）$v = \varphi \sqrt{2gH_0}$ 得 $\dfrac{v^2}{2g} = \varphi^2 H_0$；

φ 取 0.82，$\varepsilon = 0.64$，则有

$$\frac{p_a - p_c}{\gamma} = 0.82^2 \times H_0 \times \left[\frac{1}{0.64^2} - 1 - \left(\frac{1}{0.64} - 1\right)^2\right] = 0.75 H_0 \tag{7-20}$$

式（7-20）表明，圆柱形外管嘴在收缩断面上的真空度可达作用水头的0.75倍。真空对液体起抽吸的作用，相当于把孔口的作用水头增大75%，这就是管嘴出流过流能力比孔口出流过流能力大的原因。

由式（7-20）亦知，收缩断面上真空度与作用水头 H_0 成正比，H_0 愈大，真空度也愈大。研究表明，当真空度超过7m，收缩断面汽化，空气会从管嘴出口被吸入，使真空遭到破坏，而此时管嘴已不能保持满管出流。因此，为保证管嘴正常出流，一般要求 $\dfrac{p_a - p_c}{\gamma} <$

7mH$_2$O。代入式（7-20）得管嘴作用水头 H_0 的极限值

$$H_{0max}=\frac{7}{0.75}\approx 9\text{m}$$

其次，管嘴的长度也有一定的限制。长度过长，沿程损失不能忽略，出流将变为短管流；长度过短，流束收缩后来不及扩大到满管出流，管嘴内就不能造成足够的真空，管嘴不能发挥其应有的作用。

因此，保证圆柱形外管嘴正常工作的条件有两个：
1) 作用水头 $H_0 \leqslant 9$m；
2) 管嘴长度 $L=(3 \sim 4)d$。

二、其他类型管嘴出流

工程上装置各种形式的管嘴以获得不同的流速和流量。对于这些管嘴，尽管它们的形状有所不同，但流体在其中的运动规律基本相同。因此，仍可采用圆柱形外管嘴流速与流量计算公式进行计算，但应注意公式中的各项系数对于不同形式的管嘴是不同的。下面介绍工程中常用的几种管嘴。

1. 圆锥形收缩管嘴

如图 7-10（a）所示，其外形呈圆锥收缩状。这种管嘴可得到高速而密集的射流，其出流与圆锥收缩角 θ 有关。根据实测，当 $\theta=13°24'$ 时，$\varphi=0.96$，$\mu=0.94$ 为最大值。它多用于要求加大喷射速度的场合。如消防水栓及冲击式水轮机的管道喷嘴等。

2. 圆锥形扩大管嘴

如图 7-10（b）所示，其外形呈圆锥扩张状。这种管嘴可得到低速而分散的射流，其出流与圆锥扩张角有关。根据实测，当 $\theta=5° \sim 7°$ 时，$\mu=\varphi=0.45 \sim 0.50$。它多用于将动能转化为压能以增大流量的场合。如引射器扩压管和扩散形送风口等。

3. 流线型管嘴

如图 7-10（c）所示，其外形符合流线型形状，因此水头损失较小。根据实测，$\mu=\varphi=0.98$。它多用于既要求流量大又要求水头损失尽可能小的场合。如水利工程中拱坝坝内的泄水孔、喷嘴流量计等。

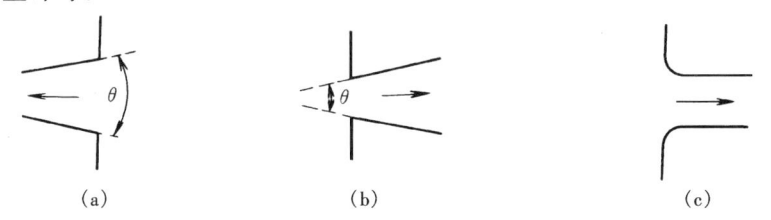

图 7-10 其他形式的管嘴

为便于比较，在表 7-1 中列出了孔口和各种形式管嘴的特性系数：局部阻力系数 ξ、收缩系数 ε、流速系数 φ 及流量系数 μ 的值，供计算时参考选用。

表 7-1 孔口与管嘴的特性系数

序号	孔口与管嘴形式	ξ	ε	φ	μ	备注
1	圆形薄壁孔口	0.06	0.62~0.64	0.97	0.60~0.62	小孔口 $d \leqslant 0.1H$

续表

序号	孔口与管嘴形式	ξ	$\xi\varepsilon$	φ	μ	备 注
2	圆柱形外管嘴	0.50	1.0	0.82	0.82	$L=(3\sim4)d$
3	圆锥形收缩管嘴	0.09	0.98	0.96	0.94	收缩角 $\theta=13°24'$
4	圆锥形扩张管嘴	3.0～4.0	1.0	0.45～0.50	0.45～0.50	扩张角 $\theta=5°\sim7°$
5	流线型管嘴	0.04	1.0	0.98	0.98	

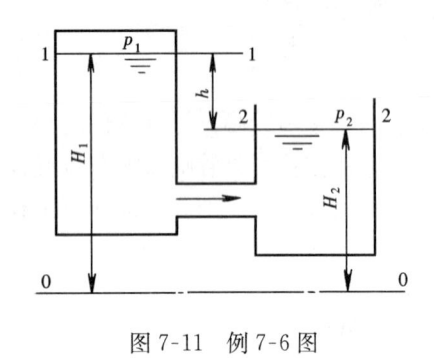

【例 7-6】 如图 7-11 所示，水由封闭式容器经管嘴流入开口水池中。已知 $H_1=6\text{m}$，$H_2=3\text{m}$，管嘴直径 $d=100\text{mm}$。当要求管嘴出流的流量为 $250\text{m}^3/\text{h}$ 时，封闭容器内的气体相对压强 p_0 为多少？

解 此题为管嘴淹没出流。

首先根据式 (7-18) 确定作用水头 H_0，即

$$H_0=\left(z_1+\frac{p_1}{\gamma}+\frac{\alpha_1 v_1^2}{2g}\right)-\left(z_2+\frac{p_2}{\gamma}+\frac{\alpha_2 v_2^2}{2g}\right) \quad (7\text{-}21)$$

由题意 $p_1=p_0'$（绝对压强），$p_2=p_a$，$v_1=v_2\approx0$

图 7-11 例 7-6 图

取 $\alpha_1=\alpha_2=1.0$

代入式 (7-21) 有

$$H_0=\left(H_1+\frac{p_0'}{\gamma}\right)-\left(H_2+\frac{p_a}{\gamma}\right)=h+\frac{p_0}{\gamma}$$

将 H_0 值代入管嘴流量计算式 (7-17) 中

$$Q=\mu A\sqrt{2gH_0}=\mu A\sqrt{2g\left(h+\frac{p_0}{\gamma}\right)}$$

将上式变换有

$$p_0=\gamma\left[\left(\frac{Q}{\mu\cdot A}\right)^2\frac{1}{2g}-h\right] \quad (7\text{-}22)$$

圆柱形外管嘴，取 $\mu=0.82$；

由题设条件 $\gamma=9.81\text{kN/m}^3$；$h=H_1-H_2=6-3=3\text{m}$ 得

$$A=\frac{\pi}{4}d^2=\frac{\pi}{4}\times 0.1^2=7.854\times 10^{-3}\text{m}^2$$

$$Q=\frac{250}{3600}=0.069\text{m}^3/\text{s}$$

代入式 (7-22) 得

$$p_0=9800\times\left[\left(\frac{0.069}{0.82\times 7.854\times 10^{-3}}\right)^2\times\frac{1}{2\times 9.8}-3\right]=27\,993\text{Pa}$$

第三节 无限空间淹没紊流射流的特征

气体经孔口、管嘴或条缝向周围气体空间喷射所形成的扩张流动，称为气体淹没射流，简称气体射流。

射流与孔口管嘴出流的研究对象不同。射流主要讨论的是出流后的流速场、温度场和浓

第七章 孔口、管嘴出流和气体射流

度场；而孔口管嘴出流仅讨论出口断面的流速和流量。

按气体射流的流动形态不同，可分为气体层流射流和气体紊流射流。在采暖和通风工程中所应用的射流，一般具有较大的雷诺数，流动呈紊流状态，多为气体紊流射流。

如果射流喷射到一个无限大空间中，流动不受固体边壁的限制，而是在该无限大空间内自由扩张，这种射流称为无限空间射流，又称自由射流。如果射流受到固体边壁的限制和影响，则称为有限空间射流，又称受限射流。

如果射流气体与周围气体具有相同的温度和密度，这种射流称为等温或等浓度射流。反之则为温差或浓差射流。

本节主要讨论等密度流体无限空间淹没紊流射流的基本特征。

一、射流的形成与结构

现以圆断面无限空间淹没紊流射流为例分析射流的形成过程和结构。

当气体以较高的流速 v_0 从孔口或管嘴喷出，流动呈紊流状态。由紊流运动的脉动性可知，流体质点除了沿着孔口或管嘴的轴线方向（x 轴方向）运动外，还要产生质点的横向掺混。紊流的横向脉动造成射流与周围静止气体间不断发生质量与动量交换，吸引或带动周围静止气体流动，使射流的质量流量、射流的横断面积沿射流前进方向不断增加，在流动气体与静止气体间出现了扩张的界面，形成气流由射孔边缘起向周围扩张的锥体状流动场。与此同时，射流与周围气体间的动量交换导致射流流速沿射程不断减小，趋向平均化。

图 7-12 所示为通过实验观测得到的射流结构简图。

1. 射流核心区及边界层

射流出口断面上的速度认为是均匀分布的，都等于 v_0。沿 x 方向流动，射流边界与周围气体的相互作用是逐步向外发展的。在离喷口断面距离较短的范围内，射流中心还没来得及与周围静止气体发生作用，仍保持喷口的初始速度 v_0，这一部分称为射流核心区。即图 7-12 中的 AOD 锥体内的区域。射流核心区以外的部分流速小于 v_0，称为射流的边界层。射流核心区与边界层的交界面称为射流的内边界，即 AO 和 DO，用 r 表示其到轴心线的径向距离。而射流边界层与周围静止气体的交界面，称为射流的外边界，见图 7-12 中的 ABC 和 DEF，用 R 表示其到轴心线的径向距离。射流外边界上的流速与周围静止气体一样，均为零。

2. 射流的过渡断面（又称转折断面）、起始段与主体段

射流边界层从喷口开始沿射程不断地向外扩张，带动周围介质进入边界层，同时向射流中心扩展，至某一断面处，边界层扩展到射流轴心线，射流核心区消失，只有轴心点上保持速度为 v_0，这一断面称为射流的过渡断面（又称转折断面）。见图7-12中过 O 点的断面 BOE。以过渡断面为界，射流出口断面与过渡断面之间的射流区称为射流起始段，这一段的特点是轴心上的速度保持 v_0 不变。过渡断面后的射流区为射流主体段，这一段完全为射

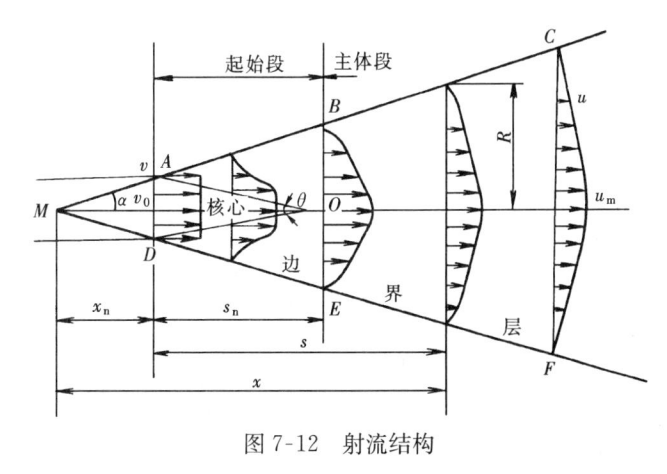

图 7-12 射流结构

流边界层所占据，轴心上的速度都小于 v_0 且沿 x 方向不断减小。

二、射流的几何特征

实验结果及半经验理论都证明射流外边界是一条直线。延长两外边界得到的交点称为射流的极点，例图 7-12 中的 M 点。两外边界线夹角 $\angle AMD$ 的一半，用 α 表示，称为射流极角或扩张角。射流内边界与轴心线的夹角 θ（图 7-12 中 $\angle AOD$ 的一半）称为核心收缩角。

射流极角的大小与紊流强度和喷口断面的形状有关。可按式（7-23）计算

$$\tan\alpha = a\varphi \tag{7-23}$$

式中：a 为紊流系数，它是表征射流流动结构的特征系数。a 的大小反映射流出口断面上紊流强度的大小。a 越大表示紊流强度越大，即说明射流具有较大的与周围介质混合的能力，射流的扩张角就大，反之亦然。a 值大小还反映射流出口断面上速度分布的均匀程度。速度分布越均匀，a 值越小，反之亦然。例如：速度分布均匀 $u_{max}/u_{av}=1$，则 $a=0.066$；如果不太均匀，如 $u_{max}/u_{av}=1.25$，则 $a=0.076$。各种不同形状喷嘴的 a 值由实验测定，计算时可参考表 7-2。

φ 为射流喷口的形状系数。实验测得，对圆断面射流 $\varphi=3.4$；平面射流 $\varphi=2.44$。

式（7-23）表明，射流的极角仅是紊流系数 a 与喷口形状系数 φ 的函数，而这两个系数只取决于喷管的结构及喷口的形状。如果喷管结构及喷口形状一定，则 a、φ 及 α 均为常数，射流即按一定的扩散角向前作扩散运动，这就是它的几何特征。

应用射流的这一几何特性，可得出圆截面射流扩张半径 R 沿射程变化的数学表达式。

表 7-2　　　　　　　　各种喷口的极角、紊流系数

射流喷口形状	2α	a	射流喷口形状	2α	a
带有收缩口的喷口	25°20′	0.066	带金属网格的轴流风机	78°40′	0.24
	27°10′	0.071	收缩极好的平面喷口	29°30′	0.108
圆柱形管	29°00′	0.076	平面壁上锐缘狭缝	32°10′	0.118
		0.08	具有导叶且加工磨圆边口的风道上纵向缝	41°20′	0.155
带有导流板的轴流式通风机	44°30′	0.12			
带导流板的直角弯管	68°30′	0.20			

在图 7-12 中，设 s 坐标轴（射流射程坐标）与 x 轴重合，但原点设在射流出口断面中心。

射程为 s 处的截面有

$$\frac{R}{r_0} = \frac{x_0+s}{x_0} = 1 + \frac{s}{x_0} = 1 + \frac{s}{\dfrac{r_0}{\tan\alpha}} = 1 + \tan\alpha \frac{s}{r_0} \tag{7-24}$$

对圆截面射流，$\tan\alpha = 3.4a$，代入式（7-24）

$$\frac{R}{r_0} = 1 + 3.4a\frac{s}{r_0} = 3.4\left(\frac{as}{r_0} + 0.294\right) \tag{7-25}$$

或

$$\frac{D}{d_0} = 6.8\left(\frac{as}{d_0} + 0.147\right) \tag{7-26}$$

将式（7-24）右边除以 r_0，得

$$\frac{R}{r_0} = \frac{\dfrac{x_0}{r_0}+\dfrac{s}{r_0}}{\dfrac{x_0}{r_0}} = \frac{\bar{x}_0+\bar{s}}{\dfrac{1}{\tan\alpha}} = 3.4a\,(\bar{x}_0+\bar{s}) = 3.4a\,\bar{x} \tag{7-27}$$

式中，$\bar{s}=\dfrac{s}{r_0}$ 是以出口截面起算的无因次距离；$\bar{x}=\dfrac{x_0+s}{r_0}=\bar{x_0}+\bar{s}$ 是以极点起算的无因次距离。

式（7-27）说明了射流扩张半径与射程的关系，即无因次半径 $\bar{R}=\dfrac{R}{r_0}$ 正比于由极点算起的无因次距离。

三、射流的运动特征

射流的速度分布规律反映出射流的运动特性。为了找出射流的速度分布规律，许多学者做了大量实验，测定不同断面上的速度分布。这里仅给出特留彼尔在轴对称射流主体段及阿勃拉莫维奇在起始段内的测定结果。

图 7-13（a）与图 7-14（a）是根据实测结果绘制出的圆断面气体紊流射流在不同断面上的速度分布曲线。图中，纵坐标 u 表示射流在任意横截面上任意一点的流速，以 m/s 计；横坐标 y 表示射流在任意横截面上任意一点到射流轴心的距离，以 m 计。

从图中可知，无论主体段或起始段内，轴心处（$y=0$）的速度最大，从轴心向边界层边缘，速度逐渐减小至零。同时可知，距喷口距离越远（即 x 值越大），边界层厚度越大，而轴心速度则越小。即随着 x 的增大，射流断面速度分布曲线扁平化了。

如果采用无因次坐标来整理上述实验结果，则可得到如图 7-13（b）与图 7-14（b）所示的流速分布曲线。

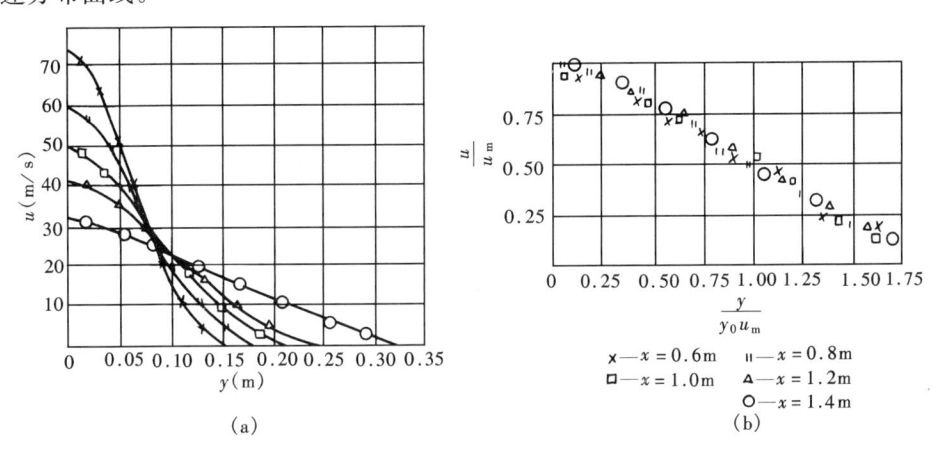

图 7-13 主体段速度分布

主体段中，参见图 7-15（b），无因次流速 $\dfrac{u}{u_m}$（纵坐标）的取法规定为

$$\dfrac{u}{u_m}=\dfrac{横截面上任意一点的流速}{同一截面上的轴心流速}$$

而无因次距离 $\dfrac{y}{y_{0.5u_m}}$（横坐标）的取法规定为

$$\dfrac{y}{y_{0.5u_m}}=\dfrac{横截面上任一点至轴心的距离}{同一截面上具有 1/2 倍轴心速度（0.5u_m）的点至轴心的距离}$$

阿勃拉莫维奇整理起始段时，所用无因次量为（见图 7-15）

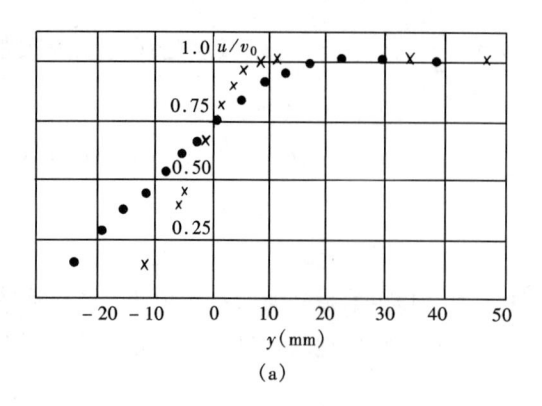

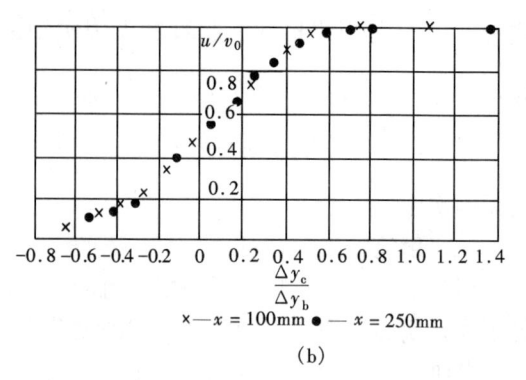

图 7-14 起始段速度分布

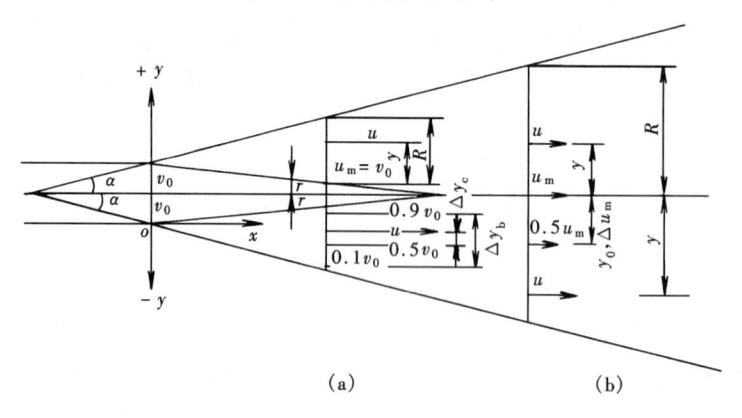

图 7-15 无因次化所用参数坐标

$$\frac{u}{v_0} = \frac{y \text{ 点速度}}{\text{轴心速度}}$$

$$\frac{\Delta y_c}{\Delta y_b} = \frac{y - y_{0.5v_0}}{y_{0.9v_0} - y_{0.1v_0}}$$

式中 y——起始段任一点至 ox 线的距离。ox 线是以喷嘴边缘所引平行轴心线的横坐标轴;

$y_{0.5v_0}$——同一截面上 $0.5v_0$ 点距边缘轴线 ox 的距离;

$y_{0.9v_0}$——同一截面上 $0.9v_0$ 点距边缘轴线 ox 的距离;

$y_{0.1v_0}$——同一截面上 $0.1v_0$ 点距边缘轴线 ox 的距离。

图 7-13(b)和图 7-14(b)表明,无论是主体段还是起始段,原来不同截面上的速度分布曲线,经无因次化处理后,都变成同一条无因次速度分布曲线了。即射流各横截面上的无因次流速分布曲线对应于无因次距离具有相似性。这就是射流的运动特性。用半经验公式表示

$$\frac{u}{u_m} = \left[1 - \left(\frac{y}{R}\right)^{1.5}\right]^2 \tag{7-28}$$

式中 y——主体段中为所求点到轴心的距离;起始段中为所求点到内边界的距离;

R——同一截面上边界层的厚度;

u——所求 y 点上速度;

u_m——同截面上轴心速度,起始段中 $u_m = v_0$。

由此得出$\frac{y}{R}$从轴心或内边界到射流外边界的变化范围为 0→1，所对应的速度$\frac{u}{u_m}$变化范围为 1→0 的规律。

四、射流的动力特征

实验证明，射流中任意一点的压强均等于周围静止气体的压强。任取圆断面射流两横断面 1—1 与 2—2 间的部分为控制体，分析其受力情况（见图 7-16）。因各断面上所受压强相等，则沿喷口轴线（x 轴）方向上所有外力之和为零。由动量方程可导出，单位时间内射流各横截面上的动量相等，即动量守恒。这就是射流的动力特征。这一动力学特征是进一步研究射流的基本原理。

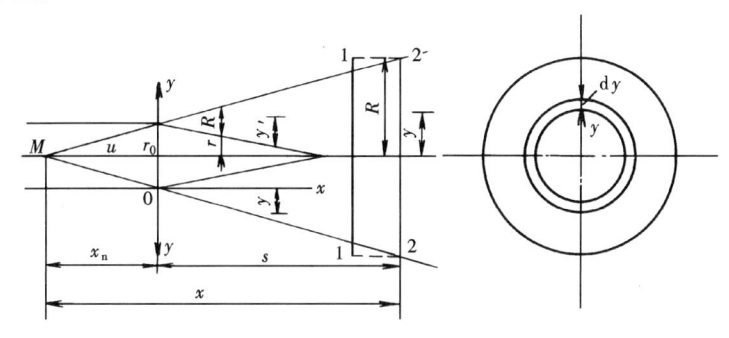

图 7-16 射流动力特性推导

应用动量守恒定律可推导出任意截面上的动量表达式

$$\rho Q_0 v_0 = \pi \rho r_0^2 v_0^2 = \int_0^R 2\pi \rho u^2 y \mathrm{d}y \tag{7-29}$$

式中 ρ——射流气体密度，kg/m³；

Q_0——射流出口截面上的体积流量，m³/s；

$\rho Q_0 v_0$——射流出口截面上的动量。

第四节 圆断面射流的运动分析

应用紊流射流的基本特征，分析圆断面射流的速度 u 和流量 Q 沿射程 s（或 x）的变化规律。

一、轴心速度 u_m

应用式（7-29）

$$\pi \rho r_0^2 v_0^2 = \int_0^R 2\pi \rho u^2 y \mathrm{d}y$$

两边除以 $\pi \rho R^2 u_m^2$ 得

$$\left(\frac{r_0}{R}\right)^2 \left(\frac{v_0}{u_m}\right)^2 = 2\int_0^1 \left(\frac{u}{u_m}\right)^2 \frac{y}{R} \mathrm{d}\left(\frac{y}{R}\right)$$

令 $\eta = \frac{y}{R}$ 代入上式有

$$\left(\frac{r_0}{R}\right)^2 \left(\frac{v_0}{u_m}\right)^2 = 2\int_0^1 \left(\frac{u}{u_m}\right)^2 \eta \mathrm{d}\eta$$

令积分
$$\int_0^1 \left(\frac{u}{u_m}\right)^n \eta \mathrm{d}\eta = B_n$$

$$\int_0^1 \left(\frac{u}{u_m}\right)^n \mathrm{d}\eta = C_n$$

按前述$\frac{y}{R}(\eta)$及$\frac{u}{u_m}$的变化范围，利用无因次速度分布曲线分段进行B_n与C_n的数值积分。可得出表7-3所示的具体数值。

表7-3　　　　　　　　　　　　　　　B_n 和 C_n 值

n	1	1.5	2	2.5	3
B_n	0.098 5	0.064	0.046 4	0.035 9	0.028 6
C_n	0.384 5	0.306 5	0.258 5	0.225 6	0.201 5

由表7-3，当$n=2$时
$$\int_0^1 \left(\frac{u}{u_m}\right)^2 \eta \mathrm{d}\eta = B_2 = 0.046\ 4$$

于是有
$$\left(\frac{r_0}{R}\right)^2 \left(\frac{v_0}{u_m}\right)^2 = 2 \times 0.046\ 4$$

$$\frac{u_m}{v_0} = 3.28 \frac{r_0}{R}$$

将式（7-25）及式（7-26）代入式（7-27），整理得

$$\frac{u_m}{v_0} = \frac{0.965}{\frac{as}{r_0} + 0.294} = \frac{0.48}{\frac{as}{d_0} + 0.147} = \frac{0.96}{a\overline{x}} \tag{7-30}$$

表明了无因次轴心速度与无因次距离$\overline{x}$成反比的规律。

二、断面流量Q

取无因次流量　　　　　$\dfrac{Q}{Q_0} = \dfrac{\text{射流任一断面流量}}{\text{射流出口断面流量}}$

$$\frac{Q}{Q_0} = \frac{\int_0^R 2\pi u y \mathrm{d}y}{\pi r_0^2 v_0} = 2\int_0^{\frac{R}{r_0}} \left(\frac{u}{v_0}\right)\left(\frac{y}{r_0}\right) \mathrm{d}\left(\frac{y}{r_0}\right)$$

将$\dfrac{u}{v_0} = \dfrac{u}{u_m}\dfrac{u_m}{v_0}$，$\dfrac{y}{r_0} = \dfrac{y}{R}\dfrac{R}{r_0}$代入上式得

$$\frac{Q}{Q_0} = 2\frac{u_m}{v_0}\left(\frac{R}{r_0}\right)^2 \int_0^1 \left(\frac{u}{u_m}\right)\left(\frac{y}{R}\right) \mathrm{d}\left(\frac{y}{R}\right)$$

查表7-3，当$n=1$时

第七章　孔口、管嘴出流和气体射流

$$\int_0^1 \left(\frac{u}{u_m}\right)\left(\frac{y}{R}\right) d\left(\frac{y}{R}\right) = B_1 = 0.0985$$

于是有
$$\frac{Q}{Q_0} = 0.197 \frac{u_m}{v_0}\left(\frac{R}{r_0}\right)^2$$

将式（7-25）及式（7-26）代入整理得

$$\frac{Q}{Q_0} = 2.2\left(\frac{as}{r_0}+0.294\right) = 4.4\left(\frac{as}{d_0}+0.147\right) = 2.2 a\overline{x} \tag{7-31}$$

表明了无因次流量与无因次距离 $\overline{x}$ 成正比的规律，即射流流量沿程增加。

三、断面平均流速 v_1

由流体动力学可知断面平均流速的定义　　$v_1 = \dfrac{Q}{A} = \dfrac{Q}{\pi R^2}$

轴心速度　　$v_0 = \dfrac{Q_0}{\pi r_0^2}$

则无因次断面平均流速　　$\dfrac{v_1}{v_0} = \dfrac{Q}{Q_0}\left(\dfrac{r_0}{R}\right)^2$

运用式（7-25）及式（7-26）代入得

$$\frac{v_1}{v_0} = \frac{0.19}{\dfrac{as}{r_0}+0.294} = \frac{0.095}{\dfrac{as}{d_0}+0.147} = \frac{0.19}{a\overline{x}} \tag{7-32}$$

表明无因次断面平均流速与无因次距离成反比的变化规律。

四、质量平均流速 v_2

断面平均流速 v_1 表示射流断面上的算术平均值。比较式（7-26）、式（7-28）两式，可得 $v_1 \approx 0.2 v_m$，说明断面平均流速仅为轴心流速的 20%。通风、空调工程上通常使用的轴心附近较高的速度区。因此 v_1 不能恰当的反映被使用区的速度。为此引入质量平均流速 v_2。质量平均流速 v_2 定义为：用 v_2 乘以质量流量即得单位时间内射流任一横截面的动量。根据射流的动力特性，射流各横截面上的动量相等。所以，对于任一过流截面和射流出口断面可建立如下动量平衡方程式

$$v_2 \rho Q = v_0 \rho Q_0$$

则
$$\frac{v_2}{v_0} = \frac{Q_0}{Q}$$

运用式（7-31）得

$$\frac{v_2}{v_0} = \frac{Q_0}{Q} = \frac{0.4545}{\dfrac{as}{r_0}+0.294} = \frac{0.23}{\dfrac{as}{d_0}+0.147} = \frac{0.4545}{a\overline{x}} \tag{7-33}$$

由式（7-30）、式（7-32）及式（7-33）可知，各项无因次速度都与射程成反比，即各项流速均沿程减小。

比较式（7-30）与式（7-32）可导出断面平均流速 v_1 与轴心流速 u_m 的关系

$$v_1 = 0.2 u_m$$

比较式（7-30）与式（7-33）可导出断面平均流速 v_2 与轴心流速 u_m 的关系

$$v_2 = 0.47 u_m \approx 0.5 u_m$$

以上分析表明，圆断面气体紊流射流主体段的断面平均流速是同断面轴心速度的20%；而其质量平均流速约为同断面轴心速度的50%。通风空调工程中，通常需要的是轴心附近流速较高的那部分射流。由于v_1与u_m相差较大，若按v_1进行设计和计算，将会造成不必要的浪费，因此，工程上一般采用v_2来进行设计和计算。

以上分析得出的圆断面射流主体段内运动参数变化规律亦适用于矩形喷嘴所形成的紊流射流。但必须注意，将矩形截面换算成流速当量直径取代上述公式中的d_0（或r_0）进行计算。

【例7-7】 用一带有导风板的轴流式风机送风，送风口直径$d_0=400$mm，风机出口断面上的体积流量$Q_0=5500\text{m}^3/\text{h}$，试求距风机出口15m处的轴心速度和风量。

解 风机出口流速

$$v_0 = \frac{Q_0}{\frac{1}{4}\pi d_0^2} = \frac{5500}{3600 \times \frac{\pi}{4} \times 0.4^2} = 12.2\text{m/s}$$

查表7-2，带导风板的轴流式风机$a=0.12$。

认为出口15m处在射流主体段中。

$s=15$m时，由 $\dfrac{u_m}{v_0} = \dfrac{0.48}{\dfrac{as}{d_0}+0.147} = \dfrac{0.48}{\dfrac{0.12 \times 15}{0.4}+0.147} = 0.103$

得 $u_m = 0.103 v_0 = 0.103 \times 12.2 = 1.26\text{m/s}$

由 $\dfrac{Q}{Q_0} = 4.4\left(\dfrac{as}{d_0}+0.147\right) = 4.4 \times \left(\dfrac{0.12 \times 15}{0.4}+0.147\right) = 20.45$

得 $Q = 20.45 Q_0 = 20.45 \times 5500 = 1.12 \times 10^5 \text{m}^3/\text{h} = 31.24 \text{m}^3/\text{s}$

五、起始段核心区轴心长S_n及核心收缩角θ

由图7-12可知核心区轴心长S_n即为射孔出口断面至过渡断面的距离，又称为核心长度。

起始段内$u_m=v_0$，又有$s=s_n$，代入式（7-29）

即 $\dfrac{u_m}{v_0} = \dfrac{0.965}{\dfrac{as}{r_0}+0.294}$

得 $\dfrac{v_0}{v_0} = \dfrac{0.965}{\dfrac{as}{r_0}+0.294} = 1$

上式变换有 $s_n = 0.671 \dfrac{r_0}{a}$

令 $\bar{s}_n = \dfrac{s_n}{r_0}$，有 $\bar{s}_n = \dfrac{0.671}{a}$ (7-34)

核心收缩角θ　　　　$\tan\theta = \dfrac{r_0}{s_n} = 1.49a$ (7-35)

由于实际工程中主要研究的是主体段运动规律，故起始段的研究略去。如需要可以参考相关的书籍。

第五节 平　面　射　流

当气体从相当长的条缝形射孔中射出时，射流的扩散运动被限制在垂直于条缝长度的平面上，这种仅在平面上扩张的射流被称为平面射流。

平面射流的几何、运动及动力特性完全与圆断面射流相似。所不同的是，对平面射流，喷口的形状系数 $\varphi=2.44$，与圆断面射流相比，在相同的出流强度条件下，平面射流的扩张角 α 要小，即平面射流断面流量的增加、断面速度的衰减比圆射流要慢。

平面射流速度与流量等参数变化规律的推导过程与圆断面射流类似，不再详述。需注意平面射流计算公式中用 $2b_0$（b_0 半高度）表示喷口高度，见表7-4。

表7-4　　　　射流参数计算公式

段名	参数名称	符号	圆 断 面 射 流	平 面 射 流
主体段	扩散角	α	$\tan\alpha=3.4a$	$\tan\alpha=2.44a$
	射流直径或半高度	D b	$\dfrac{D}{d_0}=6.8\left(\dfrac{as}{d_0}+0.147\right)$	$\dfrac{b}{b_0}=2.44\left(\dfrac{as}{b_0}+0.41\right)$
	轴心速度	u_m	$\dfrac{u_m}{v_0}=\dfrac{0.48}{\dfrac{as}{d_0}+0.147}$	$\dfrac{u_m}{v_0}=\dfrac{1.2}{\sqrt{\dfrac{as}{b_0}+0.41}}$
	流量	Q	$\dfrac{Q}{Q_0}=4.4\left(\dfrac{as}{d_0}+0.147\right)$	$\dfrac{Q}{Q_0}=1.2\sqrt{\dfrac{as}{b_0}+0.41}$
	断面平均流速	v_1	$\dfrac{v_1}{v_0}=\dfrac{0.095}{\dfrac{as}{d_0}+0.147}$	$\dfrac{v_1}{v_0}=\dfrac{0.492}{\sqrt{\dfrac{as}{b_0}+0.41}}$
	质量平均流速	v_2	$\dfrac{v_2}{v_0}=\dfrac{0.23}{\dfrac{as}{d_0}+0.147}$	$\dfrac{v_2}{v_0}=\dfrac{0.833}{\sqrt{\dfrac{as}{b_0}+0.41}}$

第六节　温差或浓差射流及射流弯曲

一、温差或浓差射流

上一节我们讨论的是等密度射流，即射流气体具有与周围气体相同的温度和浓度。在设备工程中，还经常遇到温差射流或浓差射流，这类射流本身的温度或浓度与周围气体的温度或浓度有差异。例如，为了夏季降温或冬季采暖，向工作地带喷射的冷射流或热射流均属于温差射流；而为了稀释工作区有害物的浓度，向灰尘浓度高的车间或产生有害气体的区域喷射清洁空气，则形成浓差射流。

本节主要讨论温差或浓差射流运动温度场和浓度场的分布规律，以及分析由温差、浓差引起的射流弯曲计算公式。

温度场、浓度场的形成与等温射流速度场的形成过程相同。横向动量交换、旋涡的出现，使得发生质量交换的同时还发生热量交换、浓度交换；在这些交换中，由于热量扩散比动量扩散要快，因此温度边界层比速度边界层发展要快。如图 7-17（a）所示：实线表示的速度边界层的外边界比虚线表示的温度边界层的外边界要窄，而内边界则要宽些。

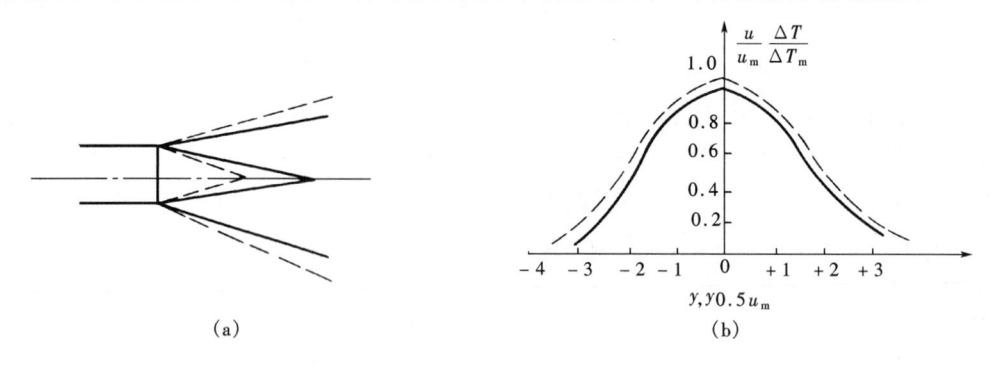

图 7-17 温度边界层与速度边界层的对比

在实际应用中，为了简化起见，可认为温度场、浓度场的内外边界与速度场的内外边界重合。因此，温差与浓差射流的运动参数 Q、u_m、v_1 及 v_2 可用上两节所得的公式计算。这里仅仅讨论轴心温差 ΔT_m、质量平均温差 ΔT_2 和轴心浓度差 Δx_m、质量平均浓差 Δx_2 等沿射程 s 的变化规律。

通过实验研究证明，横断面上温差分布、浓差分布和流速分布之间存在如下关系

$$\frac{\Delta T}{\Delta T_m} = \frac{\Delta x}{\Delta x_m} = \sqrt{\frac{u}{u_m}} = 1 - \left(\frac{y}{R}\right)^{1.5} \tag{7-36}$$

将 $\dfrac{\Delta T}{\Delta T_m}$ 与 $\dfrac{u}{u_m}$ 同绘在一个无因次坐标上，如图 7-17（b）所示。可见无因次温度、浓度、温差、浓差分布线在无因次速度线的上方，表明了温差、浓差分布比速度分布要宽，证明了前面的分析。

以脚标 e 表示周围气体的符号。T_e 表示周围气体温度，x_e 为周围气体浓度。则式 (7-35) 中：

截面上任一点温差 $\Delta T = T - T_e$
轴心上的温差 $\Delta T_m = T_m - T_e$
截面上任一点浓差 $\Delta x = x - x_e$
轴心上的温差 $\Delta x_m = x_m - x_e$
另外给出：
出口断面温差 $\Delta T_0 = T_0 - T_e$
出口断面浓差 $\Delta x_0 = x_0 - x_e$

根据热力学知识，在等压面的情况下，如果以周围气体的焓值为基准，则射流各横截面上的相对焓值不变。温差射流的这一特点，称为射流的热力特征。由这一热力特征可知，射流任一截面上单位时间通过的相对焓值与射流出口断面上的相对焓值相等。即

$$\int \rho c \Delta T \, dQ = \rho Q c \Delta T_0 \tag{7-37}$$

1. 主体段轴心温差 ΔT_m

式 (7-42) 两端同除以 $\rho \pi R^2 u_m c \Delta T_m$，并将式 (7-35) 代入可推导得

$$\frac{\Delta T_{\mathrm{m}}}{\Delta T_0} = \frac{0.706}{\frac{as}{r_0}+0.294} = \frac{0.35}{\frac{as}{d_0}+0.147} = \frac{0.706}{a\overline{x}} \qquad (7-38)$$

起始段轴心温差 ΔT_{m} 是不变的 $\quad \Delta T_{\mathrm{m}} = \Delta T_0$

2. 主体段质量平均温差 ΔT_2

所谓质量平均温差，就是以该温差乘上 ρQc 便得射流任一横断面的相对焓值。

建立射流任一横断面与出口截面相对焓值的热力平衡方程式

$$\Delta T_2 \rho Q c = \Delta T_0 \rho Q_0 c$$

有

$$\frac{\Delta T_2}{\Delta T_0} = \frac{Q_0}{Q} \qquad (7-39)$$

则

$$\frac{\Delta T_2}{\Delta T_0} = \frac{0.455}{\frac{as}{r_0}+0.294} = \frac{0.23}{\frac{as}{d_0}+0.147} = \frac{0.455}{a\overline{x}} \qquad (7-40)$$

由式（7-36）可看出：各横断面上的温度差分布和浓差分布与无因次流速的函数关系是相同的，表明两者的规律相似，因此上述讨论的温差射流的计算公式同样适用于浓差射流，见表 7-5。平面温差、浓差射流参数计算公式不再推导，均列在表 7-5 中。

表 7-5　　　　　　　　　平面温差、浓差射流参数计算公式

段名	参考名称	符号	圆断面射流	平面射流
主体段	轴心温差	ΔT_{m}	$\dfrac{\Delta T_{\mathrm{m}}}{\Delta T_0}=\dfrac{0.35}{\dfrac{as}{d_0}+0.147}$	$\dfrac{\Delta T_{\mathrm{m}}}{\Delta T_0}=\dfrac{1.032}{\sqrt{\dfrac{as}{b_0}+0.41}}$
	质量平均温差	ΔT_2	$\dfrac{\Delta T_2}{\Delta T_0}=\dfrac{0.23}{\dfrac{as}{d_0}+0.147}$	$\dfrac{\Delta T_2}{\Delta T_0}=\dfrac{0.833}{\sqrt{\dfrac{as}{b_0}+0.41}}$
	轴心浓差	Δx_{m}	$\dfrac{\Delta x_{\mathrm{m}}}{\Delta x_0}=\dfrac{0.35}{\dfrac{as}{d_0}+0.147}$	$\dfrac{\Delta x_{\mathrm{m}}}{\Delta x_0}=\dfrac{1.032}{\sqrt{\dfrac{as}{b_0}+0.41}}$
	质量平均浓差	Δx_2	$\dfrac{\Delta x_2}{\Delta x_0}=\dfrac{0.23}{\dfrac{as}{d_0}+0.147}$	$\dfrac{\Delta x_2}{\Delta x_0}=\dfrac{0.833}{\sqrt{\dfrac{as}{b_0}+0.41}}$
	轴线轨迹方程	y	$\dfrac{y}{d_0}=\dfrac{x}{d_0}\tan\beta+Ar\left(\dfrac{x}{d_0\cos\beta}\right)^2 \times \left(0.51\dfrac{as}{d_0\cos\beta}+0.35\right)$	$\dfrac{y}{2b_0}=\dfrac{0.226Ar\left(a\dfrac{x}{2b_0}+0.205\right)^{\frac{5}{2}}}{a^2\sqrt{T_e/T_0}}$

二、射流弯曲

温差或浓差射流由于密度与周围气体密度不同，所受的重力与浮力不相平衡，使整个射流发生向上或向下弯曲。对于冷射流或高浓度射流，由于射流密度大于周围气体密度，射流轴线将向下弯曲；对于热射流或低浓度射流则相反，射流轴线向上弯曲。如图 7-18 所示，图中 y' 为射流轴心线上任意一点偏离喷口轴线的垂直距离，称为射流的轴线偏差。温差与浓差射流的轴线弯曲现象，是区别于等温射流的主要特征之一。弯曲时，轴心线仍可看作是

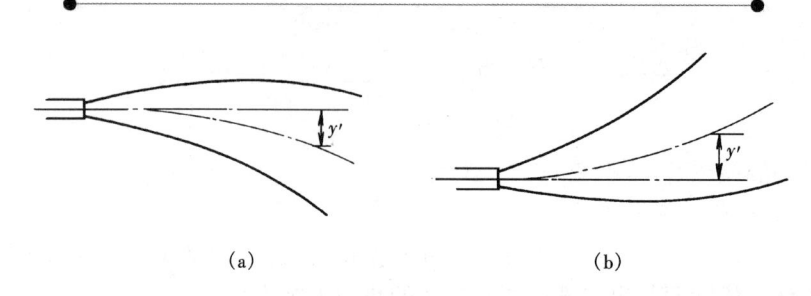

图 7-18 温差射流的轴线弯曲
(a) 冷射流；(b) 热射流

射流的对称轴线。因此，研究轴心线的弯曲轨迹，即得出射流的弯曲无因次轨迹方程

$$\frac{y}{d_0} = \begin{cases} \dfrac{x}{d_0}\tan\beta + 0.5Ar\left(\dfrac{x}{d_0\cos\beta}\right)^2, & s \leqslant s_n \\ \dfrac{x}{d_0}\tan\beta + Ar\left(\dfrac{x}{d_0\cos\beta}\right)^2\left(0.51\dfrac{ax}{d_0\cos\beta}+0.35\right), & s > s_n \end{cases} \quad (7\text{-}41)$$

式中：$Ar = \dfrac{g\Delta T_0 d_0}{v_0^2 T_e}$，为阿基米德准数，是温差射流的相似准数。对于平面温差射流

$$\frac{y}{2b_0} = \begin{cases} \dfrac{x}{2b_0}\tan\beta + 0.5Ar\left(\dfrac{x}{2b_0\cos\beta}\right)^2, & s \leqslant s_n \\ \dfrac{0.266Ar\left(a\dfrac{x}{2b_0}+0.205\right)^{\frac{5}{2}}}{a^2\sqrt{T_e/T_0}}, & s > s_n \end{cases} \quad (7\text{-}42)$$

以上结果也汇于表 7-5 中。

【例 7-8】 利用带导叶片的通风机向车间某工作区送冷风。送风温度为 15℃，车间空气温度 30℃。工作区要求工作面直径 $D=2.5\text{m}$，质量平均风速为 3m/s，质量平均温度降到 25℃，紊流系数 $a=0.12$。求：(1) 通风机风口的直径及速度；(2) 风口到工作面的距离。

解 (1) 求通风机风口的直径及速度。

轴心温差　　　　　　　　$\Delta T_0 = 15 - 30 = -15℃$

质量平均温差　　　　　　$\Delta T_2 = 25 - 30 = -5℃$

由　　　　　$\dfrac{\Delta T_2}{\Delta T_0} = \dfrac{0.23}{\dfrac{as}{d_0}+0.147} = \dfrac{-5}{-15} = \dfrac{1}{3}$

求出　　　　　$\dfrac{as}{d_0} + 0.147 = 0.23 \times 3 = 0.69$

有　　　　　$\dfrac{D}{d_0} = 6.8\left(\dfrac{as}{d_0}+0.147\right) = 6.8 \times 0.69 = 4.692$

求得风机出口直径　　$d_0 = \dfrac{D}{4.692} = \dfrac{2.5}{4.692} = 0.533\text{m} = 533\text{mm}$

工作地点质量平均风速 v_2 要求 3m/s，由公式

$$\frac{v_2}{v_0} = \frac{0.23}{\dfrac{as}{d_0}+0.147} = \frac{0.23}{0.69} = \frac{1}{3}$$

得　　　　　$v_0 = 3v_2 = 3 \times 3 = 9\text{m/s}$

（2）求风口到工作面的距离 s。

由 $$\frac{as}{d_0}+0.147=0.69$$

得 $$s=(0.69-0.147)\times\frac{d_0}{a}=0.543\times\frac{0.533}{0.12}=2.41\text{m}$$

【例 7-9】 求上题中射流在工作面的下降值 y' 及射流轴线偏转的角度 θ。

解 周围气体气体温度 $T_e=273+30=303$ K

已知 $\Delta T_0=-15\text{k}$，$v_0=9\text{m/s}$，$a=0.12$，$d_0=0.533\text{m}$，$s=2.41\text{m}$

计算 s_n $$s_n=0.672\frac{r_0}{a}=0.672\times\frac{0.533}{2\times0.12}=1.49\text{m}$$

工作区 $s=2.41\text{m}>s_n$，用主体段计算公式

$$y'=\frac{g\Delta T_0}{v_0^2 T_e}\left(0.51\frac{a}{d_0}s^3+0.35s^2\right)$$

$$=\frac{9.8\times(-15)}{9^2\times303}\times\left(0.51\times\frac{0.12}{0.533}\times2.41^3+0.35\times2.41^2\right)$$

$$=-0.0218\text{m}=-21.8\text{mm}$$

计算值为负值，表示射流向下弯曲。

计算 $s=2.41\text{m}$ 处轴线偏转角 θ

$$\tan\theta=\frac{dy}{ds}=\frac{d}{ds}\left[\frac{g\Delta T_0}{v_0^2 T_e}\left(0.51\frac{a}{d_0}s^3+0.35s^2\right)\right]$$

$$=\frac{g\Delta T_0}{v_0^2 T_e}\left(1.53\frac{a}{d_0}s^2+0.70s\right)$$

$$=\frac{9.8\times(-15)}{9^2\times303}\times\left(1.53\times\frac{0.12}{0.533}\times2.41^2+0.70\times2.41\right)$$

$$=-0.0221$$

$$\theta=\tan^{-1}(-0.0221)=-1°15'58''$$

即射流轴线向下偏转了 $-1°15'58''$。

*第七节 有限空间射流简介

在通风空调工程上，射流送风是在有限空间中进行的。房间围护结构（墙、顶棚、地面）限制和影响了射流的扩张运动，此时射流结构及其运动规律和自由射流相比有明显的差异，必须重新研究。目前有限空间射流理论尚不完善，大多是根据实验数据整理得到的经验公式或无因次曲线。本节对此仅作一般性介绍。

一、射流结构

图 7-19 所示一受限射流完整的结构图。当射流经喷口喷入房间后，受到固体边壁的阻滞，在射流卷吸作用的影响下，使得射孔出口周围气体被卷走，形成低压区，促使部分气体

沿边界回流，限制了射流边界层的扩散，使得射流半径及流量不能像自由射流那样一直增加，而是增大到一定程度后又逐渐减小，致使射流外边界呈橄榄形。橄榄形的边界外部与固壁间形成与射流方向相反的回流区，使流线呈闭合状。这些闭合流线环绕的中心即为射流与回流共同形成的旋涡中心，见图 7-19 中的 C 点。

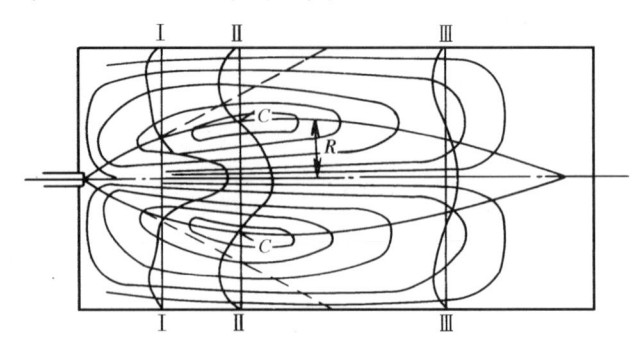

图 7-19 有限空间射流结构图

由射流出口到图示Ⅰ—Ⅰ断面，是射流自由扩张部分。固体边壁尚未阻滞射流边界层的发展，射流外边界呈直线状扩张，故各运动参数变化规律与自由射流相同，称Ⅰ—Ⅰ断面为第一临界断面。

在Ⅰ—Ⅰ断面之后，固壁对射流边界层扩张的限制和影响逐渐增大。射流对周围气体的卷吸作用逐渐减弱，致使射流半径和流量的增加速率逐渐减慢，射流轴心速度减小的速率也随之变慢。射流外边界呈曲线状扩张，表明总的变化趋势还是半径增大，流量增大。通过旋涡中心 C 点的Ⅱ—Ⅱ断面，是射流各运动参数发生根本性转折的断面，称为第二临界断面。在Ⅱ—Ⅱ断面上，射流流量、回流区内的平均流速和回流量均达到最大，而射流半径则在断面稍后一点达到最大值。

从Ⅱ—Ⅱ断面以后，射流主体流量、回流流量、回流平均流速都逐渐减小。

射流结构与喷口安装的位置有关。如喷口安装在房间高度、宽度的中央处，射流结构上下、左右对称，射流主体呈橄榄形，四周为回流区。但实际工程中一般将喷口靠近顶棚设置，若喷口高度 h 位于房间高度 H 的 0.7 倍以上，即 $h \geqslant 0.7H$，射流将贴附于顶棚上，而回流区都集中在射流的下部与地板间。射流上部流体处于增速减压状态，而下部流体则处于减速增压状态，这种射流称为贴附射流。其运动规律与完整射流相同，可看作是完整射流的一半。

二、动力特征

由实验得知：第一临界断面以后，射流边界层内的压强受回流影响沿射程逐渐增大，到射流主体前端，压强达到最大值，它略高于周围气体压强。此外，射流各断面上的动量不相等，而是沿射程减小。Ⅱ—Ⅱ断面后，动量迅速降低直到相对动量为零。

三、半经验公式

有限空间射流的计算，主要依靠实验得到的半经验公式。在通风与空调工程中，设计要求使工作区处于射流的回流区内，且对回流区内的风速有限制。

现给出回流平均流速 v 的半经验公式

第七章 孔口、管嘴出流和气体射流

$$\frac{v}{v_0}\frac{\sqrt{F}}{d_0} = 0.177(10\overline{L})e^{10.7\overline{L}-37\overline{L}^2} = F(\overline{L}) \tag{7-43}$$

$$\overline{L} = \frac{aL}{\sqrt{F}} \tag{7-44}$$

式中　v_0——喷口出口流速，m/s；

　　　d_0——直径，m；

　　　$\overline{L}$——L 的无因次距离，L 为计算断面至喷口的距离，m；

　　　F——垂直于射流的房间横截面面积，m^2；

　　　a——紊流系数。

注意 F 的取值，对 $h \geqslant 0.7H$ 的贴附射流，取 F；而完整的有限空间射流，即 $h < 0.7H$ 时，取 0.5 倍 F。

如前所述，第二临界面 Ⅱ—Ⅱ 上回流流速达最大值，设其为 v_1。由实验知，Ⅱ—Ⅱ 断面距送风口的无因次距离 $\overline{L}=0.2$。代入式（7-42）得

$$\frac{v_1}{v_0}\frac{\sqrt{F}}{d_0} = 0.69 \tag{7-45}$$

设距送风口 L 远处的计算断面上回流速度为 v_2，代入式（7-42）得

$$\frac{v_2}{v_0}\frac{\sqrt{F}}{d_0} = \cdots = F(\overline{L}) \tag{7-46}$$

联立式（7-45）与式（7-46）得

$$0.69\frac{v_2}{v_1} = 0.177(10\overline{L})e^{10.7\overline{L}-37\overline{L}^2} = F(\overline{L}) \tag{7-47}$$

式中，v_1、v_2 由设计者根据工程要求确定，一般为已知值。将 v_1 与 v_2 值代入式（7-46），即可求出无因次距离 $\overline{L}$。再将 $\overline{L}$ 值代入式（7-44）中求得射流的作用距离即射程 $L = \overline{L} \cdot \frac{\sqrt{F}}{a}$。

为简化计算过程，根据不同的 v_1 和 v_2 值，代入式（7-47）中，算出相应的 $\overline{L}$ 值，制成计算表格。详见表 7-6。

表 7-6　　　　　　　　　无　因　次　距　离　$\overline{L}$　　　　　　　　　m/s

v_1	v_2					
	0.07	0.10	0.15	0.20	0.30	0.40
0.50	0.42	0.40	0.37	0.35	0.31	0.28
0.60	0.43	0.41	0.38	0.37	0.33	0.30
0.75	0.44	0.42	0.40	0.38	0.35	0.33
1.00	0.46	0.44	0.42	0.40	0.37	0.35
1.25	0.47	0.46	0.43	0.41	0.39	0.37
1.50	0.48	0.47	0.44	0.43	0.40	0.38

【例 7-10】　车间空间长×高×宽＝70m×12m×30m。长度方向送风，直径 1m 圆形风口设在墙高 6m 处中央，紊流系数为 0.08。设计限制最大回流速度为 0.75m/s，工作区处回流速度为 0.3m/s，求风口送风量和工作区设置在何处。若风口提高 3m，以上计算结果如何改变？

解 （1）风口高 $h=6\text{m}$，$H=12\text{m}$，则 $\dfrac{h}{H}=\dfrac{6}{12}=0.5<0.7$，射流不贴附，公式中 F 用 $0.5F$ 代入。

已知：$v_1=0.75\text{m/s}$，$v_2=0.3\text{m/s}$。由式（7-44）得到

$$v_0=\dfrac{v_1}{d_0}\dfrac{\sqrt{0.5F}}{0.69}=\dfrac{0.75\times\sqrt{0.5\times30\times12}}{1\times0.69}=14.6\text{m/s}$$

$$Q_0=\dfrac{\pi}{4}d_0^2 v_0=\dfrac{\pi}{4}\times1^2\times14.6=11.45\text{m}^3/\text{s}$$

由 $v_1=0.75\text{m/s}$，$v_2=0.3\text{m/s}$ 查表 7-6 得 $\overline{L}=0.35$，计算

$$L=\dfrac{\overline{L}\sqrt{0.5F}}{a}=\dfrac{0.35\times\sqrt{0.5\times30\times12}}{0.08}=58.7\text{m}$$

（2）$h=9\text{m}$，$H=12\text{m}$，则 $\dfrac{h}{H}=\dfrac{9}{12}=0.75>0.7$，则射流贴附 $v_0=\dfrac{v_1}{d_0}\dfrac{\sqrt{F}}{0.69}$ 与不贴附相比增大 $\dfrac{1}{\sqrt{0.5}}$ 倍，即

$$v_0=\dfrac{1}{\sqrt{0.5}}\times14.6=20.65\text{m/s}$$

$$Q_0=\dfrac{1}{\sqrt{0.5}}\times11.45=16.2\text{m}^3/\text{s}$$

$$L=\dfrac{1}{\sqrt{0.5}}\times58.7=83.01\text{m}$$

思 考 题

7-1　如何区分大孔口与小孔口、薄壁孔口与厚壁孔口？

7-2　什么叫作用水头？自由出流与淹没出流作用水头有何不同？

7-3　有一密闭立式气压水箱，外接一直径为 d 的圆柱形管嘴，水深 H，推导作用于水箱水面上的压强 P_0 的计算式。

7-4　为什么在孔口处接出一段适当长度的管嘴，可增大孔口的出流流量？最合适的管嘴长度依据什么原则来考虑？管嘴长度太长或太短为什么不行？

7-5　如图 7-20 所示管路中输送气体，采用 U 形测压计测得压强差为 h 米液柱。试推导通过孔板的流量计算公式。

7-6　什么是自由射流？影响自由射流扩散的因素有哪些？

7-7　什么是质量平均流速？为什么要引入这一流速？

7-8　温差射流中，无因次温度分布曲线为什么在无因次速度线的外边？

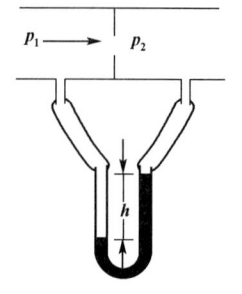

图 7-20　思考题 7-5 图

7-9　温差射流轴线为什么样弯曲？

7-10　什么是受限射流？受限射流结构图形如何分析？

第七章 孔口、管嘴出流和气体射流

习 题

7-1 已知容器内水的作用水头 $H_0=1.8\text{m}$，出流流量 $Q=2\text{L/s}$，流量系数 $\mu=0.62$，试求侧壁圆形小孔口的直径。

7-2 如图 7-21 所示，在密闭容器的侧壁开有直径 $d=20\text{mm}$ 的薄壁小孔口，已知 $p_0=-5.0\text{kPa}$，油层深 $h_1=1\text{m}$，水层深 $h_2=1.2\text{m}$，油的容重为 7845N/m^3，水位恒定不变，求孔口流量。

7-3 如图 7-22 所示，水从 A 箱经孔口流入 B 箱，若孔口直径 $d=1.5\text{cm}$，孔两侧水位差 $H=1.4\text{m}$，孔口流量系数 $\mu=0.62$，试求通过孔口的流量。

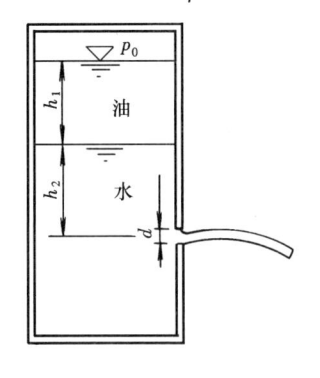

图 7-21 习题 7-2 图   图 7-22 习题 7-3 图

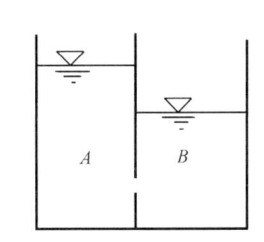

7-4 直径 $D=200\text{mm}$ 的管道输送 20℃空气，管中装一孔板流量计。孔口直径 $d=80\text{mm}$，测得 ΔP 为 2900Pa，求气体流量。

7-5 某恒温室采用多孔板送风，空气温度为 20℃，风道中的静压强比室内静压强大 300Pa。若孔口直径为 20mm，要求送风量为 $3000\text{m}^3/\text{h}$，已知孔口的流量系数为 0.60，试问需要布置多少个孔口？

7-6 某工业厂房，参见图 7-8。已知下部侧窗面积为 40m^2，上部天窗面积为 26m^2，上、下窗口的流量系数均为 0.65，室内外空气温度分别为 30℃ 和 20℃，密度分别为 1.165kg/m^3 和 1.205kg/m^3，上、下窗口的中心距 $H=10\text{m}$。根据实测，厂房内外的等压面至进风窗中心的高度 $h_1=2.9\text{m}$，试求通过窗口的自然通风量。

7-7 某输气管路，如图 7-23 所示，用微压计所测得压差 $\Delta h=125\text{mm}$ 酒精柱高，$\rho=1.2\text{kg/m}^3$，$\mu=0.62$，$d=100\text{mm}$，求 Q。

7-8 试求通过直径 $d=3\text{cm}$ 的收缩式圆锥形管嘴自由出流的流量，已知孔口中心以上的水深 $H=2.3\text{m}$，流量系数 $\mu=0.94$。

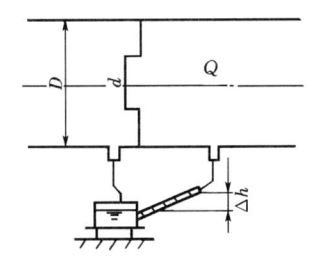

图 7-23 习题 7-7 图

7-9 如图 7-24 所示，水从 A 水箱通过直径为 10cm 的孔口流入 B 水箱，流量系数为 0.62。设上游水箱的水面高程 $H_1=3\text{m}$ 保持不变。（1）B 水箱中无水时，求通过孔口的流量；（2）B 水箱水面高程 $H_2=$

2m 时，求通过孔口的流量；(3) A 水箱水面压力为 2000Pa，$H_1=3$m，水箱 B 水面压力为 0，$H_2=2$m 时，求通过孔口的流量。

7-10 如图 7-25 所示。某水箱用隔板分为 A、B 两个部分，已知板上孔口的直径 $d_1=4$cm。在 B 箱的底部有一个圆柱形外管嘴，直径 $d_2=3$cm，管嘴长度 $L=10$cm。若 $H=3$m，孔口中心高度 $h_3=0.5$m，且水流保持恒定。试求 h_1、h_2 以及水箱的出流流量（孔口流量系数 $\mu=0.62$，管嘴流量系数 $\mu=0.82$）。

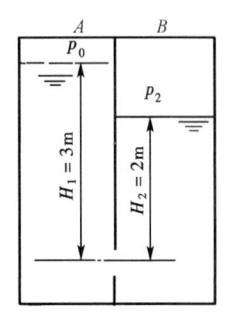

图 7-24 习题 7-9 图

7-11 如图 7-26 所示水箱出流系统。流入 A 箱的恒定流量 $Q=100$L/s，孔口与管嘴的直径 d 为 100mm，管嘴长为 350mm。求水箱保持恒定流时 Q_1、Q_2 与 Q_3。

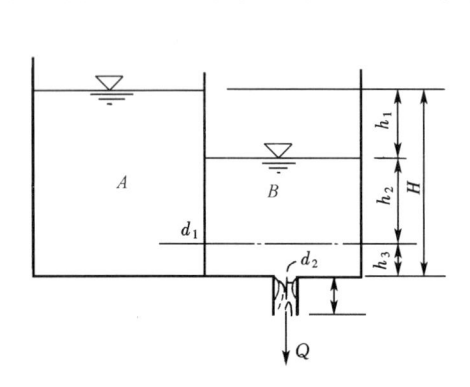

图 7-25 习题 7-10 图

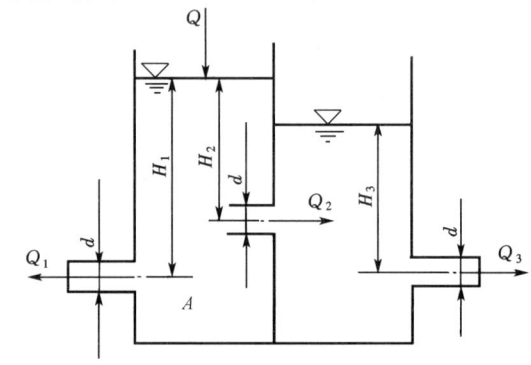

图 7-26 习题 7-11 图

7-12 已知空气沐浴地带要求射流半径为 1.2m，质量平均流速 $v_2=3$m/s，圆形喷嘴直径为 0.3m。求：(1) 喷口至工作地带的距离 s；(2) 喷嘴流量。

7-13 乒乓球体育馆的圆柱形送风口直径为 600mm，比赛区设在 $s=60$m 处，要求比赛区风速（质量平均风量）不得超过 0.3m/s。求送风口的送风量应不超过多少。

7-14 若在某热车间的锻工炉旁装设空气沐浴（即岗位送风）设备，已知风口距地面的高度为 4.0m，要求在离地面高度 1.5m 处造成一个空气沐浴作用区，该区直径为 1.5m，中心处流速为 2m/s，试求风口直径、出口流速及流量。

7-15 某热车间采用带导叶的风机向工作地点喷射冷射流降温（紊流系数 $a=0.12$），要求工作地点的质量平均流速 $v_2=2.5$m/s，工作面直径 $D=3$m，已知冷射流的温度 $T_0=288$K，车间温度 $T_H=305$K，若要把工作地点的质量平均温度 T_2 降到 298K，试计算：(1) 送风口的直径 D_0 和流速 v_0；(2) 送风口到工作面的距离 S。

7-16 已知条件同上题，求射流在工作面的下降值 y'。

7-17 清洁空气的平面射流，射入含尘浓度为 0.12mg/L 的静止空气中。要求距喷口 2m 处造成宽度为 $2b=1.2$m 的射流区。求喷口尺寸 b_0 及工作轴心浓度。

7-18 房间高 3m，宽 10m，长 26m，在高 2.8m 处设置水平的圆柱形送风口，送风量 $Q_0=5$m³/s，风口直径 $d_0=0.3$m，求第二临界面的位置及最大回流速度。

第八章

一元气体动力学基础

在前几章的讨论中,没有考虑流体的压缩性,即视流体的密度为常数。当气体高速运动时,流场中压力变化很大,气体的压缩性就明显地表现出来,气体的密度将随之发生显著的变化。此时必须建立可压缩流体模型来研究其运动规律,即必须考虑气体的可压缩性。气体动力学主要研究的就是可压缩流体的运动规律及这些规律在工程实际中的应用。由于气体密度的变化会引起其他热力学参数如温度和焓等发生相应的变化,因此,研究这部分内容必须借助热力学知识。所以,本章的压强应采用绝对压强;温度应采用绝对温度。

本章主要介绍一元恒定流的基本方程、声速、滞止参数、马赫数及圆管中的流动特性等气体动力学基本知识。

第一节 理想可压缩气体一元恒定流动的运动方程

如图 8-1 所示,在微元流束中沿轴线 s 任取等截面流段 ds。对理想流体,不考虑黏滞性,不存在切应力,故表面力只有动压强。用 S 表示气体单位质量流在 s 方向上的分力。根据理想流体欧拉运动微分方程可得出 s 方向上单位质量流体的运动方程式

$$S - \frac{1}{\rho} \cdot \frac{\partial p}{\partial s} = \frac{dv_s}{dt} = \frac{\partial v_s}{\partial t} + \frac{\partial v_s}{\partial s} \cdot \frac{ds}{dt}$$

对一元恒定流动,有

$$\frac{\partial p}{\partial s} = \frac{dp}{ds}; \frac{\partial v_s}{\partial s} = \frac{dv_s}{ds}; \frac{\partial v_s}{\partial t} = 0$$

当质量力仅为重力,且气体在同介质中流动,此时浮力与重力平衡,可不计 S,并去掉脚标 s,可得

$$\frac{1}{\rho} \frac{dp}{ds} + v \frac{dv}{ds} = 0$$

于是有

$$\frac{dp}{\rho} + v dv = 0 \quad (8-1)$$

或

$$\frac{dp}{\rho} + d\left(\frac{v^2}{2}\right) = 0 \quad (8-2)$$

式(8-1)、式(8-2)称为欧拉运动微分方程,又称为微分形式的伯努利方程,它确定了理想气体一元恒定流动中 p、v、ρ 三者间的关系。

理想气体在流动过程中,一般存在等容、等温、可逆绝热及多变等热力过程。借助这些过程中 p、ρ

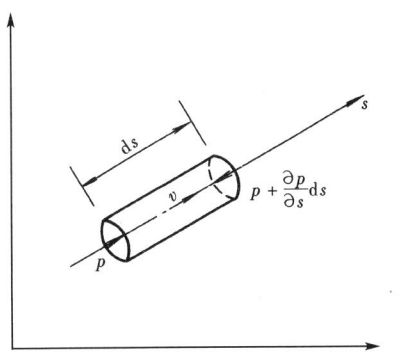

图 8-1 气体微元流动运动方程推导

间的函数关系，代入式（8-1）或式（8-2），即可得相应热力过程的积分解。

一、气体一元等容流动

等容流动是指在流动过程中气体容积保持不变的流动。容积不变，则密度 ρ 保持不变，即 $\rho=$ 常量。式（8-2）积分得

$$\frac{p}{\rho}+\frac{v^2}{2}=\text{常量}$$

上式两边除以 g

$$\frac{p}{\gamma}+\frac{v^2}{2g}=\text{常量} \tag{8-3}$$

式（8-3）就是前述章节讨论得到的忽略质量力条件下不可压缩流体元流能量方程式。其物理意义是：沿流各断面上单位质量（或重量）理想气体的压能与动能之和保持恒定并互相转换。

对任意两断面有

$$\frac{p_1}{\rho}+\frac{v_1^2}{2}=\frac{p_2}{\rho}+\frac{v_2^2}{2} \tag{8-4}$$

二、气体一元等温流动

等温流动是指在流动过程中气体温度 T 保持不变的流动。即 $T=$ 常量。将 $\frac{p}{\rho}=RT=$ 常量 $=C$ 代入式（8-2）积分得

$$C\ln p+\frac{v^2}{2}=\text{常量}$$

即

$$RT\ln p+\frac{v^2}{2}=\text{常量} \tag{8-5}$$

对任意两断面有

$$RT\ln p_1+\frac{v_1^2}{2}=RT\ln p_2+\frac{v_2^2}{2} \tag{8-6}$$

三、气体一元绝热流动

由热力学知识可知：和外界无热交换的流动为绝热流动，可逆的（无黏性的）绝热流动为等熵流动。理想气体的绝热流动即为等熵流动，其参数服从等熵过程方程式

$$\frac{p}{\rho^\kappa}=\text{常量}=C$$

于是有

$$\rho=\left(\frac{p}{C}\right)^{\frac{1}{\kappa}} \tag{8-7}$$

$$\kappa=c_p/c_v$$

式中 κ——气体的绝热指数，即定压比热与定容比热之比。由热力学可知，κ 值决定于气体分子结构。例如，对空气 $\kappa=1.4$，对干饱和蒸汽 $\kappa=1.135$，对过热蒸汽 $\kappa=1.33$。

将式（8-7）代入式（8-2）中的第一项 $\frac{\mathrm{d}p}{\rho}$ 并积分可得

$$\int\frac{\mathrm{d}p}{\rho}=\frac{\kappa}{\kappa-1}\frac{p}{\rho}$$

将上式代入式（8-2）可得

$$\frac{\kappa}{\kappa-1}\frac{p}{\rho}+\frac{v^2}{2}=\text{常量} \tag{8-8}$$

第八章 一元气体动力学基础

变换形式得
$$\frac{1}{\kappa-1}\frac{p}{\rho}+\frac{p}{\rho}+\frac{v^2}{2}=常量$$

上式与不可压缩理想气体能量方程比较，多出 $\frac{1}{\kappa-1}\frac{p}{\rho}$ 一项。由热力学可知，此多出项正是绝热过程中单位质量气体所具有的内能 u。

于是有
$$u+\frac{p}{\rho}+\frac{v^2}{2}=常量 \tag{8-9}$$

式（8-8）和式（8-9）是一元等熵流动的能量方程，又称为可压缩流体的伯努利方程。表明等熵流动中任一截面上单位质量气体所具有的内能、压能和动能之和为一常数。即三种能量间可以相互转化，但总和不变。

单位质量气体的内能和压能的总和在热力学中称为焓。

即
$$i=u+\frac{p}{\rho}$$

代入式（8-9）得
$$i+\frac{v^2}{2}=常量 \tag{8-10}$$

式（8-10）为用焓 i 表示的能量方程。

已知 $i=c_p T$，则有
$$c_p T+\frac{v^2}{2}=常量 \tag{8-11}$$

对任意两断面
$$i_1+\frac{v_1^2}{2}=i_2+\frac{v_2^2}{2} \tag{8-12}$$

在实际流动中，不存在绝对的等容、等温或绝热流动，而是通常处在多变流动过程中。类似绝热流动，可得出多变流动的运动方程式

$$\frac{n}{n-1}\frac{p}{\rho}+\frac{v^2}{2}=常量 \tag{8-13}$$

式中：n 为多变指数。由热力学可知下列特殊流动有：等温过程 $n=1$，绝热过程 $n=\kappa$，等容过程 $n=\pm\infty$。通常情况下 n 值在上述过程值的左右变化。

在实际工程中，根据具体流动条件和效果，对流体过程采用不同的近似处理方法。如在喷管中的流动，流速高，行程短，气流与管壁接触时间短，来不及进行热交换，管壁的摩擦损失可忽略，此时流动可按等熵流动处理。而对于有保温层的管路，一般不能忽略摩擦作用，其流动须按有摩擦绝热流动处理。

【例 8-1】 为获得较高空气流速，将压缩空气流经如图 8-2 所示的收缩形喷嘴。测得 1、2 两断面上空气参数为 $p_1=140\text{kPa}$，$p_2=100\text{kPa}$，$v_1=80\text{m/s}$，$t_1=20℃$，试求喷嘴出口流速 v_2。

解 如前述分析知，喷嘴内气流流动可按等熵流动处理。

应用
$$\frac{\kappa}{\kappa-1}\frac{p}{\rho}+\frac{v^2}{2}=常量$$

空气的 $\kappa=1.4$，则 $\frac{\kappa}{\kappa-1}=\frac{1.4}{1.4-1}=3.5$

有
$$3.5\frac{p}{\rho}+\frac{v^2}{2}=常量$$

将 $\frac{p}{\rho}=RT$ 代入上式有

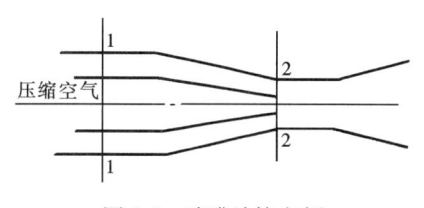

图 8-2 喷嘴计算实例

$$3.5RT + \frac{v^2}{2} = 常量$$

列 1、2 两断面方程
$$3.5RT_1 + \frac{v_1^2}{2} = 3.5RT_2 + \frac{v_2^2}{2}$$

由上式推导得
$$v_2 = \sqrt{7R(T_1 - T_2) + v_1^2} \tag{8-14}$$

已知空气的气体常数 $R = 287 \text{J/(kg·K)}$，$T_1 = 273 + 20 = 293\text{K}$

$$\rho_1 = \frac{p_1}{RT_1} = \frac{140 \times 10^3}{287 \times 293} = 1.66 \text{kg/m}^3$$

$$\rho_2 = \rho_1 \left(\frac{p_2}{p_1}\right)^{\frac{1}{\kappa}} = 1.66 \times \left(\frac{100}{140}\right)^{\frac{1}{1.4}} = 1.31 \text{kg/m}^3$$

则
$$T_2 = \frac{p_2}{\rho_2 R} = \frac{100 \times 10^3}{287 \times 1.31} = 266\text{K}$$

将各数值代入式（8-14）中

$$v_2 = \sqrt{7 \times 287 \times (293 - 266) + 80^2} = 246 \text{m/s}$$

第二节　声速、滞止参数、马赫数

一、声速

压力变化在连续介质中的传播称为压力波。流场中的任何微小扰动都将以压力波的形式被传到各处。微小扰动在流体中的传播速度就是声音在流体中的传播速度，称为声速，以符号 c 表示。c 是气体动力学的重要参数。

下面通过如图 8-3 所示微小扰动波传播的过程，来推导声速 c 的计算公式。

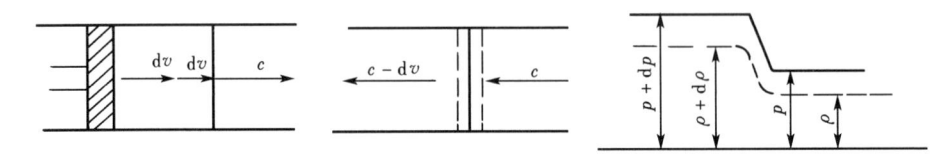

图 8-3　微小扰动波传播过程

图 8-3 中，取等截面直管，管左端带有一活塞，管中充满静止的可压缩气体。若推动活塞以微小速度 $\mathrm{d}v$ 向右运动，紧靠活塞的一层流体受压缩，该层气体所产生的微小扰动向前一层层传递，在管中产生了一个微小扰动的平面压缩波。定义扰动与未扰动流体的边界面为压缩波的波峰，则波峰将以声速 c 向右传播。波峰未到之处的流体仍处于静止状态，压力为 p，密度为 ρ；波峰通过，流体的速度变化为 $\mathrm{d}v$，压力为 $p + \mathrm{d}p$，密度为 $\rho + \mathrm{d}\rho$。

为分析方便起见，将坐标系固定在波峰上（因波以等速直线运动，故该坐标系为惯性系），则波峰相对于坐标系就静止不动了，波峰前后的状态将不再随时间而变化。在这一相对坐标系中，波峰右侧原来静止的流体将以速度 c 向左运动，压力为 p，密度为 ρ；左侧流体将以 $c - \mathrm{d}v$ 向左运动，其压强为 $p + \mathrm{d}p$，密度为 $\rho + \mathrm{d}\rho$。取图中虚线所示包含波峰在内的控制体，且使波峰两侧的控制面无限接近，则控制体体积趋近于零。

设管道断面积为 A，列出控制体连续性方程

$$c\rho A = (c - \mathrm{d}v)(\rho + \mathrm{d}\rho)A$$

第八章 一元气体动力学基础

展开上式且略去二阶微量整理得

$$\frac{d\rho}{\rho} = \frac{dv}{c} \tag{8-15}$$

再对上述控制体建立动量方程。由于控制体的体积趋于零，其质量力可忽略不计，并且忽略摩擦切应力作用。于是有

$$pA - (p+dp)A = \rho cA[(c-dv)-c] \text{（在非惯性系下，该式不成立）}$$

整理得

$$dp = \rho c dv \tag{8-16}$$

由式（8-15）及式（8-16）可得声速公式

$$c^2 = \frac{dp}{d\rho}$$

则

$$c = \sqrt{\frac{dp}{d\rho}} \tag{8-17}$$

式（8-17）虽是由微小扰动平面波推导出的，但同样适用于球面波。

式（8-17）对气体、液体中的声速计算均适用。由第一章已分析得流体弹性模量 E 与压缩系数 β 间的关系，即 $E = \frac{1}{\beta} = \rho \frac{dp}{d\rho}$，代入式（8-17）可得

$$c = \sqrt{\frac{E}{\rho}} \tag{8-18}$$

式（8-18）表明声速与流体的弹性有密切关系。声速可以作为表征流体压缩性的指标。

由于声波传播速度很快，在传播过程中与外界来不及进行热量交换。同时由于扰动十分微弱，所引起的气体状态变化也十分微弱，使气体的内摩擦极小，可以忽略不计。所以声波的整个传播过程可视为等熵过程。

应用气体等熵过程方程式 $\frac{p}{\rho^\kappa} = $ 常量 C，对该式求微分得

$$\frac{dp}{d\rho} = \kappa \frac{p}{\rho}$$

将理想气体状态方程式 $\frac{p}{\rho} = RT$ 代入上式得 $\qquad \frac{dp}{d\rho} = \kappa RT \tag{8-19}$

将式（8-19）代入式（8-17）得

$$c = \sqrt{\frac{dp}{d\rho}} = \sqrt{\kappa \frac{p}{\rho}} = \sqrt{\kappa RT} \tag{8-20}$$

式（8-20）即为理想气体中声速的计算公式。可见声速与流体性质及其热力状态有关。

（1）不同的气体有不同的 κ 值以及不同的气体常数 R，所以不同种类的气体有不同的声速值。

（2）对同一气体中声速也不是固定不变的，它随其热力状态不同而变化。由（8-20）式可知 c 与气体的热力学温度平方根 $\sqrt{T}$ 成正比。因此，将某一状态（p、v、T）的声速称为当地声速。

【例 8-2】 求常压下 15℃空气中的声速。

解 因空气的 $\kappa = 1.4$，$R = 287 \text{J}/(\text{kg} \cdot \text{K})$，$T = 273 + 15 = 288 \text{K}$

代入式 (8-20) 得

$$c = \sqrt{\kappa RT} = \sqrt{1.4 \times 287 \times 288} = 340 \text{m/s}$$

二、滞止参数

具有一定初始速度的气流，设想在等熵条件下，使其流速降到零的状态称为滞止状态。滞止状态的参数称为定熵滞止参数，简称滞止参数，其参数加下标"0"。如 p_0、T_0、ρ_0、i_0 和 c_0，分别表示滞止压强、滞止温度、滞止密度、滞止焓和滞止声速。

由于滞止状态的气流速度为零，应用绝热过程能量方程可得到该状态的滞止参数值。应用式 (8-8) 和式 (8-12) 得

$$\frac{\kappa}{\kappa-1}\frac{p_0}{\rho_0} + 0 = \frac{\kappa}{\kappa-1}\frac{p}{\rho} + \frac{v^2}{2}$$

有

$$\frac{\kappa}{\kappa-1}RT_0 = \frac{\kappa}{\kappa-1}RT + \frac{v^2}{2} \tag{8-21}$$

$$i_0 = i + \frac{v^2}{2} \tag{8-22}$$

用滞止温度 T_0 计算的声速为滞止声速，即

$$c_0 = \sqrt{\kappa RT_0}$$

代入式 (8-21) 得

$$\frac{c_0^2}{\kappa-1} = \frac{c^2}{\kappa-1} + \frac{v^2}{2} \tag{8-23}$$

式 (8-21) ~式 (8-23) 表明：

(1) 对于一元等熵流动，滞止参数在整个流动过程中保持不变。其中 T_0、i_0 和 c_0 反映了包括热能在内的气流全部能量，而 p_0 仅反映气流的机械能。

(2) 一元等熵流动中，气流速度若沿程增大，则气流温度 T、焓 i、声速 c 则沿程降低。

(3) 同一气流中各截面上的当地声速永远小于滞止声速。即滞止声速是气流中的最大声速。

实际应用中，具有一定速度的气流通过扩压管增压减速为零的过程，就是一定熵滞止过程。或者是具有一定速度的气流，被一绝热的固体壁面所阻止，那么紧贴壁面处气体状态即为滞止状态。

引入滞止状态及滞止参数后，简化了流动过程的初始条件，使任何初速不为零的流动都可看做是从滞止状态（即初速度为零的状态）开始的流动的一部分。

三、马赫数

气流截面上的当地流速 v 与当地声速 c 之比，称为马赫数，用 M 表示。即

$$M = \frac{v}{c} \tag{8-24}$$

它是由马赫首先提出的。

如前述，声速大小在一定程度上反映压缩性大小。当地速度越大，则对应的当地声速越小，压缩性越大。因此，马赫数 M 可衡量气体压缩性大小。M 数越大，则压缩性越大，反之则越小。当 M 数很小时，流体的压缩性可忽略不计。

可知，马赫数反映了惯性力与弹性力的相对比值，是气体动力学中一个重要的无因次量，和雷诺数一样，也是确定流动状态的相似准则数。

根据马赫数的大小，将流动分为三种状态。

当 $M<1$，$v<c$ 时，为亚声速流动；

当 $M>1$，$v>c$ 时，为超声速流动；

当 $M=1$，$v=c$ 时，为声速流动或临界流动。

以上三种流动有着截然不同的性质，将在后面的章节中进行讨论。

用马赫数 M 可以表示出流截面上滞止参数与断面参数之比的关系式。由式（8-21）可得出

$$\frac{T_0}{T} = 1 + \frac{\kappa-1}{2}\frac{v^2}{\kappa RT} = 1 + \frac{\kappa-1}{2}M^2 \tag{8-25}$$

根据绝热过程方程及气体状态方程可推出

$$\frac{p_0}{p} = \left(\frac{T_0}{T}\right)^{\frac{\kappa}{\kappa-1}} = \left(1 + \frac{\kappa-1}{2}M^2\right)^{\frac{\kappa}{\kappa-1}} \tag{8-26}$$

$$\frac{\rho_0}{\rho} = \left(\frac{T_0}{T}\right)^{\frac{\kappa}{\kappa-1}} = \left(1 + \frac{\kappa-1}{2}M^2\right)^{\frac{1}{\kappa-1}} \tag{8-27}$$

$$\frac{c_0}{c} = \left(\frac{T_0}{T}\right)^{\frac{1}{2}} = \left(1 + \frac{\kappa-1}{2}M^2\right)^{\frac{1}{2}} \tag{8-28}$$

显然，已知滞止参数及该截面上的 M 数，就可求出该截面上的压强、密度和温度值。

四、气流按不可压缩流动处理的 M 数范围

由式（8-26）～式（8-28）可知，$M=0$ 时各参数之比均为 1，即流体处于静止状态，不存在压缩问题。当 $M>0$ 时，在不同速度下都具有不同程度的压缩。

接下来要讨论的就是 M 数在什么范围内可以忽略压缩影响，流动可按不可压缩处理。这决定于计算要求的精确度范围。

不考虑压缩性时，滞止压强 p_0 用不可压缩能量方程式（8-3）计算得

$$p'_0 = p + \frac{\rho v^2}{2}$$

上式变换为

$$p'_0 = p \cdot \left(1 + \frac{\rho}{p}\frac{v^2}{2}\right)$$

由 $c = \sqrt{\frac{\kappa p}{\rho}}$，有 $\frac{p}{\rho} = \frac{\kappa}{c^2}$ 代入上式得

$$p'_0 = p\left(1 + \frac{\kappa}{2}\frac{v^2}{c^2}\right) = p\left(1 + \frac{\kappa}{2}M^2\right) \tag{8-29}$$

可压缩时，滞止压强 p_0 由式（8-26）推导得

$$p_0 = p\left(1 + \frac{\kappa-1}{2}M^2\right)^{\frac{\kappa}{\kappa-1}}$$

将上式按二项式展开，且取前三项有

$$p_0 = p\left(1 + \frac{\kappa}{2}M^2 + \frac{\kappa}{8}M^4\right)$$

$$= p\left(1 + \frac{\kappa}{2}M^2\right) + p\frac{\kappa}{8}M^4 \tag{8-30}$$

用 Δp_0 表示压缩时滞止压强 p_0 与不可压缩时滞止压强 p'_0 的差值，称为绝对差

值。即
$$\Delta p_0 = p_0 - p'_0$$

用式（8-30）减式（8-29）得
$$p_0 - p'_0 = p\frac{\kappa}{8}M^4 = p\frac{\kappa M^2}{8}\frac{v^2}{c^2} = p\frac{M^2}{4}\frac{\rho v^2}{2p} = \frac{\rho v^2}{2}\frac{M^2}{4}$$

即
$$\Delta p_0 = \frac{\rho v^2}{2}\frac{M^2}{4}$$

因而相对差值为
$$\frac{\Delta p_0}{\frac{\rho v^2}{2}} = \frac{M^2}{4}$$

当相对误差小于 1%，即
$$\frac{\Delta p_0}{\frac{\rho v^2}{2}} = \frac{M^2}{4} < 0.01$$

得
$$M^2 < 0.04, \quad M < 0.2$$

即表明，$M<0.2$ 时便满足了滞止压强的相对误差小于 1%，这时可忽略气体的压缩性，按不可压缩处理。

例如：对于 15℃ 的空气，$c=340\mathrm{m/s}$，对应 $M=0.2$ 的气流速度 $v=68\mathrm{m/s}$。即表明若要求相对误差小于 1%，则 15℃ 的空气当其流速小于 68m/s 时，可按不可压缩处理。

当 $M=0.2$ 时，由式（8-27）计算密度的相对变化 $\frac{\rho_0 - \rho}{\rho}$。

由
$$\frac{\rho_0}{\rho} = \left(1 + \frac{\kappa - 1}{2}M^2\right)^{\frac{1}{\kappa-1}}$$

将空气 $\kappa=1.4$，$M=0.2$ 代入上式
$$\frac{\rho_0}{\rho} = \left(1 + \frac{1.4-1}{2} \times 0.2^2\right)^{\frac{1}{1.4-1}} = (1+0.008)^{2.5} = 1.021$$

则
$$\frac{\rho_0 - \rho}{\rho} = \frac{\rho_0}{\rho} - 1 = 1.021 - 1 = 0.021 = 2.1\%$$

当要求相对误差小于 4% 时，M 数为 0.4，其密度相对变化为 8.2%（计算从略）。

上述计算结果表明，M 数对密度相对变化的影响很大。随着 M 数的增大（即气流速度加快），气流密度减小得很快。

第三节　可压缩气体一元恒定流动的连续性方程

一、连续性微分方程

前面已讨论得到一元恒定流连续性方程
$$\rho v A = 常量$$

对上式微分，整理得
$$\frac{\mathrm{d}\rho}{\rho} + \frac{\mathrm{d}v}{v} + \frac{\mathrm{d}A}{A} = 0 \tag{8-31}$$

上式即为可压缩流体一元恒定流动连续性方程的微分形式。表明流管内流体的速度、密度及断面积的相对变化量之代数和恒等于零。

第八章 一元气体动力学基础

根据式（8-1）
$$\frac{\mathrm{d}p}{\rho}+v\mathrm{d}v=0$$

有
$$v\mathrm{d}v=-\frac{\mathrm{d}p}{\rho}=-\frac{\mathrm{d}p}{\mathrm{d}\rho}\frac{\mathrm{d}\rho}{\rho}=-c^2\frac{\mathrm{d}\rho}{\rho}$$

则
$$\frac{\mathrm{d}\rho}{\rho}=-M^2\frac{\mathrm{d}v}{v} \tag{8-32}$$

将式（8-32）代入式（8-31）整理得
$$\frac{\mathrm{d}A}{A}=(M^2-1)\frac{\mathrm{d}v}{v} \tag{8-33}$$

式（8-33）为理想可压缩流体连续性微分方程。

二、气体速度与断面的关系

由式（8-33）可得以下重要结论：

(1) $M<1$ 为亚声速流动，$v<c$，因此 $M^2-1<0$，则 $\mathrm{d}v$ 与 $\mathrm{d}A$ 正负号相反。说明速度随断面的增大而减慢，随断面的减小而加快。这与不可压缩流体运动规律相同。

下面分析存在这一规律的原因。

由式（8-32）可知，$\mathrm{d}\rho$ 与 $\mathrm{d}v$ 正负号相反。表明速度增加，则密度减小。当 $M<1$ 时 $M^2\ll1$，有 $\frac{\mathrm{d}\rho}{\rho}\ll\frac{\mathrm{d}v}{v}$，表明亚声速流动中，速度的增加率远远大于密度的减小率，因此乘积 ρv 随 v 的增加而增加。若 1、2 两断面上，$v_1<v_2$ 则 $\rho_1 v_1<\rho_2 v_2$。由连续性方程 $\rho_1 v_1 A_1=\rho_2 v_2 A_2$，则必有 $A_1>A_2$，反之亦然。

由式（8-1）可知，$\mathrm{d}v$ 与 $\mathrm{d}p$ 的正负号相同，于是 $\mathrm{d}p$ 与 $\mathrm{d}A$ 的正负号相同。即压强随截面积的增大而增大，这也与不可压缩流体的规律相同。

(2) $M>1$ 为超音速流动，$v>c$，因此 $M^2-1>0$。$\mathrm{d}v$ 与 $\mathrm{d}A$ 正负号相同。说明速度随断面的增大而加快，随断面的减小而减慢。这与亚声速流动的规律截然相反。

表 8-1 归纳了上述分析得到的 A、v、p、ρ、ρv 与马赫数 M 之间的关系。

表 8-1　　亚声速与超声速流动中各参数与马赫数 M 的变化关系

类别	流向	面积 A	流速 v	压力 p	密度 ρ	单位面积质量流量 ρv
亚声速流动 $M<1$		增大 减小	减小 增大	增大 减小	增大 减小	减小 增大
超声速流动 $M>1$		增大 减小	增大 减小	减小 增大	减小 增大	减小 增大

（3）$M=1$ 即气流速度与当地声速相等，此时气体处于临界状态，气体达到临界状态的断面，称为临界断面。临界断面上的参数称为临界参数，用下标"cr"表示。如临界断面 A_{cr}、临界速度 v_{cr}、临界声速 c_{cr}，且 $c_{cr}=v_{cr}$；还有 p_{cr}、ρ_{cr}、T_{cr} 等。

$M=1$ 时，由式（8-33）得 $dA=0$。表明对于变截面流管，此处的截面为该流管的极值截面。从数学的角度分析，可以是最小截面，也可以是最大截面。通过分析，将说明声速不可能在最大截面上出现，临界截面 A_{cr} 只能是管道中的最小截面。

如图 8-4（a）表示，假设气流以超声速 $v>c$ 流入管道的扩张段。由表 8-1 可知，v 随着断面的扩大而越来越大，到最大截面处达到最大值，所以流速不可能在最大截面处由超声速降为声速。反之，如图 8-4（b）所示，如气流以亚声速流入扩张管，v 随着截面的扩大而越来越小，速度只能在亚声速状态，不可能增大到声速。因此，证明了声速只能出现在最小截面 A_{cr} 处。

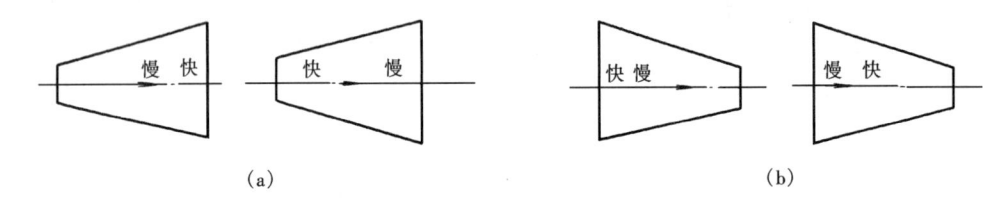

图 8-4　气流速度与断面关系
(a) $M<1$；(b) $M>1$

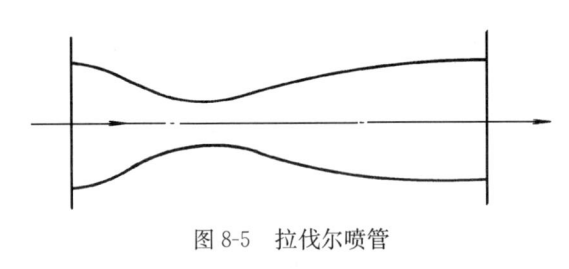

图 8-5　拉伐尔喷管

以上讨论可得出如下结论：对于初始断面为亚声速的收缩形气流，不可能得到超声速流动。要想获得超声速气流，必须使亚声速收缩形气流在最小截面上达到声速，然后再在扩张管中继续加速，达到超声速。这种先收缩后扩张的喷管称为拉伐尔喷管。如图 8-5 所示。

思 考 题

8-1　区分理想气体绝热流动伯努利方程与不可压缩流体伯努利方程的意义。

8-2　把管流视为绝热流动需满足什么样的条件？

8-3　什么是声速？为什么说声速在分析流动过程中具有重要意义？

8-4　什么是滞止参数？对于同一个绝热过程，流道各截面的滞止参数是否相同？为什么？

8-5　简述当地速度 v，当地声速 c，滞止声速 c_0 和临界声速 c_{cr} 的含义，这四个参数之间存在什么样的联系？

8-6　什么是马赫数 M？根据马赫数的大小有几种流动状态？

8-7　试分析理想气体一元恒定流动连续性方程意义。并与不可压缩流体的连续性方程比较。

8-8　在超声速流动中，为什么速度随断面增大而增大，而压强随断面的增大而减小？

第八章 一元气体动力学基础

8-9 为什么说初始断面为亚声速的收缩形气流不可能得到超声速？

习 题

8-1 为获得较高空气流速，使煤气与空气充分混合，将压缩空气流经一喷嘴（参见图 8-2）。在 1、2 两断面上测得高压空气参数为：$p_1=12\times 98\ 100\text{N/m}^2$，$p_2=10\times 98\ 100\text{N/m}^2$，$v_1=100\text{m/s}$，$t_1=27℃$。试求喷嘴出口速度 v_2。

8-2 如图 8-6 所示火箭发动机，燃烧室内燃气温度 $T_0=2300\text{K}$，压强 $p_0=4900\text{kPa}$，气流速度 $v_0=0$，燃气的 $\kappa=1.25$，$R=400\text{J/(kg·K)}$。燃气流经喷管时与外界无热交换和能量损失。求喷管出口面上的流速。出口面上的 $p=394\text{kPa}$，$T=1700\text{K}$。

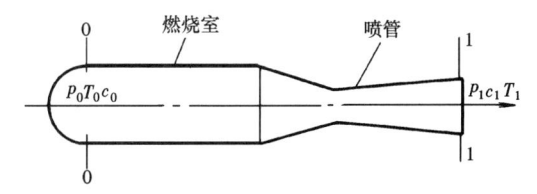

图 8-6 习题 8-2 图

8-3 某物体以 600km/h 的飞行速度在海平面及 20 000m 的高度上飞行，求马赫数 M 各是多少？

8-4 某一绝热气流的马赫数 $M=0.8$，并已知其滞止压力 $p_0=490\text{kPa}$，温度 $t_0=27℃$，试求滞止声速 c_0，当地声速 c，气流速度 v 和气流绝对压强 p 各为多少？

8-5 已知一元恒定等熵空气流的流速沿流动方向增加。在截面 1 处，温度 $T_1=300\text{K}$，压力 $p_1=2.05\times 10^5\text{Pa}$，平均流速为 144.4m/s，截面 2 处为临界截面。求临界温度、临界压力、临界速度、临界密度 [空气的 $\kappa=1.4$，$R=287\text{J/(kg·K)}$]。

8-6 空气管道某一断面上 $v=120\text{m/s}$，$p=680\text{kPa}$，$t=15℃$。试计算该断面上的马赫数及雷诺数。

第二篇 泵 与 风 机

泵与风机是利用原动机驱动使流体提高能量的一种机械。该机械获外能后，具有输送流体的能力，故称为流体机械。

泵是提高液体能量并输送液体的流体机械。它是将获得的能量传递给液体，使液体获得一定的压能和动能。其能量的转换、传递过程如下：

电能 $\xrightarrow[\text{转换}]{\text{电机}}$ 机械能 $\xrightarrow[\text{传递}]{\text{叶轮}}$ 机械能 $\xrightarrow[\text{转换}]{\text{泵壳}}$ 液体压能、动能升高

风机是提高气体能量并输送气体的流体机械。其能量转换过程类同于泵。

泵与风机是一种通用机械，应用广泛。在本专业的工程实践中，与泵和风机有着密切关系。如空调系统中需要风机进行输送空气，需要水泵保证水系统循环等。

按泵与风机的工作原理分为容积式、叶片式和其他类型多种。

一、容积式

容积式泵与风机是在机械运转过程中，周期性地改变其工作容积，将吸入的流体能量升高后再排出。如往复式活塞泵、旋转式齿轮泵等。

二、叶片式

叶片式泵与风机是通过安装在轴上的叶轮旋转运动将能量传递给流体，使流体获得机械能。按流体的流动情况，又可分为离心式、轴流式和混流式等。其中离心式泵与风机和轴流式风机在工程实践中应用十分广泛。

三、其他类型

除以上两类泵与风机外，还有真空泵、旋涡泵、蒸汽泵、引射器等。

本篇重点介绍叶片式分类中的离心式泵与风机。

第九章 离心式泵与风机的构造与理论基础

第一节 离心式泵与风机的分类、基本构造及工作原理

一、离心式泵

（一）分类

离心式泵的构造形式、输送液体的种类较多，常按以下几种情况分类：

1. 按泵轴位置

按泵轴位置不同可分为卧式泵和立式泵两类。如 IS、KQW 系列卧式泵，KQL 系列立式泵等。

2. 按叶轮数量

按叶轮数量不同可分为单级泵和多级泵。

第九章 离心式泵与风机的构造与理论基础

3. 按叶轮进水情况

按叶轮进水情况可分为单吸泵和双吸泵。

此外，按输送的液体不同，可分为污水泵和清水泵、冷水泵和热水泵；按泵轴与电机连接形式可分为悬臂式和直联式两种。

不同类型水泵有不同适用范围和特点，本专业中常用泵的形式和适用条件列于表9-1中。

表 9-1　　水泵形式、适用条件

序号	泵形式	适用条件、特点
1	标准立式单级泵	特点：效率高、体积小、噪声低、重量小、占地面积少，安装检修方便 使用条件：转速 2960r/min，1480r/min，960r/min 流量范围：1.8～1400m³/h；扬程：0～260mH₂O 介质温度：冷水泵，−10～80℃；热水泵：<130℃ 用途：空调、采暖、卫生用水、水处理、市政给排水、消防给水等无腐蚀的冷热水输送
2	标准卧式单级泵	与立式泵相比，占地面积大些，安装灵活性差些。在使用条件上，流量范围大：2.2～3600m³/h。安装时水泵轴向吸入，出水口变换方向（上方）输出，水力模型设计更优 用途同立式泵
3	双吸泵	这是一种大流量、低扬程水泵，是为满足特殊需要而专门开发的产品，适用于大流量冷、热水供应与循环、市政管网泵站等场合。属单级双吸水（水平方向）中卧式离心泵
4	单吸多级式泵	有立式和卧式两种，亦有冷热水两种类型介质，其特点类同于单级立卧式水泵，主要区别在于提高了水泵扬程，可达 360mH₂O，适用于高层建筑供水、锅炉给水等场合
5	其他：潜水排污泵 立式排污泵 专用泵	具有高效节能、可自动控制等特点，可用于楼宇、工矿企业、环保排污、勘探等场合，介质温度不大于 60℃ 与潜水泵相比，无须潜入水中，若采用四氟乙烯材质，使用寿命更长，特别适宜于固定泵房的污水泵站 随着经济发展，城市、楼宇建设的不断创新，泵类产品亦更多在与之相配备，如高层建筑给水泵、消防专用泵和稳压泵、锅炉给水泵、供暖空调循环泵等按专业不同、场合不同与之相配备

（二）基本构造

如图 9-1 所示，为一台单级单吸离心泵结构图，主要部件有叶轮、泵壳、泵轴、轴承、密封填料等。

1. 叶轮

叶轮由叶片和轮毂两部分组成，叶片固定于轮毂上，在轮毂中间设穿轴孔与泵轴相连，如图 9-2 所示。

叶轮按盖板设有情况可分为封闭式、敞开式和半开式三种，如图 9-3 所示。封闭式叶轮有前后两个盖板，一般有 6～8 片叶轮，多的可达 12 片，一般用于输送洁净无杂质液体，如清水泵。敞开式叶轮无盖板，半开式叶轮具有后盖而无前盖，这两种叶轮叶片数少，一般只有 2～4 片，常用于输送含杂质较多的液体，叶轮多用铸铁、铸钢制造，内表面要求光洁，有一定的粗糙度限制，无砂眼和突起现象。

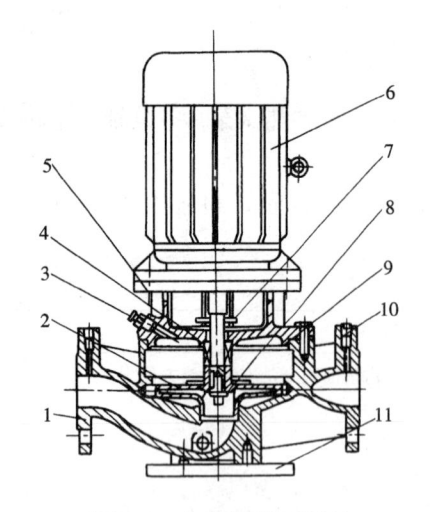

图 9-1 立式水泵结构图
1—泵体；2—叶轮；3—放气旋塞；4—机械密封；
5—泵盖；6—电机；7—挡水圈；8—螺钉；
9—密封圈；10—螺塞；11—底板

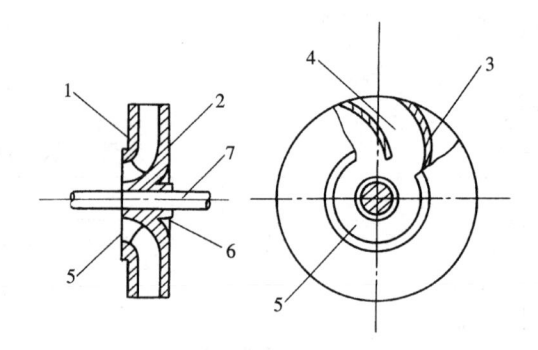

图 9-2 单吸式叶轮结构简图
1—前盖板；2—后盖板；3—叶片；4—流道；
5—吸水口；6—轮毂；7—泵轴

图 9-3 叶轮形式
(a) 半开式叶轮；(b) 敞开式叶轮；(c) 封闭式叶轮

2. 泵壳

离心泵的泵壳是蜗壳形的外壳，其作用是汇集叶轮甩出的水，并引向压水管道。泵壳应有利于形成良好的水力条件，又能承受较高的水压作用，多用铸铁制造而成，内表面应光滑。

在泵壳可设灌水漏斗和排气孔栓，以便泵启动前灌水和排气，在其底部设有方头螺栓，便于维修和停用时排水。

3. 泵轴

泵轴是用来旋转泵叶轮的。泵轴与叶轮之间用键进行联结，由此带动叶轮旋转，将能量传递给叶轮。泵轴应具有足够的刚度和抗扭强度，故常用碳素钢或不锈钢制造。

4. 轴承

支承泵轴并便于旋转的装置为轴承。轴承有滑动轴承和滚动轴承两种，常用油脂或润滑油作润滑剂。

5. 减漏装置

在叶轮与泵壳之间总存在有缝隙，使泵壳内压力高的水从缝隙处漏回到泵的入口，从而降低了水泵的工作效率。一般要求缝隙在 1.5~2mm，以减少漏水量；同时，泵运行时，泵壳、叶轮缝隙处最易磨损或腐蚀，使缝隙越来越大，从而漏水量也越来越大，为避免更换叶轮和泵壳，常在缝隙处的泵壳上或在泵壳和叶轮上安装减漏环或承磨环，见图9-4。当减漏环被磨损到一定程度后，进行更换。

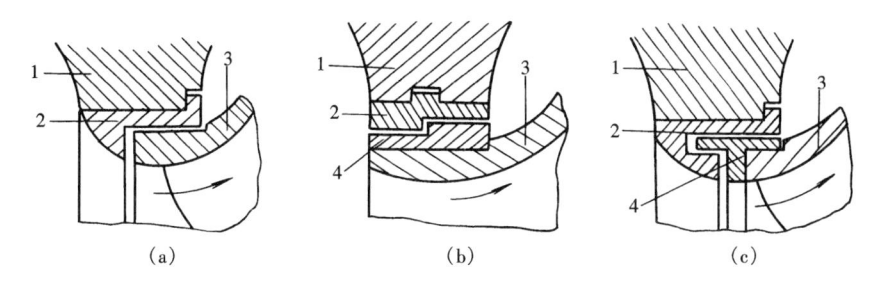

图 9-4 减漏环
(a) 单环型；(b) 双环型；(c) 双环迷宫型
1—泵壳；2—镶在泵壳上的减漏环；3—叶轮；4—镶在叶轮上的减漏环

6. 轴向平衡装置

水泵运行时，叶轮进水侧上部受高压水作用，下部受低压水作用，而叶轮背面均受到高压水作用，从而形成一个轴向压差作用在叶轮上，如图9-5所示。在此压力作用下，叶轮和轴被推向进水侧，造成叶轮轴向位移并与泵壳发生磨损，且泵的能耗亦相应加大。

一般解决方法有三种：一是在叶轮后盖上开平衡孔并加装减漏环，如图9-6所示。此法简单、易行，但叶轮内水流受到回流水冲击，水力条件变差，泵的效率下降；二是采用止推轴承，适于轴向推力较小情况；三是采用减压环。

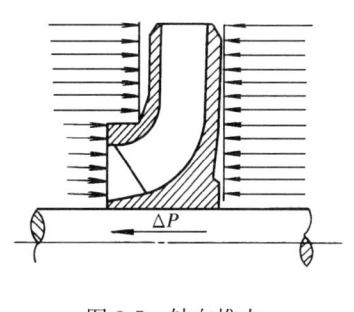

图 9-5 轴向推力

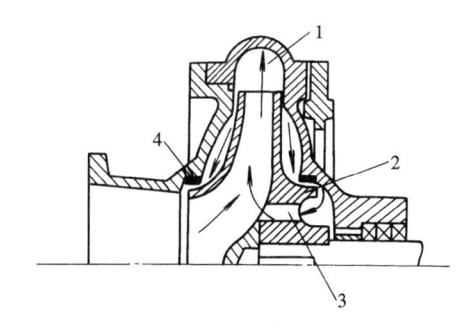

图 9-6 平衡孔
1—排除压力；2—加装的减漏阀；
3—平衡孔；4—泵壳上的减漏环

7. 轴封装置

用来密封泵轴与泵壳之间的空隙，防止漏水和空气吸入泵内，有机械密封和填料密封两种。密封装置各密封件的间隙应符合要求，松紧应以稍有滴水为宜，过紧会使泵轴与密封件间摩擦增大，降低水泵工作效率。

（三）工作原理

离心式泵借助于旋转叶轮对液体作用，将原动机的机械能传递给液体。在离心泵启动前，先将泵灌满水，再驱动电动机，使叶轮高速旋转，由于离心力作用，液体从叶轮进口流向叶轮出口，并甩出叶轮，其流速水头和压力水头都得到增加，液体经泵壳的压出室，大部分流速水头转变为压力水头，然后沿泵出口进入管道。与此同时，叶轮进口处液体在叶轮旋转运动中，形成真空状态，从泵入口吸入液体不断进入叶轮。这样就形成了离心泵连续吸水，连续进行能量传递和转化，使液体的压力能和动能均被提高，并不断地将液体输出水泵。

二、离心式风机

（一）分类

离心式风机是最常用的风机之一，按其出口风压大小可分为：高压离心式风机，风机全压介于 2940～14 700Pa；中压离心式风机，风机全压介于 980～2940Pa（包括 2940）；低压离心式风机，其全压≤980Pa。

中、低压离心式风机在通风、除尘、空调系统中应用广泛，是本专业的主要选用产品。此外，轴流式风机在本专业的通风换气、楼宇防排烟系统中亦常用，其风压≤4900Pa。

（二）基本构造

离心式风机主要构件有叶轮、机壳、机轴及吸入口等。图 9-7 所示为离心式风机主要部件图。

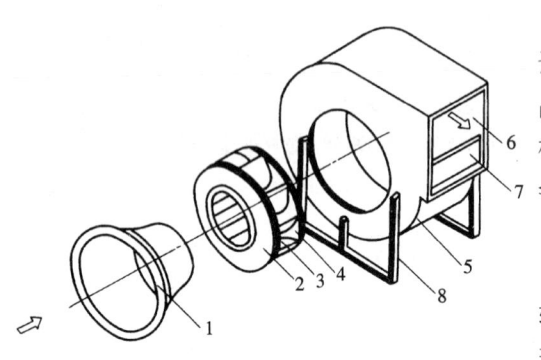

图 9-7 离心式风机主要结构分解示意图
1—吸入口；2—叶轮前盘；3—叶片；4—后盘；5—机壳；6—出口；7—截流板（风舌）；8—支架

1. 叶轮

叶轮由前盘、后盘和叶片组成。后盘固于轮壳上，轮壳与机轴用键连接。

按叶片出口安装角度不同，叶轮分为以下三种型式，如图 9-8 所示。

（1）前向叶片叶轮。叶片出口安装角大于 90°，如图 9-8（a）、（b）所示。其中图（a）

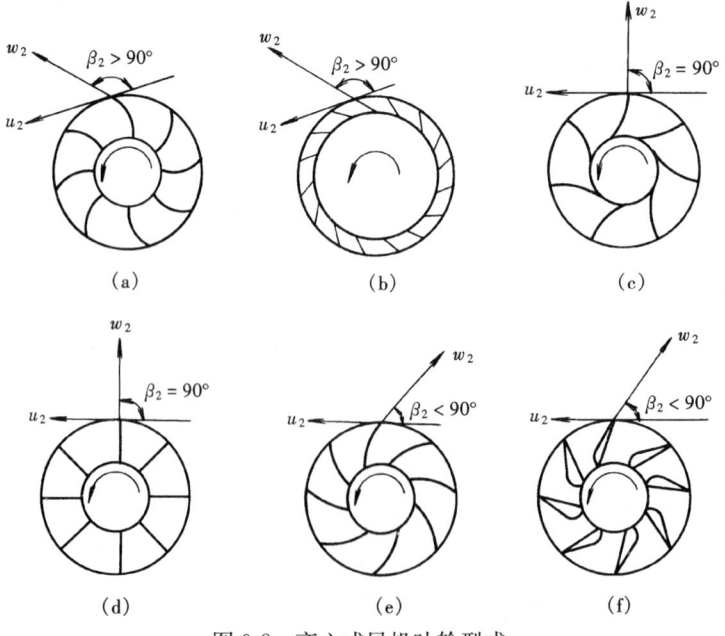

图 9-8 离心式风机叶轮型式

为薄板前向叶轮，图（b）为多叶前向叶轮。这种类型的叶轮流道短而出口较宽。

（2）径向叶片叶轮。叶片出口安装角等于90°，如图9-8（c）、（d）所示。其中图（c）为曲线形径向叶轮，图（d）为直线形径向叶轮。前者制作复杂，但损失小，后者则相反。

（3）后向叶片叶轮。叶片出口安装角小于90°，如图9-8（e）、（f）所示。其中图（e）为薄板后向叶轮，图（f）为机翼形后向叶轮。这类叶型的叶轮能量损失少，整机效率高，运转时噪声小，但产生的风压较低。

2. 机壳

与离心式泵的泵壳相似，风机机壳常呈蜗壳形，用钢板焊接或咬口制成。其作用与泵壳基本相同，即高速低压的气体被叶轮甩出后，在机壳内将部分气体动能转换成压力能，并导向风机出口。

3. 吸入口

如图9-9所示，风机吸入口有三种形式。一是圆筒形，如图9-9（a）所示，其特点是制作简单，但压头损失较大；二是圆锥形，如图9-9（b）所示，其制作较简便，压头损失亦较小；三是圆弧形，如图9-9（c）所示，其压头损失最小，但制作较难。

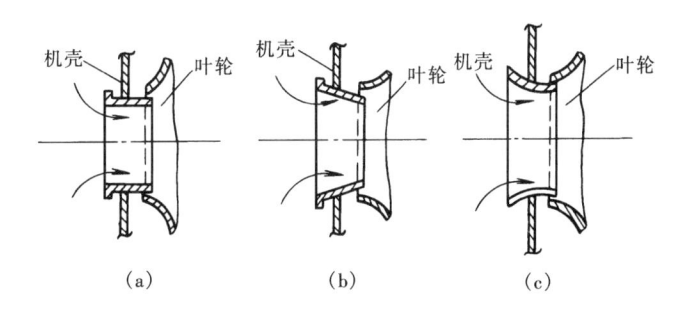

图9-9 离心式风机吸入口形式
（a）圆筒形吸入口；（b）圆锥形吸入口；（c）圆弧形吸入口

4. 支承及传动方式

支承由机座、轴承和机轴三部分组成，机座常用型钢焊接而成，轴承与轴安于机座之上，对于引风机轴承宜设冷却装置，防止转轴过热。

如图9-10所示，按电机与风机连接不同，分为六种传动方式，其特点见表9-2。

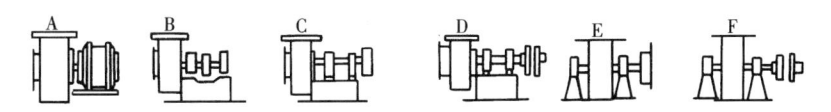

图9-10 离心式风机六种传动方式

表9-2　　　　　　　　　　离心风机传动方式特性表

代号	A型	B型	C型	D型	E型	F型
特点	叶轮装在电机轴上，无轴承	叶轮悬臂，皮带轮在两轴承中间，并处风机一侧	叶轮、皮带轮均悬臂，并处风机一侧	叶轮悬臂，联轴器直联传动，并处风机一侧	叶轮在两轴承中间，皮带轮悬臂传动	叶轮在轴承中间，联轴器直接传动

（三）工作原理

离心风机与离心泵工作原理基本相同。当风机叶轮旋转时，叶片中的气体随叶轮获得离心力，并在离心力作用下，气体通过叶片而获得动能和压力能，从而源源不断地输送气体。

第二节 离心式泵与风机的性能参数

每台泵或风机上均有一个表示其工作特性的牌子，即铭牌，其上的参数为铭牌参数，即基本性能参数。如25LG3－10×10水泵的铭牌为：

```
              立式多级离心泵
型号：25LG3－10×10      必需汽蚀余量：2.0m
流量：3m³/h              效率：42%
扬程：100mH₂O            配套功率：3kW
转速：2900r/min          重量：124kg
出厂编号                  出厂   年 月 日
```

泵的型号说明

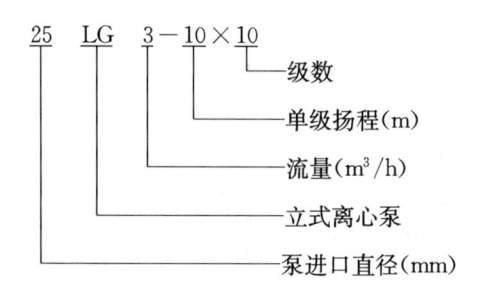

```
25  LG  3－10×10
                └─ 级数
              └─ 单级扬程(m)
            └─ 流量(m³/h)
         └─ 立式离心泵
     └─ 泵进口直径(mm)
```

型号为4－72－11 No 4.5A 离心风机铭牌为：

```
              离心通风机
型号：4－72－11             No 4.5A
流量：5780～10610m³/h      电机功率：7.5kW
全压：2590～1630Pa         转速：2900r/min
出厂编号                    出厂   年 月 日
```

型号说明

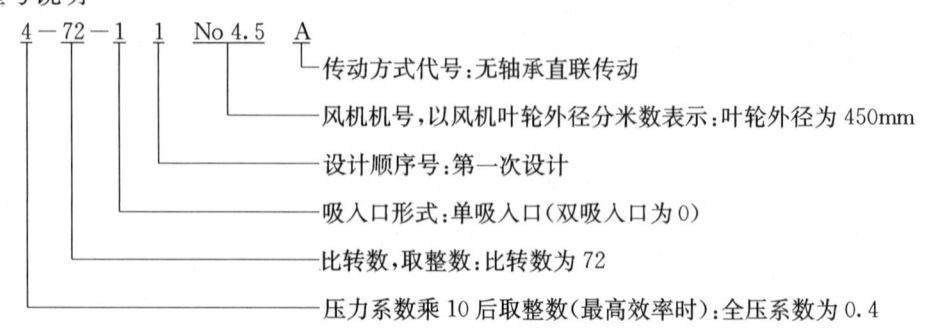

```
4－72－1 1 No 4.5 A
                 └─ 传动方式代号：无轴承直联传动
            └─ 风机机号，以风机叶轮外径分米数表示：叶轮外径为450mm
          └─ 设计顺序号：第一次设计
         └─ 吸入口形式：单吸入口(双吸入口为0)
       └─ 比转数,取整数：比转数为72
      └─ 压力系数乘10后取整数(最高效率时)：全压系数为0.4
```

一、流量

流量是单位时间内通过泵或风机送出的流体体积，是体积流量。用符号 Q 表示，单位为 m³/h，m³/s 或 L/s。严格讲，风机的容积流量，特指风机进口处的容积流量。

二、泵的扬程与风机的全压

泵的扬程的定义是：泵所输送的单位重量流量的流体从进口至出口的能量增值。也就是单位重量流量的流体通过泵所获得的有效能量。用符号 H 表示，单位为 mH_2O。

显然，单位重量流量的流体所获得的能量增量可用能量方程计算。如分别取泵或风机的入口与出口为计算断面，列出它们的表达式可得

$$H_1 = Z_1 + \frac{p_1}{\gamma} + \frac{v_1^2}{2g}$$

$$H_2 = Z_2 + \frac{p_2}{\gamma} + \frac{v_2^2}{2g}$$

下角"1"、"2"分别表示泵入口与出口断面的参数。两式相减，就可以求出泵工作时单位重量流量的流体所获得的能量增量

$$H = Z_2 - Z_1 + \frac{p_2 - p_1}{\gamma} + \frac{v_2^2 - v_1^2}{2g} (m)$$

风机的全压（或压头）是指单位体积气体通过风机所获得的能量增量，包括动压和静压，用符号 p 表示，单位为 Pa。由于 $1p_a = 1N/m^2$，所以风机的压头又称为全压。

风机的静压 p_j 定义为风机全压，减去风机出口动压，即假设 $Z_2 = Z_1$ 时有

$$p_j = (p_2 - p_1) - \frac{\rho v_1}{2}$$

式中　ρ——气体密度，kg/m^3。

从上式看出：风机静压不是风机出口的静压 p_2，也不是风机出口与进口静压差 $p_2 - p_1$。

三、功率与效率

功率有两种：有效功率和轴功率。

有效功率是单位时间内流体通过泵与风机所获得的总能量，即泵与风机将其功率完全传递给流体，故称为有效功率，用符号 N_e 表示，单位为 kW。

泵的有效功率按式（9-1）计算

$$N_e = \gamma Q H \text{（kW）} \tag{9-1}$$

式中　Q——水泵的流量，m^3/s；
　　　γ——被输送流体的容重，kN/m^3；
　　　H——水泵扬程，m。

风机有效功率按式（9-2）计算

$$N_e = Qp \text{（kW）} \tag{9-2}$$

式中　Q——风机的流量，m^3/s；
　　　p——风机的压头，kPa。

轴功率是消耗在泵轴或风机轴上的功率，即电机传递给泵或风机轴上的功率，用符号 N 表示。轴功率包括有效功率、克服泵与风机转动产生的机械摩擦损失、泵与风机中流体流动所产生的能量损失及漏水、漏气现象造成的能量损失等。故 $N > N_e$，两者之比称为泵与风机效率，用符号 η 表示

$$\eta = \frac{N_e}{N} = \frac{\gamma Q H}{N} \tag{9-3}$$

配套功率是指电动机功率，用 N_m 表示。在选电动机时，一般应考虑一定的安全系数，用 k 表示，则

$$N_m = kN \tag{9-4}$$

式中：k 常取 1.15～1.50。

四、转速

转速是泵与风机叶轮每分钟旋转的圈数，用 n 表示，单位为 r/min。

常用的转速有 2900、1450、960r/min。在选泵与风机的配套电动机时，两者的转速应相同。

第三节 离心式泵与风机的基本方程

一、流体在叶轮中的运动

由离心式泵与风机的工作原理，我们知道旋转的叶轮通过叶片直接将能量传递给流体，而流体在叶轮中又是如何运动的呢？

首先，我们分析一下流体在叶轮中的流速情况，图 9-11 所示叶轮示意图及流体速度图。图中 D_1 为叶轮进口直径，D_2 为叶轮外径，b_1 为叶片入口宽度，b_2 为出口宽度，C_0 为流体进入叶轮的轴向绝对速度，ω 为流体沿旋转叶片的流动速度，是相对于叶片而言的一种相对运动速度，u 为流体在沿叶片流动同时又随叶轮而旋转的圆周速度，c 是流体相对机壳的绝对运动速度，由向量加减法知道，它们三者之间关系为

$$\vec{c} = \vec{\omega} + \vec{u}$$

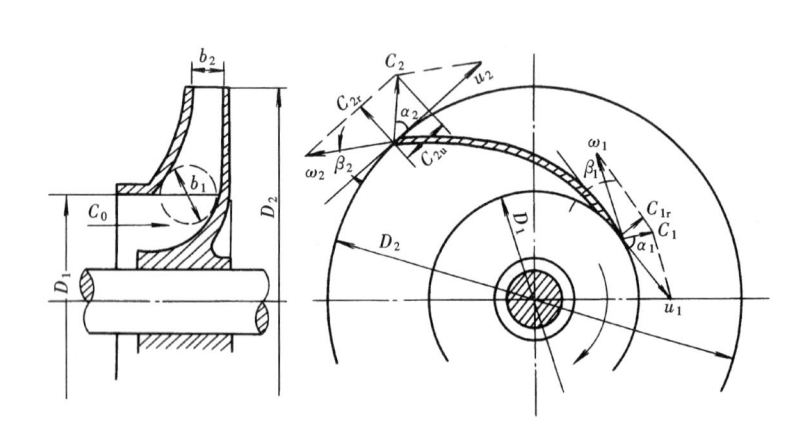

图 9-11 离心泵叶轮中水流速度

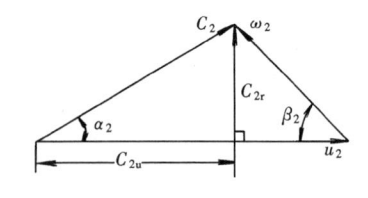

图 9-12 叶轮出口速度三角形

并可用三角形法则来表示，如图 9-12 所示。β 是 $\vec{\omega}$ 与 $\vec{u}$ 反方向的夹角，即叶片安装角，α 是 $\vec{c}$ 与 $\vec{u}$ 的夹角，即叶片的工作角。

我们进一步分析速度三角形，并只对流体在叶轮进出口处的运动参数分析。绝对速度 C 又对流体通过泵与风机的流量和能量如何影响呢？如果将 C 分解成径向分

速度 C_r 和切线方向分速度 C_u，则不难理解 C_r 与流体流过叶轮的流量有关，C_u 与流体的扬程（或全压）有关。从叶轮出口速度三角形中，可得如下关系

$$C_{2u}=C_2\cos\alpha_2=u_2-C_{2r}\cot\beta_2 \tag{9-5}$$

$$C_{2r}=C_2\sin\alpha_2 \tag{9-6}$$

由此，速度三角形表达了流体在叶轮中的运动情况。

二、基本方程式——欧拉方程

叶片式泵与风机基本方程式的导出条件：对叶轮构造、流动性质作以下三个理想化假设。

(1) 流体在叶轮中的流动是恒定流；
(2) 叶轮中的叶片数无限多、无限薄；
(3) 流体按理想流体考虑。

根据理想流体假设，叶轮轴功率全部传递给了流体，则理论功率 N_T 为

$$N_T=\gamma Q_T H_T \tag{9-7}$$

根据动量矩定理：单位时间内流体动量矩的变化，等于在同一时间内作用在该流体上所有外力合力的力矩。

设某叶槽内一薄层流段的质量为 dm，经过时间 dt 后，从入口位置 1 流到出口位置 2，由于径向分速度 c_r 通过叶轮轴中心，故不存在动量矩，所以只要考虑切向分速引起的动量矩变化，则

$$\frac{dm}{dt}(C_{2u}R_2-C_{1u}R_1)=dM \tag{9-8}$$

式中　dM——作用在某叶槽内流段上的外力矩；

R_1、R_2——叶轮进出口处的半径。

由上式推导整个叶轮内流体流动，则

$$\frac{m}{dt}(C_{2u}R_2-C_{1u}R_1)=M \tag{9-9}$$

式中　m——经过 dt 时间流入叶轮流体的质量；

M——作用在叶轮内整个流段上的外力矩。

又因为 $\dfrac{m}{dt}=\dfrac{\gamma Q_T}{g}$，代入式（9-9）中得

$$M=\frac{\gamma Q_T}{g}(C_{2u}R_2-C_{1u}R_1) \tag{9-10}$$

式中　Q_T——通过叶轮的流体理论流量；

γ——流体容重。

因为理论功率 N_T 等于外力矩与叶轮旋转角速度之乘积，式（9-7）可整理为 $H_T=\dfrac{M\omega}{\gamma Q_T}$，代入式（9-10）得

$$H_T=\frac{\omega}{g}(C_{2u}R_2-C_{1u}R_1) \tag{9-11}$$

由于 $u_1=\omega R_1$，$u_2=\omega R_2$，式（9-11）可整理为

$$H_T = \frac{1}{g}(C_{2u}u_2 - C_{1u}u_1) \tag{9-12}$$

式（9-12）为离心式泵与风机的基本方程式，即欧拉方程式。

从基本方程式可知：

(1) 流体所获得扬程，只与流体在叶轮的进出口处的流速有关，而与流体流动的过程无关。

又 $C_{1u}=C_1\cos\alpha_1$，当 $\alpha_1=90°$时，$C_{1u}=0$，则方程式为

$$H_T = \frac{u_2 C_{2u}}{g} \tag{9-13}$$

又 $C_{2u}=C_2\cos\alpha_2$，若 $H_T>0$，则 $\alpha_2<90°$，且 α_2 愈小，则 H_T 就愈大。

(2) 由于 $u_2=\dfrac{n\pi D_2}{60}$，所以可通过加大 n 和 D_2 来提高 H_T。

(3) H_T 与被输送液体的 γ 无关，所以，不同类流体，只要叶片进出口处速度三角形相同，则可得到相同 H_T。

三、叶片数对基本方程的修正

由于实际叶片数的有限，使叶轮旋转时，流体的惯性作用而使流体运动不可能与叶片保持一致，并在叶槽内产生"反旋现象"，导致叶轮内叶片迎水面的压力高于背水面，且实际流速分布不均并使出口处 C_2 方向朝叶轮旋转反方向偏转，即影响相对速度 ω_2 的分布，也就影响了 H_T。所以，流体实际获得理论扬程 H'_T 小于理想叶轮中获得的扬程 H_T，两者之间用式（9-14）表示

$$H'_T = KH_T \tag{9-14}$$

式中　H'_T——理想流体在有限叶片的叶轮中所获得的理想扬程；

　　　K——经验修正系数，$K<1$。

第四节　离心式泵与风机的理论性能曲线

在前述泵与风机的性能参数中，当转速 n 一定，则扬程或全压 H（p）、流量 Q 及功率 N 等性能参数之间，存在一定内在联系，即：

1) 流量和扬程关系，用函数 $H=f_1(Q_T)$ 表示；
2) 流量和轴功率关系，用函数 $N=f_2(Q_T)$ 表示；
3) 流量和设备本身效率 η 之间关系，用函数 $\eta=f_3(Q_T)$ 表示。

下面先按理论性能曲线方面进行分析。

依据速度三角形知，$C_{2u}=u_2-C_{2r}\cot\beta_2$，代入式（9-13）得

$$H_T = \frac{u_2}{g}(u_2 - C_{2r}\cot\beta_2) \tag{9-15}$$

若叶轮出口面积为 A_2，则叶轮理论输出流量为

$$Q_T = A_2 C_{2r} \tag{9-16}$$

式中　Q_T——泵或风机的理论流量，不计各种损失，m³/s；
　　　A_2——叶轮出口面积，m²；
　　　C_{2r}——叶轮出口绝对速度的径向分速度，m/s。

将式（9-16）中C_{2r}代入式（9-15）后整理得

$$H_T = \frac{u_2}{g}\left(u_2 - \frac{Q_T}{A_2}\cot\beta_2\right) \tag{9-17}$$

式（9-17）中，当转速n一定时，u_2、β_2、g、A_2均为常数，故式（9-17）可表示成

$$H_T = A - B\cot\beta_2 Q_T \tag{9-18}$$

式中：$A = \dfrac{u_2^2}{g}$，$B = \dfrac{u_2\cot\beta_2}{A_2 g}$，而$\cot\beta_2$代表叶型种类，也是常量。

从式（9-18）中可知：当转速n一定时，H_T与Q_T呈线性关系；当$Q_T=0$时$H_T=\dfrac{u_2^2}{g}=A$。叶片出口安装角β_2对H_T的影响：当$\beta_2>90°$时，为前向型叶片，$\cot\beta_2<0$，H_T随Q_T的增加而增加；当$\beta_2=90°$时，为径向型叶片，$\cot\beta_2=0$，H_T与Q_T无关；当$\beta_2<90°$时，为后向型叶片，$\cot\beta_2>0$，H_T与Q_T成反比。三种叶型的泵与风机的$H_T=f_1(Q_T)$曲线如图9-13所示。

将式（9-18）代入式（9-7）中可得

$$N_T = \gamma A Q_T - \gamma B Q_T^2$$

设$C=\gamma A$，$D=\gamma B$，则

$$N_T = CQ_T - DQ_T^2 \tag{9-19}$$

从式（9-19）可知：N_T与Q_T关系是非线性关系，且当$Q_T=0$时，$N_T=0$。同理可按不同叶型绘制泵与风机的$N_T=f_2(Q_T)$曲线，如图9-14所示。

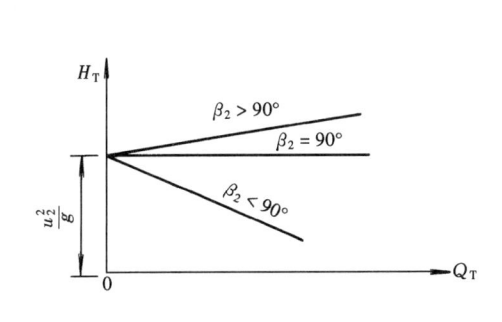

图9-13　三种叶型的Q_T-H_T曲线 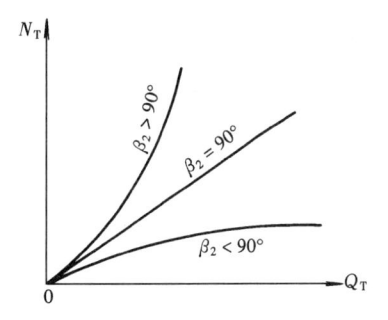　　　图9-14　三种叶型的Q_T-N_T曲线

以上分析所出的Q_T-H_T、N_T-Q_T曲线均为泵与风机的理论性能曲线，并可得出如下结论：

1）前向型叶轮所获得的扬程或全压最大，但流体在叶轮中流动速度也大，故能量损失和噪声均较大，使效率较低，且功率也随流量加大而增加，则电动机过载的可能性就大。

2）后向型叶轮所获得的扬程或全压小于$\dfrac{u_2^2}{g}$，并随Q_T增大而减少，从而有利于增加效率，降低噪声。

在工程实践中，大型风机多采用后向型叶轮，因中小型风机效率不是主要考虑因素，也

有采用前向型叶轮,这样有利于减小叶轮直径和风机外形尺寸。

第五节 离心式泵与风机的实际性能曲线

现在研究机内损失问题。进一步将上述泵或风机的理论性能曲线过渡到实际性能曲线,最后将得出泵或风机的流量—效率曲线,即 Q—η 曲线来表明 $\eta = f_3(Q)$ 的关系,这是泵或风机的实际性能曲线之一。上述所有的实际性能曲线,今后统称为性能曲线。

应当着重指出,由于流动情况十分复杂,现在还不能用分析方法精确的计算这些损失。当运行工况偏离设计工况时,尤其如此。所以各制造工厂目前都只能采用实验方法直接得出性能曲线。但是从理论上研究这些损失并将这些损失加以分类整理,指出它们的基本概况,可以找出减少损失的途径。

泵或风机损失分为水力损失(降低实际压力)、容积损失(减少流量)、机械损失。

一、泵与风机的能量损失

1. 水力损失

流体流经泵或风机时,必然产生水力损失。这些损失同样包括局部阻力损失和沿程阻力损失。水力损失的大小与过流部件的几何形状、壁面粗糙度以及流体的黏性密切相关。

机内阻力损失发生于以下几个部分:

第一,进口损失 ΔH_1。流体经泵或风机入口进入叶片进口之前,发生摩擦及 90°转弯所引起的水力损失,此损失因流速不高而不致太大。

第二,撞击损失 ΔH_2。当机械实际运行流量与设计额定流量不同时,相对速度的方向就不再同叶片进口安装角的切线相一致,从而发生撞击损失,其大小与运行流量和设计流量差值之平方成正比。

第三,叶轮中的水力损失 ΔH_3。它包括叶轮中的摩擦损失和流道中流体速度大小、方向的变化及离开叶片出口等局部阻力损失。

第四,动压转换和机壳出口损失 ΔH_4。流体离开叶轮进入机壳后,有动压转换为静压的转换损失,以及机壳出口损失。

于是,水力损失的总和 $\Sigma \Delta H = \Delta H_1 + \Delta H_2 + \Delta H_3 + \Delta H_4$,上述四部分水力损失都遵循流体力学中流动阻力的规律。

水力损失常以水力效率来 η_h 估算。

$$\eta_h = \frac{H_T - \Sigma \Delta H}{H'_T} = \frac{H}{H'_T} \tag{9-20}$$

式中　　H'_T——叶片数修正后泵或风机的理论扬程或压头;

　　　　H——扣除水力损失后泵或风机的实际扬程或压头。

2. 容积损失

叶轮工作时,机内存在压力较高和压力较低的两部分。同时,由于结构上有运动部件和固定部件之分,这两种部件之间必然存在着缝隙。这就使流体有从高压区通过缝隙泄漏到低压区的可能性。这部分回流到低压区的流体流经叶轮时,显然也获得能量,但未能有效利用,引起能量损失,称为容积损失。

回流量的多少取决于叶轮增压的大小,取决于固定部件与运动部件间的密封性能和缝隙的几何形状。除此之外，对于离心泵来说，还有流过为平衡轴向推力而设置的平衡孔的泄漏回流量等。

通常用容积效率 η_V 来表示容积损失的大小。如以 q 表示泄漏的总流量，则

$$\eta_V = \frac{Q_T - q}{Q_T} = \frac{Q}{Q_T} \tag{9-21}$$

式中 Q_T——泵与风机理论流量，m^3/s；
$\quad q$——泵与风机泄漏、回流总量，m^3/s；
$\quad Q$——泵与风机实际流量，m^3/s，$Q = Q_T - q$；
$\quad \eta_V$——泵与风机容积效率。

由此可见要提高容积效率 η_V，就必须减少回流量。

减少回流量可以采取以下两个方面的措施：一是尽可能增加密封装置的阻力，例如将密封环的间隙做得较小，且可做成曲折形状（见图 9-4）；二是密封环的直径尽可能缩小，从而降低其周长使流通面积减少。实践还证明大流量泵或风机的回流量相对地较少，因而 η_V 值较高。离心式风机通常没有消除轴向力的平衡孔，且高压区与低压区之间的压差也较小，因而它们的 η_V 值也较高。

3. 机械损失

泵和风机的机械损失包括轴承和轴封的摩擦损失，还包括叶轮转动时其外表与机壳内流体之间发生的所谓圆盘摩擦损失。

泵的机械损失中圆盘摩擦损失常占主要部分。但泵的轴封如采用填料密封结构时，当压盖压装很紧，会使机械损失大增，这是填料发热的原因，在小型泵中甚至因而难以启动。

机械损失可以用机械效率 η_m 来表示：

$$\eta_m = \frac{N - \Delta N_m}{N} \tag{9-22}$$

式中 N——泵与风机轴功率，kW；
$\quad \Delta N_m$——泵与风机机械损失总功率，kW。

二、泵与风机的全效率

泵与风机全效率是其有效功率与轴功率之比，即

$$\eta = \frac{N_e}{N} \tag{9-23}$$

由于 $N = \frac{\gamma Q_T H'_T}{\eta_m}$，又 $Q_T = \frac{Q}{\eta_V}$，$H'_T = \frac{H}{\eta_h}$，将三式整理得

$$N = \frac{\gamma Q H}{\eta_h \eta_V \eta_m}$$

又 $N_e = \gamma Q H$，将 N_e、N 代入式（9-23）得

$$\eta = \eta_h \eta_V \eta_m \tag{9-24}$$

这样，$N = \frac{\gamma H Q}{\eta}$ 与式（9-3）相同。

三、泵与风机的实际性能曲线

前面已经研究了离心式泵与风机的工作原理和流体在叶轮中的流动情况，导出了理论扬程方程式和 Q_T-H_T 及 Q_T-N_T 图像，并揭示了泵与风机内部的各种能量损失。现在可以进

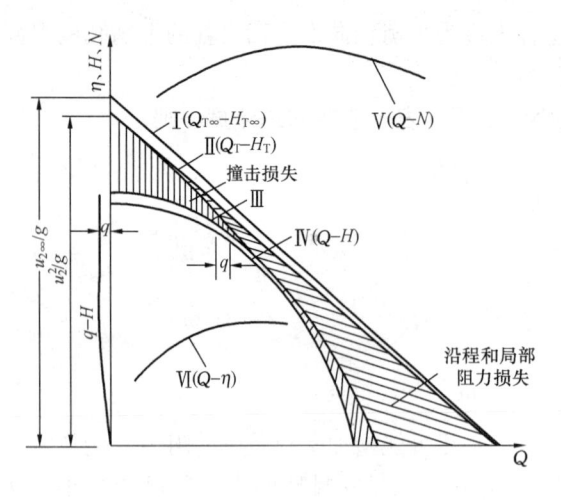

图 9-15 离心式泵或风机性能曲线定性分析

一步研究各工作参数之间的实际关系,并据此得出泵或风机的实际性能曲线。

在图 9-15 中采用流量 Q 与扬程 H 组成直角坐标系,纵坐标轴上还标注了功率 N 和效率 η 的尺度。根据理论流量和扬程的关系式(9-18)可以绘出一条 Q_T—H_T 曲线。以后向叶型的叶轮为例,这是一条下倾的直线,如图中之Ⅱ。当 $Q_T=0$ 时,$H_T = \dfrac{v_2^2}{g}$。

显然,如按无限多叶片的欧拉方程,可以绘制一条 $Q_{T\infty}$—$H_{T\infty}$ 的关系曲线,这是一条位于曲线Ⅱ上方的曲线Ⅰ。

当机内存在水力损失时,流体必将消耗部分能量用来克服流动阻力。这部分损失应从曲线Ⅱ中扣除,于是就得出如曲线Ⅲ的曲线。所扣除的包括以直影线部分代表的撞击损失和以倾斜影线部分代表的其他水力损失。

除水力损失之外,还应从曲线Ⅲ扣除泵与风机的容积损失。容积损失是以泄漏流量 q 的大小来估算的。可以证明当泵或风机的结构不变时,q 值与扬程的平方根成比例,因而能够作出一条 q—H 的关系曲线,示于图 9-15 的左侧。曲线Ⅳ从曲线Ⅲ扣除相应的 q 值后得出的泵或风机的实际性能曲线,即 Q—H 曲线。

流量—功率曲线表明泵或风机的流量与轴功率之间的关系。因为轴功率 N 是理论 $N_T = \gamma Q_T H_T$ 与机械损失功率 ΔN_m 之和,即

$$N = N_T + \Delta N_m = \gamma Q_T H_T + \Delta N_m$$

根据这一关系式,可以在图 9-15 上绘制一条 Q—N 曲线。如图上之Ⅴ。

有了 Q—N 和 Q—H 两曲线,按式(9-23)计算在不同流量下的 η 值,从而得出 Q—η 曲线,如图中的Ⅵ。Q—η 曲线的最高点表明为最大效率,它的位置与设计流量是相对应的。

Q—H、Q—N、Q—η 三条曲线是泵或风机在一定转速下的基本性能曲线。其中最重要的是 Q-H 曲线,因为它揭示了泵或风机的两个最重要、最有实用意义的性能参数之间的关系。

通常按照 Q—H 曲线的大致倾向可将其分为下列三种:①平坦型;②陡降型;③驼峰型。如图 9-16 所示。

具有平坦型 Q—H 曲线的泵或风机,当流量变动很大时能保持基本恒定的扬程。陡降型曲线的泵或风机则相反,即流量变化时,扬程的变化相对地较大。至于驼峰型曲线的泵或风机,当流量自零逐渐增加时,相应的扬程最初上升,达到最高值后开始下降。具有驼峰性能的泵或风机在一定的运行条件下可能出现不稳定工作。这种不稳定工作,是应当避免的。

如前所述,泵和风机的性能曲线实际上都是由制造厂根据实验得出的。这些性能曲线是选用泵或风机和分

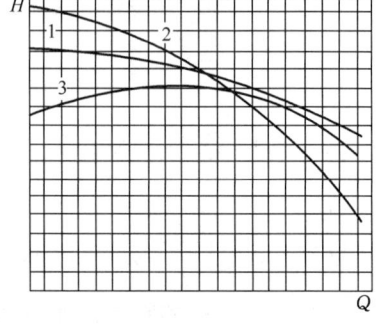

图 9-16 三种不同的 Q-H 曲线
1—平坦型;2—陡降型;3—驼峰型

析其运行工况的根据。尽管在实用中还有其他类型的性能曲线,如选择性能曲线和通用性能曲线等,也都是以本节所述的性能曲线为基础演化出来的。

作为示例,图9-17绘出了型号为"12SA"型离心式水泵的实际性能曲线

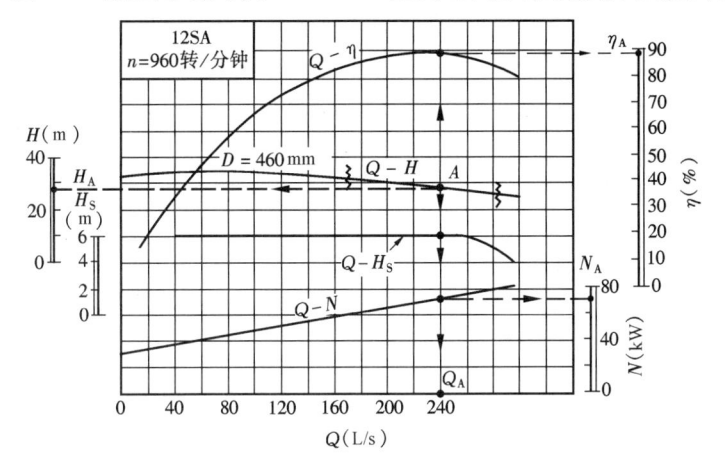

图9-17 "12SA"型离心水泵实际特性曲线

该曲线是在转速(n)一定情况下,通过离心泵性能试验和气蚀试验其绘制的。

性能曲线一般包括$Q—H$、$Q—N$、$Q—H_S$、$Q—\eta$四条。它们有以下几个特点:

(1) 每一个流量(Q)都相应于一定的扬程(H)、轴功率(N)、效率(η)和允许吸上真空高度(H_S)扬程是随流量的增大而下降,这一点与上述Q-H曲线的理论分析结果是相吻合的。它将有利于泵站中电动机的选择和与管网联合工作中工况的自动调节。

(2) $Q—H$曲线是一条不规则的曲线。相应于效率最高值的(Q_0,H_0)点的各参数,即为水泵铭牌上所列出的各数据(如图9-16中的A点所示)。它将是水泵最经济工作的一个点。在该点左右的一定范围内(一般不低于最高效率点的10%左右)都是属于效率较高的区段,在水泵样本中用两条波形曲线"ξ"标出,称为水泵高效段。在选泵时,应使泵站设计所要求的流量和扬程能落在高效段的范围内。

(3) 由图9-16可见:当流量为零时,对应的轴功率并不等于零,此功率主要消耗在水泵的机械损失方面,其结果导致机壳内水的温度上升,机壳、轴承发热,严重时可能导致泵壳的热力变形。因此,在实际运行中水泵在$Q=0$的情况下,只允许作短时间的运行。

水泵正常启动时,$Q=0$的情况相当于闸阀全闭,此时泵的轴功率仅为设计轴功率的30%左右,而扬程值又是最大,完全符合了电动机轻载启动的要求。因此,在给水排水泵站中,凡是使用离心泵的,通常采用"闭闸启动"的方式。所谓"闭闸启动"就是水泵启动前,压水管上闸阀是全闭的,待电动机运转正常后,压力表读数达到预定数值时,再逐步打开闸阀,使水泵做正常运行。

(4) 在$Q—N$曲线上各点的纵坐标,表示水泵在各不同流量Q时的轴功率之和。在选择与水泵配套的电动机的输出功率时,必须根据水泵的工作情况选择比水泵轴功率稍大的功率,以免在实际运行中出现小机拖大泵而使电机过载、甚至烧毁等事故。但亦应避免选配过大功率的电机,造成机大泵小使电机容量不能得到充分的利用,从而降低了电机的效率和功率因数。电动机的配套功率(N_p)可按下式计算:

$$N_p = k\frac{N}{\eta}$$

式中 k——考虑可能超载的安全系数，可参考表 9-3；

η——传动效率。考虑电动机的功率传给水泵时，在传动过程中也将损失部分功率。传动方式不同，功率损失值也不同；

N——水泵装置在运行中可能达到的最大的轴功率。

表 9-3 根据运行中的水泵轴功率而定的 k 值

水泵轴功率(kW)	<1	1~2	2~5	5~10	10~25	25~60	60~100	>100
k	1.7	1.7~1.5	1.5~1.3	1.3~1.25	1.25~1.15	1.15~1.1	1.1~1.08	1.08~1.05

一般采用弹性联轴器传动时：$\eta'' \geqslant 95\%$，采用皮带传动时：$\eta'' \geqslant (90\sim95)\%$。

另外，水泵样本中所给出的 Q—N 曲线，指的是水或者是某种特定液体时的轴功率与流量之间关系。如果所抽升的液体容重（γ）不同时，则样本中 Q-N 曲线就不适用，此时，泵的轴功率要按式（9-3）进行计算。

（5）在 Q—H_s 曲线上各点的纵坐标，表示水泵在相应流量下工作时，水泵所允许的最大限度的吸上真空高度值（详见第十一章中的第二节）。它并不表示水泵在某（Q、H）点工作时的实际吸水真空值。水泵的实际吸水真空值必须小于 Q—H_s 曲线上的相应值。否则，水泵将会产生气蚀现象（详见第十一章中的第二节）。

（6）水泵所输送液体的黏度愈大，泵体内部的能量损失愈大，水泵扬程（H）和流量（Q）都要减小，效率要下降，而轴功率却增大，水泵特性曲线将发生改变。故在输送黏度大的液体（如石油、化工黏液等）时，泵的特性曲线要经过专门的换算后才能使用，不能直接套用。

综上所述，从能量传递的角度来看，对于水泵特性曲线中任意一点 A 的各项纵坐标值，如图 9-16 所示，可作如下的归纳：

扬程（H_A）表示：当水泵流量为 Q_A 时，每 1kg 水通过水泵后其能量的增值为 H_A（米水柱）。或者说，当水泵流量为 Q_A 时，水泵能够供给每 1kg 水的能量值为 H_A（米水柱）。

功率（N_A）表示：当水泵流量为 Q_A 时，泵轴上所消耗的功率（kW）。

效率（η_A）表示：当水泵的流量为 Q_A 时，水泵的有效功率占其轴功率的百分数（%）。

第六节 力学相似原理

工程实践中的流体运动现象通常较复杂，许多力学问题难以用纯理论来分析解决，借助模型试验与理论分析相结合是一种有效的解决问题途径。

表示流体运动的量具有各种不同性质，主要有三种物理量：一是表示流场几何形状、二是运动状态、三是动力特性。所以，对两个相似的流动系统，可从几何相似、运动相似、动力相似来描述。

一、几何相似

几何相似是指原型与模型的几何形状和几何尺寸相似，即两者任何一个相应线性长度的比例关系恒定，即长度比 λ_L 为

$$\lambda_L = \frac{L}{L_0} \tag{9-25}$$

则面积比和体积比分别为 λ_A 和 λ_V

$$\lambda_A = \frac{A}{A_0} = \frac{L^2}{L_0^2} = \lambda_L^2$$

$$\lambda_V = \frac{V}{V_0} = \frac{L^3}{L_0^3} = \lambda_L^3$$

二、运动相似

运动相似是原型与模型两个流动中，任何对应质点迹线是几何相似的，且对应质点流过相应线段的时间比恒定。即两个流动的速度场几何相似，则两者运动相似。

时间比 $\qquad \lambda_t = \dfrac{t}{t_0}$

速度比 $\qquad \lambda_v = \dfrac{v}{v_0} = \dfrac{\lambda_L}{\lambda_t} \tag{9-26}$

加速度比 $\qquad \lambda_a = \dfrac{a}{a_0} = \dfrac{\lambda_L}{\lambda_t^2}$

三、动力相似

动力相似是原型和模型中任何对应点上作用着同种力，各对应力互相平行且比值相等的流动。

若作用在质点上的力同时有几种，如重力 G、黏滞力 τ、表面张力 T、弹性力 E、惯性力 I 等，则

$$\frac{G}{G_0} = \frac{\tau}{\tau_0} = \frac{T}{T_0} = \frac{E}{E_0} = \frac{I}{I_0} \tag{9-27}$$

或 $\qquad \lambda_G = \lambda_\tau = \lambda_T = \lambda_E = \lambda_I$

三种相似互相关联、互为条件。几何相似是运动相似和动力相似的前提，运动相似是几何相似和动力相似的表现，动力相似是决定流动相似的主导因素。三者是一个统一整体，缺一不可。

第七节 相似律与比转数

泵或风机的设计、制造通常是按系列进行的。同一系列中，大小不等的泵或风机都是相似的，也就是说它们之间的流体力学性质遵循本书所阐明的力学相似原理。

按系列进行生产的原因之一是因为流体在机内的运动情况十分复杂，以致目前不得不广泛利用已有泵或风机的数据作为设计依据。有时，由于实用型泵或风机过大，就运用相似原理先在较小的模型机上进行试验，然后再将试验结果推广到实型机器。

第二篇 泵 与 风 机

泵或风机的相似律表明了同一系列相似机器的相似工况之间的相似关系。相似律是根据相似原理导出的，除用于设计泵或风机外，对于从事本专业的工作人员来说，更重要的还在于用来作为运行、调节和选用型号等的理论根据和实用工具。

一、泵或风机的相似条件

依据相似原理，泵或风机的相似条件从三个方面进行分析，即几何相似、运动相似和动力相似。

首先，相似泵或风机，其相应几何尺寸的比值应相等，且相应角亦相等。即

$$\frac{D_1}{D_{10}} = \frac{D_2}{D_{20}} = \frac{b_1}{b_{10}} = \frac{b_2}{b_{20}} = \cdots \tag{9-28}$$

又

$$\beta_1 = \beta_{10}, \quad \beta_2 = \beta_{20}$$

式中　D_1、D_2——叶片进出口处直径；
　　　β_1、β_2——叶片进出口安装角。

流体在泵或风机中流动通常处于紊流粗糙区，由紊流流动的研究可知，在紊流粗糙区中，只要几何相似，必有动力相似。因此，运动也自动相似，故称自模区。

这样，可得如下结论：泵或风机，只要几何相似，它们就必有运动学和动力学相似，在水利机械中就必有流量、扬程（或压头）、功率、效率相似，即性能相似。

二、泵与风机的相似律

因为

$$u = \frac{2\pi n D_2}{60 \cdot 2}$$

所以

$$\frac{u}{u_0} = \frac{n}{n_0} \frac{D_2}{D_{20}} \tag{9-29}$$

因为

$$Q = c_{2r} \pi D_2 b_2$$

所以

$$\frac{Q}{Q_0} = \frac{c_{2r} \pi D_2 b_2}{c_{2r0} \pi D_{20} b_{20}} = \frac{u_2}{u_{20}} \left(\frac{D_2}{D_{20}}\right)^2 = \frac{n}{n_0} \left(\frac{D_2}{D_{20}}\right)^3 \tag{9-30}$$

因为

$$H = \frac{u_2 c_2 \cos\alpha_2}{g}$$

所以

$$\frac{H}{H_0} = \frac{u_2^2}{u_{20}^2} = \left(\frac{n}{n_0}\right)^2 \left(\frac{D_2}{D_{20}}\right)^2 \tag{9-31}$$

对于通风机全压 $\Delta p = \gamma H$，则有

$$\frac{\Delta p}{\Delta p_0} = \frac{\gamma}{\gamma_0} \left(\frac{n}{n_0}\right)^2 \left(\frac{D_2}{D_{20}}\right)^2 \tag{9-32}$$

因为

$$N = \frac{v Q H}{\eta}, \quad \eta = \eta_0$$

第九章 离心式泵与风机的构造与理论基础

所以
$$\frac{N}{N_0}=\frac{\gamma QH}{\gamma_0 Q_0 H_0}=\frac{\gamma}{\gamma_0}\left(\frac{n}{n_0}\right)^3\left(\frac{D_2}{D_{20}}\right)^5 \qquad (9\text{-}33)$$

上述公式描述了相似系列泵与风机的主要参数关系，故称相似律，满足相似律（实际上只要满足几何相似）的泵或风机称为同一系列泵或风机。

现将泵与风机当转速、叶轮直径、容重改变时的关系汇总于表 9-4 中。

表 9-4　　　　　泵与风机 Q、H（ΔP）、N 及 η 与 γ、n、D 的关系

	计算公式		计算公式
对 γ 的换算	$Q=Q_0$，$\eta=\eta_0$，$\dfrac{\Delta p}{\Delta p_0}=\dfrac{\gamma}{\gamma_0}=\dfrac{\rho}{\rho_0}$ $\dfrac{N}{N_0}=\dfrac{\gamma}{\gamma_0}=\dfrac{\rho}{\rho_0}$	对 D 的换算	$\dfrac{Q}{Q_0}=\left(\dfrac{D}{D_0}\right)^3$，$\dfrac{N}{N_0}=\left(\dfrac{D}{D_0}\right)^5$ $\dfrac{\Delta p}{\Delta p_0}=\left(\dfrac{D}{D_0}\right)^2$，$\eta=\eta_0$
对 n 的换算	$\dfrac{Q}{Q_0}=\dfrac{n}{n_0}$，$\eta=\eta_0$，$\dfrac{H}{H_0}=\left(\dfrac{n}{n_0}\right)^2$ $\dfrac{\Delta p}{\Delta p_0}=\left(\dfrac{n}{n_0}\right)^2$，$\dfrac{N}{N_0}=\left(\dfrac{n}{n_0}\right)^5$	对 γ、n、D 同时换算	$\dfrac{Q}{Q_0}=\dfrac{n}{n_0}\left(\dfrac{D}{D_0}\right)^3$，$\dfrac{\Delta p}{\Delta p_0}=\dfrac{\gamma}{\gamma_0}\left(\dfrac{n}{n_0}\right)^2\left(\dfrac{D}{D_0}\right)^2$ $\dfrac{H}{H_0}=\left(\dfrac{n}{n_0}\right)^2\left(\dfrac{D}{D_0}\right)^2$ $\dfrac{N}{N_0}=\dfrac{\gamma}{\gamma_0}\left(\dfrac{n}{n_0}\right)^3\left(\dfrac{D}{D_0}\right)^5$，$\eta=\eta_0$

【例 9-1】　某通风机在一般通风系统中工作，当转速 n_0 为 720r/min 时，风量为 80m³/min，消耗功率为 3kW，当转速改为 1450r/min 时，风量及功率为多少？

解　因为
$$\frac{Q}{Q_0}=\frac{n}{n_0}$$

所以
$$Q=\frac{n}{n_0}Q_0=\frac{1450}{720}\times 80=161.11\text{m}^3/\text{min}$$

又
$$\frac{N}{N_0}=\left(\frac{n}{n_0}\right)^3$$

所以
$$N=\left(\frac{n}{n_0}\right)^3 N_0=\left(\frac{1450}{720}\right)^3\times 3=24.5\text{kW}$$

从理论上知道：改变转速可得到任意流量，但 n 提高使叶片强度和其他机械性能条件也相应改变，功率消耗也剧增，因而不可能无限度提高。相反，减小 n 可降低流量，又使功率剧减，例如：在通风排烟共用系统中，平时低转速运行，满足室内通风换气要求，在火灾时，高转速运行，满足防排烟要求。

【例 9-2】　某锅炉引风机，铭牌参数为 $n=1120$r/min，$\Delta p=1170$Pa，$Q=20\,400$m³/h，$\eta=65\%$，配套电机功率 $N=11$kW，皮带传动效率 $\eta'=98\%$，若用此风机输送 20℃ 清洁空气，n 不变，求在此条件下风机的性能参数及其配套电机功率。

解　由于铭牌参数空气压强为 101.3kPa、温度为 200℃ 下测量，其空气 $\gamma=7.31$N/m³；20℃ 时空气容重 $\gamma'=11.77$N/m³。故风机实际性能参数换算如下
$$Q'=Q=20\,400\text{m}^3/\text{h}$$

$$\frac{\Delta p'}{\Delta p}=\frac{\gamma'}{\gamma}=\frac{11.77}{7.31}=1.61$$

则 $\Delta p'=1.61\Delta p=1.61\times 1170=1883.8\text{Pa}$

取备用系数 $k=1.2$，核算配套电机功率为

$$N'_m=kN'=k\frac{\gamma'Q'H'}{102\eta\eta'g}=k\frac{Q'\Delta p'}{102\eta\eta'g}=1.2\frac{20\,400\times 1883.8}{102\times 0.65\times 0.98\times 9.8\times 3600}=20.1\text{kW}$$

说明原铭牌上配套电机不足，应更换为 20.1kW。

三、风机的无因次性能曲线

对于同系列通风机，具有几何相似、运动相似和动力相似特性，因而用通风机各个参数无因次量来表示其特性，无因次量的关系为

$$\overline{\Delta p}=\frac{\Delta p}{\rho u^2} \tag{9-34}$$

$$\overline{Q}=\frac{Q}{\frac{\pi}{4}D_2^2 u\times 3600} \tag{9-35}$$

$$\overline{N}=\frac{N}{\frac{\pi}{4}D_2^2\rho u^3} \tag{9-36}$$

式中 u——叶片外缘圆周速度，m/s；

D_2——叶片外径，m；

ρ——空气密度，kg/m³。

图 9-18 为 4-72 风机无因次特性曲线和特性曲线。

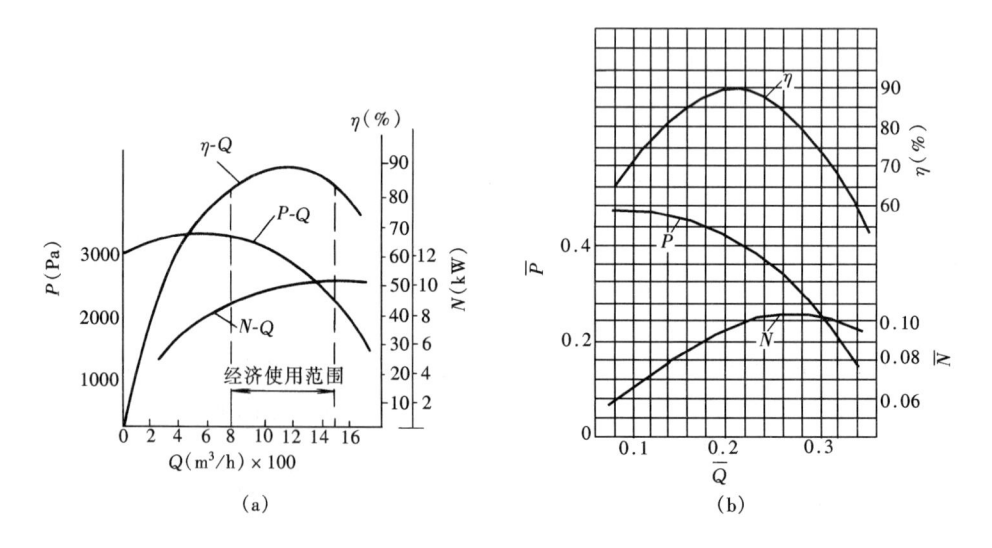

图 9-18 4-72 风机无因次特性曲线和特性曲线
(a) 4-72 风机的特性曲线；(b) 4-72 风机无因次特性曲线

四、比转数

比转数是非相似泵或风机之间进行性能特点比较的标准，因此它是反映不同系列泵或风

机性能和结构特点的综合参数。同一系列的相似泵或风机的比转数相等。我国规定，在相似系列泵或风机中，确定某种标准泵与风机，在最高效率情况下，扬程 $H_0=1\text{m}$（风机全压 $\Delta p_0=1\text{mmH}_2\text{O}$），流量为 $Q_0=0.075\text{m}^3/\text{s}$（风机为 $Q_0=1\text{m}^3/\text{s}$），此标准泵与风机的转速 n_0 称为该系列泵或风机的比转数 n_s。

将式（9-30）整理后

$$Q=0.075\frac{n}{n_s}\left(\frac{D}{D_0}\right)^3 \tag{9-37}$$

又由式（9-31）得

$$H=\left(\frac{n}{n_s}\right)^2\left(\frac{D}{D_0}\right)^3$$

整理后得

$$H^{3/2}=\left(\frac{n}{n_s}\right)^3\left(\frac{D}{D_0}\right)^3 \tag{9-38}$$

由式（9-37）除以式（9-38）得

$$n_s=3.65\frac{n\sqrt{Q}}{H^{\frac{3}{4}}} \tag{9-39}$$

式（9-39）为水泵比转数公式。

同理可得风机比转数公式

$$n_s=\frac{n\sqrt{Q}}{\Delta p^{\frac{3}{4}}} \tag{9-40}$$

式中：Q 的单位为 m^3/S，H 的单位取 Pa，n 取 r/min。

比转数有哪些实用意义？

（1）比转数反映了某系列泵或风机的性能上的特点。可以看出比转数大表明流量大而压头小；反之，比转数小时，表明流量小而压头大。

（2）比转数可以反映了该系列泵或风机的构造特点。由于比转数大的泵或风机其流量大而压头小，则叶轮出口面积必然较大，即进口直径 D_1 和出口宽度 b_2 较大，而叶轮外径 D_2 则较小，所以叶轮厚而径小；反之，比转数小的泵或风机其流量小而压头大，进口直径 D_1 和出口宽度 b_2 较小，而叶轮外径 D_2 则较大，故叶轮相对地扁而大。

当比转数由小不断增大时，叶轮的 D_2/D_1 不断缩小，而 b_2/D_2 则继续增加。从整个叶轮结构来看，将由最初的径向流出的离心式最后变成轴向流出的轴流式。这种变化也必然涉及机壳的结构形式。

（3）比转数可以反映性能曲线变化趋势。对于直径 D_2 相同的叶轮来说，低比转数的机器由于压头增加较多，故流道一般较长，比值 D_2/D_1 和出口安装角 β_2 也较大。这说明低比转数泵或风机的 Q—H 曲线较平坦，或者说压头的变化较缓慢。至于 Q—H 曲线则因流量增加而压头减少不多，机器的轴功率上升较快，曲线变陡，Q—η 曲线则较。

比转数在泵或风机的设计选型中起着极其重要的作用。对于编制系列和安排型号编谱上有重大影响。根据以上分析，可以按照比转数的大小，大体上了解泵或风机的性能和结构状况。比转数就反映了泵或风机的性能、结构型式和使用上的一系列特点，因而常用来作为泵和风机的分类依据。这一点通常在机器的型号上有所反映。例如 4-79 型风机的比转数为 79（只取整数值）。在选用泵或风机时，也可以用比转数。人们在已知所需设计流量、压头以后，常希望所选用的泵或风机在高效率下工作，故可依某原动机（如电机）的转数先算出所需的比转数，从而初步定出可以采用的泵或风机型号。

第八节 相似律的实际应用

一、当被输送液体的密度改变时性能参数的换算

我国规定的标准条件是大气压强为 101.325kPa（760mmHg），空气温度为 20℃，相对湿度为 50%。当被输送的液体温度及压强与上述样本条件不同时，即流体密度改变时，则风机的性能也发生相应的改变。利用相似律计算这类问题时，由于机器是同一台，大小尺寸未变，且转速也未变，如以角标"0"代表样本条件，将式（9-30）、式（9-32）、式（9-33）相似律简化为温度修正式：

$$Q = Q_0 \text{ 且 } \eta = \eta_0$$

$$\frac{p}{p_0} = \frac{\rho}{\rho_0} = \frac{\gamma}{\gamma_0} = \frac{B}{101.325} \cdot \frac{273 + t_0}{273 + t} \tag{9-41}$$

$$\frac{N}{N_0} = \frac{\rho}{\rho_0} = \frac{\gamma}{\gamma_0} = \frac{B}{101.325} \cdot \frac{273 + t_0}{273 + t} \tag{9-42}$$

式中：B 为当地大气压强，单位为 kPa，t 为被输送气体的温度，单位为℃。

二、当转速改变时性能参数的换算

泵或风机的性能参数是针对一定转速 n_m 来说的。当实际转速 n 与 n_m 不同时，可用相似律求出新的性能参数。此时，相似律简化为

$$\frac{Q}{Q_m} = \frac{n}{n_m}$$

$$\frac{H}{H_m} = \left(\frac{n}{n_m}\right)^2$$

$$\frac{N}{N_m} = \left(\frac{n}{n_m}\right)^3$$

从以上三式可写成下列更实用的综合公式：

$$\frac{Q}{Q_m} = \sqrt{\frac{H}{H_m}} = \sqrt[3]{\frac{N}{N_m}} = \frac{n}{n_m} \tag{9-43}$$

这个综合公式的重要性在于，这些关系式必定是同时成立，这就指出，用加大 n 来提高流量的同时，不要忘记原动机所需功率与转速成三次方比例增长。

三、泵叶轮切削——仅叶轮直径 D 改变的换算

此时，根据式（9-30）、式（9-31）、式（9-33）此时，相似律简化为

$$\frac{Q}{Q_0} = \left(\frac{D}{D_0}\right)^3 ; \frac{H}{H_0} = \left(\frac{D}{D_0}\right)^2$$

$$\frac{N}{N_0} = \left(\frac{D}{D_0}\right)^5 ; \eta = \eta_0$$

四、当叶轮直径和转速都改变时性能曲线的换算

当已知泵或风机在某一叶轮直径 D_{2m} 和转速 n_m 下的性能曲线Ⅰ时，即可按相似律换算出同一系列相似机，在另一叶轮直径 D_2 转速 n_2 下的性能曲线Ⅱ。下面以 Q—H 曲线为例

说明其具体换算方法，见图 9-19。

当遵守相似律只适用于相似工况点原则，首先，在曲线Ⅰ上任取一工况点 $A_Ⅰ$，然后由 $A_Ⅰ$ 点曲线Ⅰ上查出该工况点所对应的 $Q_{AⅠ}$ 和 $H_{AⅠ}$ 值，利用式（9-30）及式（9-31）即可求得在 D_2 及 n_2 新条件下的 $Q_{AⅡ}$ 及 $H_{AⅡ}$ 值，据此工况，在图上就可找出与 $A_Ⅰ$ 点相对应的相似工况点 $A_Ⅱ$。

用同样的方法，在曲线Ⅰ上另取一工况点 $B_Ⅰ$，求出其对应的相似工况点 $B_Ⅱ$。循此方法下去，从 $C_Ⅰ$ 找到 $C_Ⅱ$，从 $D_Ⅰ$ 找到 $D_Ⅱ$ …最后，将 $A_Ⅱ$、$B_Ⅱ$、$C_Ⅱ$、$D_Ⅱ$…各点用光滑曲线连接起来，便得出相似泵或风机在 D_2 及 n_2 下的 $D—H$ 曲线Ⅱ。

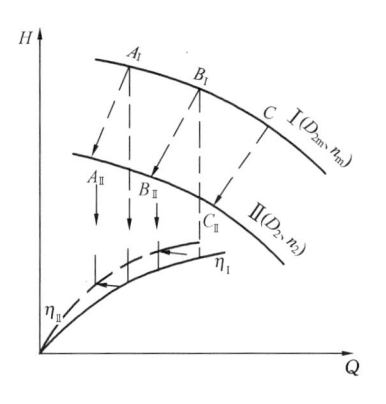

图 9-19 相似泵 $Q—H$ 曲线的换算

同理，利用式（9-30）及式（9-33）便可进行相似泵或风机的 $Q—N$ 曲线换算。

至于 $Q—\eta$ 曲线的换算就更容易了。因为相似工况点之间的效率 η 相等，所以从 $A_Ⅰ$ 点所对应的效率 $\eta_{AⅠ}$ 平移过去就应该是相似工况点 $A_Ⅱ$ 的效率。照此办法，即能由 $Q—\eta_Ⅰ$ 曲线绘出 $Q—\eta_Ⅱ$ 曲线。

用此换算方法，可将泵或风机在某一直径和某一转速下经试验得出的性能曲线，换算出各种不同直径和转速下的许多条性能曲线。

思 考 题

9-1 离心式泵与风机的主要部件及其作用是什么？

9-2 离心式泵的轴心推力产生的原因和危害是什么？试分析采用的平衡措施利弊。

9-3 泵与风机有哪些损失？如何降低这些损失？

9-4 离心式泵与风机的基本参数有哪些？最主要的性能参数是哪几个？

9-5 速度三角形如何表达流体在叶轮流槽中的流动情况？

9-6 在分析泵与风机的基本方程时，首先提出的三个理想化假设是什么？

9-7 为什么离心式泵与风机性能曲线中的 $Q-\eta$ 曲线有一个最高效率点？

9-8 当泵或风机的使用条件与样本规定条件不同时，应该用什么公式进行修正？

9-9 相似律和比转数的意义和用途是什么？

9-10 同一台泵，在运行中转速由 n_1 变为 n_2，试问其比转数 n_s 值是否发生相应的变化？为什么？

9-11 为什么离心式泵全都采用后向式叶型？

9-12 离心式泵或风机性为什么采用闭阀启动？且 $Q=0$ 时，为什么还消耗功率？是否可以延长时间闭阀运行？为什么？

9-13 一台水泵的转速由 n 变为 n'，若 $n'=1.1n$，此时该泵的流量、扬程、轴功率各是原来的几倍？

习 题

9-1 有一转数 $n=2900\text{r/min}$ 的离心式水泵,理论流量 $Q_T=0.033\text{m}^3/\text{s}$,叶轮直径 $D_2=218\text{mm}$,叶轮出口有效面积 $A_2=0.014\text{m}^2$,$\alpha_1=90°$,$\beta_2=30°$,涡流修正系数 $k=0.8$,试求有限叶片下的理论扬程 H_T,并绘出叶轮出口速度三角形。

9-2 现有离心式水泵一台,量测其叶轮外径 $D_2=200\text{mm}$,宽度 $b_2=40\text{mm}$,出水角 $\beta_2=30°$。假设此水泵的转数 $n=1450\text{r/min}$,试绘制其 Q_T-H_T 理论特性曲线。

9-3 一台输送清水的离心泵,现用来输送容重为水的 1.3 倍的液体。该液体的其他物理性质可视为与水相同,水泵装置均同,试问:

(1) 该泵在工作时,其流量 Q 与扬程 H 的关系曲线有无改变?在相同的工作情况下,水泵所需扬程的功率有无变化?

(2) 水泵出口处的压力表读数有无变化?如果输送清水时,水泵压力扬程为 50m,此时压力表的读数应为多少?

9-4 某单吸单级泵高效点上的参数:流量 $Q=45\text{m}^3/\text{h}$,扬程 $H=33.5\text{m}$,转数 $n=2900\text{r/min}$,试求比转数 n_s。

9-5 某单吸多级离心泵,名牌参数为:$n=2900\text{r/min}$,$Q=45\text{m}^3/\text{h}$,$H=268\text{m}$,共有八级,求 n_s。

9-6 已知某泵的流量为 10.2L/s,扬程为 20m,轴功率为 2.5kW,求该泵的效率 η。若泵效率提高 5% 后,轴功率应为多少?

9-7 已知某泵设计工作点性能参数为 $Q=162\text{m}^3/\text{h}$,$H=78\text{m}$,$n=2900\text{r/min}$,求该泵的比转数 n_s。

9-8 设某泵的 $n=2900\text{r/min}$,$Q=9.5\text{m}^3/\text{min}$,$H=120\text{m}$,另一台泵与其相似,其 $Q_1=38\text{m}^3/\text{min}$,$H_1=80\text{m}$,求 n_1。

9-9 某水泵铭牌参数为 $Q=14\text{m}^3/\text{h}$,$H=20\text{m}$,$n=730\text{r/min}$,若用一台与之相似且直径为该泵 1.2 倍的水泵,当该泵转速为 $n'=960\text{r/min}$ 时,其 H' 和 Q' 各为多少?

第十章

离心式泵与风机在管路上的工作分析及调节

第一节 管路性能曲线和工作点

我们已研究了泵与风机的性能曲线，它告诉我们：某一台泵或风机在某一转数下，所提供的流量和扬程是密切相关的，并有无数组对应值$(Q_1、H_1)$、(Q_2,H_2)、(Q_3,H_3)…一台泵或风机究竟能给出哪一组(Q,H)值，即在泵与风机性能曲线上哪一点工作，并非任意，而是取决于所连接的管路性能。当泵或风机提供的压头与管路所需要的压头得到平衡时，由此也就确定了泵或风机所提供的流量，这就是泵或风机的"自动平衡性"。此时，如该流量不能满足设计需要时，就需另选一条泵或风机的性能曲线，不得已时亦可调整管路性能曲线来满足需要。

一、管路性能曲线

泵与风机和管路相连构成一个完整工作系统。泵与风机能提供的流量和扬程，应与管路系统所要求的流量和能量吻合，才能使整个系统安全、可靠、经济地运行。

一般情况下，流体在管路中流动时所消耗的能量，用于补偿下述压差、高差和阻力（包括流体流出时的动压头）：

（一）克服管路系统两端的压力差 H_1

管路系统两端的压力差包括两液面之间高差 H_Z（如开式系统，见图11-2）以及高压流体面（或高压容器）的压强 p_2 与低压流体面（或低压容器）的压强 p_2 之间的压差，如闭式锅炉给水系统的 $\dfrac{p_2-p_1}{\gamma}$，如图10-1所示。

设这部分水头为 H_1，则

$$H_1 = H_Z + \frac{p_2-p_1}{\gamma} \tag{10-1}$$

当 $p_1 = p_2 = p_a$，即两流体液面上的压强均为大气压时，式中第二项 $\left(\dfrac{p_2-p_1}{\gamma}\right)$ 等于零，这是常见的情况。对于风机，由于被输送的介质为空气，因气柱产生的压头常可忽略不计，这时 $H_Z = 0$。总之，对于一定的管路系统来说，H_1 是一个不变的常量。

（二）克服管路中流体流动阻力 H_2

流动阻力包括沿程损失和局部损失，以及末端出口流速水头 $\dfrac{v^2}{2g}$。设这部分水头为 H_2，则

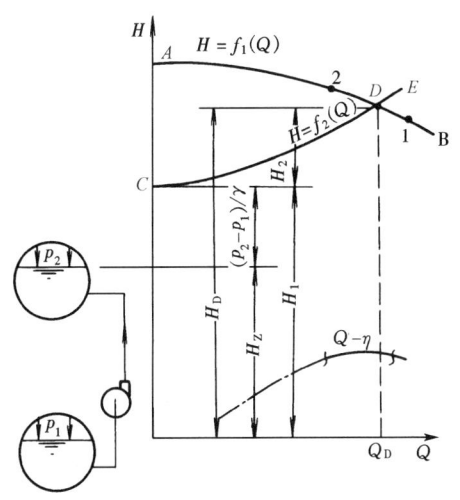

图10-1 管路系统的性能曲线与泵或风机的工作点

$$H_2 = \Sigma h_f + \Sigma h_j + \frac{v^2}{2g} = SQ^2 \tag{10-2}$$

式中 S——阻抗，与管路系统的沿程阻力与局部阻力以及几何形状有关，单位 s^2/m^5。

于是，流体在管路系统中流动所需的总水头 H 为

$$H = H_1 + H_2 = H_1 + SQ^2 \tag{10-3}$$

式（10-3）为管路总特性函数式。如将这一关系绘在以流量 Q 与压头 H 组成的直角坐标图上，就可以得到一条通常称作管路性能的曲线，如图 10-1 中 CE 曲线为管路特性曲线。

对通风管路系统，式（10-3）可表示为

$$p = \gamma SQ^2 \tag{10-4}$$

二、泵或风机工作点

综上所述，管路特性和工作状况与泵或风机本身无关，但管路运行工况所要求的流量及其相应的压头大小必须由泵或风机供给。那么，泵或风机在某具体管路系统中应如何工作，才能既满足管路系统工况要求，又使泵或风机在铭牌参数附近的高效区内运行呢？

图 10-1 中，我们将管路特性曲线 $H = f_2(Q)$ 和泵或风机的性能曲线 $H = f_1(Q)$ 按同比例绘制在一个坐标系中，且该泵或风机的铭牌参数接近于该管路工况要求的流量和压头。在图 10-1 中，曲线 AB 为所选用的泵或风机的性能曲线，曲线 CE 为管路性能曲线，两条曲线相交的点 D 为泵或风机的工作点。

显然，D 点表明被选定的泵或风机可以在流量为 Q_D 的条件下向该管路系统提供的扬程（亦称压头）为 H_D。如果 D 点的参数 (Q_D, H_D) 能满足工程提出的要求，又处于泵或风机的高效率区（图中 Q—η 曲线上的实线部分）范围内，这样的选择就是恰当的、经济的。

D 点为泵或风机的工作点，也意味着泵或风机能在 D 点稳定运行，这是因为 D 点表示的机械输出流量刚好等于管道系统所需的流量。而且，机械所提供的压头恰好满足管道在该流量下所需的压头。假如泵或风机在比 D 点流量大的"1"点运行，此时机械所提供的压头就小于管路之所需，于是流体因能量不足而减速，流量减小，工作点"1"沿机器性能曲线向 D 点移动。反之，如果在比 D 点流量小的"2"点运行，则机械所提供的压头就大于管路的需要，造成流体因能量过高而加速，流量增大，工作点"2"沿机器性能曲线向 D 点靠近。可见，D 点是稳定的工作点。

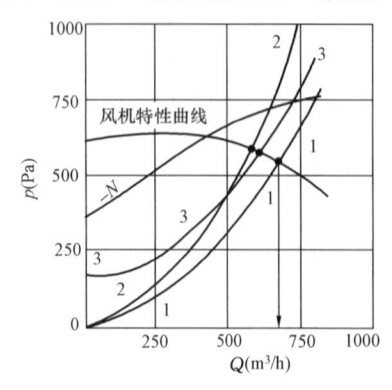

图 10-2 风机工况计算举例
（$h = 2800 r/min$）

【例 10-1】 当某管路系统风量为 $500 m^3/h$ 时，系统阻力为 $300 Pa$，今预选一个风机的特性曲线，如图 10-2 所示。试计算：（1）风机实际工作点；（2）当系统阻力增加 50% 时的工作点；（3）当空气送入有正压 $150 kPa$ 的密封舱时的工作点。

解 （1）先绘出管网特性曲线

$$p = \gamma SQ^2$$

$$\gamma S = \frac{300}{500^2} = 0.0012$$

当 $Q = 500 m^3/h, p = 300 Pa$

$Q = 750 m^3/h, p = 675 Pa$

$Q = 250 m^3/h, p = 75 Pa$

第十章 离心式泵与风机在管路上的工作分析及调节

由此可以绘出管网特性曲线 1—1。由曲线 1—1 与风机特性曲线交点（工作点）得出，当 $p=550\text{Pa}$ 时，$Q=690\text{m}^3/\text{h}$。

（2）当阻力增加 50% 时，管网特性曲线将有所改变。

$$\gamma S = \frac{300 \times 1.5}{500^2} = 0.0018$$

当 $Q = 500\text{m}^3/\text{h}, p = 450\text{Pa}$

$Q = 750\text{m}^3/\text{h}, p = 1012\text{Pa}$

$Q = 250\text{m}^3/\text{h}, p = 112\text{Pa}$

由此可以绘出管网特性曲线 2-2。由曲线 2-2 与风机特性曲线交点（工作点）得出，当压力为 $p=610\text{Pa}$ 时，$Q=570\text{m}^3/\text{h}$。

（3）对第一种情况附加正压 150Pa（即管路系统两端压差）。

$$p = 150 + \gamma SQ^2$$

当 $Q = 500\text{m}^3/\text{h}, p = 150 + 300 = 450\text{Pa}$

$Q = 750\text{m}^3/\text{h}, p = 150 + 675 = 825\text{Pa}$

$Q = 250\text{m}^3/\text{h}, p = 150 + 75 = 225\text{Pa}$

由此作出管网特性曲线 3-3（它相当于 1-1 曲线平移 150Pa）由它与风机特性曲线交点（工作点）得出，当 $p=590\text{Pa}$ 时，$Q=570\text{m}^3/\text{h}$。

此例可看出：当压力增加 50% 时，风量减少 $\frac{690-670}{690} \times 100\% = 17\%$，即压力急剧增加，风机风量相应降低，但不与压力增加成比例。因此，当管网计算压力与实际应耗压力存在某些偏差时，对实际风量的影响并不突出。

当风机供给的风量不能符合实际要求时，可采用以下三种方法进行调整。

（一）减少或增加管网的阻力（压力）损失 [见图 10-3（a）]

增大管网管径或缩小管网管径（有时不得已要关小阀门），使管网特性改变，例如曲线 1—1，由于阻力降低而变为 2—2，风量因而由 Q_1 增加到 Q_2。

（二）更换风机 [见图 10-3（b）]

这时管网特性没有变化，用适合于所需风量的另一风机（2-2）代替原预选的风机（1-1），以满足风量 Q_2。

（三）改变风机转数 [见图 10-3（c）]

改变风机转数，以改变风机特性曲线由（1-1）变为（2-2），改变转数的方法很多，例如用变速电机，改变供电频率，改变皮带轮的传动数比，采用水力联轴器等。

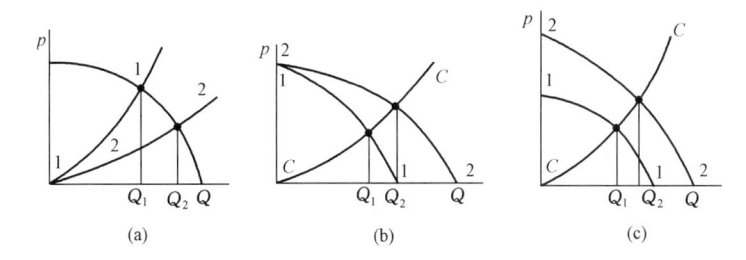

图 10-3 风机工作调整

三、泵或风机在管路运行工况的稳定性

泵或风机的工作点是由泵或风机与管路系统在能量和流量供需平衡上来确定的。两者之间的这种供需统一是有条件的、相对的,即泵或风机性能、管路系统损失和静压差 H_1 等因素不变。若条件中有一因素改变,供需平衡就被破坏,则在新条件下产生新的平衡。

有些低比转数泵或风机的性能曲线呈驼峰形,如图 10-4(a)、(b) 所示,这样的机器性能曲线有可能与管道性能曲线有两个交点,K 和 D。D 点如前所述为稳定工作点,而 K 点则为不稳定工作点。

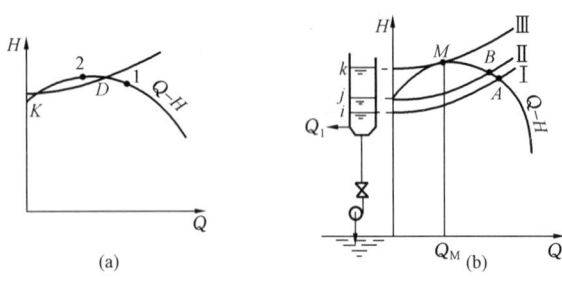

图 10-4 性能曲线呈驼峰形的运行工况
(a) 泵的不稳定工况;(b) 泵向水池供水的不稳定工况

当泵或风机的工况(指流量、扬程等)受机器振动和电压波动而引起转速变化的干扰时,就会离开 K 点。此时,K 点如向流量增大方向偏离,则机器所提供的扬程就大于管道所需的消耗水头,于是管路中流速加大,流量增加,则工况点沿机器性能曲线继续向流量增大的方向移动,直至 D 点为止。当 K 点向流量减小方向移动,直至流量等于零为止。此刻,如吸入管上未装底阀或止回阀,流体将发生倒流。由此可见,工况点在 K 处是暂时平衡,一旦离开 K 点,便难于再返回原点 K 了,故称 K 点为不稳定工作点。

工况稳定与否可用下式判断:

若两条性能曲线在某点的斜率是

$$\frac{dH_{管}}{dQ} > \frac{dH_{机}}{dQ}$$

则此点为稳定工况点。反之,为不稳定工况点。

从图 10-4(b)所示,具有驼峰特性的泵在系统中运转,这时泵的性能曲线与管路性能曲线可能相交于两点,致发生了不正常的运转。例如:泵向水池送水,而水池又向用户供水。假如水泵开始运转时水池水面高度为 i,管路性能曲线为 Ⅰ,一旦水泵送入流量 Q_A 大于水池出水量 Q_1,则水池水面升高,与此同时,管道性能曲线也就向上平移。当水面上升到 K 点时,管路性能曲线已移至 Ⅲ,此时它与泵的性能曲线相切于 M 点,此时泵的送入流量 Q_M 大于水池出水量 Q_1,则水池中水面继续升高,管路性功能曲线就与泵的性能曲线脱离了。于是泵的流量立刻自 Q_M 突变为零,水池水面开始下降,管路性能曲线重新与泵的性能曲线相交于两点,但因此刻泵的流量等于零,泵的工况停留在性能曲线的左侧,泵的扬程低于管路所需,故泵仍不能将水送入水池,直到水池中水面降低至 j 时,泵才开始送水。此时管路性能曲线为 Ⅱ,流量为 Q_B,以后水池中水面又上升,重复上述过程。

与此类同,当一台风机向压力容器(或较密闭的房间)或容量甚大的管道送风时,亦可能发生此种不稳定运行。

由此可见,泵与风机具有驼峰性能曲线是产生不稳定运行的内在因素,但是否产生不稳定还要看管路性能——它是外在因素。

大多数泵或风机的性能都具有平缓下降的曲线,当少数曲线有驼峰时,则工作点应选在

第十章 离心式泵与风机在管路上的工作分析及调节

曲线下降段，故通常的运转工况是稳定的。

第二节 泵或风机的联合运行

在实际工程中，除单台泵或风机工作外，有时需采用两台或两台以上的泵或风机并联或串联在一个共同管路系统中联合工作，目的在于增加系统中的流量或压头。

联合工作的方式分为并联和串联两种形式，联合运行的工况需根据联合运行的机器总性能曲线与管路性能曲线确定。

一、泵或风机的并联运行

所谓并联运行是将两台或两台以上的泵或风机向同一压出管路供给流体，使管网在同一扬程或全压情况下，获得比单机运行更大的流量。

当系统中要求的流量很大，用一台泵或风机其流量不够时，或需要增开或停开联合工作台数，以实现大幅度调节流量时，宜采用并联运行。

泵或风机并联运行的优点：①增加管路的流体流量。总干管中流量等于各并联泵或风机流量之和；②通过停或开泵或风机数量来调节流量和扬程，以满足管网系统的需要；③提高整个系统的工作可靠性，一台机械有故障时，其他机械仍可继续工作。

由此可见，泵或风机并联运行使系统运行更灵活和可靠，既能节能又安全运行，是最常用的一种运行方法。

（一）两台性能曲线相同的泵或风机的并联运行

1. 并联泵或风机总性能曲线的绘制

在绘制并联泵或风机总性能曲线时，先把并联的各台机械的 $Q-H$ 曲线绘在同一坐标图上，然后把对应等 H 值的各个流量迭加起来。如图 10-5 中为两台性能曲线相同的泵或风机的并联，图 10-5（b）曲线 AB 为单机运行性能曲线。因两台泵性能曲线相同，故彼此重

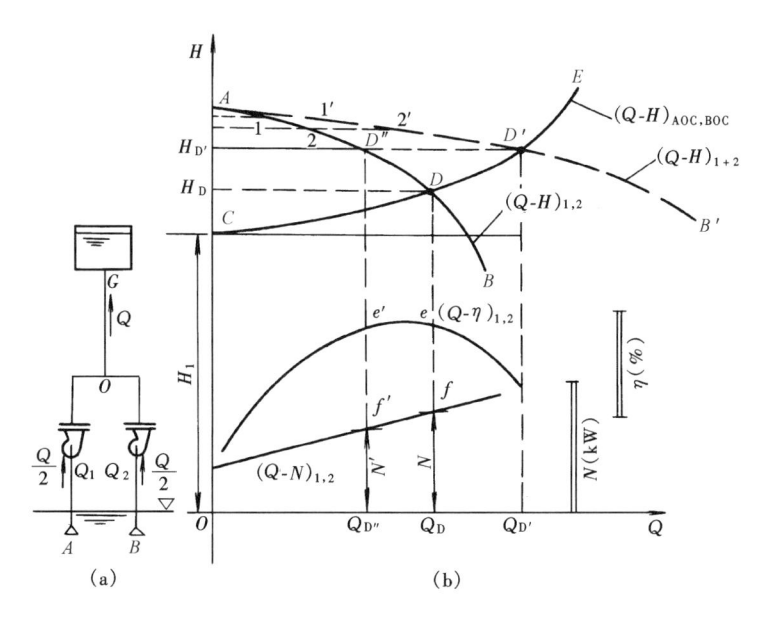

图 10-5 两台性能曲线相同的泵或风机并联运行

合在一起。

这时两台泵吸入口与压出口均处在相同的压头下运行，而且在总管中的流量，则为两泵流量之和。于是并联泵或风机的总性能曲线，是由同一压力下的各机流量叠加而得。具体做法是：在性能图上先绘出一系列水平虚线，这就是一系列等压线，然后，在每一根水平虚线（如2-2′线）上，将与各单机性能曲线交点所对应的流量相加（如Q_2+Q_2）便找到了两泵并联总性能曲线上一点2′。如此类推，便可绘出两泵并联工作的总性能曲线，如图AB为并联运行时总性能曲线。

2. 管路性能曲线的绘制

前已述及，管路性能曲线为$H=H_1+SQ^2$，S为管路总特性阻力数。在图10-5（a）中，并联管路水力对称，两台泵又为同型号，故$S_{AO}=S_{BO}$，$Q_1=Q_2=\frac{1}{2}Q$，则管路性能曲线为

$$H=H_1+S_{AO}Q_1^2（或 S_{BO}Q_2^2）+S_{OG}Q^2=H_1+\left(\frac{1}{4}S_{AO}+S_{OC}\right)Q^2$$

由上式可绘出AOG（或BOG）管路性能曲线CE。

从图10-5（b）可以看出：CE为管路性能曲线，它与泵联合总性能曲线的交点D'就是并联运行的工作点，其流量为$Q_{D'}$，压头为$H_{D'}$，它代表联合运行的最终效果；过D'点做水平虚线与各泵性能曲线相交于D''，它代表参加联合运行时每台泵所"贡献"的工况，各自所提供的流量是$Q_{D'}$，各自提供的压头皆为$H_{D'}$。

如果对此管路系统关掉其余各台泵，只以单机运行，则与管道性能曲线CE交点D点为单机运行工作点。

（二）两台性能曲线不同的泵或风机并联运行

如图10-6所示，单台泵或风机的性能曲线为A_1B_1，A_2B_2，管路性能曲线为CE，单独运行时的工作点分别为D_1和D_2。两台泵或风机联合运行时其叠加方法是：做一系列水平虚线，在每根水平线上（如$D''_2-D'_1$线）上，将与各单机性能曲线交点所对应的流量进行相加（如$Q_{D'2}+Q_{D'1}$）便找到了两机并联总性能曲线上的一点D。如此类推，便绘出两机械并联后的曲线AB。AB与CE线相交于D，D点为并联运行的工作点。与之对应的两台机的工作点分别是D'_1和D'_2。

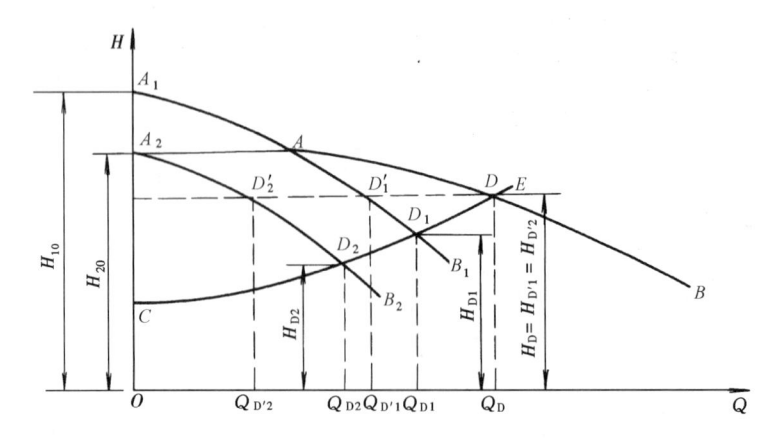

图10-6 两台性能曲线不同的泵或风机并联运行

第十章 离心式泵与风机在管路上的工作分析及调节

（三）泵或风机并联运行的工况分析

通过分别对两台性能曲线相同的泵或风机并联运行、两台不同性能曲线相同的泵或风机并联运行的工况分析可得出下述结论：

(1) 由图 10-5（b）看出：$H''_D = H'_D$，$Q''_D = 2Q'_D$，而 $H_D < H'_D$，$Q''_D < Q_D < Q'_D$；由图 10-6 看出：$H_{D'1} = H_{D'2} = H_D$，而 $Q_{D'1} < Q_{D1}$，$Q_{D'2} < Q_{D2}$，$H_{D'1} = H_{D'2} > H_{D1}$；所以 Q_D 小于 $Q_{D1} + Q_{D2}$，且两泵的工作点与单独运行工作点相比，也均左移。所以两泵并联运行时均未发挥出单机的能力，并联总流量小于两单机单独运行的流量和。说明两泵并联运行都受到了"需共同压头"的制约。一般说来，两泵并联增加流量的效果，只有在管路压头损失小（即管路曲线较平坦）的系统才明显。

(2) 由图中可以看出，两台泵分别单独运行时所提供的流量都小于联合运行的流量，同时也可以看出单机运行的压头均低于联合运行的压力值。这种压头差值是由于并联运行的流量增大后，增加了流动损失所引起的。

(3) 并联运行是否经济合理，要通过研究各机效率而定。如图 10-5（b）中绘有两台泵的效率曲线。当管路性能曲线为 CE 时，两泵联合下各泵的工作点 D'' 所对应的效率为 e'。

（四）两台性能曲线不同的泵或风机并联运行的特殊情况

以风机为例（图 10-7）。两台不同型号或转数的风机 A 与 B，并联时的总性能曲线为 $A+B$，管路性能曲线 1 不与曲线 $A+B$ 相交而是与单台风机 B 曲线相交，在此特殊情况下并联后的流量可能并不增加，甚至还可能通过 A 风机发生倒流，使总流量反而小于 B 风机单独运行的情况。

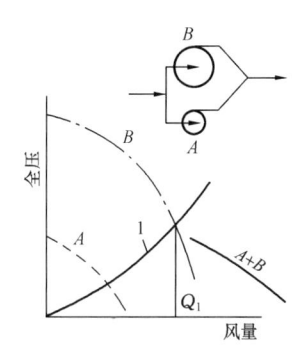

图 10-7 两台型号不同风机的并联

总之，两台不同型号的泵或风机并联运行时，应注意各机械的扬程或全压范围应比较接近，否则找不到具有相等扬程或全压的并联工作点，则高扬程或全压的机械有流量输出，而低扬程或全压的机械无流量输出，使并联运行无效。一般情况下应少用并联运行，但目前空调冷、热水系统中，多台水泵并联已广为采用，此时，宜采用相同型号及转数的水泵。

二、泵或风机的串联运行

当管路性能曲线较陡，单机不能提供所需的压头时，就应再串一台，以增加压头或扬程。这时将一台泵或风机的压出管作为另一台泵或风机的吸入管，流体依次经一台机械后再进入另一台机械，将流体输送出去，这种工作的多台机械称为串联运行，类似于单台多级水泵的运行。

如图 10-8 所示，两台同性能机械串联运行时，流量不变，而扬程叠加，绘出串联运行的特性曲线 F，与管路特性曲线 E 相交于 A 点，A 点为串联运行工作点；D_1 和 D_2 是参加串联运行时各机的工作点；A_1 和 A_2 为不联合单开某一机的工作点。读者可用类

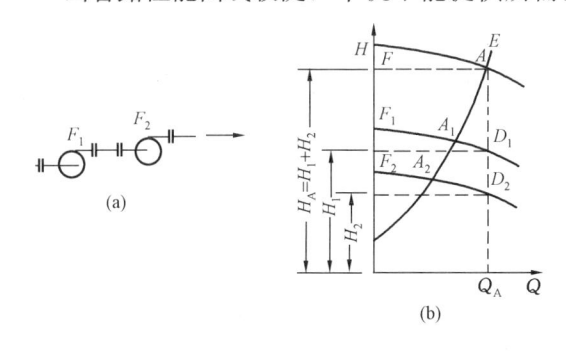

图 10-8 两台性能曲线不同的泵或风机串联运行
(a) 串联运行设备的安装简图；
(b) 串联运行的工况分析

似前述的方法自行分析其三种工况。

这里分析一下两台性能曲线不同不同的风机串联的特殊情况：

A 和 B 是两台不同风机各自的性能曲线。当管路性能曲线 1 不与 $A+B$ 联合曲线相交时（见图 10-9），会发生串联后的全压，或者与单台风机相同、或者还小于单台风机，同时风量也有所减少，功率消耗却增加。

再有，从图 10-10 看出，单机性能曲线分别为 A_1B_1 与 A_2B_2，第一台的最大扬程为 H_{10}，第二台为 H_{20}，管路性能曲线表示出 C 点所需扬程为 H_1，这里 $H_1 > H_{10} > H_{20}$，所以任何单机单独运行都不能满足管路装置对扬程的需要，势必进行串联工作。

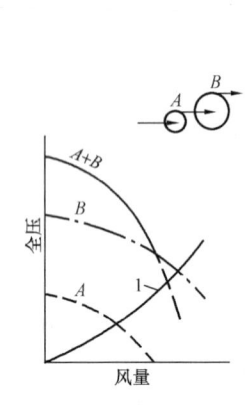

图 10-9　两台型号不同风机串联

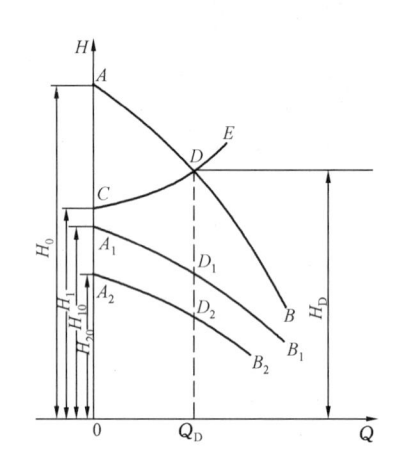

图 10-10　两台性能曲线不同的泵或风机串联

泵或风机串联运行应注意以下几点：①只在特殊情况下才采用。②串联运行时单台机械工作点 D'' 应在高效区。③只有当管路系统中流量小，而且阻力大情况下，多机串联莱式合理的。同时，要尽可能采用性能曲线相同的泵或风机进行串联，避免流量不匹配而影响工作效率。④应考虑第二台机械的强度是否适应，避免机械被损坏。⑤串联机械启动顺序，应按介质流动方向，先启动介质首先进入的机械，待运行正常后，打开两机械间的阀门，再启动第二台机械。停机顺序则反向进行。⑥串联运行比单机单独运行效果差，工况复杂、麻烦，机械数量一般不要超过两台为宜。

第三节　离心式泵或风机的工况调节

前面已经阐述泵与风机和管路系统的工作点是由泵或风机的特性曲线与管路特性曲线的交点来确定。且该工作点会随管路中的流量和扬程的变化而改变，因此，在实际运行中必须对工况进行相应的调节。常见的调节方法有：改变泵或风机本身的性能曲线和改变管路特性曲线。

一、改变管路性能曲线的调节方法

改变管路性能曲线最常用的方法是阀门调节法。在泵或风机转数不变的情况下，只调节管路上阀门的开启度（节流），从而改变了管路的特性阻力系数 S，使管路性能曲线改变，达到调节的目的。具体分成压出端节流和吸入端节流两种。

1. 压出管上阀门节流

如图 10-11 所示，当阀门全开时，工作点为 D，管路流量大而水头损失最小。当阀门关小时，管路局部水头损失增大，即 S 增大，管路特性曲线变陡，工作点向左上方移动至 D'，流量降低，扬程增大。调节阀门前后的扬程差 ΔH，就是调节阀门阀面引起的水头损失，又称节流损失，$\Delta H = H'_D - H_D$。由此可见，这种调节是通过消耗泵或风机的能量 ΔH 来达到调节工作点的，很明显降低了泵或风机的效率，是一种不经济的调节方法，但由于简单易行，目前仍被使用。

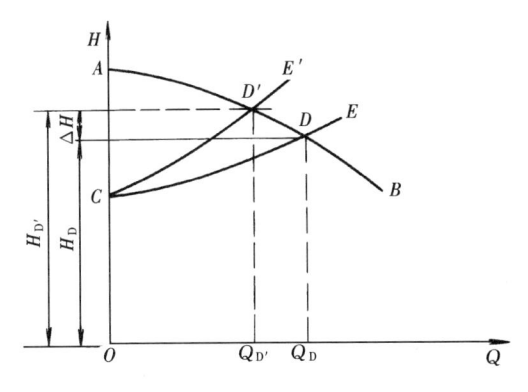

图 10-11 压出管上阀门节流

2. 吸入管上阀门节流

这是在通风系统中所应用的一种调节方法，因吸水管上增加能耗后易引起汽蚀现象，故此法不宜用于水泵装置系统中。

如图 10-12 所示，此法是在风机吸入端调节阀门或导流装置的过流能力来调节工作点。是一种既改变管路特性又改变风机性能曲线的调节方法。

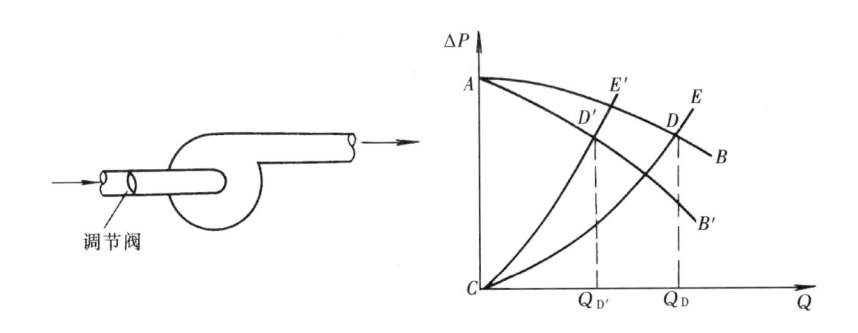

图 10-12 吸风管路中的调解阀及调解工况

由于调节阀开度调小，风机入口气体的压强降低，密度变小，使风机性能产生相应变化，图 10-12 中由 AB 变为 AB' 曲线。管路特性曲线亦随流量变小和压头降低由 CE 移至 CE'，工作点从 D 左移至 D' 点。

因为节流后风机的流量和全压均有所减小，使风机额外能耗也减小，所以，与压出端节流相比，更有利于节能。

二、改变泵或风机性能曲线的调节方法

改变泵或风机性能的调节方法有变速调节、变径调节两种。

（一）变速调节

在其他条件不变情况下，改变泵与风机的转速，其性能也相应变化，达到调节工作点的目的，称为变速调节。其变化规律按表 9-4 中相应公式进行换算。并按此关系可绘制新的性能曲线，如图 10-13 所示。

由公式 $\dfrac{n}{n_0}=\dfrac{Q}{Q_0}$ 和 $\left(\dfrac{n}{n_0}\right)^2=\dfrac{H}{H_0}$

可得
$$\frac{H}{H_0}=\frac{Q^2}{Q_0^2}$$

即
$$\frac{H}{Q^2}=\frac{H_0}{Q_0^2}=k$$

则
$$H=kQ^2 \tag{10-5}$$

式中：k 为常数，由设计工作点的 Q、H 确定。

式(10-5)表明：$H=kQ^2$ 为一条抛物线，在此线上的各点具有相似的工况，故亦称相似工况抛物线。由相似律知：转速变化不大时，效率不变，故也称工况抛物线为等效曲线。

图10-13中，曲线Ⅰ是转速为 n 时泵或风机的性能曲线，曲线Ⅱ为管路性能曲线，因管路及阀门都没有改变，所以曲线Ⅱ不变。曲线Ⅲ为改变转速后。泵或风机的性能曲线，工作点由 A 移到 B，相应地流量由 Q_A 减至 Q_B。

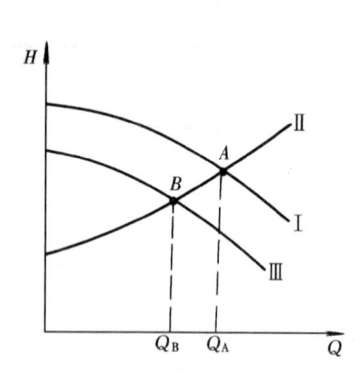

图 10-13 变速调节工况分析

变速调节是一种节能高效的调节方法，应用广泛。按系统调速效率分为能耗型调速和高效型调整两类。

能耗型调速方式有调节电动机定子电压、改变串入转子的附加电阻值或更换皮带轮大小等。这类调速方法效率偏低，所以应用并不广泛。

高效型调速有变频调速、变极调速和绕线式异步电动机串极调速。因不存在转差损耗，故节能效果明显。特别是变频调速，是目前调速方法中的主流，其优点有：①属无级调速，调速范围大且稳定，无启动电流冲击；②无转差损耗，只有变频器和电动机损耗，故效率高；③减小机组开停次数，运行管理方便，延长机组使用寿命；④有利于选用大机型机组和台数少的设计方案实施，从而能减少机房占地面积，减少维护工作量；⑤拓宽了机械的变频区范围，更利于机组在高效率状况下运行。

【例 10-2】 已知某水泵设计工况参数为：$n_1=2900\text{r/min}$，$Q_1=30\text{L/s}$，$H_1=78\text{m}$，$N_1=31\text{kW}$，在运行过程中，其工作状态点应调整为：$Q_2=24\text{L/s}$，扬程为 $H_2=60\text{m}$。当采用变频调节法时，求变速后的转速和轴功率各为多少？

解 根据相似律，调节后的转速应为
$$n_2=\frac{n_1 Q_2}{Q_1}=2900\times\frac{24}{30}=2320\text{r/min}$$

降速后功率为
$$N_2=N_1\left(\frac{n_2}{n_1}\right)^3=31\times\left(\frac{2320}{2900}\right)^3=15.872\text{kW}$$

（二）切削水泵叶轮的调节

将水泵的叶轮切削一部分，使叶轮外径变小，可改变水泵的性能，达到改变工作点的目的。

第十章 离心式泵与风机在管路上的工作分析及调节

叶轮切削后，水泵流量、扬程、功率均相应降低。实践证明，当切削量不大时，水泵的效率几乎不变。那么，切削前后水泵的性能参数变化关系又如何呢？因切削后，水泵与原叶轮并不相似，故不能按前述相似律来解决，而是通过实验，得出下列公式，又称为切削定律

$$\frac{Q}{Q_0}=\frac{D_2}{D_{20}} \tag{10-6}$$

$$\frac{H}{H_0}=\left(\frac{D_2}{D_{20}}\right)^2 \tag{10-7}$$

$$\frac{N}{N_0}=\left(\frac{D_2}{D_{20}}\right)^3 \tag{10-8}$$

式中 Q、H、N、D_2——叶轮切削前的流量、扬程、轴功率和叶轮外径；
Q_0、H_0、N_0、D_{20}——叶轮切削后的流量、扬程、轴功率和叶轮外径。

如图10-14所示，AB线为某水泵性能曲线，$A'B'$为第一次切削后的性能曲线，$A''B''$为第二次切削后的性能曲线，CE为管路特性曲线，D、D'、D''分别为原水泵、叶轮第一次切削和第二次切削后的工作点。

切削叶轮是离心式水泵的一种独特方法，一般只适用于比转数不超过350的系列泵。并应注意：不同类型叶轮，应采用不同的切削方式。如高比转数叶轮，后盖板的切削量大于前盖板，而对低比转速叶轮，其前后盖板和叶片的切削量是相等的；因叶轮切削后使出口端变厚，故需在背水面出口端部适当范围内予以修锉，使泵性能得到改进。

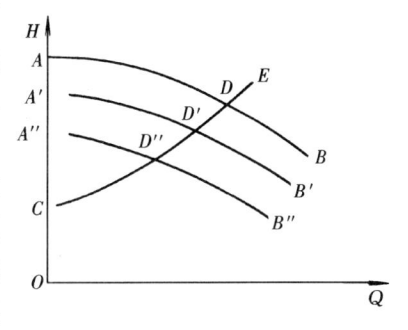

图 10-14 切削叶轮的调节方法

【例10-3】 设某水泵原工作点为 $Q=28$L/s，扬程为 33m，叶轮外径为 174mm，若将叶轮切削 9mm 后，求该泵切削后的运行参数 Q' 和 H'。

解 由式（10-6）得

$$Q'=\frac{D'}{D}Q=\frac{D-\Delta D'}{D}Q=\frac{174-9}{174}\times 28=25.6\text{L/s}$$

由式（10-10）得

$$H'=\left(\frac{D'}{D}\right)^2 H=\left(\frac{174-9}{174}\right)^2\times 33=29.6\text{m}$$

【例10-4】 设有一台水泵，当转速 $n=1450$r/min 时，其参数列于下表：

Q (L/s)	0	2	4	6	8	10	12	14
H (m)	11	10.8	10.5	10	9.2	8.4	7.4	6
η (%)	0	15	30	45	60	65	55	30

管路系统的综合阻力 $S=0.024\text{s}^2/\text{m}^5$，几何扬水高度 $H_Z=6$m，上下两水池水面均为大气压。求：

(1) 泵装置在运行时的工作参数。

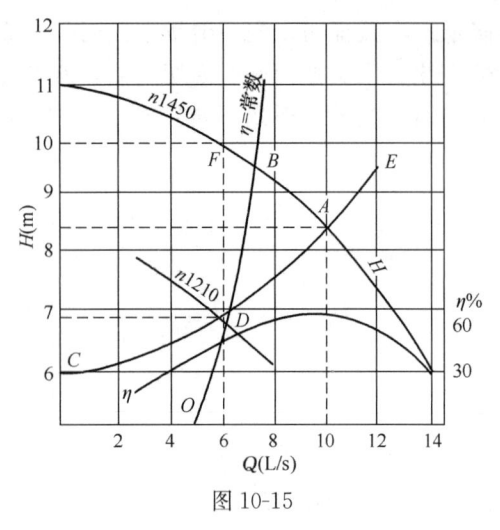

(2) 当采用改变泵转速方法使流量变为 $Q=6$ L/s 时，泵的转速应为多少？相应的其他参数是若干？

(3) 如以节流阀调节流量，使 $Q=6$ L/s，有关参数是多少？

解 (1) 将表中在转速 $n=1450$ r/min 时的参数绘成 $Q-H$ 曲线与 $Q-\eta$ 曲线，如图 10-15 所示。

图 10-15

根据式（10-3）计算管路系统的特性

$$H = H_1 + SQ^2 = 6 + 0.024Q^2$$

用适当的流量值代入此式可得如下表的数据。

Q (L/s)	0	2	4	6	8	10	12	14
H (m)	6	6.1	6.38	6.86	7.54	8.4	9.46	10.70

据此表将管路性能曲线绘于图 10-15 上，如 CE。$Q-H$ 与 CE 的交点即为工作点。从图上可以查出该泵的工作参数：$Q=10$ L/s，$H=8.4$ m，$\eta=65\%$，所需的轴功率计算如下

$$N = \frac{\gamma QH}{\eta} = \frac{9.807 \text{kN/m}^3 \times \frac{10}{1000} \text{m}^3/\text{s} \times 8.4 \text{m}}{0.65} = 1.28 \text{kW}$$

(2) 改变泵转速方法使流量变为 $Q_D=6$ L/s 时，因管路性能曲线未变，故可在管路性能曲线上的 D 点查得 $H_D=6.86$ m。

由于相似律只能适用于相似工况，故在应用式（9-27）、式（9-28）、式（9-29）求当改变流量后的转数等参数之前，首先要求出对应 D 点的，在 $n=1450$ r/min 条件下的相似工况点。

对于 $Q-H$ 曲线上的相似工况点应同时满足式（10-5），即

$$H = kQ^2$$

根据已知条件 $Q_D=6$ L/s、$H_D=6.86$ m，代入上式得出

$$K_D = \frac{H_D}{Q_D^2} = \frac{6.86}{6^2} = 0.191$$

此式说明所有 $K_D=0.191$ 的点所代表的工况点都是相似的。用适当的流量 Q 值代入此式后计算相应的 H 值的结果列入下表，据此绘出与 D 点相似工况点曲线，如图上的 OB 所示。

Q(L/s)	0	2	4	6	7	8	10
H (m)	0	0.76	3.06	6.86	9.36	12.22	19.1

相似工况点曲线是一条二次曲线。在推导相似律的过程中，相似工况的效率都认为是相等的，所以这条曲线也表示了等效率曲线。

OB 与的 $n=1450$ r/min 的 $Q-H$ 曲线相交于 B 点，查例图可得出 $Q_B=7.11$ L/s，$H_B=9.5$ m。最后根据表 9-4 计算工作点为 D 的泵的转速 n_D

$$n_D = n\frac{Q_D}{Q_B} = 1450 \times \frac{6}{7.1} \approx 1210 \text{r/min}$$

220

D 点的效率与 B 点效率相同，查图可得
$$\eta_D = \eta_B = 52\%$$
轴功率可按下式算出
$$N_D = \frac{\gamma Q_D H_D}{\eta_D} = \frac{9.807 \text{kN/m}^3 \times \frac{6}{1000} \text{m}^3/\text{s} \times 6.86 \text{m}}{0.52} = 0.78 \text{kW}$$

（3）用节流阀调节流量时，泵的性能曲线不变，工作点应位于图 10-15 上的 F 点，从图 10-15 上可以查出该泵的工作参数：$Q=6$L/s、$H=10$m、$\eta=45\%$，所需的轴功率计算如下
$$N_F = \frac{\gamma Q_F H_F}{\eta_F} = \frac{9.807 \text{kN/m}^3 \times \frac{6}{1000} \text{m}^3/\text{s} \times 10 \text{m}}{0.45} = 1.31 \text{kW}$$

根据以上计算可以看出采用节流方法调节时有额外损失 $H_F - H_D = 10 - 6.86 = 3.14$m，轴功率要比改变泵转速时多消耗 $1.31/0.78 = 1.68$ 倍。

思 考 题

10-1 什么是泵与风机的工作点，它与设计点有何区别？
10-2 泵或风机串并联工作有何特点？如何确定串并联工作时的工作点？
10-3 改变管路性能曲线的调节方法。
10-4 写出改变泵或风机性能曲线的调节方法，分别说明。
10-5 泵与风机有哪些调节方式，说明其适用条件和优缺点？

习 题

10-1 某泵叶轮外径为 268mm，流量为 72m³/h，扬程 $H=22$m，若叶轮切削成 250mm 时，转速不变，请计算切削后的参数值？

10-2 离心式风机的性能曲线如图 10-16 所示，管路性能曲线为 $p = 500 + \gamma S Q^2$，其中，气体容重 $\gamma = 11.77$ N/m³，特性阻力数 $S = 3.45$ s²/m⁵。求两台相同的风机并联工作的流量及风压，并与单机工作时的流量及风压进行比较。

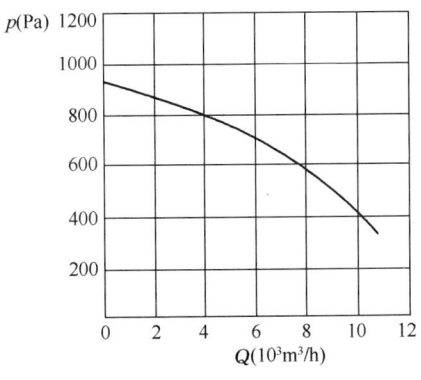

图 10-16　习题 10-2 图

第十一章

离心式泵与风机的安装方法与选择

第一节 离心式泵正常工作所需的管路附件及扬程计算

一、离心式泵装置的管路及附件

典型的泵装置如图 11-1 所示。

图中离心式泵 1 与电动机 2 用联轴器相连接，共装在同一座底座上，这些通常都是制造厂配套供应的。

从拦污栅 3 开始至水泵吸入口法兰为止，这段管路叫做吸入管段。底阀 4 用于泵启动前灌水时阻止漏水。泵的吸入口处装有真空计 5，以便观察吸入口处的真空度。吸入管段的水力阻力应尽可能降低，其上一般不设置阀门，水平管段要向泵方向抬升（$i=1/50$），过长的吸入管段要装设防振件 6。

泵出口以上的管段是压出管段。泵的出口装有压力表 7，以观察出口压强。止回阀 8 用来防止压出管段中的液体倒流。闸阀 9 则用来调节流量大小。应当注意使压出管段的重量支撑在适当的支座上，而不直接作用在泵体上。

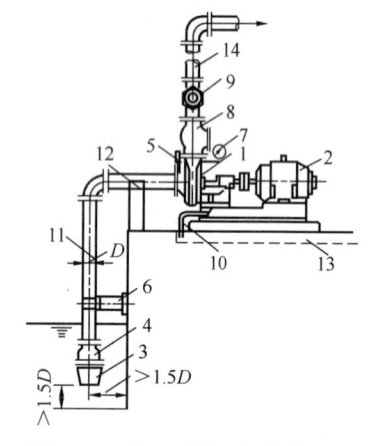

图 11-1 离心泵装置的管路系统
1—离心式泵；2—电动机；3—拦污栅；4—底阀；5—真空计；6—防振件；7—压力表；8—止回阀；9—闸阀；10—排水管；11—吸入管；12—支座；13—排水沟；14—压水管

此外，还应装设排水管 10，以便将填料盖处漏出的水引向排水沟 13。有时，由于防振的需要，又在泵的出入口处设置高压橡胶软接头。

另外，安装在供热、空调循环水系统上的水泵，又需在其出入口装温度计，入口管上装闸阀及水过滤器，并将吸入口处所装真空计改装为压力表。

二、泵扬程的计算

（一）根据泵上压力表和真空计读数确定扬程

泵出口与入口处所装的压力表和真空计所指示的读数可以近似地表明泵在工作时所具有的实际扬程。

根据图 11-2，以 1-1 为基准，列出断面 1-1 与 2-2 的能量方程

$$Z_1 + \frac{-p_1}{\gamma} + \frac{v_1^2}{2g} + H = Z_2 + \frac{p_2}{\gamma} + \frac{v_2^2}{2g} + h_{W1-2}$$

$$H = (Z_2 - Z_1) + \frac{p_2 + p_1}{\gamma} + \frac{v_2^2 - v_1^2}{2g} + h_{W1-2}$$

$$= \Delta Z + \frac{p_2 + p_1}{\gamma} + \frac{v_2^2 - v_1^2}{2g} + h_{W1-2} \qquad (11-1)$$

式中 ΔZ——1—1 断面和 2—2 断面的高差；

p_2——泵出口处压力表的读数，Pa；

p_1 ——泵入口处真空计的读数，Pa；
v_2 ——泵压水管路上液体的流速，m/s；
v_1 ——泵吸水管路上液体的流速，m/s；
h_{w1-2} ——1—1断面和2—2断面之间的能量损失，m。

（二）泵在管网中工作时所需扬程的计算

如图11-2所示，以吸液池液面为基准面，列断面0—0及3—3列能量方程，得

$$z_0+\frac{p_0}{\gamma}+\frac{v_0^2}{2g}+H=z_3+\frac{p_3}{\gamma}+\frac{v_3^2}{2g}+h_{w0-3}$$

$$0+0+0+H=H_{ST}+0+0+h_{w0-3}$$

则水泵扬程：

$$H=H_{ST}+h_{w0-3}=H_{ST}+h_{w0-1}+h_{w2-3} \quad (11-2)$$

式中 H_{ST} ——水泵的静扬程，mH_2O。即水泵吸水井的设计水面与水塔（或密闭水箱）最高水位之间的测压管高差；

h_{w0-1} ——水泵吸水管路的水头损失，mH_2O；

h_{w2-3} ——水泵压水管路的水头损失，mH_2O；

H ——水泵的扬程，mH_2O。

式（11-2）说明：水泵扬程是在克服管路水头损失后将水流提升到一个几何高度。

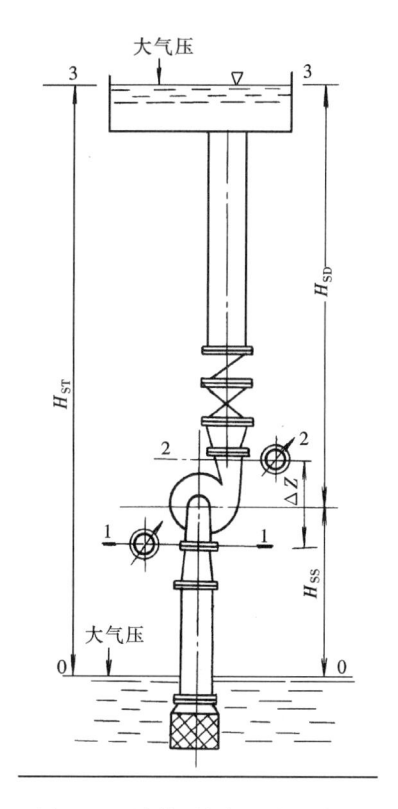

图 11-2 计算泵的扬程的示意图

第二节 离心式泵的气蚀与安装高度

图11-3中，H_{SS}为水泵安装高度，即水泵轴线与吸水池最低水位的高度差值。

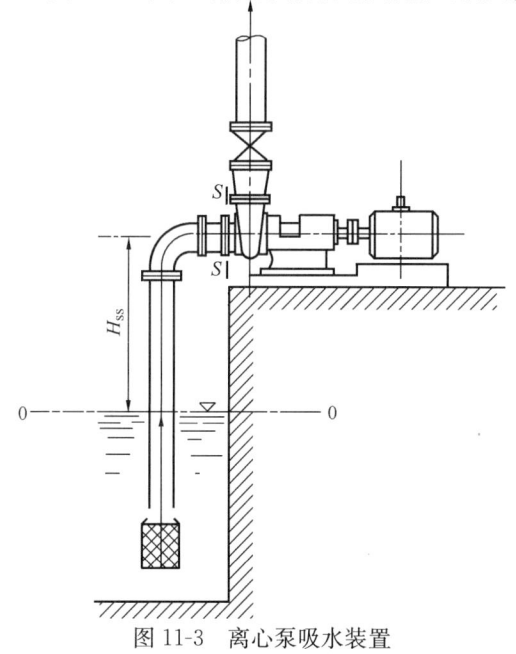

离心泵安装高度的确定，是泵站设计中的一重要内容，它决定泵房内地坪标高。水泵安装得低，会增加土建工作量，不经济；水泵安装得过高，会发生气蚀现象，以致最后不能工作。所谓的正确的安装高度，就是指水泵在运行中，泵内不产生气蚀情况下的最大安装高度。

一、泵的气蚀现象

在离心泵的工作原理中提到过，离心式泵在管网中工作时，叶轮入口处压强是"最低"的，它低于吸入管上任何点的压强，有时可能低于大气压强，此时入口处产生真空。在大气压强的作用下，使液体源源不断的流入泵内。

根据物理学知道，当液面压强降低时，相应的汽化温度也降低。例如，水在一个大气压

图 11-3 离心泵吸水装置

(101.3kPa）下的汽化温度为100℃；一旦水面压强降至0.024at（2.43kPa），水在20℃时开始沸腾。

当叶轮进口处的压强小于被输送液体在工作温度下的汽化压强时，液体就汽化，产生大量气泡，即气穴现象；与此同时，由于压强降低，原来溶解于液体的某些活泼气体，如水中的氧气也会逸出而成为气泡。

这些气泡随液流进入泵内高压区，在较高压强的作用下气泡迅速击破，而气泡周围的液体以变速冲向气泡中心，并产生高频率、高冲击力的水击，不断打击泵内各部件，特别是工作叶轮，使泵产生噪音和振动，且叶轮表面会成为蜂窝或海绵状。此外，在凝结热的助长下，活泼气体还对金属发生化学腐蚀，以致金属表面逐渐脱落而破坏，这种现象就是气蚀。

气泡大量产生，就会影响泵内水流的正常流动，水泵的能耗增大，扬程降低，效率下降，甚至抽不上水。

产生"气蚀"的具体原因不外以下几种：

（1）泵的安装位置高出吸液面的高差太大，即泵的几何安装高度 H_{ss}（图11-3）过大；

（2）泵安装地点的大气压较低，例如安装在高海拔地区；

（3）泵输送的液体温度过高。

二、离心式泵的安装高度

如上所述，正确决定泵吸入口的压强（真空度），是控制泵运行时不发生气蚀而正常工作的关键，它的数值与泵吸入侧管路系统及液面压力密切相关。

在图11-3中，以水池水面为0—0基准面，列断面0—0和S—S（S—S断面为泵吸入口），离泵轴很近，$z_S=H_{ss}$的能量方程，得

$$Z_0+\frac{p_0}{\gamma}+\frac{v_0^2}{2g}=Z_S+\frac{p_S}{\gamma}+\frac{v_S^2}{2g}+h_{w0-S}$$

$$Z_S-Z_0=H_{ss}$$

式中　Z_0, Z_S——液面和泵入口中心标高，为 m；

　　　p_0, p_S——液面和泵入口处的液面压强，Pa；

　　　v_0, v_S——液面处和泵吸入口处的平均流速，m/s；

　　　h_{w0-S}——吸入管路的水头损失，m。

通常认为，吸液池面处的流速甚小，$v_0=0$，由此可得

$$\frac{p_0}{\gamma}-\frac{p_S}{\gamma}=H_{ss}+\frac{v_S^2}{2g}+h_{w0-S} \tag{11-3}$$

如果吸液面受大气压 p_a 作用，即 $p_0=p_a$，则泵吸入口的压强水头 $\frac{p_S}{\gamma}$ 就低于大气的水头 $\frac{p_a}{\gamma}$，这恰是泵吸入口处真空压力表所指示的吸入口压强水头 H_S（又称吸入口真空高度），其单位为 m。于是式（11-3）可改写为

$$H_S=\frac{p_a}{\gamma}-\frac{p_S}{\gamma}=H_{ss}+\frac{v_S^2}{2g}+h_{w0-S} \tag{11-4}$$

第十一章 离心式泵与风机的安装方法与选择

通常，泵是在某一定流量下运转，则 $\dfrac{v_S^2}{2g}$ 及管路水头损失 h_{w0-S} 都应是定值，所以泵的吸入口真空度 H_S 将随泵的几何安装高度 H_{SS} 的增加而增加。如果吸入口真空度增加至某一最大值 H_{max}（又叫极限吸入口真空度）时，即泵的吸入口处压强接近液体的汽化压力时，则泵内就会开始发生气蚀。通常，开始气蚀的极限吸入口真空度 H_{max} 值是由制造厂用试验方法确定的。显然，为避免发生气蚀，由式（11-4）确定的实际 H_S 值应小于 H_{max} 值，为确保泵的正常运行，制造厂又在 H_{max} 值的基础上规定了一个"允许"的吸入口真空度，用 $[H_S]$ 表示，即

$$H_S \leqslant [H_S] = H_{max} - 0.03 \text{ m} \tag{11-5}$$

在已知泵的允许吸入口真空度 $[H_S]$ 的条件下，可用式（11-4）计算出"允许的"水泵安装高度 $[H_{SS}]$。而实际的安装高度 H_{SS} 应遵守：

$$H_{SS} < [H_S] \leqslant [H_S] - \left(\dfrac{v_S^2}{2g} + h_{w0-S}\right) \tag{11-6}$$

式中　H_{SS}——水泵的安装高度，m；
　　　v_S——水泵吸水管路的流速，m/s；
　　　h_{w0-S}——吸水管水头损失，m；
　　　$[H_S]$——离心泵允许吸上真空高度，m。

允许吸入口真空度 $[H_S]$ 的修正：

（1）由于泵的流量增加时，自真空计安装点到叶轮进口附近，流体流动损失和速度都增加，结果使叶轮附近的压强更低了，所以 $[H_S]$ 应随流量增加而有所降低，如图 11-4 所示。因此，用式（11-6）确定 $[H_S]$ 时，必须以泵在运行中可能出现的最大流量为准。

（2）$[H_S]$ 值是制造厂在大气压强为 101.325kPa、水温为 20℃ 的条件下试验得出的。若水泵使用条件与上述条件不符时，应对样本上规定的 $[H_S]$ 值按下式进行修正。

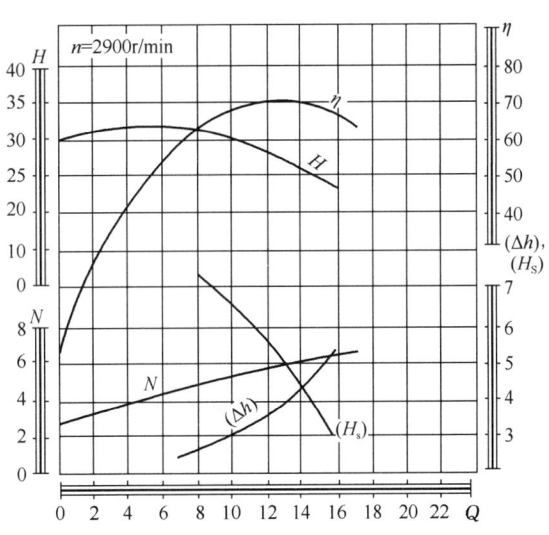

图 11-4　离心式泵的 $Q-[H_S]$ 和 $Q-[\Delta h]$ 曲线简图

$$[H_S'] = [H_S] - (10.33 - H_A) + (0.24 - h_v) \tag{11-7}$$

式中　$[H_S']$——为修正后允许真空度；
$10.33 - H_A$——因大气压不同的修正值，其中 H_A 是水泵安装运行地的大气压强水头，m，按表 11-1 查取；
$0.24 - h_v$——因水温不同所作的修正值，其中 h_v 是与水温相对应的汽化压强水头，m，可参考表 11-2；0.24 为 20℃ 时的水的汽化压强水头。

表 11-1　　　　　　　　　不同海拔高度的对应大气压强水头

海拔高度（m）	−600	0	100	200	300	400	500	600	700	800	900	1000	1500	2000
大气压强水头（mH$_2$O）	11.3	10.3	10.2	10.1	10.0	9.8	9.7	9.6	9.5	9.4	9.3	9.2	8.6	8.4

表 11-2　　　　　　　　　不同温度水的汽化压强表

温度（℃）	5	10	20	30	40	50	60	70	80	90	100
汽化压强（mH$_2$O）	0.09	0.12	0.24	0.43	0.75	1.25	2.00	3.17	4.82	7.14	10.33

综上所述，水泵在运行中应严防气蚀产生。离心泵的吸水性能通常使用必需气蚀余量 $[\Delta h]$ 或允许吸上真空高度 $[H_S]$ 来衡量。必需气蚀余量 $[\Delta h]$ 是表示水达到气化压力值尚有余裕的能量；吸上真空高度 $[H_S]$ 是表示水泵吸入口的真空值。当水泵的安装高度 H_{ss} 增大至某一数值后，水泵开始发生气蚀，这时的吸上真空高度称最大吸上真空高度，该值通过气蚀试验求得。为避免气蚀现象的发生，同时又有尽可能大的吸上真空高度，规定留有 0.3m 的安全余量，即将最大吸上真空高度减去 0.3m 作为允许吸上真空度，又称允许吸上真空高度用 $[H_S]$ 表示。

$[H_S]$ 或 $[\Delta h]$ 值越大，说明水泵的吸水性能越好，或者说，抗气蚀性能好。必需气蚀余量 H_V 和允许吸上真空高度 H_S，其实质是相同的。水泵使用时应以水泵样本中给定的允许吸上真空高度 H_S，或者以必需气蚀余量 H_V 作为限度值来考虑问题。

【例 11-1】　水泵从湖中引水到水池，流量 0.2m³/s，湖面高程（海拔）为 500m，水池水面高程为 530m，吸水管长 10m，水泵的允许吸上真空高度 H_S=4.5m，压水管长 1000m，λ=0.22，直径为 500mm，已知底阀 ξ_e=2.5，90°弯头 ξ_b=0.3，水泵入口前变径 ξ_g=0.1。试确定（设水温为 10℃）：

(1) 吸水管直径 d_1；
(2) 水泵安装高度 H_{ss}；
(3) 水泵扬程。

解　(1) 确定吸水管直径 d_1
按有关规范规定，采用 v_1=1.0m/s，则

$$d_1 = \sqrt{\frac{4Q}{\pi v_1}} = \sqrt{\frac{4 \times 0.2}{3.14 \times 1}} = 0.505\text{m}$$

选定 d_1=500mm。
(2) 水泵安装高度确定

$$h_{W吸} = \left(1 + \lambda \frac{L_1}{d_1} + \Sigma \xi_1\right)\frac{v_1^2}{2g} = \left(1 + 0.22\frac{10}{0.5} + 2.5 + 0.3 + 0.1\right)\frac{1^2}{2 \times 9.81} = 0.22\text{m}$$

对水泵允许吸上真空高度修正：
查表 11-1，海拔 500m 时，H_A=9.7m；查表 10-2，水温为 10℃时，h_A=0.12，代入公式 (11-7) 得

$$H'_S = 4.5 - (10.33 - 9.7) + (0.24 - 0.12) = 3.99\text{m}$$

所以水泵安装高度 H_{ss} 为

$$H_{SS} = H'_s - \frac{v_1^2}{2g} - h_{W吸} = 4.32 - \frac{1^2}{2g} - \left(\lambda \frac{L_1^2}{d_1} + \Sigma\zeta\right)\frac{1^2}{2g} = 4.32 - 0.22 = 4.10\text{m}$$

（3）水泵扬程

由式（11-2）得

水泵扬程 $\qquad H = H_{ST} + h_{w吸} + h_{w压}$

$$h_{W压} = \lambda \frac{L_2}{d_2} \frac{v_2^2}{2g} = 0.022 \frac{1000}{0.5} \frac{1^2}{2g} = 2.25\text{m}$$

所以 $\qquad H = (530-500) + 0.22 + 2.25 = 32.47\text{m}$

三、按气蚀余量确定泵的吸水高度

离心式泵的吸水性能通常是用允许吸上真空高度$[H_s]$来衡量。$[H_s]$值越大，说明泵的吸水性能越好，或者说，抗气蚀性能越好。但是，对有些轴流泵、热水锅炉给水泵等，其安装高度通常是负值，叶轮常需安在最低水面下，对于这类泵常采用"气蚀余量"这名称来衡量它们的吸水性能。

从液流进入水泵后的能量变化过程（见图 11-5）可看出：

液流自吸入口 s 流进叶轮的过程中，在它还未被增压之前，因流速增大及流动损失，而使静压头由 $\frac{p_s}{\gamma}$ 降至 $\frac{p_k}{\gamma}$，说明泵的最低压强点不在泵的吸入口 s 处，而是在叶片进口的背部 k 点处。

k 点的压强 p_k 可按以下方法求出。

从泵吸入口 s 断面至叶片进口边前之 1 断面写出液流能量方程为

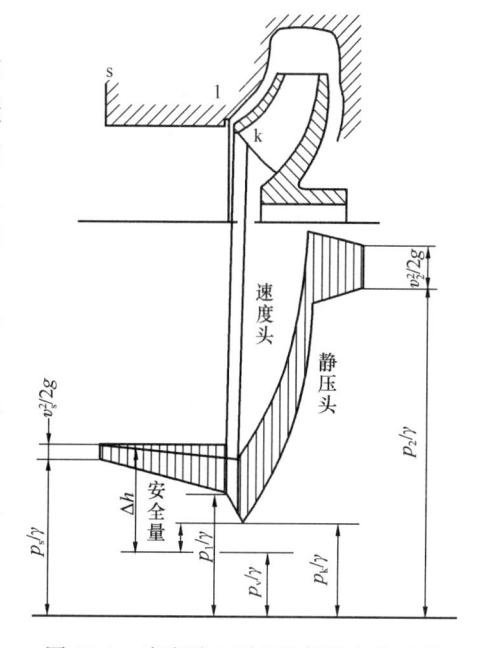

图 11-5 液流进入泵后的能量变化过程

$$Z_S + \frac{p_s}{\gamma} + \frac{v_s^2}{2g} = Z_1 + \frac{p_1}{\gamma} + \frac{v_1^2}{2g} + h_{Ws-1}$$

式中　Z_1、p_1、v_1——液流在叶片进口前 1 断面的标高、压强、和速度；

$\qquad h_{Ws-1}$——液流从 s 断面至 1 断面的水头损失。

当液流从 1 断面进入叶轮到 k 点时，它们的能量平衡关系就应该用相对运动的能量方程来表示。此方程不同于一般能量方程之处有两点：坐标系由固定转入运动；在方程中有能量输入项，在本例中即有离心力对单位重量流体所做的功 $\frac{u_k^2 - u_1^2}{2g}$。于是有

$$Z_1 + \frac{p_1}{\gamma} + \frac{\omega_1^2}{2g} + \frac{u_k^2 - u_1^2}{2g} = Z_k + \frac{p_k}{\gamma} + \frac{\omega_k^2}{2g} + h_{W1-k}$$

式中　Z_k、p_k、u_k、ω_k——液流在 k 点的标高、压强、圆周速度和相对速度；

$\qquad h_{W1-k}$——液流从 1 断面至 k 断面的水头损失。

合并上述两方程，经整理可得

$$\frac{p_{\mathrm{k}}}{\gamma} = \frac{p_{\mathrm{s}}}{\gamma} + \frac{v_{\mathrm{s}}^2}{2g} - \left[(Z_{\mathrm{k}} - Z_{\mathrm{s}}) + \frac{\omega_{\mathrm{k}}^2 - \omega_1^2}{2g} + \frac{v_{\mathrm{k}}^2}{2g} + \frac{u_1^2 - u_{\mathrm{k}}^2}{2g} + h_{\mathrm{ws-k}}\right] \tag{11-8}$$

式中　$h_{\mathrm{ws-k}}$——液流从 s 断面至 k 断面的水头损失。

式（11-8）右端的前两项正是泵吸入口处流体所具有的总水头；方括号内的五项恰是液体由泵吸入口 s 断面至 k 点的水头降低值，并用 $\frac{\Delta p}{\gamma}$ 代表，即

$$\frac{p_{\mathrm{k}}}{\gamma} = \frac{p_{\mathrm{s}}}{\gamma} + \frac{v_{\mathrm{s}}^2}{2g} - \frac{\Delta p}{\gamma}$$

当 k 点的液面压强 p_{k} 等于该温度下的汽化压强 p_{v} 时，液体开始发生汽化，造成气蚀，这是一个临界状态，在临界状态下，即有

$$\left(\frac{p_{\mathrm{s}}}{\gamma} + \frac{v_{\mathrm{s}}^2}{2g}\right) - \frac{p_{\mathrm{v}}}{\gamma} = \frac{\Delta p}{\gamma} \tag{11-9}$$

该式左面括号内两项和是泵吸入口的总水头，它只取决于吸入口的吸水高度 H_{ss}、吸液池液面压强 p_{a} 及吸入管道的阻力 $h_{\mathrm{w吸}}$。于是，等式左端就代表液体自吸液池经吸水管到达泵吸入口，所剩下的总水头距发生汽化的水头尚剩余的水头值——实际气蚀余量 Δh。

如果实际气蚀余量 Δh 正好等于泵自吸入口 s 到压强最低点 k 之水头降 $\frac{\Delta p}{\gamma}$ 时，就刚好发生气蚀，当 $\Delta h > \frac{\Delta p}{\gamma}$ 时，就不会发生气蚀。所以人们把 $\frac{\Delta p}{\gamma}$ 又叫做临界气蚀余量 Δh_{min}。

在工程实践中，为确保安全运行，规定了一个必需的气蚀余量以 $[\Delta h]$ 表示。对于一般的清水泵来说，为不发生气蚀，又增加了 0.3m 的安全量，故有

$$[\Delta h] = \Delta h_{\mathrm{min}} + 0.3 = \frac{\Delta p}{\gamma} + 0.3 \tag{11-10}$$

在实际工程中，就整个泵装置而言，应使泵入口处的实际气蚀余量 Δh 值符合下述安全条件，以便液体在流动过程中，自泵入口 s 到最低压头点 k，水头降低了 $\frac{\Delta p}{\gamma}$ 后，最低的压强还高于气化压强 p_{v}。

$$\Delta h = \frac{p_{\mathrm{s}}}{\gamma} + \frac{v_{\mathrm{s}}^2}{2g} - \frac{p_{\mathrm{v}}}{\gamma} \geqslant [\Delta h] = \Delta h_{\mathrm{min}} + 0.3 \tag{11-11}$$

式中每一项均应以"m"为单位。

应当指出，和 $[H_{\mathrm{s}}]$ 相仿，$[\Delta h]$ 也随泵流量的不同而变化。图 11-3 所示的泵的性能曲线中绘有一条 $Q - [\Delta h]$ 曲线，可以看出当流量增加时，必需的气蚀余量 $[\Delta h]$ 将急剧上升。忽视这一特点，常是导致泵在运行中产生噪声、振动和性能变坏的原因，特别是在吸升状态和输送温度较高的液体时，要随时注意泵的流量变化引起的运行状态的变化。

将式（11-3）变换为 $\frac{p_{\mathrm{s}}}{\gamma}$ 的表达式，然后代入式（11-11），可得

$$\Delta h = \frac{p_0}{\gamma} - \frac{p_{\mathrm{v}}}{\gamma} - H_{\mathrm{ss}} - h_{\mathrm{w0-s}} \tag{11-12}$$

可以进一步用 $[\Delta h]$ 来表达泵的允许几何安装高度 $[H_{\mathrm{ss}}]$。为此，在式（11-12）中用

$[\Delta h]$ 代替 Δh，同时用 $[H_{ss}]$ 代替 H_{ss}，于是得出

$$[H_{ss}] = \frac{p_0 - p_v}{\gamma} - [\Delta h] - h_{w0-s} \qquad (11-13)$$

式（11-13）是从另一个角度来确定泵的几何安装高度 H_{ss} 值。

说明：Δh_{min} 就是液体流入泵后，在其还未被叶轮增压前，所降低的水头值 $\frac{\Delta p}{\gamma}$，它是因流速增大和水力损失而引起的，而影响这一水头下降的主要因素是泵吸入室与叶轮进口的几何形状和流速，所以它与泵结构有关，而与吸水管系统和液体性质无关，它的数值大小，在一定程度上反映了泵抗气蚀的高低。

四、离心泵的安装与运行

（一）泵的拆装检查

泵在安装前应根据有关规范要求进行拆装检查。拆装顺序是先拆泵的附件，再拆主机部分。离心泵的拆装检查主要内容有：

(1) 拆卸联轴节。

1) 拆卸联轴节罩子的固定螺栓，取下联轴节罩子；

2) 在联轴轮上做好标记，并测量联轴轮的同轴度和轴间隙，做好记录；

3) 拆卸联轴轮螺栓。

(2) 拆卸泵体。

1) 拆卸冷却水管；

2) 松开填料压盖螺栓（或机械密封环部分）；

3) 将前后轴承箱内润滑油放出后，拆卸泵体连接螺栓；

4) 吊起泵体上盖，卸下前后轴承箱连接螺栓，拆卸泵体口环；

5) 吊出泵转子，卸开轴承箱两端小盖，取出油圈；

6) 拆卸叶轮；

7) 对泵所有零件进行清洗、检查。

（二）泵的安装

离心式泵安装前，应复测泵的基础尺寸、位置、标高，并对水泵设备进行外观检查，不应有缺件、损坏和锈蚀等。

泵的找平：解体安装的泵应以加工面为准进行找平；整体安装泵应以进出口法兰面或其他水平加工基准面找平。

泵轴与电机轴对中的找正应以联轴器为准，用胶带连接时应使两轴平行，其轴向位置应以两皮带轮端面为准。

（三）泵的试运转

试运转前，应检查地脚螺栓的紧固程度，二次灌浆和抹面应达到设计强度要求。冷却、传热、保温、保冷、冲洗、过滤、除湿、润滑、液封等系统及管道连接应正确，无渗漏，且冲洗干净保持畅通。机械密封应有冷却并装配正确，轴端填料松紧适宜，高温高压下填料的减压、降温设施应符合要求。

脱开联轴器，驱动机空载试运转合格后与副泵连接，在泵入口处加过滤网，其有效面积不应小于截面的两倍。

按规范要求启动泵,并在额定负荷下按规定时间、步骤运转,试运行中应详细记录各轴承、各运动部件的温升、温度、泵的各振动值等数据,且各项要求均应符合相应规范。发现异常及时处理。

第三节 离心式泵或风机的选择

一、泵的性能曲线型谱图与性能表

(一)泵的型谱图

根据水泵叶轮切削定律,由式(10-6)、式(10-7)整理后得

$$\frac{H}{Q^2} = \frac{H_0}{Q_0^2} = k$$

即
$$H = kQ^2 \tag{11-14}$$

式中 k——切削系数。

式(11-14)表明:公式是以坐标原点为顶点的抛物线,也称切削抛物线,在此抛物线上的点均为相似工况点。

由此可见,通过叶轮切削改变了水泵的工作范围,故生产厂家可据此预先确定好水泵的工作范围,即水泵的高效工作区。如图11-6所示,$Q\text{-}H$线为水泵叶轮直径为D_2时的曲线,$Q_0'\text{-}H_0'$为最大切削量后的曲线,两曲线上A、B、A'、B'均为切削前后高效区边界点,OE线、OE'线分别为通过A、B两点所作的切削抛物线,也为等效率线。所以$ABB'A'$所围成的范围为该泵高效区。将同一类型不同规格泵的高效区绘在同一坐标系中,就是该类型水泵的型谱图。

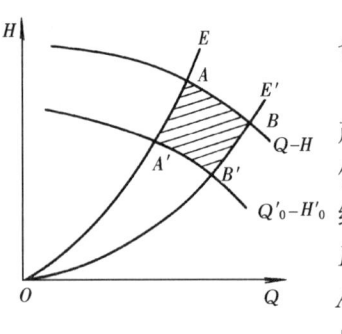

图11-6 水泵高效区域图

如图11-7所示,为Sh型离心泵部分泵的型谱图。图中一个方框表示一种规格水泵的高效工作区,框内注明该水泵的型号和转速,其上边是标准叶轮高效工作区的性能曲线,中边及下边依次是切削一次两次的高效区的性能曲线,两边是等效率线。

图11-8是IS型单级单吸泵的系列型谱图。此图与图11-7有所不同,它只画出方框的上边即标准叶轮高效率区的性能曲线和右边框等效率线,但增加了不同规格水泵的等效率线,该线为直线。

在选泵时,只要使所需工作点落在哪一区域,再核查该泵的特性曲线或性能表,则可确定所选需要的水泵。

(二)常用泵性能及适用范围

对常用泵性能及适用范围示例见表11-3、表11-4。

表11-3为RK系列供暖—空调循环泵,该系列泵具有结构新颖、高效、低噪声、运行可靠平稳、承压高、检修方便等特点;为了用户使用方便,有十几种进出水方向的变化,有立式和卧式轴向吸入,L为立式径向吸入,输送液体为软化水或清水,温度为130℃以下;性能范围:流量4~800m³/h,扬程5~50m;适用于高层建筑和住宅小区采暖、供热锅炉或热交换器水循环、空调制冷冷冻水系统、冷却水系统等工程中。

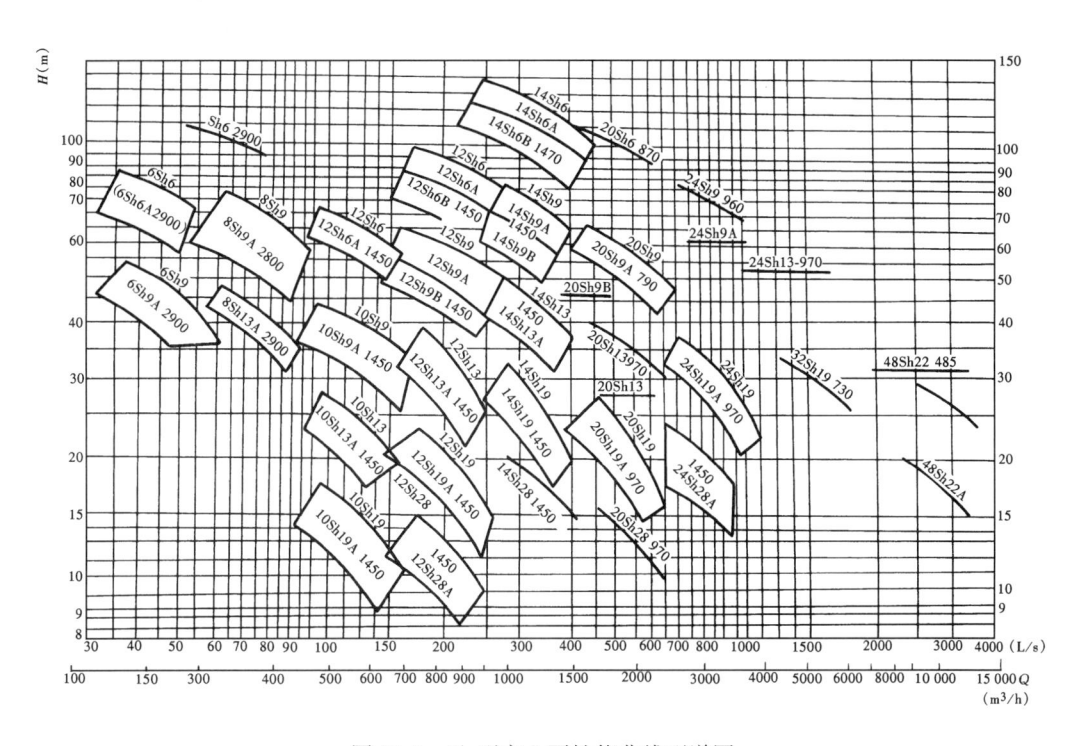

第十一章 离心式泵与风机的安装方法与选择

图 11-7 Sh 型离心泵性能曲线型谱图

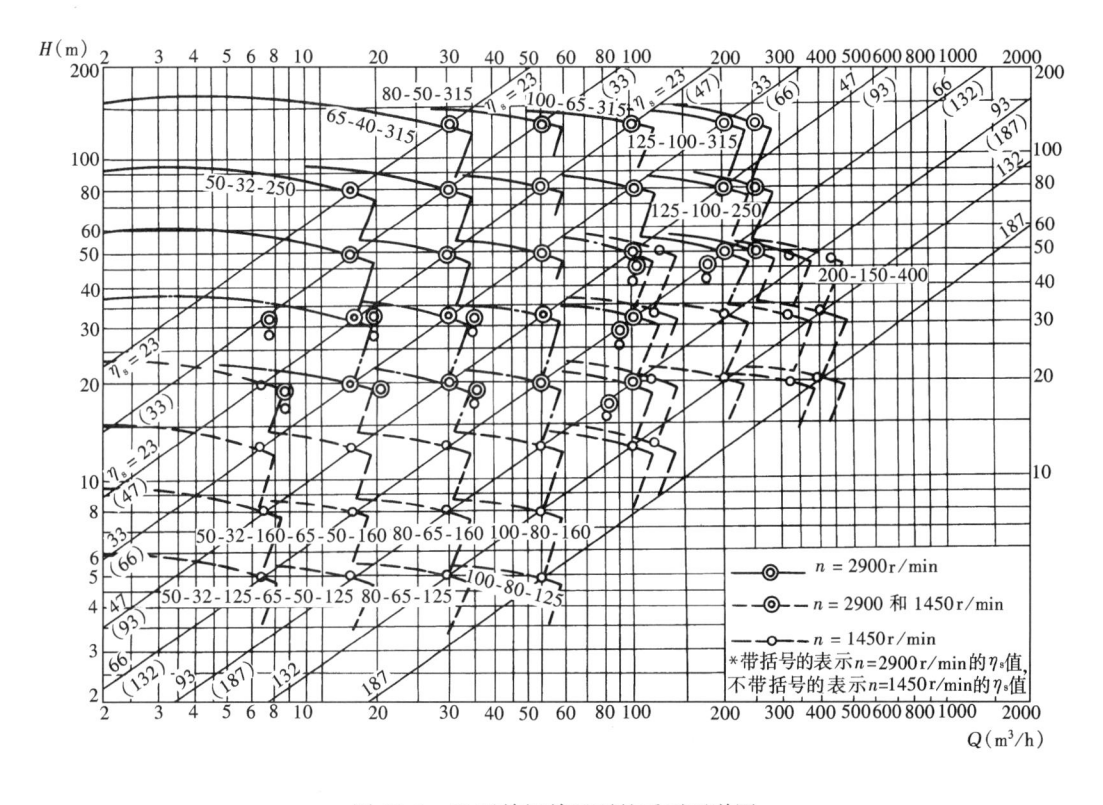

图 11-8 IS 型单级单吸泵的系列型谱图

表 11-3　　　　　RK 系列供暖空调循环水泵性能表（示例）（$n=1450$r/min）

水泵型号	流量 Q m³/h	流量 Q L/s	扬程 H (m)	效率 η (%)	轴功率 N (kW)	电机功率 N (kW)	必需汽蚀余量 H_V (m)	泵口径 进/出口 (mm)	整机重量 W 布置 (kg)	整机重量 M 布置 (kg)	整机重量 L 布置 (kg)
125RK120-25B	74 112 134	20.6 31.1 37.2	24.4 22.6 20.3	66 70 70	7.4 9.6 10.6	11	3.8	125/100	537	501	409
125RK120-32	96 120 144	26.7 33.3 40	32.5 32 30	69.5 73.5 74	12.2 14.6 15.9	18.5	2.9	125/100	567	533	436
125RK120-32A	92.8 116 139.3	25.8 32.2 38.7	31 29.6 28.9	69.5 73 73.9	11.2 13 14.8	18.5	2.9	125/100	567	533	436
125RK120-32B	89.6 112 134.4	24.9 31.1 37.3	28.4 27.3 25.3	66.2 69.5 70	10.4 11.9 13.3	15	4.0	125/100	529	495	400
150RK180-20	144 180 216	40 50 60	21.1 20 17.8	73.5 78 79.4	11.3 12.6 13.2	18.5	4.0	150/125	623	578	464
150RK180-20A	138.4 173 207.6	38.4 48.1 57.7	19.6 18.5 16.3	71.7 76 77.3	10.3 11.5 11.9	15	4.0	150/125	591	546	426
150RK180-20B	132.8 166 199.2	36.9 46.1 55.3	18 17 14.9	69.9 74 75.2	9.3 10.4 10.7	15	4.0	150/125	591	546	426
150RK180-20C	127.2 159 190.8	35.3 44.2 53	16.5 15.5 13.5	68 72 73.2	8.4 9.3 9.6	11	4.0	150/125	570	525	405
150RK180-25	138 173 208	38.3 48.1 57.8	24.9 23.3 21.1	73.4 76.5 75.6	12.7 14.2 15.8	18.5	4.0	150/125	663	618	503
150RK180-32	144 180 258	40 50 71.7	33 32 28	69 76 77	18.8 20.6 25.6	30	4.0	150/125	800	722	648
150RK180-40	144 180 250	40 50 69.4	41 40 33	69 74 78	23.3 26.5 28.8	37	4.0	150/125	826	751	690

第十一章 离心式泵与风机的安装方法与选择

续表

水泵型号	流量Q m³/h	流量Q L/s	扬程 H (m)	效率 η (%)	轴功率 N (kW)	电机功率 N (kW)	必需汽蚀余量 H_V (m)	泵口径 进/出口 (mm)	整机重量(kg) W布置	整机重量(kg) M布置	整机重量(kg) L布置
200RK280-25	224 280 336	62.2 77.8 93.3	27.2 25 22.4	77.6 81 77	21.4 24.2 26.6	30	3.0		906	826	751
200RK280-32	224 280 336	62.2 77.8 93.3	34.5 32 28.9	78.2 80 78.5	26.9 30.5 33.7	37	4.4		926	821	760
200RK280-40	224 280 360	62.2 77.8 100	42 40 35.2	75.8 79 77.3	33.8 38.6 44.6	45	4.4	200/150	1067	975	831
200RK280-50	224 280 400	62.2 77.8 111.1	52.6 50 42.3	74.4 77 74.2	43.1 49.5 62.1	75	4.4		1309	1219	1083
200RK400-32	320 400 480	88.9 111.1 133.3	34.5 32 27.3	76 82 79.3	39.6 42.5 45	55	5.0		1226	1109	1005

表11-4 IS/ISR系列单吸离心冷（热）水泵性能表（示例）

型号	转速n (r/min)	流量Q m³/h	流量Q L/s	扬程 H (m)	效率 η (%)	轴功率 N (kW)	配带电机 型号	配带电机 功率 (kW)	必需汽蚀余量 H_V (m)	重量 (kg)
IS50-32-125	2900	7.5 12.5 15	2.08 3.47 4.17	22 20 18.5	47 60 60	0.96 1.13 1.26	Y90L-2	2.2	2.0 2.0 2.5	32.5
ISR50-32-125	1450	3.75 6.3 7.5	1.04 1.74 2.08	5.4 5 4.6	43 54 55	0.13 0.16 0.17	Y801-4	0.55	2.0 2.0 2.5	
IS50-32-160	2900	7.5 12.5 15	2.08 3.47 4.17	34.3 32 29.6	44 54 56	1.59 2.02 2.16	Y100L-2	3	2.0 2.0 2.5	38.5
ISR50-32-160	1450	3.75 6.3 7.5	1.04 1.74 2.08	8.5 8 7.5	35 48 49	0.25 0.29 0.31	Y801-4	0.55	2.0 2.0 2.5	
IS50-32-200	2900	7.5 12.5 15	2.08 3.47 4.17	52.5 50 48	38 48 51	2.82 3.54 3.84	Y32S$_1$-2	5.5	2.0 2.0 2.5	46
ISR50-32-200	1450	3.75 6.3 7.5	1.04 1.74 2.08	13.1 12.5 12	33 42 44	0.41 0.51 0.56	Y802-4	0.75	2.0 2.0 2.5	

续表

型 号	转速 n (r/min)	流量 Q m³/h	流量 Q L/s	扬程 H (m)	效率 η (%)	轴功率 N (kW)	配带电机 型号	配带电机 功率 (kW)	必需汽蚀余量 H_V (m)	重量 (kg)
IS50-32-250	2900	7.5 12.5 15	2.08 3.47 4.17	82 80 78.5	28.5 38 41	5.87 7.17 7.83	Y160M₁-2	11	2.0 2.0 2.5	80
ISR50-32-250	1450	3.75 6.3 7.5	1.04 1.74 2.08	20.5 20 19.5	23 32 35	0.91 1.07 1.14	Y90L-4	1.5	2.0 2.0 2.5	
IS65-50-125	2900	15 25 30	4.17 6.94 8.33	21.8 20 18.5	58 69 68	1.54 1.97 2.22	Y100L-2	3	2.0 2.0 2.5	38
ISR65-50-125	1450	7.5 12.5 15	2.08 3.47 4.17	5.35 5 4.7	53 64 65	0.21 0.27 0.30	Y801-4	0.55	2.0 2.0 2.5	
IS65-50-160	2900	15 25 30	4.17 6.94 8.33	35 32 30	54 65 66	2.65 3.35 3.71	Y132S₁-2	5.5	2.0 2.0 2.5	40
ISR65-50-160	1450	7.5 12.5 15	2.08 3.47 4.17	8.8 8.0 7.2	50 60 60	0.36 0.45 0.49	Y802-4	0.75	2.0 2.0 2.5	
IS65-40-200	2900	15 25 30	4.17 6.94 8.33	53 50 47	49 60 61	4.42 5.68 6.29	Y132S₂-2	7.5	2.0 2.0 2.5	49
ISR65-40-200	1450	7.5 12.5 15	2.08 3.47 4.17	13.2 12.5 11.8	43 55 57	0.63 0.77 0.85	Y90S-4	1.1	2.0 2.0 2.5	
IS65-40-250	2900	15 25 30	4.17 6.94 8.33	82 80 78	37 50 53	9.05 10.9 12.02	Y160M₂-2	15	2.0 2.0 2.5	87
ISR65-40-250	1450	7.5 12.5 15	2.08 3.47 4.17	21 20 19.4	35 46 48	1.23 1.48 1.65	Y100L₁-4	2.2	2.0 2.0 2.5	

表 11-4 为 IS 和 ISR 型冷热水泵,其性能范围:流量 6.3～400m³/h,扬程 5～125m;该系列泵为卧式、悬臂式清水泵;为轴向吸入、径向排出,检修时不必拆卸进出口管路,只需拆装联轴器即可维修。此外,还有立式冷热清水泵等,在此不一一详述。

在本专业中,对泵类产品应用广泛,且产品规格、型号繁多,新工艺、新技术的应用也宽。用户要求、楼宇功能要求、智能化建筑发展和应用等众多因素,都是值得我们在泵类产品教学中去具体研究和探讨。

第十一章 离心式泵与风机的安装方法与选择

二、风机的性能曲线与性能表

如图 11-9 所示，为多翼式低噪声离心式风机 DT9-250 的性能曲线工作区域图。该风机直径为 250mm，叶片片数 40 片，惯性力矩为 $0.03 \text{kg} \cdot \text{m}^2$，风速与动压是以在法兰出口区域为基准，与其操作在无风管的出口处时，动压为表上数据的 2 倍。

表 11-5 为 DT9 系列离心风机的主要性能参数。

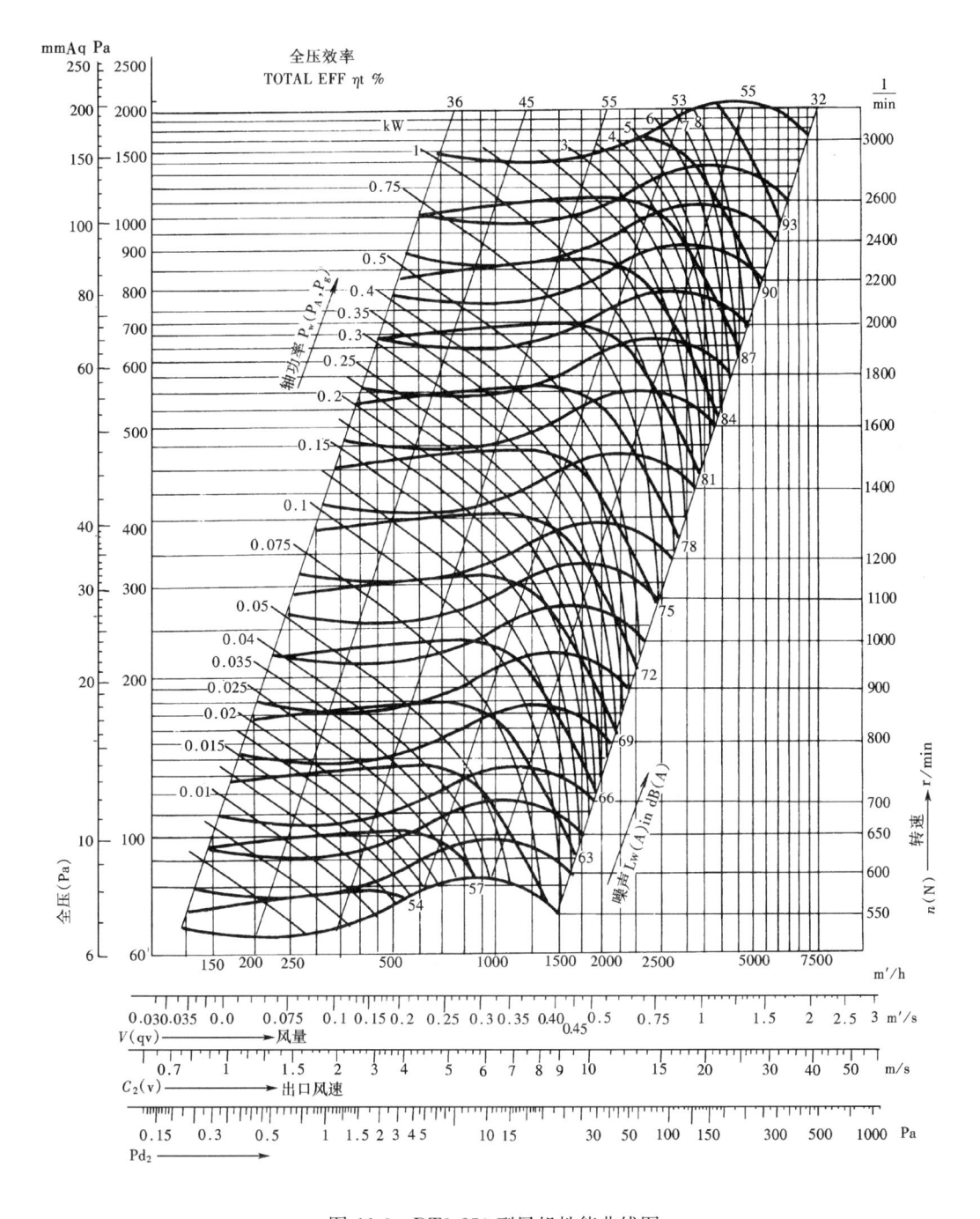

图 11-9 DT9-250 型风机性能曲线图

表 11-5　　　　　　　　　　　　DT9 系列离心风机性能参数表

机　号	电压(V)	主轴转速(r/min)	流量(m³/h)	全压(Pa)	电机功率(kW)	噪声dB（A）	外形尺寸 长×宽×高(mm×mm×mm)	总重(kg)	备注
DT9 No1.5A1	220	2800	700～800	700～900	0.37	<65	304×323×290	18	
DT9 No1.5A2	380	2800	700～880	700～900	0.37	<65	304×323×290	18	
DT9 No2A1	220	1400	900～1100	300～350	0.18	<65	360×330×350	32	
DT9 No2A2	380	1400	900～1100	300～350	0.18	<65	360×330×350	32	
DT9 No2A3	220	2800	1900～2500	950～1150	1.1	<68	360×330×350	58	
DT9 No2A4	380	2800	1900～2500	950～1150	1.1	<68	360×330×350	58	
DT9 No2.5A1	220	1400	2000～2800	450～530	0.55	<67	544×411×481	33	
DT9 No2.5A2	380	1400	2000～2800	450～530	0.55	<67	544×411×481	33	
DT9 No3A1	220	1400	3500～4000	500～600	1.5	<68	614×512×540	65	
DT9 No3A2	380	1400	3500～4000	500～600	1.5	<68	614×512×540	65	
DT9 No3A3	220	1400	3200～3800	500～600	1.1	<68	614×512×540	60	
DT9 No3A4	380	1400	3200～3800	500～600	1.1	<68	614×512×540	60	
DT9 No3.5A1	380	1420	5100～6700	1000～1200	4	<69	758×570×657	75	
DT9 No4.5A1	380	960	8400～10 800	600～750	4	<71	804×703×727	123	
DT9 No3.5E1	380	960	3740～4000	400～500	1.5	<68	815×400×936	100	
DT9 No3.5E2	380	1100	3800～4500	450～580	2.2	<69	815×400×936	106	
DT9 No4.5E1	380	720	5500～6200	400～500	1.5	<70	875×420×1129	130	
DT9 No4.5E2	380	960	8400～10 800	600～750	4	<72	875×420×1129	137	
DT9 No5.5E1	380	750	11 000～12 300	650～720	5.5	<72	1142×497×1258	250	
DT9 No5.5E2	380	600	8600～9300	480～530	2.2	<71	1142×497×1258	195	
DT9 No6.5E1	380	630	12 000～16 500	630～720	7.5	<74	1450×639×1621	382	
DT9 No6.5E2	380	500	12 000～13 020	420～510	4	<72	1450×639×1621	353	
DT9 No7.5E1	380	600	20 000～28 000	720～840	11	<78	1762×735×1914	570	
DT9 No7.5E2	380	480	18 000～20 700	500～600	5.5	<75	1762×735×1914	507	
DT9 No7.5E3	380	710	26 500～30 300	850～1150	18.5	<88	1762×735×1914	620	

图 11-10 为 4-70（72）型离心风机性能选型图。利用该图可依据流量、全压选择机号，选择原则是：尽可能选大机号低转速，并使工况处于所选机号的高效区；然后按所选机号查取性能曲线图或性能表中的相应性能参数。图 11-11 为 4-70(72)-4.5A 离心风机性能曲线图，表 11-6 为 4-70 型风机部分机号性能参数表。

第十一章　离心式泵与风机的安装方法与选择

图 11-10　4-70（72）型离心风机性能选型图

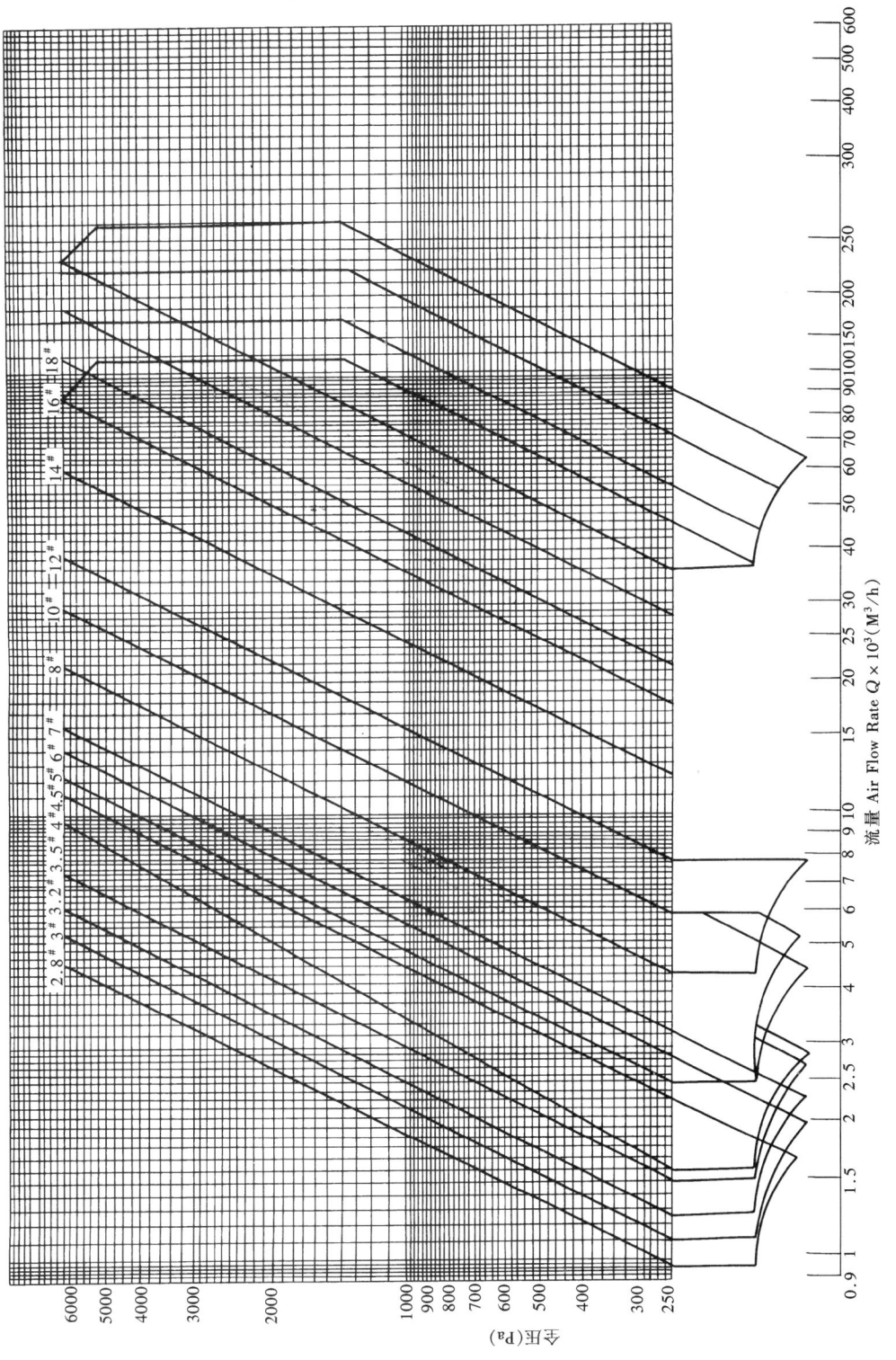

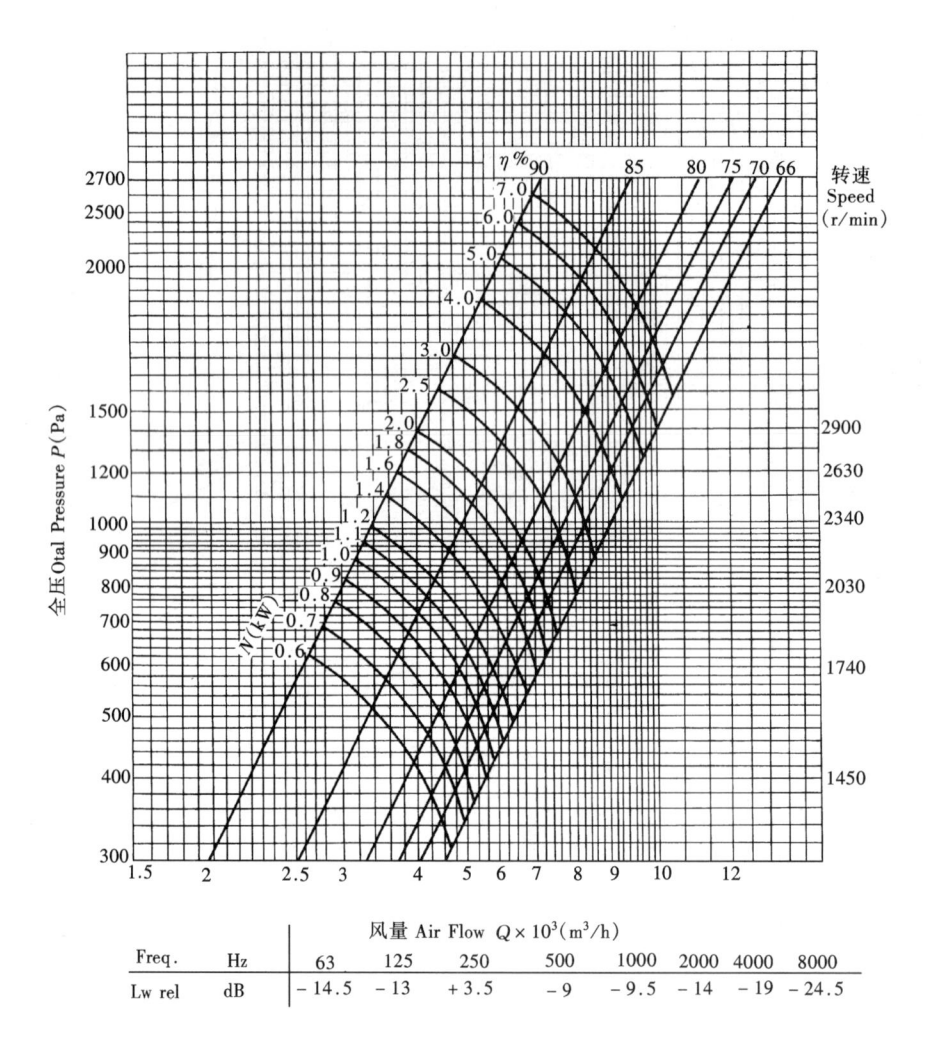

Freq.	Hz	63	125	250	500	1000	2000	4000	8000
Lw rel	dB	−14.5	−13	+3.5	−9	−9.5	−14	−19	−24.5

图 11-11　4-70(72)-4.5A 离心风机性能曲线图

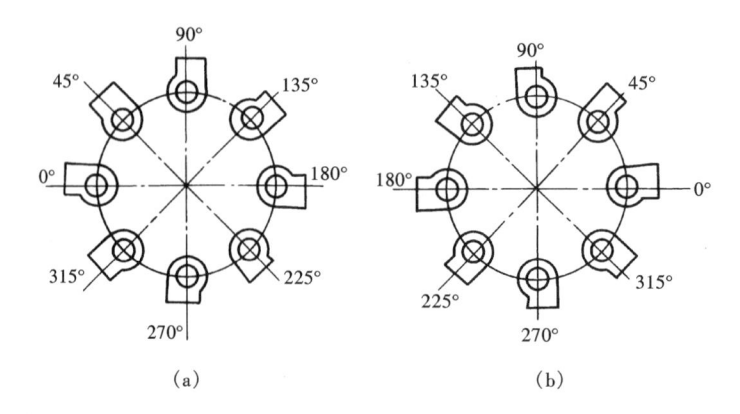

图 11-12　离心式风机出风口位置

(a) 右旋方向；(b) 左旋方向

第十一章 离心式泵与风机的安装方法与选择

表 11-6　　　　　　　　　　　　　　4-70 型风机性能参数表（示例）

机号	转速 (r/min)	全压 (Pa)	流量 (m³/h)	电机功率 (kW)	三角胶带 型号	三角胶带 根数	三角胶带 长度 (m)	风机轮	电机轮	电机导轨	重量 (kg)
4A	2900	1465～2100	6693～4407	5.5							145
4A	1450	372～525	3346～2204	1.1							103
4.5A	2900	1881～2658	9529～6275	7.5							169
4.5A	1450	470～665	4765～3138	1.1							121
5A	2900	2322～2950	13 072～8608	11							234
5A	1450	581～820	6536～4304	2.2							151
6A	1450	836～1181	11 294～7437	4							187
6A	960	366～517	7477～4924	1.5							177
7C	1800	1754～2478	22 263～14 661	4P-15	B	4	3175	54-B₄-280	42-B₄-350	SHT-2	534
7C	1600	1385～1958	19 790～13 032	4P-11	B	4	3175	54-B₄-280	42-B₄-310	SHT-2	513
7C	1250	846～1195	15 461～10 181	4P-5.5	B	4	3353	54-B₄-280	38-B₄-240	SHT-1	458
7C	1120	679～959	13 853～9122	4P-4	B	4	3353	54-B₄-280	28-B₄-215	SHT-1	433
7C	1000	541～765	12 368～8145	4P-3	A	2	3175	54-A₂-280	28-A₂-195	SHT-1	428

如图 11-12 为风机叶轮旋转方向，即从电动机或皮带轮一端正视，顺时针方向为"右"旋，反之为"左"旋，出风口位置用右旋（左旋）加角度表示。

三、泵或风机的选择

由于泵或风机装置的用途和使用条件千变万化，而泵或风机的种类又十分繁多，故合理地选择其类型或型式及决定它们的大小，以满足实际工程所需的工况是很重要的。

泵与风机选择时，应同时满足使用与经济两方面的要求，具体方法步骤归纳如下：

（一）选类型

首先充分了解该工程工况装置用途、管路特性、地形、介质种类等情况，以便正确选取泵与风机种类。

例如，在选风机时，应弄清被输送的气体性质（如清洁空气、烟气、含尘空气或易燃易爆及腐蚀性气体等），以便选择不同用途的风机。

同理，在选水泵时，也应弄清被输送液体的性质，以便选择不同用途的水泵（如清水泵、污水泵、锅炉给水泵、冷凝水泵、氨水泵等）。

常用各类水泵与风机性能及适用范围，见表 11-7 及表 11-8。

表 11-7　　　　　　　　　　常用水泵性能及适用范围表（示例）

型号	名称	扬程范围 (m)	流量范围 (m³/h)	电机功率 (kW)	介质最高温度 (℃)	适用范围
BG	管道泵	8～30	6～50	0.37～7.5	气蚀余量 4～2m	输送清水或理管上化性质类的液体，装于水管上
NG	管道泵	2～15	6～27	0.20～1.3	95～150	输送清水或理管上化性质类的液体，装于水管上
SG	管道泵	10～100	1.8～400	0.50～26		有耐腐性、防爆型、热水型，装于管道上
XA	离心式清水泵	25～96	10～340	1.50～100	105	送清水或理管上化性质类的液体
IS	离心式清水泵	5～25	6～400	0.55～110	2m(气蚀余量)	送清水或理管上化性质类的液体
BA	离心式清水泵	8～98	4.5～360	1.5～55	80	送清水或理管上化性质类的液体
BL	直联式离心泵	8.8～62	4.5～120	1.5～18.5	60	送清水或理管上化性质类的液体
Sh	双吸离心泵	9～140	126～12 500	22～1150	80	输送清水，也可作为热电站循环泵
D,DG	多级分段泵	12～1528	12～700	2.2～2500	80	送清水或理管上化性质类的液体
GC	锅炉给水泵	46～576	6～55	3～185	110	小型锅炉给水
N,NL	冷凝泵	54～140	10～510		80	输送发电厂冷凝水
J,SD	深井泵	24～120	35～204	10～100		提取深井水
4PA-6	氨水泵	86～301	30	22～75		输送20%浓度的氨水，吸收式冷冻设备主机

表 11-8　　　　　　　　　　常用通风机性能及适用范围表

型号	名称	全压范围 (Pa)	风量范围 (m³/h)	功率功率 (kW)	介质最高温度 (℃)	适用范围
4-68	离心通风机	170～3370	565～79 000	0.55～59	80	一般厂房通风换气、空调
4-72-11	塑料离心风机	200～1410	991～55 700	1.10～30	60	防腐防爆厂房通风排气
4-72-11	离心通风机	200～3240	991～227 500	1.1～200	80	一般厂房通风换气
4-79	离心通风机	180～3400	990～17 720	0.75～15	80	一般厂房通风换气
7-40-11	排尘离心通风机	500～3230	1310～20 800	1.0～40		输送含尘量较大的空气
9-35	锅炉通风机	800～6000	2400～150 000	2.8～570		锅炉送风助燃
Y4-70-11	锅炉通风机	670～1410	2430～14 360	3.0～75	250	用于1～4t/h的蒸汽锅炉
Y9-35	锅炉通风机	550～4540	4430～473 000	4.5～1050	200	锅炉烟道排风
G4-73-11	锅炉离心式通风机	590～7000	15 900～680 000	10～1250	80	用于2～670t/h的汽锅
30K4-11	轴流通风机	26～506	550～49 500	0.09～10	45	一般工厂、车间办公室换气

（二）确定选机流量及压头

根据工程计算所确定的最大流量 Q_{max} 和最高扬程 H_{max} 或风机的最高全压 p_{max}，然后分别加 10%～20% 的安全量（考虑计算误差及管网漏耗等）作为选泵或风机的依据，即

$$Q = 1.1 \sim 1.2 Q_{max} (\text{m}^3/\text{h})$$

$$H = 1.1 \sim 1.2 H_{max} (\text{m}) \text{ 或 } p = 1.1 \sim 1.2 p_{max} (\text{Pa})$$

（三）确定型号大小和转数

当泵或风机的类型选定后，要根据流量和扬程或风压全压，查阅样本或手册，选择其大

小（型号）和转数。

现行的样本有几种泵或风机性能的曲线或表格。一般可先用综合"选择曲线图"见图 11-7，进行初选。此种选择曲线已将同一类型各种大小型和转数的性能曲线绘在同一张图上，使用方便，对于风机还可用"无因次性能曲线"进行选择工作。

选择泵和风机的出发点，是把工程需要的工作点（即 Q，H）应选在机器最高效率（η 线的顶峰值）的 $\pm 10\%$ 的高效区，并在 Q—H 曲线的最高点的右侧下降段上，以保证工作的稳定性和经济性。

目前，生产厂家多用表格给出该机在高效率和稳定区的一系列数据点，选机时应使所需的 Q 和 H 与样本给出值分别相等，不得已时，允许样本值稍大于需要值（多指扬程）。

（四）选电动机及传动配件或风机转向及出口位置

用性能表选机时，在性能表上附有电机功率及型号和传动配件型号，可一并选用。

用性能曲线选机时，因图上只有轴功率 N，故电机及传动件需另选。

配套电机功率 N_m 可按式（11-15）计算：

$$N_{\mathrm{m}} = k\frac{N}{\eta_{\mathrm{t}}} = k\frac{\gamma QH}{\eta\eta_{\mathrm{t}}} = k\frac{QP}{1000\eta\eta_{\mathrm{t}}} \tag{11-15}$$

式中　N_{m}——电动机功率，kW；

　　　Q——流量，m³/s；

　　　H——扬程，m；

　　　P——风机全压，Pa；

　　　k——电机安全系数，见表 11-9；

　　　N——泵与风机轴功率；

　　　η_{t}——传动效率。电动机直接传动 $\eta_{\mathrm{t}}=1.0$，联轴器传动 $\eta_{\mathrm{t}}=0.95\sim0.98$，三角带传动 $\eta_{\mathrm{t}}=0.9\sim0.95$。

表 11-9　　　　　　　　　　　　　　电动机安全系数

电动机功率（kW）	>0.5	0.5~1.5	1.0~2.0	2.0~5.0	>5.0
安全系数	1.5	1.4	1.3	1.2	1.15

另外，泵或风机转向及进、出口位置应与管路系统相配合（风机叶轮转向及出口位置按图 11-12 代号表达）。

四、注意事项

（1）当选水泵时，应注意防止"气蚀"发生，从样本上查出标准条件下的允许吸上真空高度 $[H_{\mathrm{s}}]$ 或临界气蚀余量 $\Delta h_{\min}$，按式（11-6）或式（11-13）验算其几何安装高度。

此时，如输送液体温度及当地大气压强与标准条件（20℃清水，$p=101.325\text{kPa}$）不同时，还需对 $[H_{\mathrm{s}}]$ 进行修正。

（2）对非样本规定条件下的流体参数之换算。

泵或风机样本所提供的（Q、H）是在规定的条件下得出的，当所输送的流体温度或密度以及当地大气压强与规定条件不同时，应进行参数转换。

一般风机的标准条件是大气压强为 101.325kPa，空气温度为 20℃，相对湿度为 50%。

锅炉引风机的标准条件是大气压强为 101.325kPa，空气温度为 200℃，相应的容重 $\gamma=$

$0.745kN/m^3$。

(3) 必要时尚需进行初投资与运行费的综合经济、技术比较。

【例 11-2】 某工厂用水量 $12m^3/h$，最高处用水点标高为 15m，要求出水压力为 10m，管路总水头损失为 3.5m，地面标高为 ±0.00，试选择水泵。

解 计算选泵的参数

$$Q = 1.1Q_{max} = 13.2 m^3/h$$

$$H = 1.1H_{max} = 1.1 \times (15+10+3.5) = 31.35m$$

查表 11-4，IS50-32-125 型水泵流量范围为 $7.5 \sim 15 m^3/h$，扬程范围为 $34.3 \sim 29.6m$，适合本工况要求。

从性能表中查出，轴功率为 $1.59 \sim 2.16kW$，配带电机型号为 Y100L-2，电机功率为 3kW，必需汽蚀余量为 $2.0 \sim 2.5m$，转速为 $n=2900r/min$，该泵效率为 $\eta = 44\% \sim 56\%$。

【例 11-3】 某送风系统输送 70℃ 的空气，风量为 $11\,000 m^3/h$。要求风压为 1830Pa，当地大气压强为 96kPa，试选择风机、配用电机及其他配件。

解 按工况要求风压和风量，考虑 10% 附加值，则

$$\Delta P = 1830 \times 1.1 = 2010Pa$$

$$Q = 11\,000 \times 1.1 = 12\,100 m^3/h$$

风机实测标准状态为 $p=101.35kPa$，$t=20℃$，$\gamma=11.77N/m^3$。由气态方程可得使用工况下空气容重

$$\gamma' = \gamma \frac{p'}{p} \cdot \frac{T}{T'} = 11.77 \times \frac{96}{101.325} \times \frac{293}{343} = 9.53 N/m^3$$

将使用工况下的风量风压换算为实测状态下的风量和风压

$$Q' = Q = 12\,100 m^3/h$$

$$\Delta p' = \Delta p \cdot \frac{\gamma'}{\gamma} = 2010 \times \frac{11.77}{9.53} = 2480Pa$$

查表 11-6，选 4-70-5A 型风机，转速 $n=2900r/min$ 时，风压 $\Delta P = 2322 \sim 2950Pa$，风量 $Q = 13\,072 \sim 8608 m^3/h$，适合工况要求。

该风机电机功率为 11kW，直联式传动。

思 考 题

11-1 什么是水泵汽蚀现象？其产生原因和危害是什么？

11-2 如何正确确定水泵安装高度？

11-3 什么叫必需汽蚀余量和水泵安装高度？两者有何联系和区别？

习 题

11-1 某水泵 $Q=0.25 m^3/s$，必需汽蚀余量为 $[\Delta h]=4.5m$，泵吸水管直径为 350mm，水头损失为 1.0m，当地海拔为 800m，水温为 45℃，试计算该泵最大安装高度。

11-2 已知下列数据，试求所需的扬程。

水泵轴线的标高130m，吸水面标高120m，上水池液面标高170m，吸入管段阻力0.8m，压出管段阻力1.91m。

11-3　某工厂由冷冻站输送冷冻水到空气调节室的蓄水池，采用一台单吸单级离心式泵。在吸水口测得流量为60L/s，泵前真空计指示真空度为4m，吸水口径25cm。泵本身向外泄漏流量约为吸水口流量的2%。泵出口压力表读数为3.0kgf/cm²，泵出口直径为0.2m。压力表安装位置比真空计高0.3m，求泵的扬程。

11-4　某通风系统中，送风量$Q=9000\text{m}^3/\text{h}$，风压为620Pa，送风温度为20℃，当地大气压强为98.07kPa，请选择风机。

第十二章

其他常用泵与风机

第一节 轴流式泵与风机

轴流式泵与风机的比转数较大，表明其流量大，而扬程或全压小。在工程上也是一种应用较广的流体输送机械。

一、轴流式泵与风机的基本构造

（一）轴流式泵的构造

轴流式泵也是一种叶片泵，其形状是一个圆柱体。按泵轴安装方式分立式、卧式、斜式三种。应用较多的是立式，其特点是启动方便，占地面积小。图 12-1 为立式轴流式泵工作示意图。其主要组成部件有吸入管（喇叭管）、叶轮、导叶、压水管、轴、轴承、填料函等。

1. 喇叭管

喇叭管也是吸水管，做成喇叭形，是立式轴流泵的吸水室，用铸铁制作。进口外呈圆弧形，直径约为叶轮直径的 1.5 倍。对大型轴流泵的吸水管则做成流道形。

2. 叶轮

一般用铸铁制造，大型泵则用铸钢制造。叶轮由叶片、轮毂、导水锥组成。叶片数一般为 2～6 片，呈扭曲形装在轮毂上，并按其可调性分成固定式、半调节式和全调节式三种。

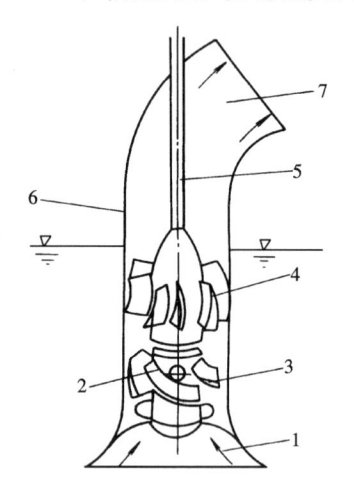

图 12-1 轴流式泵工作示意图
1—吸入管；2—叶片；3—叶轮；4—导叶；5—轴；6—机壳；7—压水管

半调节式叶片用螺栓紧在轮毂上，轮毂上刻有相应安装角度位置线，可按不同需要调节其安装角。调节时一般应停机拆卸叶轮后，将螺母松开转动叶片对准轮毂上的角度线，再安装好叶轮，一般用于中小型轴流泵。

全调节式可不停机或只停机而不必拆卸叶轮则能改变叶片安装角度，其调节方法是由机械或液压调节机构进行，结构复杂，适于大型轴流泵。

3. 导叶

导叶在叶轮上面，固定在导叶管中，其作用是消除液流的旋转，并将液流的部分动能转为压力能。一般设有 6～12 片导叶。

4. 轴和轴承

轴用优质碳素钢制成，中小型泵为实心，而大型泵因设叶片调节机构而制作成空心。

轴承分为导轴承和推力轴承两种。导轴承起径向定位作用，防止摆动；推力轴承承受轴向推力，并将其推力传到基础上去。

5. 填料函

填料函构造与离心泵的相似，设在出水管处。

（二）轴流风机构造

图12-2为轴流式风机构造简图。主要由叶轮、机壳、集风器等部件组成。

1. 叶轮

叶轮由叶片、轮毂组成。叶片由薄钢板制作，与轮毂采用焊接或铆接，叶片从根部到叶梢作成扭曲形，并与轮毂成一定角度，即安装角。大型风机叶片安装角是可调的，且常在进风口设导流片，出风口设整流叶片，以改善其气流运动性能，提高效率。

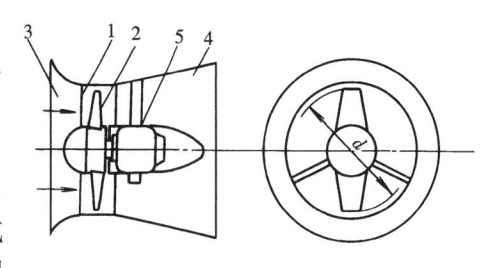

图12-2 轴流式风机基本构造
1—圆形风箱；2—叶片及轮毂；3—钟罩形吸入口；
4—扩压管；5—电动机及轮毂

2. 机壳

机壳由风筒、支架组成，采用钢板及型钢制作。风筒为直圆筒形与叶轮间有一定间隙。

3. 集风器

由集风器法兰、集风器组成。集风器由钢板制成，形状常为圆弧光流线型，以减少吸入口处的气流能量损失。

二、轴流式泵与风机工作原理

（一）轴流泵工作原理

轴流泵的叶片与机翼具有相似的断面形状，在水中高速旋转时，水流相对于叶片产生急速的绕流，翼型叶片上下表面流体产生流速差，相应地形成流体对叶片的一个由下而上的作用力，而叶片也对流体产生一个反作用力，在此反作用力作用下，水沿泵轴方向，由进口流向出口，完成输送介质工作。

（二）轴流风机工作原理

轴流风机工作原理与轴流泵一样，是受轴向推力作用来完成对气体的输送。其叶片上侧流速小而压力大，将气体向前送走，而叶片下侧压力差即为风机风压，也是风机产生的轴向推力。

三、轴流泵与风机的性能特点

（一）轴流式水泵性能特点

综前所述，轴流泵优点有大流量、小扬程；重量轻、构造简单；适于水下安装，且操作方便；其叶片的可调性，使其工作条件变化时，只需改变叶片安装角则可保证其高效运行。

轴流泵性能参数与离心泵相近。以 DFQZ 型潜水轴流泵为例，其主要技术参数为：流量$Q=300\sim 45\,000\,m^3/h$，扬程$H=0.5\sim 18m$，转速$n=250\sim 1460r/min$，口径：$\phi 350\sim \phi 1750$，介质温度范围$t=-15\sim 60℃$，工作压力最大为0.6MPa，叶片安装角有$-4°$、$-2°$、$0°$、$2°$、$4°$等。

（二）轴流风机性能特点

轴流式风机种类较多，按其安装方式不同可分为壁式、岗位式、管道式、固定式、隧道式；按其效率又分为高效型、节能型、普通型；按其使用要求又分双速型、消防排烟型等。

与离心式风机一样，轴流风机性能曲线也是实测而得的。图12-3所示为HTF№5.0和

HTFNo6.0型风机性能曲线图。

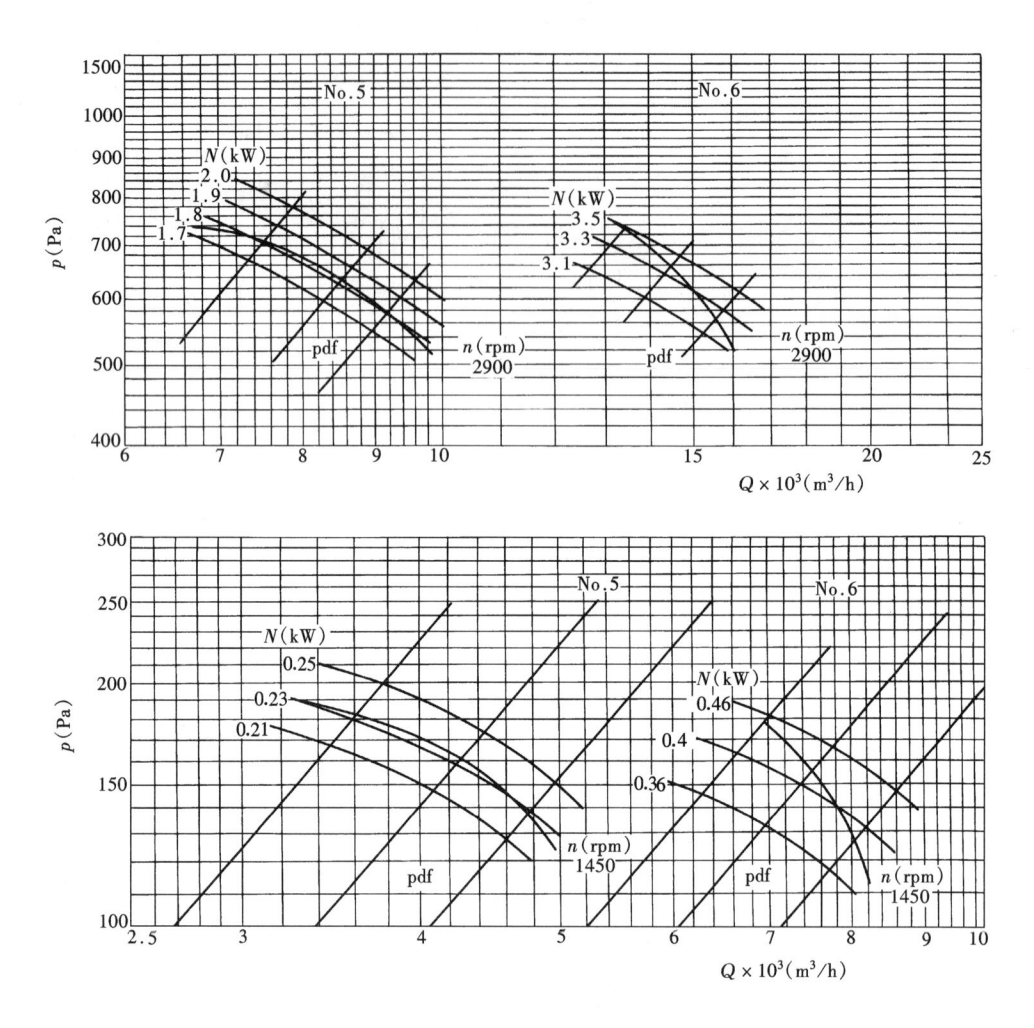

图12-3 HTFNo5.0、HTFNo6.0型风机性能曲线图

表12-1为HTF-Ⅱ型消防高温排烟风机性能参数表。

四、轴流式泵与风机的选用

轴流式泵与风机的选用方法与离心式泵与风机的选择类同,具体步骤归纳如下。

(1) 了解工况要求、所输介质种类等情况。如烟气排除应选高温排烟风机。

表12-1 　　　　　　　　HTF-Ⅱ型消防高温排烟风机性能参数表

型号	叶轮直径 ϕ (mm)	风量 Q (m³/h)	全压 Δp (Pa)	转速 n (r/min)	装机容量 P (kW)	实耗功率 (kW)	A声级 L_A (dB)	重量 (kg)
5	500	9824　8861　6817	510　610　752	2900	3/2.5	2.5/0.3	≤80	115
		4912　4413　3410	127　153　188	1450			≤75	

续表

型号	叶轮直径 ϕ (mm)	风量 Q (m³/h)	全压 Δp (Pa)	转速 n (r/min)	装机容量 P (kW)	实耗功率 (kW)	A声级 L_A (dB)	重量 (kg)
6	600	16 090 15 102 13 197	510 610 760	2900	5.5/4.5	4.7/0.6	≤86	115
		8045 7551 6599	127 153 190	1450			≤75	
7	700	24 380 22 439 18 908	610 655 728	1450	8/6.5	7/2	≤88	218
		16 141 14 865 12 518	267 287 319	960			≤80	

(2) 按最不利工况的要求所定 Q_{max} 和 H_{max}，考虑 10%～15% 的附加值后作为泵与风机的选用依据。

(3) 按用途定泵与风机类型，查阅有关产品样本或手册，依据流量和扬程（全压）要求，选择大小型号合适的泵与风机，并使工况工作点在高效区范围内。

(4) 在选用风机时，还应按管路布置确定气流方向和风口位置。

气流方向用"入"和"出"表示正对风口气流顺向流入和迎面流出。

风口位置分为进风口和出风口，按出入角度表示，如图 12-4 所示。若无进风口和出风口位置，则可不表示。

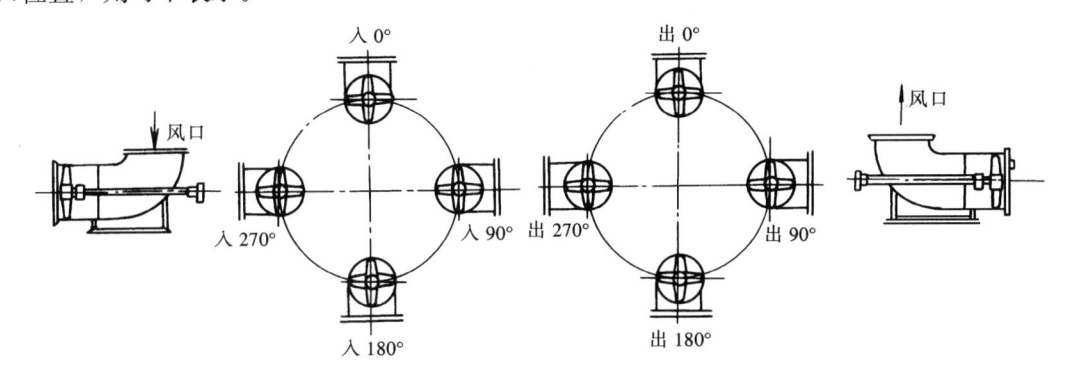

图 12-4 进出风口的位置图

第二节 管 道 泵

管道泵也是一种叶片泵，有立式和卧式。如 ISG 系列泵，可输送不含固体颗粒的清洁液体，用于工矿企业、城市给排水、消防给水、暖通空调水循环、锅炉给水等场合。该泵体积小、重量轻、低噪声、高效率、轴封可靠、安装方便。

型号意义：如 ISG80-160A。

ISG：立式单级单吸管道泵，变型产品见表 12-2；

80：泵进出口直径（mm）；

160：叶轮名义直径（mm）；

A：叶轮切割（A～C）。

表 12-3 为 ISG 系列泵性能表。

表 12-2　　　　　　ISG 系列基型和变型立（卧）式管道泵

类别	泵型式	型式意义	转速（r/min）	介质温度（℃）	备注
基型	ISG	立式管道泵	2900　1450	≤80	
变型	IGR	立式热水泵	2900　1450	≤120	
	IGW	卧式管道泵	2900　1450	≤100	
	IWR	卧式热水泵	2900　1450	≤120	

表 12-3　　　　　　ISG 系列基型及变型管道泵性能表（示例）

型号	流量（Q）		扬程 H（m）	效率 η（%）	转速 n（r/min）	电机功率 P（kW）	必需汽蚀余量（m）	重量（kg）
	(m³/h)	(L/s)						
15-80	1.1 1.5 2.0	0.3 0.42 0.55	8.5 8 7	26 34 34	2800	0.18	2.8	17
20-110	1.8 2.5 3.3	0.5 0.69 0.91	16 15 13.5	25 34 35	2800	0.37	2.8	25
20-160	1.8 2.5 3.3	0.5 0.69 0.91	33 32 29	20 25 27	2900	1.1	2.8	29
25-110	2.8 4 5.2	0.78 1.11 1.44	16 15 13.5	34 42 41	2900	0.55	2.8	26
25-125	2.8 4 5.2	0.78 1.11 1.44	20.6 20 18	28 36 35	2900	0.75	2.8	28
25-125A	2.5 3.6 4.6	0.69 1.0 1.28	17 16 14.4	35	2900	0.55	2.8	27
25-160	2.8 4 5.2	0.78 1.11 1.44	33 32 31	26 32 39	2900	1.5	2.8	45
25-160A	2.6 3.7 4.9	0.72 1.03 1.36	29 28 27	31	2900	1.1	2.8	34

第三节　真空泵与射流泵

一、真空泵

图 12-5 为水环式真空泵。主要构成部件有星状叶轮、水环、进气口和排气口等。

第十二章 其他常用泵与风机

其工作原理：真空泵运行前，先向泵内注入一定量的水，叶轮旋转时，因离心力作用将水甩向四周形成一个与转轴同心的水环。水环上部内表面与叶轮壳相切，因叶轮偏心安装，叶轮沿箭头方向旋转时，右半部水环与轮壳之间形成的空气室容积逐渐扩大，压力降低，空气由进气口吸入；而左半部环与轮壳之间形成排气口排出。叶轮不停旋转，真空泵则不断吸气和排气，达到抽吸真空或压缩气体的目的。水环式真空泵主要用于水泵启动前的抽气引水。

表 12-4 为水环式真空泵性能表。SZB 型是单级悬臂式水环真空泵。

选择真空泵应按水泵和吸水管所需气量和最大真空值而定，抽气量按下式计算

$$Q = k \frac{V_p + V_s}{T} \quad (12-1)$$

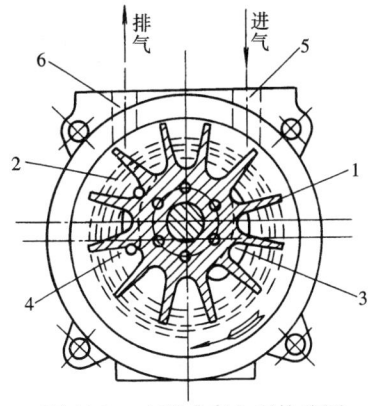

图 12-5 水环式真空泵构造图
1—形状叶轮；2—水环；3—进气口；
4—排气口；5—进气罐；6—排气管

式中 Q——真空泵抽气量，m^3/min；

k——漏气系数，取 1.05～1.10；

V_p——泵站内最大一台水泵泵壳容积，m^3；

V_s——吸水池最低水位至泵吸入口管中空气容积，m^3，可按表 12-5 查取；

T——水泵允许引水时间，min，常小于 5min。

表 12-4　　　　　　　　　SZB 型水环式真空泵性能表（示例）

型号	流量 m³/h	流量 L/s	真空值 (mmHg)	真空值 (%)	转速 (r/min)	功率(kW) 轴	功率(kW) 电机	叶轮直径 (mm)	保证真空度 (%)	真空度为0%时的保证排气量 (L/min)
SZB-4	19.8	5.5	440	58	1450	1.1	1.7	180	80	370
	14.4	4.0	520	64		1.2				
	7.2	2.0	600	79		1.3				
	0	0	650	86		1.3				
SZB-8	38.2	10.6	440	58	1450	1.9	2.8	180	80	600
	28.8	8	520	64		2.0				
	14.4	4	600	79		2.1				
	0	0	650	86		2.1				

表 12-5　　　　　　　　　不同吸水管管径每米管长空气容积

管径 D (mm)	200	250	300	350	400	500	600	800
V_s (m³/m)	0.031	0.071	0.092	0.096	0.12	0.196	0.282	0.503

V_p 值可按水泵吸入口断面面积乘以吸水口至压水管闸阀的距离计算。

二、射流泵

图 12-6 为射流泵构造图，其主要组成部件有喷嘴、吸入室、混合室、扩散管等。

249

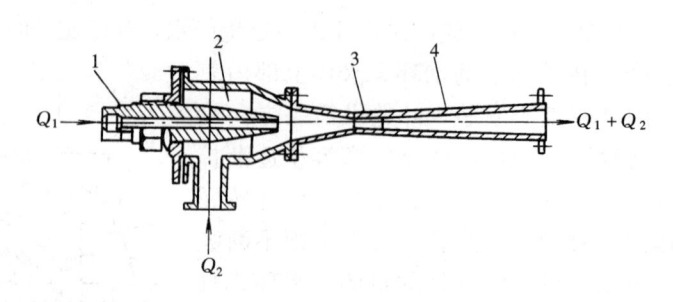

图 12-6 射流泵构造图

1—喷嘴；2—吸入室；3—混合室；4—扩散管

射流泵是利用高速流体的能量来输送流体的机械。图 12-7 所示为射流泵装置示意图。其工作原理是：有压流体 Q_1、H_1 经喷嘴高速喷出后，使吸入室内形成真空，使另一股流体 Q_2 沿吸入管进入吸入室，Q_1、Q_2 两股流体在混合室中进行能量传递和交换，使其流速和压力均衡一致后，经扩散管使部分动能转化为压力能后，再经压出管导出，该流体流量为 Q_1+Q_2，扬程为 H_2。

射流泵的性能可用流量比 q、压头比 h、断面比 m 和效率 η 表示

$$q=\frac{Q_2}{Q_1}, h=\frac{H_2}{H_1-H_2}, m=\frac{A_1}{A_2}$$

$$\eta=\frac{Q_2 H_2}{Q_1(H_1-H_2)}=qh \quad (12-2)$$

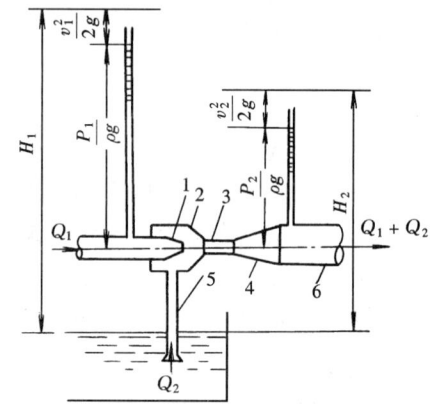

图 12-7 射流泵装置示意图
1—喷嘴；2—吸入室；3—混合室；4—扩散管；
5—吸入管；6—压水管

式中　Q_1——工作流体流量，m^3/s；

Q_2——被抽升流体流量，m^3/s；

H_1——喷嘴前流体的能量，m；

H_2——射流泵扬程，m；

A_1、A_2——喷嘴和混合管断面面积，m^2。

式（12-2）表明：当被抽升流体 Q_2 一定时，若 Q_1 减小，则 q 变大，而 h 变小，则 H_2 降低，此时，若使泵效率较高，则应使 m 较小，即混合管断面应加大，形成低扬程射流泵。反之，Q_2 一定，若 Q_1 加大，q 变小，h 值变大，则 H_2 加大，此时 m 值较大，则混合管 A_2 要变小，形成高扬程射流泵。

由上可知，射流泵具有以下特点：因泵内无转动部件，从而其构造简单，加工容易，操作维修方便；体积小，重量轻，利于组合使用；工作可靠，密封性好，并可抽升污泥和有毒、易燃介质等；其动力来源于有压流体，且效率偏低。

第四节　往　复　泵

往复泵是一种容积式泵，其工作示意图如图 12-8 所示。

第十二章 其他常用泵与风机

往复泵由活塞、泵缸、吸水阀、压水阀、吸水管、压水管等组成。因活塞的往复运动而称往复泵。当活塞向右运动时，泵缸容积增大，压力降低，缸内外压差使吸水阀打开，水进入缸内，而压水阀关闭，完成吸水。反之，活塞向左运动时，缸内水压升高，吸水阀关闭，压水阀打开，将高压水排出。往复一次，完成一次吸水和排水，称为单作用往复泵。若活塞两侧均设有吸水阀和压水阀，则往复一次形成两次吸水和压水，称为双作用往复泵。

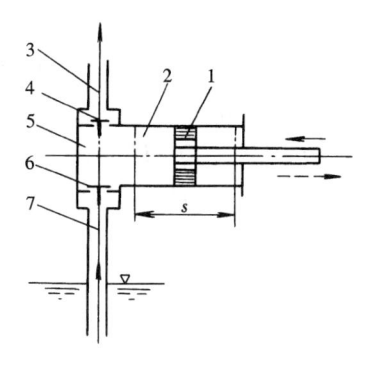

图 12-8 往复泵工作示意图
1—活塞；2—泵缸；3—压水管；
4—压水阀；5—工作室；6—吸水阀；7—吸水管

往复泵具有以下特点：

(1) 小流量高扬程。因流量受到缸体大口限制，且往复次数较低，使其流量较小；而其扬程取决于泵本身强度、原动功率及管路装置，从理论上分析，其扬程可无限高。

(2) 流量与扬程无关。流量大小取决于缸径、往复转数和活塞行程，而与扬程无关，故应采用开闸启动，且不可用闸阀调节流量，为防超压而使泵被损，应设有流量调节和安全保护装置。

(3) 有自吸能力。其工作是由活塞运动改变缸内容积和压力来吸入和压出液体，运行时吸入口和压出口互不相通，故不必像离心泵一样充水，而是有自吸能力。

(4) 出水不均匀。因吸水和压水过程是间隔进行，故出水量不均匀，且易产生冲击和振动。

与离心泵相比，往复泵外形尺寸和重量大、价高、构造复杂、易损件多、操作管理不便，故应用不广，一般适于高扬程、小流量、输送特殊液体、要求自吸能力高的场合及要求准确计量的工程中。

第五节 贯流式风机

如图 12-9 所示贯流式风机是一种新型风机，其风量小、噪声低、压头适当，安装时与建筑物配合方便，其主要特点为：

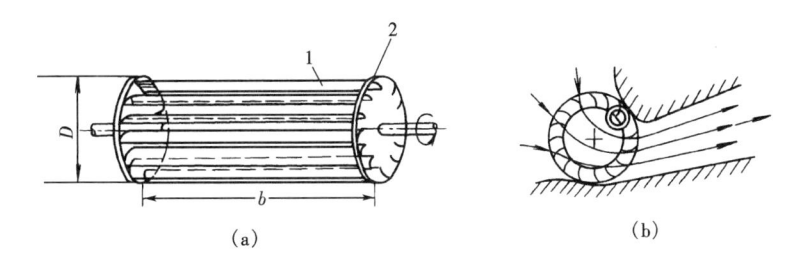

图 12-9 贯流式风机示意图
(a) 贯流式风机叶轮结构示意图；(b) 贯流式风机中的气流
1—叶片；2—封闭端面

251

1) 叶轮为多叶式前向型，两端面封死；
2) 叶轮宽度无限制，宽度越大，流量也越大；
3) 机壳部分敞开，气流直接径向进入风机，气流横穿叶片两次；
4) 风机的 Q—H 曲线呈驼峰型，效率较低，一般为 $30\%\sim50\%$；
5) 进出风口均为矩形，与建筑物配合方便。

思考题、习题答案

第一章 思考题答案

1-1 答：(1) 就是流体具有流动性。(2) 这个特征是由于流体静止时不能承受切力作用的力学性质决定的。

1-2 答：(1) 区别：单位体积流体所具有的质量称为密度，用 ρ 表示，单位为 kg/m^3。作用于单位体积流体的重力称为容重，用 γ 表示，单位为 N/m^3。

(2) 联系：容重和密度的关系为：$\gamma = \rho g$

1-3 答：(1) 在温度不变条件下，流体受压，体积减小，密度增大的性质，称为流体的压缩性。
在一定的压力下，流体受热，体积增大，密度减小的性质，称为流体的热胀性。

(2) 压缩性的影响：

从表 1-4 中可看出：水在常温下的压缩系数值很小。所以在工程中，除特殊情况（如有压管路中的水击现象）外，水的压缩性可以忽略不计。这个结论也适应于其他液体。通常把忽略了压缩性的液体，称为不可压缩液体。

热胀性的影响：

从表 1-5 中可看出：在温度较低时（10～20℃），温度每增加 1℃，水的密度减小约为 0.15‰；在温度较高时（90～100℃），水的密度减小也只有 0.7‰。这说明水的热胀性也是很小的，一般情况下可忽略不计。只有在某些特殊情况下，例如热水采暖时，才须考虑水的热胀性。这个结论同样适用于其他液体。

1-4 答：(1) 流体内部质点或流层间，因相对运动而产生内摩擦力（内力）以抵抗相对运动的性质，称为黏滞性。此内摩擦力称为黏滞力。

(2) 黏滞性是运动流体产生流动阻力的内因，这种阻力是因质点的相对运动而产生的一种切力，也称内摩擦力。

区别：μ 是与流体物理性能有关的比例系数，称动力黏度，也称动力黏滞系数。单位为 $\dfrac{N}{m^2} \cdot s$，也可表示为 $Pa \cdot s$。它是衡量流体黏滞性大小的量，μ 值越大，流体的黏滞性越强。

在流体力学中常用动力黏度 μ 与密度 ρ 的比值来衡量流体黏滞性的大小，用符号 ν 表示。

(3) 联系：$\nu = \dfrac{\mu}{\rho}$

1-5 答：(1) 理想流体指的就是指无黏性而不可压的流体。

(2) 简化模型，方便公式的推导。

1-6 答：(1) 我们在分析流体力学问题时，建立力学模型，对流体加以科学的抽象，简化流体的物质结构和物理性质，以便总结出表示流体运动规律的数学方程式。

(2) 一是连续介质与非连续介质，二是理想流体与黏性流体，三是不可压缩流体与可压缩流体。

第一章 习题答案

1-1 解：查表 1-5，在 1 个大气压下、温度为 4℃时清水的密度和容重分别为：$\gamma = 9.810 kN/m^3$、$\rho = 1000 kg/m^3$

则 1L 的清水的质量和重量分别为

$$m = \rho \times V = 1000 \times \frac{1}{1000} = 1(\text{kg})$$

$$g = \gamma \times V = 9.810 \times \frac{1}{1000} = 9.81 \times 10^{-3}(\text{kN})$$

1-2 解：$\rho = \dfrac{\gamma}{g} = \dfrac{10\ 200}{9.810} = 1039.76(\text{kg/m}^3)$

1-3 解：$\mu = \nu \times \rho = \nu \times \dfrac{\gamma}{g} = 0.157 \times 10^{-4} \times \dfrac{11.5}{9.81} = 0.184 \times 10^{-4}$

1-4 解：查表 1-3 空气温度为 0℃时，$\rho = 0.017\ 2 \times 10^{-3}\text{Pa} \cdot \text{s}$；空气温度为 20℃时 $\rho = 0.018\ 3 \times 10^{-3}\text{Pa} \cdot \text{s}$，
$\Delta\mu = \dfrac{0.018\ 3 - 0.017\ 2}{0.017\ 2} = 6.4\%$

μ 值增加 6.4%

1-5 解：根据式（1-7）

$$T = \mu A \dfrac{\text{d}u}{\text{d}y} = 0.098\ 07 \times 1 \times \dfrac{1-0}{10/1000} = 9.807\text{N}$$

1-6 解：压强要增加 0.3%

1-7 解：$\beta = \dfrac{1}{V} \times \dfrac{\Delta V}{\Delta p} = \dfrac{1}{5} \times \dfrac{-1/1000}{(5-1) \times 9.807 \times 10^4} = 5.098 \times 10^{-10}$

$$E = \dfrac{1}{\beta} = \dfrac{1}{5.098 \times 10^{-10}} = 0.196 \times 10^{10}$$

1-8 解：查表 1-5，10℃的清水的密度 $\rho_1 = 999.73\text{kg/m}^3$，水加热至 90℃时密度 $\rho_2 = 965.34\text{kg/m}^3$
10℃的清水的体积为 V_1

$$V_1 = \dfrac{\pi d^2}{4} \times h = \dfrac{3.14 \times 3^2}{4} \times 2 = 14.13\text{m}^3$$

10℃的清水质量为 $m = \rho V = 999.73 \times 14.13 = 14\ 126.184\ 9\text{kg}$

水加热至 90℃时质量不变，体积为 $V_2 = \dfrac{m}{\rho_2} = \dfrac{14\ 126.149}{965.34} = 14.63\text{m}^3$

水箱中溢出的水 $V_2 - V_1 = 14.63 - 14.13 = 0.5\text{m}^3$

第二章 思 考 题 答 案

2-1 答：(1) 在静止流体中，作用在受压面单位面积上的流体静压力，称为流体静压强。

(2)（a）流体静压强的方向与作用面垂直，并指向作用面；(b) 作用于流体中任一点静压强的大小在各个方向上均相等，与作用面的方位无关。

2-2 答：

（一）几何意义

Z——位置高度，又称位置水头。表示静止液体中某一点相对于某一基准面的位置高度；

$\dfrac{p}{\gamma}$——测压管高度，又称压强水头。表示液体中某点在压强作用下，液体沿测压管上升的高度；

测压管是指一端开口和大气相通，另一端与容器中液体相接的透明玻璃管，用以测定液体内某一点静压强的大小，如图 2-11 所示。

$Z + \dfrac{p}{\gamma}$——测压管水头。表示测压管内液面相对于基准面的高度。

$Z + \dfrac{p}{\gamma} = C$——表示同一容器内的静止液体中，所有各点的测压管水头均相等。

（二）物理意义

Z——表示单位重量液体相对于某一基准面的位置势能；

$\dfrac{p}{\gamma}$——表示单位重量液体的压力势能；

$Z+\dfrac{p}{\gamma}$——表示单位重量液体的总势能；

$Z+\dfrac{p}{\gamma}=C$——表示同一容器的静止液体中，所有各点对同一基准面的总势能均相等。

2-3　答：(1) 图 2-35 中所示的 1、2、3 点的位置水头、压强水头不同，测压管水头相同。

(2) 因为位置水头，表示静止液体中某一点相对于某一基准面的位置高度，图 2-35 中所示的 1、2、3 点相对于某一基准面的位置高度不同；图中所示的 1、2、3 点压强水头也不同。同一容器内的静止液体中，所有各点的测压管水头均相等。

2-4　解：1、2 两测压管分别测定 1、2 点的压强。设 1 点的压强为 p_1、2 点的压强为 p_2。

取 0—0 为基准面。

如果开敞容器盛有同一种液体 γ_1，则 1、2 两测压管中的液面相同，与开敞容器液面相同，此时：$p_1 = \gamma_1 h_1$；$p_2 = \gamma_1(h_1+h_2+h_3) = \gamma_1(h_1+h_2)+\gamma_1 h_3$

如果开敞容器盛有不是同一种液体，如图 2-36 所示。则 1 点的压强仍为 $p_1 = \gamma_1 h_1$，

而 2 点的压强为 $p'_2 = \gamma_1(h_1+h_2)+\gamma_2 h_3$

比较 p_2 和 p'_2 可以发现：因为 $\gamma_2 > \gamma_1$，所以 $\gamma_2 h_3 > \gamma_1 h_3$

则 $p'_2 > p_2$

所以，2 测压管中的液面高些；1 测压管中的液面和容器的液面同高。

2-5　答：(1) 各容器底面所受的总压力相等。

因为各容器底面所受的总压力 $P = p\omega = \gamma h\omega$。而它们的底面积 ω 及水深 h 均相等。

(2) 每个容器底面的总压力与地面对容器的反力是不相等的。

因为地面对容器的反力等于各自的重量，而各自重量不相等。

所以每个容器底面的总压力与地面对容器的反力是不相等的。

2-6　答：压强的计量单位

压强的计量单位有三种：

(1) 以单位面积上的压力表示，N/m²，即 Pa。

(2) 以大气压强的倍数表示。

由于大气压强随当地的海拔高度和气候的变化而有差异，作为单位必须给它以定值。

国际上规定标准大气压用符号 atm 表示（温度为 0℃时海平面上的压强，即 760mmHg）。

$$1\text{atm}=101\,325\text{N/m}^2(\text{Pa})=1.033\text{kgf/m}^2$$

工程单位中规定大气压用符号 at 表示（相当于海拔 200m 处正常大气压），为 1kgf/cm²，即 1at＝98070N/m²(Pa)＝1kgf/cm²，称为工程大气压。

(3) 以液柱高度表示。

常用单位有：米水柱高度(mH₂O)、毫米汞柱高度(mmHg)等。压强的表示，可以从基本方程 $p = \gamma h$ 改写成 $h = \dfrac{p}{\gamma}$。

2-7　略

2-8　答：2、3 所受到的浮力相同，1 不同。

因为浮力 $F = \gamma_{水} V$。2、3 浸没在水中的体积相同，而 1 只部分体积浸没在水中。

2-9　答：(1)压力体一般是由三种面所组成的封闭几何体：底面是受压曲面，顶面是受压面在自由液面(或其延伸面)上的投影面，侧面是通过受压曲面边界线作的铅垂面。

255

(2) $P_z = \gamma V$

式表明，作用在曲面上液体总压力的铅垂分力 P_z 等于该曲面压力体内液体的重量。

第二章 习 题 答 案

2-1 解：(1)图(a)：$p_A = \gamma h = 9.81 \times 3 = 29.43 \text{kPa}$

(2)图(b)：$1.2 bar = 1.2 \times 10^2 \text{kPa}$
$$p_A = p_{0j} + \gamma h - p_a = 120 + 9.807 \times 3 - 98.07 = 51.351 \text{kPa}$$

(3)图(c)：$p_B = 0 \text{kPa}$
$$p_A = \gamma h = 9.807 \times 1 = 9.807 \text{kPa}$$
$$p_C = -\gamma h = -9.807 \times 2 = -19.614 \text{kPa}$$

2-2 解：$A—A$ 为等压面。

$p_a = p_{0j} + \gamma h$，则 $h = \dfrac{p_a - p_{0j}}{\gamma} = \dfrac{98.1 - 85}{9.807} = 1.14 \text{m}$

2-3 解：$A—A$ 为等压面

(1) $p'_c = p'_{0j} + \gamma h_0 = 88.29 + 9.807 \times 2 = 107.904 \text{kN/m}^2$

(2) $p'_c = p_{0a} + \gamma x$
$$x = \frac{p_c - p_{0a}}{\gamma} = \frac{107.904 - 98.07}{9.807} = 1.00 \text{m}$$

(3) $p_{0jV} = |88.29 - 98.07| = 9.78 \text{kN/m}^2$

2-4 解：$A—A$ 为等压面

封闭容器内的液面绝对压强 $p'_0 + \gamma_{水}(H - h_2) = p_a + \gamma_{水银}(h_1 + h_2)$
$$p'_0 = p_a + \gamma_{水银}(h_1 + h_2) - \gamma_{水}(H - h_2)$$
$$= 98.07 + 133.4(0.6 - 0.4)$$
$$- 9.807(3.5 - 0.4) = 94.35 \text{kPa}$$

封闭容器内的液面相对压强 $p_0 = p'_0 - p_a = 94.35 - 98.07 = -3.72 \text{kPa}$

封闭容器内的液面真空压强 $p_v = 3.72 \text{kPa}$

2-5 解：2—2、3—3、4—4 为等压面

(1)相对压强

以 2—2 为等压面 $\qquad p_3 + \gamma_{水}(\nabla_3 - \nabla_2) = \gamma_{水银}(\nabla_1 - \nabla_2)$ 1

以 4—4 为等压面 $\qquad p_A + \gamma_{水}(\nabla_5 - \nabla_4) = p_3 + \gamma_{水银}(\nabla_3 - \nabla_4)$ 2

联立 1、2 整理得
$$p_A = \gamma_{水银}(\nabla_1 + \nabla_3 - \nabla_2 - \nabla_4) - \gamma_{水}(\nabla_3 + \nabla_5 - \nabla_2 - \nabla_4)$$
$$= 133.4(1 + 1.3 - 0.2 - 0.4) - 9.807(1.3 + 1.1 - 0.2 - 0.4)$$
$$= 226.78 - 17.65 = 209.13 (\text{kPa})$$

(2)绝对压强 $\qquad p'_A = P_a + p_A = 98.07 + 209.13 = 307.2 \text{kPa}$

2-6 解：液面的绝对压强 p'_0 为
$$p'_0 = p_a + p_{表} + \gamma \times 0.5 - \gamma \times 1.5$$
$$= 98.07 + 4.9 + 9.807 \times 0.5 - 9.807 \times 1.5 = 93.163 \text{kN/m}^2$$

液面的相对压强 p_0 为：$p_0 = 93.163 - 98.07 = 4.907 \text{kN/m}^2$

2-7 解：$A—A$ 为等压面
$$p_A = \gamma_{水银} \Delta h = 133.4 \times 0.1 = 13.34 \text{kN/m}^2$$

思考题、习题答案

因为容器液面上部为气体，所以 $p_0 = p_A$

m 的读数为 $p_m = p_0 + \gamma h = 13.34 + 9.807 \times 2.5 = 37.86 \text{kN/m}^2$

2-8 解：因为 A—A、B—B 为等压面，$p_1 = p_2$

所以
$$p'_{0j} + \gamma_{水银}(h_2 + h_1) = p_a$$

$$h_2 = \frac{p_a - p'_{0j}}{\gamma_{水银}} - h_1 = \frac{98.07 - 12.5}{133.4} - 0.23 = 0.41 \text{m}$$

2-9 解：a—a 为等压面：$p_0 + \gamma \times 2 = 0$

(1) p_0、p_A 相对压强

$$p_0 = -9.807 \times 2 = -19.614 \text{kN/m}^2$$
$$p_A = p_0 + \gamma \times 1 = -19.614 + 9.807 = -9.807 \text{kN/m}^2$$

(2) p_0、p_A 绝对压强

$$p'_0 = -19.614 + 98.07 = 78.456 \text{kN/m}^2$$
$$p'_A = -9.807 + 98.07 = 88.263 \text{kN/m}^2$$

(3) p_0、p_A 真空压强

$$p_{0v} = 19.614 \text{kN/m}^2$$
$$p_{Av} = -9.807 \text{kN/m}^2$$

2-10 解：A—A 为等压面，有
$$p_A + \gamma(x + \Delta h) = p_B + \gamma x + \gamma_{水银} \Delta h$$

所以 $p_A - p_B = (\gamma_{水银} - \gamma)\Delta h = (133.4 - 9.807) \times 0.13 = 16.07 \text{kN/m}^2$

2-11 解：A—A 为等压面

则
$$p_0 + \gamma_{油} \times 3 + \gamma_{水} \times 2 = \gamma_{汞} \times h$$

所以
$$h = \frac{-14.7 + 7.26 \times 3 + 9.807 \times 2}{133.4} = 26.694 \text{kN/m}^2$$

2-12 解：容器的上口的压强为
$$p_1 = \frac{G}{\pi d^2/4} = \frac{11.4}{3.14 \times 0.5^2/4} = 58.09 \text{kN/m}^2$$

作用在容器底面 C、D 两点的相对压强为
$$p_C = p_D = p_1 + \gamma h = 58.09 + 9.807 \times 1.5 = 72.8 \text{kN/m}^2$$

作用在底面的总压力为 $P = p_C A = 72.8 \times \frac{3.14 \times 1^2}{4} = 57.15 \text{kN}$

2-13 略

2-14 解：解析法
$$P = \gamma h_C A = 9.807 \times (5 - 1.5) \times 3 \times 2 = 205.95 \text{kN}$$

$$y_D = y_C + \frac{J_C}{y_C A} = (5 - 1.5) + \frac{\frac{2 \times 3^3}{12}}{3.5 \times 3 \times 2} = 3.71 \text{m}$$

图解法略

2-15 解：静水压强分布图略

静水总压力为 P

$$P_1 = V_1 = \frac{1}{2} \times \gamma(h_1 - h_2) \times \frac{h_1 - h_2}{\sin 45°} \times 1 = \frac{1}{2} \times 9.807 \times (3 - 2) \times \frac{3 - 2}{0.707} = 6.94 \text{kN}$$

$$P_2 = V_2 = \gamma(h_1 - h_2) \times \frac{h_2}{\sin 45°} \times 1 = 9.807 \times (3 - 2) \times \frac{2}{0.707} \times 1 = 27.74 \text{kN}$$

$$P = P_1 + P_2 = 34.68 \text{kN}$$

Y 轴为沿 AB 面，原点为 A 点，则 P_1 作用点 $y_{D1} = \dfrac{2}{3} \times \dfrac{3-2}{\sin 45°} = 0.94 \text{m}$

则 P_2 作用点 $y_{D2} = \dfrac{h_1 - h_2}{\sin 45°} + \dfrac{h_2/2}{\sin 45°} = \dfrac{3-2}{0.707} + \dfrac{1}{0.707} = 2.83 \text{m}$

根据力学中用力矩求合力的定律

$$P_D y_D = P_{D1} y_{D1} + P_{D2} y_{D2}$$

$$y_D = \frac{P_{D1} y_{D1} + P_{D2} y_{D2}}{P_D} = \frac{6.94 \times 0.94 + 27.74 \times 2.83}{34.68} = 2.45 \text{m}$$

2-16 解：将上部油的深度 h 换算成等压力水的深度 h'，得：$\gamma_{油} h = \gamma_{水} h'$

$$h' = \frac{\gamma_{油} h}{\gamma_{水}} = \frac{7.84 \times 1}{9.807} = 0.80 \text{m}$$

作用在闸门上每米宽度的静压力为

$$P = \gamma h_C A = \gamma \times \frac{h_1 + h'}{2} \times \frac{h_1 + h'}{\sin 60°} \times 1 = 9.807 \times \frac{2 + 0.8}{2} \times \frac{2 + 0.8}{0.866} \times 1 = 44.39 \text{kN}$$

静压力的作用点距底部 B 的距离为

$$y_{DB} = \frac{2 + 0.8}{0.866} - \left(Y_C + \frac{J_C}{y_C A} \right) = 3.23 - \left(3.23 \times \frac{1}{2} + \frac{\dfrac{b h_{闸门}^3}{12}}{3.23 \times \dfrac{1}{2} \times b h_{闸门}} \right)$$

$$= 1.615 - \frac{3.23}{6} = 1.08 \text{m}$$

2-17 解：闸门 BA 延长线与水面的延长线交点 0 为坐标原点，$0Y$ 轴如图所示。
(1)闸门 BA 静水总压力为

$$P = \gamma h_C A = 9.807 \times \left(h_1 + \frac{h_2}{2} \right) \times \frac{h_2}{\sin 45} \times b = 9.807 \times \left(1 + \frac{2}{2} \right) \times \frac{2}{0.707} \times 2 = 110.97 \text{kN}$$

静水总压力作用点距 0 点的距离

$$y_D = y_C + \frac{J_C}{y_C A} = \frac{2}{\sin 45} + \frac{\dfrac{b h_{闸门}^3}{12}}{y_C b h_{闸门}} = 2.83 + 0.24 = 3.07 \text{m}$$

(2)求铅垂力 T

根据力矩平衡原则，以 A 点为轴则 $G \times 1 + P \times \left(y_D - \dfrac{1}{\sin 45} \right) = T \times 3$

$$T = \frac{19.62 + 110.97 \times (3.07 - 1.41)}{3} = 67.94 \text{kN}$$

2-18 解：各横梁均匀受力时的位置是三个受力点的位置。
所以将平面矩形闸门分成三个静水压力相等的三个平面，每个平面的高度分别为 h_1、h_2、h_3，而即 $P_1 = P_2 = P_3$。

则

$$P_1 = P_2 = P_3 = \frac{P}{3} = \frac{\gamma \times \dfrac{h}{2} \times h \times b}{3} = \frac{3^2 \gamma b}{6} = 1.5 \gamma b$$

又因为

$$p_1 = \gamma h_C A = \gamma \times \frac{h_1}{2} \times h_1 \times b = \frac{1}{2} h_1^2 \gamma b$$

所以

$$\frac{1}{2} h_1^2 \gamma b = 1.5 \gamma b$$

$$h_1 = 3^{\frac{1}{2}} = 1.73 \text{m}$$

同理

$$p_2 = \gamma \left(h_1 + \frac{h_2}{2} \right) h_2 b = 1.5 \gamma b$$

$$0.5h_2^2 + 1.73h_2 - 1.5 = 0$$

$$h_2 = \frac{-b \pm \sqrt{b^2 - 4ac}}{2a} = \frac{-1.73 \pm \sqrt{1.73^2 - 4 \times 0.5 \times (-1.5)}}{2 \times 0.5}$$

所以 $\qquad h_2 = -1.73 + 2.45 = 0.72\text{m}$

$$h_3 = h - h_1 - h_2 = 3 - 1.73 - 0.72 = 0.55\text{m}$$

所以各横梁均匀受力时的位置

$$y_1 = y_{1c} + \frac{\frac{bh_1^3}{12}}{y_{1c} \times h_1 \times b} = \frac{h_1}{2} + \frac{h_1}{6} = \frac{1.73}{2} + \frac{1.73}{6} = 1.153\text{m}$$

$$y_2 = y_{2c} + \frac{\frac{bh_2^3}{12}}{y_{2c} \times h_2 \times b} = \left(h_1 + \frac{h_2}{2}\right) + \frac{h_2^2/12}{h_1 + \frac{h_2}{2}} = 2.09 + \frac{0.0432}{2.09} = 2.11\text{m}$$

$$y_3 = y_{3c} + \frac{\frac{bh_3^3}{12}}{y_{3c} \times h_3 \times b} = \left(h_1 + h_2 + \frac{h_3}{2}\right) + \frac{h_3^3/12}{h_1 + h_2 + \frac{h_3}{2}} = 2.725 + \frac{0.025}{2.725} = 2.73\text{m}$$

2-19　略

2-20　解：(1)求水平分力 P_X。

$$P_\text{X} = \gamma h_\text{C} A_\text{Z} = 9.807 \times \left(1 + \frac{1.2}{2}\right) \times 1.2 \times 1 = 18.83\text{kN}$$

(2)求铅垂分力 P_Z。

$$P_\text{Z} = \gamma V = 9.807 \times \left(2.2 \times 1.2 - \frac{3.14}{4} \times 1.2^2\right) \times 1$$
$$= 14.8\text{kN}$$

(3)求合分力 P。

$$P = \sqrt{P_\text{X}^2 + P_\text{Z}^2} = \sqrt{18.83^2 + 14.8^2} = 23.95\text{kN}$$

(4)求作用点。

$$\theta = \arctan\frac{P_\text{Z}}{P_\text{X}} = \arctan\frac{14.8}{18.83} = 38.17°$$

$$h_\text{D} = OA + R\sin\theta = 1 + 1.2 \times \sin 38.17° = 1.74\text{m}$$

2-21　解：(1)求水平分力 P_X。

$$P_\text{X} = \gamma h_\text{C} A_\text{Z} = 9.807 \times \frac{3}{2} \times 3 \times 1 = 44.13\text{kN}$$

(2)求铅垂分力 P_Z。

$$P_\text{Z} = \gamma V = 9.807 \times \left(\frac{1}{2} \times \frac{3.14}{4} \times 3^2\right) \times 1 = 34.64\text{kN}$$

(3)求合分力 P。

$$P = \sqrt{P_\text{X}^2 + P_\text{Z}^2} = \sqrt{44.13^2 + 34.64^2} = 56.1\text{kN}$$

(4)求作用点。

$$\theta = \arctan\frac{P_\text{Z}}{P_\text{X}} = \arctan\frac{34.64}{44.13} = 38.13°$$

$$h_\text{D} = \frac{3}{2} = 1.5\text{m}$$

2-22　解：作等加速直线运动液体 A 点的自由液面方程为：$Z_{\text{A0}} = -\frac{a}{g}x_1 = -\frac{0.981}{9.81} \times (-1.5) = 0.15\text{m}$

作等加速直线运动液体 A 点在液面下的深度为 $h_A = h + Z_{A0} = 1 + 0.15 = 1.15\text{m}$

运动后该点受到的静压强 $p_A = \gamma h_A = 9.807 \times 1.15 = 11.28 \text{kN/m}^2$

第三章 思考题答案

3-1 答：(1) 流体中同一质点在不同时刻所占有的空间位置连成的空间曲线称为迹线。

在某一时刻，各点的切线方向与通过该点的流体质点的流速方向重合的空间曲线称为流线。

(2) 流线是欧拉法对流动的描述，迹线是拉格朗日法对流动的描述。

(3) 在恒定流中，流线和迹线完全重合。

3-2 答：(1) 在元流中，与流线垂直的横断面，称为元流的过流断面；在总流中与各流线相垂直的横断面，称为总流过流断面。

(2) 当流线相互平行时，过流断面为平面。

3-3 答：(1) 用过流断面上各点流速的平均值来代替各点的实际流速，把它称之为断面平均流速。

(2) 不相等。

3-4 答：$v = \dfrac{Q_v}{A}$

3-5 答：(1) 当流体运动时，其空间点上的运动要素（流速、压强等）不随时间而变化，仅与空间位置有关，这种流动称为恒定流。

反之，当流体运动时，其空间点上的运动要素（流速、压强等）不仅与空间位置有关，而且还随时间而变化，这种流动称为非恒定流。

(2) 在流动过程中流量不变的为恒定流，否则为非恒定流。

3-6 答：(1) 按流速是否沿流程变化，将流体运动分为均匀流与非均匀流。流速的大小和方向沿流程都不变的流动称为均匀流。

反之，流速的大小或方向沿流程变化的流动称为非均匀流。

(2) 流速沿流程缓慢变化的流动称为渐变流；流速沿流程急剧变化的流动称为急变流。

(3) 渐变流的过流断面可近似的认为是平面，渐变流的过流断面是曲面。

3-7 答：它表明：总流过流断面的面积与断面平均流速成反比。其适用条件是恒定流。

3-8 答：相同点：都表示液体内部某点的压强。

不同点：流体内任一点的动压强不仅与该点所在的空间位置有关，也与作用面的方向有关，这就与流体的静压强有所区别。

3-9 答：渐变流可近似的按均匀流处理。

3-10 答：(1) 水力坡度 J 表示单位重量流体沿流程平均单位长度的水头损失。

$$J = \frac{h_w}{L} = \frac{H_1 - H_2}{L}$$

测压管坡度用 J_p 来表示。即 $J_p = \dfrac{\left(z_1 + \dfrac{p_1}{\gamma}\right) - \left(z_2 + \dfrac{p_2}{\gamma}\right)}{L}$

(2) 在恒定均匀流的条件下水力坡度与测压管坡度相等。

3-11 答：恒定总流能量方程：

$$z_1 + \frac{p_1}{\gamma} + \frac{\alpha_1 v_1^2}{2g} = z_2 + \frac{p_2}{\gamma} + \frac{\alpha_2 v_2^2}{2g} + h_w$$

(1) 物理意义。

z 表示单位重量流体对某一基准面具有的位置势能，称为单位位能；

$\dfrac{p}{\gamma}$ 表示单位重量流体的压能，称为单位压能；

$\dfrac{\alpha v^2}{2g}$ 表示单位重量流体的平均动能,称为单位动能;

$z+\dfrac{p}{\gamma}$ 表示单位重量流体的总势能,称为单位势能;

$z+\dfrac{p}{\gamma}+\dfrac{\alpha v^2}{2g}$ 表示单位重量流体具有的总能量,称为单位总机械能;

h_w 表示单位重量流体在流段中所损失的能量,称为单位能量损失。

(2) 几何意义。

能量方程中的各项都具有长度单位,即可用一定的几何高度表示出来,工程上称之为"水头";

z 表示总流过流断面上某点相对于基准面的位置高度,称为位置水头;

$\dfrac{p}{\gamma}$ 表示总流过流断面上与 z 同一点测压管内液面相对于 z 点的高度,称为压强水头;

$\dfrac{\alpha v^2}{2g}$ 表示在断面平均流速 v 作用下液体所能上升高度,称为流速水头。

3-12 答:(1) 能量方程的推导是在恒定流前提下进行的。

(2) 能量方程的推导是以不可压缩流体为基础的,密度在运动过程中保持不变。但它不仅适用于压缩性极小的液体流动,也适用于专业上所碰到的大多数气体流动。只有压强变化较大,流速甚高,才需要考虑气体的可压缩性。

(3) 能量方程的推导所选取的两过流断面是均匀流或渐变流过流断面。这在一般条件下是要遵守的,特别是断面流速甚大时更应严格遵守。但两个断面之间不要求是均匀流或渐变流。

(4) 能量方程的推导是根据两端面间没有分流或合流的情况下推得的。

3-13 答:由于均匀流不存在惯性力,和静止流体受力对比,只多黏滞力。说明这种流动是重力、压力和黏滞阻力的平衡。但是,三力平衡是对均匀流空间来说的。对于均匀流过流断面情况有所不同,黏滞阻力对垂直于流速方向的过流断面上压强的变化不起作用。所以沿过流断面只考虑压力和重力的平衡,和静止流体所考虑一致。

3-14 答:左图中除 4—4 断面不符合列能量方程,其余都符合列能量方程的条件。

右图中 1 与 3、1 与 4 两个断面间符合列能量方程的条件。其余都不符合列能量方程的条件。

3-15 答:流量的连续性方程、恒定流的连续性方程、动量方程。应用条件是恒定流。

第三章 习 题 答 案

3-1 解:(1) 体积流量为 $Q_V=\dfrac{V}{t}=\dfrac{600/1000}{10\times 60}=1\times 10^{-3}\,\text{m}^3/\text{s}$

(2) 重量流量 $Q_G=\dfrac{G}{t}=\dfrac{\gamma V}{t}=\dfrac{9.81\times 600/1000}{10\times 60}=9.81\times 10^{-3}\,\text{kN/s}$

(3) 断面平均流速 $v=\dfrac{Q_V}{A}=\dfrac{1\times 10^{-3}}{3.14\times 0.4^2/4}=7.96\,\text{m/s}$

3-2 解:(1) 平均流速 $v_1=\dfrac{Q}{A}=\dfrac{2700/3600}{0.3\times 0.4}=6.25\,\text{m/s}$

(2) $v_2=\dfrac{Q}{A}=\dfrac{2700/3600}{0.15\times 0.4}=6.25\,\text{m/s}=12.5\,\text{m/s}$

3-3 解:$d=\sqrt{\dfrac{10\,000/3600}{20\times 3.14}\times 4}=0.42\,\text{m}=420\,\text{mm}$

因为直径当是 50mm 的倍数,所以 $d=450\,\text{mm}$

$v=\dfrac{10\,000/3600}{3.14\times 0.45^2/4}=17.47\,\text{m/s}$

3-4 解：(1) 体积流量 $Q_V = \dfrac{\pi d^2}{4} \times v = \dfrac{3.14 \times 0.025^2}{4} \times 10 = 4.9 \times 10^{-3} \text{m}^3/\text{s}$

质量流量 $Q_m = \rho \dfrac{\pi d^2}{4} \times v = 1000 \times \dfrac{3.14 \times 0.025^2}{4} \times 10 = 4.9 \text{kg/s}$

(2) 根据流量连续性方程 $Q_1 = Q_2 = Q_3$

所以 d_1 和 d_2 管段的流量相等，体积流量为 $4.9 \times 10^{-3} \text{m}^3/\text{s}$

质量流量为：4.9kg/s

3-5 解：根据流量的连续性方程：$Q_1 = Q_2 + Q_3$

所以 $v_3 = \left(\dfrac{\pi d_1^2}{4} \cdot v_1 - \dfrac{\pi d_2^2}{4} \cdot v_2\right) \times 4/\pi d_3^2 = (0.2^2 \times 3 - 0.2^2 \times 2)/0.1^2 = 4 \text{m/s}$

3-6 解：(1) 根据流量的连续性方程，求 A 断面的流速 v_A

$Q_A = Q_B$ 则 $v_A = \dfrac{0.4^2 \times 1}{0.2^2} = 4 \text{m/s}$

过 A 断面中心点为基准面。

A 断面的总能量为 $Z_A + \dfrac{p_A}{\gamma} + \dfrac{\alpha v_A^2}{2g} = 0 + 0.7 \times 10 + \dfrac{4^2}{2 \times 9.81} = 7.8 \text{m}$

B 断面的总能量为 $Z_B + \dfrac{p_B}{\gamma} + \dfrac{\alpha v_B^2}{2g} = 1 + 0.4 \times 10 + \dfrac{1^2}{2 \times 9.81} = 4.1 \text{m}$

A 断面的总能量大于 B 断面的总能量，所以水流方向从 A 断面流向 B 断面。

(2) A、B 两断面间的水头损失为 $h_w = 7.8 - 4.1 = 3.7 \text{m}$

3-7 解：根据 1—1、2—2 断面列能量方程

$$Z_1 + \dfrac{p_1}{\gamma} + \dfrac{\alpha v_1^2}{2g} = Z_2 + \dfrac{p_2}{\gamma} + \dfrac{\alpha v_2^2}{2g} + h_w$$

上式中：$Z_1 = Z_2$，$\dfrac{p_1}{\gamma} - \dfrac{p_2}{\gamma} = h = 1.008 \text{m}$，$h_w = 0$，$v_2 = \dfrac{Q}{\pi d_2^2/4} = \dfrac{9/1000}{3.14 \times 0.05^2/4} = 4.6 \text{m/s}$

所以 $v_1 = \sqrt{4.6^2 - 1.008 \times 2 \times 9.81} = 1.2 \text{m/s}$

$d_1 = \sqrt{\dfrac{4Q}{\pi v_1}} = \sqrt{\dfrac{4 \times 9/1000}{3.14 \times 1.2^2}} = 0.089 \text{m} = 89 \text{mm}$

3-8 解：$v_1 = \dfrac{Q}{A} = \dfrac{10/1000}{\dfrac{3.14 \times 0.25^2}{4}} = 0.2 \text{m/s}$

根据流量的连续性方程 $v_2 = \dfrac{A_1 v_1}{A_2} = \dfrac{d_1^2 v_1}{d_2^2} = \dfrac{25^2 \times 0.2}{5^2} = 5 \text{m/s}$

根据 1—1、2—2 断面列能量方程

$Z_1 + \dfrac{p_1}{\gamma} + \dfrac{\alpha v_1^2}{2g} = Z_2 + \dfrac{p_2}{\gamma} + \dfrac{\alpha v_2^2}{2g} + h_w$

上式中：$Z_1 = Z_2$，$\dfrac{p_1}{\gamma} = 0.1 \times 10 = 1 \text{m}$，$h_w = 0$

所以 $\dfrac{p_2}{\gamma} = \dfrac{p_1}{\gamma} + \dfrac{\alpha v_1^2}{2g} - \dfrac{\alpha v_2^2}{2g} = 1 + \dfrac{0.2^2}{2 \times 9.81} - \dfrac{5^2}{2 \times 9.81} = -0.27 \text{m}$

根据动压强的特点：A—A 为等压面

所以 $\dfrac{p_2}{\gamma} + h = 0$，则 $h = 0.27 \text{m}$

3-9 解：(1) 水向上流动

根据 A—A、B—B 断面列能量方程

$$Z_B + \dfrac{p_B}{\gamma} + \dfrac{\alpha v_B^2}{2g} = Z_A + \dfrac{p_A}{\gamma} + \dfrac{\alpha v_A^2}{2g} + h_w$$

上式中：$Z_B = 0$，$Z_A = 20\text{m}$，$p_A = 49.1\text{kPa}$，$h_w = 1.5\text{m}$，$v_A = v_B$

所以 $p_B = \left(Z_A + \dfrac{p_A}{\gamma} + \dfrac{\alpha v_A^2}{2g} - \dfrac{\alpha v_B^2}{2g} - Z_B + h_w\right)\gamma = \left(20 + \dfrac{49.1}{9.81} + 1.5\right) \times 9.81 = 260\text{kPa}$

(2) 水向下流动。

根据 A—A、B—B 断面列能量方程

$$Z_A + \dfrac{p_A}{\gamma} + \dfrac{\alpha v_A^2}{2g} = Z_B + \dfrac{p_B}{\gamma} + \dfrac{\alpha v_B^2}{2g} + h_w$$

上式中：$Z_B = 0$，$Z_A = 20\text{m}$，$p_A = 49.1\text{kPa}$，$h_w = 1.5\text{m}$，$v_A = v_B$

所以 $p_B = \left(Z_A + \dfrac{p_A}{\gamma} + \dfrac{\alpha v_A^2}{2g} - \dfrac{\alpha v_B^2}{2g} - Z_B - h_w\right)\gamma = \left(20 + \dfrac{49.1}{9.81} - 1.5\right) \times 9.81 = 230.6\text{kPa}$

3-10　解：本装置测的是 A 点的流速

根据题意：$\left(Z_A + \dfrac{p_A}{\gamma} + \dfrac{\alpha u_A^2}{2g}\right) - \left(Z_A + \dfrac{p_A}{\gamma}\right) = \dfrac{\gamma_汞}{\gamma_水}\Delta h$

所以 $u_A = \sqrt{\dfrac{\gamma_汞\Delta h}{\gamma_水} \cdot 2g} = \sqrt{\dfrac{133.4 \times 0.06}{9.81} \times 2 \times 9.81} = 4\text{m/s}$

$v = 0.8 u_A = 0.8 \times 4 = 3.2\text{m/s}$

输水管的流量为 $Q = vA = 3.2 \times \dfrac{3.14}{4} \times 0.2^2 = 0.1\text{m}^3/\text{s}$

3-11　解：$K = \dfrac{\pi d_1^2}{4}\sqrt{\dfrac{2g}{\left(\dfrac{d_1}{d_2}\right)^4 - 1}} = \dfrac{3.14 \times 0.2^2}{4}\sqrt{\dfrac{2 \times 9.81}{\dfrac{0.2^4}{0.1^4} - 1}} = 0.04$

$Q = \mu K\sqrt{\dfrac{\gamma_汞 - \gamma_油}{\gamma_油}h_p} = 0.95 \times 0.04 \times \sqrt{\dfrac{133.4 - 850 \times 9.81/1000}{850 \times 9.81/1000}} = 0.15\text{m}^3/\text{s}$

3-12　解：取 A 点断面为基准面，列水面、喷嘴两断面能量方程

$$Z_{水面} + \dfrac{p_{水面}}{\gamma} + \dfrac{\alpha v_{水面}^2}{2g} = Z_嘴 + \dfrac{p_嘴}{\gamma} + \dfrac{\alpha v_嘴^2}{2g} + h_w$$

上式中：$Z_{水面} = 7\text{m}$，$Z_嘴 = 3\text{m}$，$p_{水面} = 0\text{kPa}$，$p_嘴 = 0\text{kPa}$，$h_w = 0\text{m}$，$v_{水面} = 0$

所以 $\dfrac{v_嘴^2}{2g} = 7 + 0 + 0 - 3 - 0 + 0 = 4\text{m}$

$$v_嘴 = \sqrt{2 \times 9.81 \times 4} = 8.9\text{m/s}$$

出口的流量为　$Q = \dfrac{\pi d_嘴}{4} \cdot v_嘴 = \dfrac{3.14 \times 0.05^2}{4} \times 8.9 = 0.017\text{m}^3/\text{s}$

根据流量连续性方程　$v_A = v_B = v_C = v_D = \dfrac{v_嘴 \cdot A_嘴}{A_A} = \dfrac{d_嘴^2}{d_A^2}v_嘴 = \dfrac{0.05^2 \times 8.9}{0.15^2} = 1.0\text{m/s}$

所以根据能量方程，分别列水面、A—A；水面、B—B；水面、C—C；水面、D—D 两断面能量方程得

$p_A = \left(7 + 0 + 0 - \dfrac{1^2}{2 \times 9.81} - 0 + 0\right) \times 9.81 = 68.17\text{kPa}$

$p_B = \left(7 + 0 + 0 - \dfrac{1^2}{2 \times 9.81} - 7 + 0\right) \times 9.81 = -0.5\text{kPa}$

$p_C = \left(7 + 0 + 0 - \dfrac{1^2}{2 \times 9.81} - 9 + 0\right) \times 9.81 = -20.12\text{kPa}$

$p_D = \left(7 + 0 + 0 - \dfrac{1^2}{2 \times 9.81} - 3 + 0\right) \times 9.81 = 3.74\text{kPa}$

3-13　解：$v = \dfrac{Q}{A} = \dfrac{4 \times 10/1000}{3.14 \times 0.1^2} = 1.27\text{m/s}$

根据 1—1、2—2 断面列能量方程

$$Z_1 + \frac{p_1}{\gamma} + \frac{\alpha v_1^2}{2g} + H = Z_2 + \frac{p_2}{\gamma} + \frac{\alpha v_2^2}{2g} + h_w$$

上式中：

$Z_2 - Z_1 = \Delta Z = 0.3, v_1 = v_2, p_1 = -\frac{0.3\gamma_{汞}}{\gamma} = -\frac{0.3 \times 133.4}{9.81} = -4.08\text{m}$，$h_w = 0\text{m}$，

所以 $H = Z_2 + \frac{p_2}{\gamma} + \frac{\alpha v_2^2}{2g} - \left(Z_1 + \frac{p_1}{\gamma} + \frac{\alpha v_1^2}{2g}\right) + h_w = 0.3 + \frac{29.4}{9.81} - (-4.08) = 7.38\text{m}$

3-14 解：(1)①取管道中心为基准面，列水面、渐缩管出口 3—3 两断面列能量方程

$$Z_{水面} + \frac{p_{水面}}{\gamma} + \frac{\alpha v_{水面}^2}{2g} = Z_3 + \frac{p_3}{\gamma} + \frac{\alpha v_3^2}{2g} + h_w$$

上式中：$Z_{水面} = 4\text{m}, Z_3 = 0\text{m}, p_{水面} = 0\text{kPa}, p_3 = 0\text{kPa}$，$h_w = 0\text{m}, v_{水面} = 0$

所以 $\frac{v_3^2}{2g} = 4 + 0 + 0 - 0 - 0 + 0 = 4\text{m}$

$$v_3 = \sqrt{2 \times 9.81 \times 4} = 8.9\text{m/s}$$

根据流量连续性方程 $v_1 = \frac{v_3 A_3}{A_1} = \frac{8.9 \times 0.1}{0.1} = 8.9\text{m/s}$

$$v_2 = \frac{v_3 A_3}{A_2} = \frac{8.9 \times 0.1}{0.2} = 4.45\text{m/s}$$

②因为不计水头损失，所以所有点的总水头线都相等，为 $Z + \frac{p}{\gamma} + \frac{\alpha v^2}{2g} = 4\text{m}$

测压管水头线

A 点：$Z_A + \frac{p_A}{\gamma} = 4 - \frac{\alpha v_A^2}{2g} = 4 - \frac{8.9^2}{2 \times 9.81} = -0.04\text{m}$

B 点：$Z_B + \frac{p_B}{\gamma} = 4 - \frac{\alpha v_B^2}{2g} = 4 - \frac{4.45^2}{2 \times 9.81} = 3\text{m}$

C 点：$Z_C + \frac{p_C}{\gamma} = 4 - \frac{\alpha v_C^2}{2g} = 4 - \frac{4.45^2}{2 \times 9.81} = 3\text{m}$

D 点：$Z_D + \frac{p_D}{\gamma} = 0$

总水头线与测压管水头线见下图。

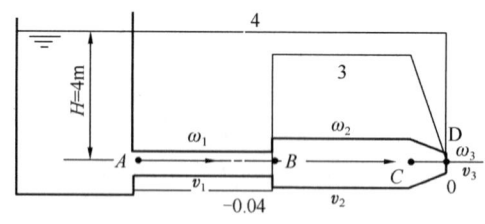

③求管道进口 A 点的压强：

$$\frac{p_A}{\gamma} = -0.04\text{m}$$

(2)若有水头损失：第一段为 $\frac{4v_1^2}{2g}$，第二段为 $\frac{3v_2^2}{2g}$，第三段为 $\frac{2v_3^2}{2g}$。

①求面断流速 v_1 与 v_2、v_3。

取管道中心为基准面，列水面、渐缩管出口 3—3 两断面能量方程

$$Z_{水面} + \frac{p_{水面}}{\gamma} + \frac{\alpha v_{水面}^2}{2g} = Z_3 + \frac{p_3}{\gamma} + \frac{\alpha v_3^2}{2g} + h_w$$

上式中：$Z_{水面} = 4\text{m}$，$Z_3 = 0\text{m}$，$p_{水面} = 0\text{kPa}$，$p_3 = 0\text{kPa}$，$v_{水面} = 0$

$$h_w = \frac{4v_1^2}{2g} + \frac{3v_2^2}{2g} + \frac{2v_3^2}{2g} = \frac{1}{2g}\left(4v_3^2 + 3\times\frac{0.1v_3^2}{0.2} + 2v_3^2\right) = \frac{7.5v_3^2}{2g}$$

所以 $\dfrac{v_3^2}{2g} = \dfrac{4}{8.5} = 0.48\text{m}$

$$v_3 = \sqrt{2\times 9.81\times 0.48} = 3.1\text{m/s}$$

根据流量连续性方程 $v_1 = \dfrac{v_3 A_3}{A_1} = \dfrac{3.1\times 0.1}{0.1} = 3.1\text{m/s}$

$$v_2 = \frac{v_3 A_3}{A_2} = \frac{3.1\times 0.1}{0.2} = 1.55\text{m/s}$$

②绘出总水头线与测压管水头线。

总水头线都相等：A 点为 $Z_A + \dfrac{p_A}{\gamma} + \dfrac{\alpha v_A^2}{2g} = 4\text{m}$

B 点为 $Z_B + \dfrac{p_B}{\gamma} + \dfrac{\alpha v_B^2}{2g} = 4 - \dfrac{4^2 v_1}{2g} = 4 - \dfrac{2\times 3.1^2}{9.81} = 2.04\text{m}$

C 点为

$$Z_C + \frac{p_C}{\gamma} + \frac{\alpha v_C^2}{2g} = 4 - \frac{4v_1^2}{2g} - \frac{3v_2^2}{2g} = 4 - \frac{2\times 3.1^2}{9.81} - \frac{3\times 1.55^2}{9.81} = 1.31\text{m}$$

D 点为

$$Z_D + \frac{p_D}{\gamma} + \frac{\alpha v_D^2}{2g} = 4 - \frac{4v_1^2}{2g} - \frac{3v_2^2}{2g} - \frac{2v_3^2}{2g} = 1.31 - \frac{2\times 3.1^2}{2\times 9.81} = 0.33\text{m}$$

测压管水头线：A 点：$Z_A + \dfrac{p_A}{\gamma} = 4 - \dfrac{\alpha v_A^2}{2g} = 4 - \dfrac{8.9^2}{2\times 9.81} = -0.04\text{m}$

B 点：$Z_B + \dfrac{p_B}{\gamma} = 2.04 - \dfrac{\alpha v_B^2}{2g} = 2.04 - \dfrac{1.55^2}{2\times 9.81} = 1.92\text{m}$

C 点：$Z_C + \dfrac{p_C}{\gamma} = 1.31 - \dfrac{\alpha v_C^2}{2g} = 1.31 - \dfrac{1.55^2}{2\times 9.81} = 1.19\text{m}$

D 点：$Z_D + \dfrac{p_D}{\gamma} = 0$

③总水头线与测压管水头线图略。
④根据水头线求各段中间点的压强。
略

3-15　解：根据气体能量方程：$p_1 + \dfrac{\rho v_1^2}{2} = p_2 + \dfrac{\rho v_2^2}{2} + p_w$

$$p_w = p_1 + \frac{\rho v_1^2}{2} - \left(p_2 + \frac{\rho v_2^2}{2}\right) = 0.15\times 9807 + \frac{1.29\times 15^2}{2} - 0.14\times 9807 - \frac{1.29\times 10^2}{2}$$
$$= 178.7\text{N/m}^2$$

3-16　解：根据气体能量方程 $p_1 + \dfrac{\rho v_1^2}{2} + (\gamma_a - \gamma)(z_2 - z_1) = p_2 + \dfrac{\rho v_2^2}{2} + p_w$

$$p_w = p_1 + \frac{\rho v_1^2}{2} + (\gamma_a - \gamma)(z_2 - z_1) - \left(p_2 + \frac{\rho v_2^2}{2}\right)$$
$$= -0.0105\times 9807 + (1.2\times 9.81 - 0.6\times 9.81)\times 5 - (-0.02\times 9807) = 122.6\text{N/m}^2$$

3-17　解：气体为煤气时，因为 $\rho \neq \rho_a$，所以用式(3-36)计算，即

$$p_A + \frac{\rho v_A^2}{2} + (\gamma_a - \gamma)(z_c - z_A) = p_c + \frac{\rho v_c^2}{2} + p_w$$

AB 段的流量 $Q = 0.04\text{m}^3/\text{s}$，$v_A = \dfrac{4Q}{\pi d^2} = \dfrac{4\times 0.04}{3.14\times 0.05^2} = 20.4\text{m/s}$

265

BC 段的流量 $Q=0.02\text{m}^3/\text{s}$, $v_\text{c} = \dfrac{4Q}{\pi d^2} = \dfrac{4 \times 0.02}{3.14 \times 0.05^2} = 10.2\text{m/s}$

$$p_\text{w} = 3\rho \dfrac{v_\text{A}^2}{2} + 4\rho \dfrac{v_\text{C}^2}{2} = 3 \times 0.6 \times \dfrac{20.4^2}{2} + 4 \times 0.6 \times \dfrac{10.2^2}{2} = 499.4\text{N/m}^2$$

$$p_\text{A} + \dfrac{0.6 \times 20.4^2}{2} + 9.81(1.2 - 0.6) \times 60 = 300 + \dfrac{0.6 \times 10.2^2}{2} + 499.4$$

$$p_\text{A} = 352.6\text{N/m}^2$$

$$h = \dfrac{p_\text{A}}{\gamma_\text{酒精}} = \dfrac{352.6/1000}{7.9} = 0.045\text{m} = 45\text{mm}$$

3-18 解：$v = \dfrac{4Q}{\pi d^2} = \dfrac{4 \times 33.4/1000}{3.14 \times 0.025^2} = 60\text{m/s}$

(1) 由于喷嘴是水平放置的，重力在 x、y 轴上投影为零。

(2) 作用在两端面上的压力都等于大气压力，$P_1 = P_2 = P_0 = 0$。

(3) 水流对平板的作用力 R_x，R_y

沿 x、y 方向分别列动量方程，并令 $\alpha_{01} = \alpha_{02} = 1$

$$-R_\text{x} = \rho Q(v_1\cos 60° - v_2\cos 60° - v_0) = -\rho Q v_0$$

$$R_\text{y} = 0$$

故 $R_\text{x} = \rho Q v_0 = 1 \times 33.4/1000 \times 60 = 2\text{kN}$

所得 R_x 为正值，说明原假设方向正确。

水流对弯管的作用力 R' 与 R 大小相等，方向相反。

3-19 解：取渐变流过流断面 1—1、2—2 间的流段作隔离体，作用在隔离体上的外力

$$Q = vA, \quad v_1 = \dfrac{4Q}{\pi d_1^2} = \dfrac{4 \times 1.8}{3.14 \times 1.5^2} = 1.02\text{m/s}$$

$$v_2 = \dfrac{4Q}{\pi d_2^2} = \dfrac{4 \times 1.8}{3.14 \times 1^2} = 2.29\text{m/s}$$

(1) 由于管到是水平放置的直管，只有 x 轴方向受力。所以重力在 x 轴上投影为零。

(2) 作用在两端面上的压力

由能量方程，并令 $\alpha_1 = \alpha_2 = 1$

$$\dfrac{p_1}{\gamma} + \dfrac{v_1^2}{2g} = \dfrac{p_2}{\gamma} + \dfrac{v_2^2}{2g}$$

则 $p_2 = p_1 + \dfrac{\gamma}{2g}(v_1^2 - v_2^2) = 4 \times 98.07 + \dfrac{1 \times 9.8}{2 \times 9.8}(1.02^2 - 2.29^2) = 390\text{kPa}$

由此得到两端面上总压力

$$P_1 = p_1 A_1 = 4 \times 98.07 \times \dfrac{3.14}{4} \times 1.5^2 = 693\text{kN}$$

$$P_2 = p_2 A_2 = 390 \times \dfrac{3.14}{4} \times 1^2 = 306\text{kN}$$

(3) 水流对管直的作用力 R_x

沿 x 方向分别列动量方程，并令 $\alpha_{01} = \alpha_{02} = 1$

$$P_1 - R_\text{x} - P_2 = \rho Q(v_2 - v_1)$$

故 $R_\text{x} = P_1 - P_2 - \rho Q(v_2 - v_1)$

$\qquad = 693 - 390 - 1 \times 1.8 \times (2.29 - 1.02) = 301\text{kN}$

所得 R_x 为正值，说明原假设方向正确。

水流对弯管的作用力 R' 与 R 大小相等，方向相反。

3-20 解：取渐变流过流断面 $A—A$、$B—B$ 间的流段作隔离体，作用在隔离体上的外力

$$Q = vA, \quad v_A = \frac{4Q}{\pi d_A^2} = \frac{4 \times 0.2}{3.14 \times 0.25^2} = 4.08 \text{m/s}$$

$$v_B = \frac{4Q}{\pi d_B^2} = \frac{4 \times 0.2}{3.14 \times 0.2^2} = 6.37 \text{m/s}$$

(1)由于弯管是水平放置的，重力在 x、y 轴上投影为零。
(2)作用在两端面上的压力
由能量方程，并令 $\alpha_1 = \alpha_2 = 1$

$$\frac{p_A}{\gamma} + \frac{v_A^2}{2g} = \frac{p_B}{\gamma} + \frac{v_B^2}{2g}$$

则 $p_B = p_A + \frac{\gamma}{2g}(v_A^2 - v_B^2) = 1.8 \times 98.07 + \frac{1 \times 9.8}{2 \times 9.8} \times (4.08^2 - 6.37^2) = 164.56 \text{kPa}$

由此得到两端面上总压力

$$P_A = p_A A_A = 1.8 \times 98.07 \times \frac{3.14}{4} \times 0.25^2 = 8.66 \text{kN}$$

$$P_B = p_B A_B = 164.56 \times \frac{3.14}{4} \times 0.2^2 = 5.17 \text{kN}$$

(3)水流对弯管的作用力 R_x，R_y
沿 x、y 方向分别列动量方程，并令 $\alpha_{01} = \alpha_{02} = 1$

$$P_A - R_x - P_B \cos 45° = \rho Q (v_B \cos 45° - v_A)$$
$$-R_y + P_B \sin 45° = -\rho Q v_B \sin 45°$$

故 $R_x = P_A - P_B \cos 45° - \rho Q (v_B \cos 45° - v_A)$
$= 8.66 - 5.17 \times 0.707 - 1 \times 0.2 \times (6.37 \times 0.707 - 4.08) = 4.92 \text{kN}$

$R_y = P_B \sin 45° + \rho Q v_B \sin 45°$
$= 5.17 \times 0.707 + 1 \times 0.2 \times 6.37 \times 0.707$
$= 4.56 \text{kN}$

所得 R_x、R_y 为正值，说明原假设方向正确。于是

$$R = \sqrt{R_x^2 + R_y^2} = \sqrt{4.92^2 + 4.56^2} = 7.35 \text{kN}$$

$$\tan\theta = \frac{R_y}{R_x} = \frac{4.56}{4.92} = 0.927$$

水流对弯管的作用力 R' 与 R 大小相等，方向相反。

第四章 思考题答案

4-1 答：(1)流体中单位重量流体的机械能损失称为能量损失(也称水头损失)。
(2)由于流体在运动时存在黏滞性。

4-2 答：(1)流体流动状态不仅和流速 v 有关，还和管径 d、流体的动力黏滞系数 μ 和密度 ρ 有关。以上四个参数可组合成一个无因次数，叫做雷诺数，用 Re 表示。

$$Re = \frac{vd\rho}{\mu} = \frac{vd}{\nu}$$

(2)其物理意义是：雷诺数反映了流体惯性力与黏滞力的比值。
(3)当实际流体的雷诺数小于临界雷诺数时，反映了黏滞力的作用强，该力对流体质点起控制作用，此时，流体呈层流状态；当实际雷诺数大于临界雷诺数时，流体所受的惯性力占主导地位，黏滞力控制不住流层间互相混杂的质点，此时，流体呈紊流状态。

4-3 答：根据公式 $Re_K = \frac{v_K d}{\nu} = 2000$，所以它们的临界雷诺数是相同的。

267

4-4 答：紊流状态某空间点在流动方向上的速度称为瞬时速度。

紊流状态某空间点在流动方向上的瞬时速度。在无规则地变化，但总是在 $\bar{u}$ 值上下波动。称 $\bar{u}$ 为时间平均流速，

在某一过流断面上的平均流速称为断面的平均流速。

4-5 答：根据 $Re = \dfrac{vd}{\nu}$，在管径一定时，随流量的增大，速度增大，所以 Re 是增大。

4-6 答：圆管中层流的流速分布是一个以管中心线为轴的旋转抛物面。

流体在圆管内做紊流运动时，流速分布图可分为两部分：一部分是近壁处的层流底层内，流速按抛物线规律分布（近似为直线分布）；另一部分在紊流核心区内，流速按对数曲线规律分布。最大流速仍发生在管轴上。但由于质点的碰撞和掺混的结果，使过流断面上的流速分布趋于均匀化，从而导致断面平均流速与最大流速比较接近，即

$$v = (0.75 \sim 0.9) u_{\max}$$

因为层流水流的全部质点以平行而不混杂的方式分层流动；紊流液体质点的运动轨迹是极不规则的，各部分流体质点互相剧烈渗混。

4-7 答：(1) 当两根管路中流速相等时，沿程能量损失不相等。因为沿层阻力系数 λ，与 Re 和粗糙度有关。而 Re 又与运动黏滞系数有关，油和水的动黏滞系数不同，所以沿程能量损失不相等。

(2) 两管中液流的 Re 相等时，沿程能量损失相等。

4-8 答：(1) 实验表明，在邻近管壁的极小区域存在着很薄的一层流体，由于固体壁面的黏滞作用，流速很小，惯性力很小，因而仍保持着层流运动。

(2) 层流底层的厚度 δ 与紊流程度有关。紊流流动越强烈，雷诺数越大，层流底层就越薄。

(3) 流体属于水力光滑管还是水力粗糙管，不仅与管壁的粗糙状况有关，还与层流底层的厚度有关。同一管道，雷诺数增大，则层流底层厚度变小，水力光滑管可能成为水力粗糙管，反之，水力粗糙管则变为水力光滑管。

4-9 答：(1) 在层流中，$\lambda = 64/Re$，即 λ 仅与 Re 有关，与管壁粗糙度无关。在紊流中沿程阻力系数 λ 取决于 Re 和壁面粗糙度这两个因素。

(2) 尼古拉兹实验所揭示的沿程阻力系数 λ 的变化规律，可概括归纳为以下五点：

Ⅰ 层流区　　　　　$\lambda = f_1(Re)$
Ⅱ 临界过渡区　　　$\lambda = f_2(Re)$
Ⅲ 紊流光滑区　　　$\lambda = f_3(Re)$
Ⅳ 紊流过渡区　　　$\lambda = f_4(Re, K/d)$
Ⅴ 紊流粗糙区　　　$\lambda = f_5(K/d)$

4-10 答：(1) 对于不同的边界条件，有不同的局部阻力系数 ξ，其值由试验确定。

(2) ξ 值往往只决定于固体边壁的几何形状而与雷诺数 Re 无关。也就是说，计算局部损失时无需判断流态。

第四章 习 题 答 案

4-1 解：(1) 查表 1-3 水温为 20℃时，其运动黏度 $\nu = 1.007 \times 10^{-2} \, \text{cm}^2/\text{s}$

$$Re = \frac{vd}{\nu} = \frac{\frac{4/1000}{3.14 \times 0.1^2/4} \times 0.1}{1.007 \times 10^{-6}} = 50\,600 > 2000$$

所以管内水的流态为紊流。

(2) $Re = \dfrac{vd}{\nu} = \dfrac{\frac{4/1000}{3.14 \times 0.1^2/4} \times 0.1}{0.44 \times 10^{-4}} = 1158 < 2000$

所以管内油的流态为层流。

4-2 解：(1) 查表1-3 空气为20℃时，其运动黏度 $\nu=15.7\times10^{-6}\,\text{m}^2/\text{s}$

$Re=\dfrac{vd}{\nu}=2000$，所以 $v=\dfrac{2000\nu}{d}=\dfrac{2000\times15.7\times10^{-6}}{0.3}=0.1\,\text{m/s}$

$$Q=\dfrac{\pi d^2}{4}\cdot v=\dfrac{3.14\times0.3^2}{4}\times0.1=7.065\times10^{-3}\,\text{m}^3/\text{s}$$

(2) 查表1-6 空气为20℃时，其密度 $\rho=1.205\,\text{kg/m}^3$

则体积流量为 $Q_V=\dfrac{Q_m}{\rho}=\dfrac{200/3600}{1.205}=0.046\,\text{m}^3/\text{s}$

$$v=\dfrac{4Q_V}{\pi d^2}=\dfrac{4\times0.046}{3.14\times0.3^2}=0.65\,\text{m/s}$$

$$Re=\dfrac{vd}{\nu}=\dfrac{0.65\times0.3}{15.7\times10^{-6}}=12\,420>2000$$

输送的空气量为200kg/h，气流是紊流。

4-3 解：(1) 小断面雷诺数大。因为 $Re=\dfrac{vd}{\nu}=\dfrac{4Q}{\pi d\nu}$，其他条件相同的情况下，$d$ 越小，雷诺数越大。

(2) $\dfrac{Re_1}{Re_2}=\dfrac{d_2}{d_1}=2$

4-4 解：查表1-3 空气为90℃时，其运动黏度 $\nu=0.328\times10^{-6}\,\text{m}^2/\text{s}$

$$Re=\dfrac{vd}{\nu}=\dfrac{4Q}{\pi d\nu}=\dfrac{4\times0.35/1000}{3.14\times0.2\times0.328\times10^{-6}}=29.24<2000$$

水流状态是紊流

所以在此条件下，水流形态不能满足要求。

4-5 解：因为管道流态为紊流光滑区，根据经验公式——布劳修斯公式：

$$\lambda=\dfrac{0.316\,4}{Re^{0.25}}$$

$$Re=\dfrac{vd}{\nu}=\dfrac{4Q}{\pi d\nu}$$

所以
$$\lambda=\dfrac{0.316\,4}{Re^{0.25}}=\dfrac{0.316\,4\,(\pi d\nu)^{0.25}}{(4Q)^{0.25}}$$

$$h_f=\lambda\dfrac{l}{d}\dfrac{v^2}{2g}$$

所以 $d^{2.75}=\dfrac{1}{h_f}\dfrac{0.316\,4\,(\pi\nu)^{0.25}}{(4Q)^{0.25}}\dfrac{4Ql}{2g\pi}=\dfrac{1}{0.2}\dfrac{0.316\,4\times(3.14\times0.013\times10^{-4})^{0.25}}{(4\times35/1000)^{0.25}}\times\dfrac{4\times35/1000\times15}{2\times9.81\times3.14}$

$=0.012\,6$ 所以 $d=0.203\,\text{m}=203\,\text{mm}$

4-6 解：判断流态

$$Re=\dfrac{vd}{\nu}=\dfrac{4Q}{\pi d\nu}=\dfrac{4\times40/1000}{3.14\times0.2\times1.6\times10^{-4}}=1592<2000$$

所以水流流态是层流

$$\lambda=\dfrac{64}{Re}=\dfrac{64}{1592}=0.04$$

$$h_f=\lambda\dfrac{l}{d}\dfrac{v^2}{2g}=0.04\times\dfrac{1000}{0.2}\times\dfrac{\dfrac{4\times40/1000}{3.14\times0.2^2}}{2\times9.81}=13\,\text{m}$$

4-7 解：(1) $p_j=\lambda\dfrac{l}{d}\dfrac{\rho v^2}{2}=0.021\,9\times\dfrac{20}{0.4}\times\dfrac{1.2\times\dfrac{4\times700/3600}{3.14\times0.4^2}}{2}=1.02\,\text{m}$

(2) 水力半径 $R=\dfrac{A}{\chi}=\dfrac{0.3\times0.5}{2\times(0.3+0.5)}=0.093\,75$

269

$$p_j = \lambda \frac{l}{4R} \frac{\rho v^2}{2} = 0.021\,9 \times \frac{20}{4 \times 0.093\,75} \times \frac{1.2 \times \frac{700/3600}{0.3 \times 0.5}}{2} = 0.91\text{m}$$

4-8 解：根据题意，$h_f = \frac{\gamma_{水银} h}{\gamma_{油}} = \frac{133.4 \times 0.09}{9.81 \times 920/1000} = 1.33\text{m}$

$$\lambda = \frac{2gd}{lv^2} h_f = \frac{2 \times 9.81 \times 0.025}{3 \times 1} \times 1.33 = 0.22$$

4-9 解：查表 1-3 空气为 20℃时，其运动黏度 $\nu = 15.7 \times 10^{-6} \text{m}^2/\text{s}$

$$Re = \frac{vd}{\nu} = \frac{20 \times 0.5}{15.7 \times 10^{-6}} = 6.4 \times 10^5$$

根据 $\lambda = 0.017$、$Re = 6.4 \times 10^5$ 查表得出：处于紊流过渡区。

根据阿里托苏里公式

$$\lambda = 0.11 \left(\frac{K}{d} + \frac{68}{Re} \right)^{0.25}$$

所以：$K = \left[\left(\frac{0.017}{0.11} \right)^{\frac{1}{0.25}} - \frac{68}{6.4 \times 10^5} \right] \times 0.5 = 0.29\text{mm}$

4-10 解：根据粗糙区经验公式——希弗林松公式

$$\lambda = 0.11 \left(\frac{K}{d} \right)^{0.25} = 0.11 \times \left(\frac{0.5}{250} \right)^{0.25} = 0.023$$

查莫迪图：要保持为粗糙区，$Re = 8 \times 10^5$

查表 1-3 水为 10℃时，其运动黏度 $\nu = 1.308 \times 10^{-6} \text{m}^2/\text{s}$

$$v = \frac{Re\nu}{d} = \frac{8 \times 10^5 \times 1.308 \times 10^{-6}}{0.25} = 4.2\text{m/s}$$

$$Q = \frac{\pi d^2}{4} v = \frac{3.14 \times 0.25^2}{4} \times 4.2 = 0.2\text{m}^3/\text{s}$$

4-11 解（1）：$v = \frac{4Q}{\pi d^2} = \frac{4 \times 3/1000}{3.14 \times 0.05^2} = 1.5\text{m/s}$

查表 1-3 水为 20℃时，其运动黏度 $\nu = 1.007 \times 10^{-6} \text{m}^2/\text{s}$

$$Re = \frac{vd}{\nu} = \frac{1.5 \times 0.05}{1.007 \times 10^{-6}} = 0.7 \times 10^5 < 10^5$$

所以 $\lambda = \frac{0.316\,4}{Re} = \frac{0.316\,4}{(0.7 \times 10^5)^{0.25}} = 0.019$

$$h_f = \lambda \frac{l}{d} \frac{v^2}{2g} = 0.019 \times \frac{500}{0.05} \times \frac{1.5^2}{2 \times 9.81} = 21.8\text{m}$$

(2) $\tau_0 = \gamma J \frac{r_0}{2} = 9.81 \times \frac{21.8}{500} \times \frac{0.025}{2} = 0.005\text{kN/m}$

(3) $\delta = \frac{32.8d}{Re\sqrt{\lambda}} = \frac{32.8 \times 0.05}{0.7 \times 10^5 \times \sqrt{0.019}} = 1.67 \times 10^{-4}\text{m} = 0.167\text{mm}$

4-12 解：$h_f = \lambda \frac{l}{d} \frac{v^2}{2g} = 0.015 \times \frac{l}{0.3} \times \frac{3^2}{2 \times 9.81} = 0.023l\text{m}$

$$\tau_0 = \gamma J \frac{r_0}{2} = 999.1 \times 9.81 \times \frac{0.023l}{l} \times \frac{0.15}{2} = 16.9\text{N/m}^2$$

4-13 解：查表 4-1 得钢板制风管 $K = 0.15\text{mm}$

相对粗糙度 $\frac{K}{d} = \frac{0.15}{500} = 3 \times 10^{-4}$

管中流速 $v = \frac{4Q}{\pi d^2} = \frac{4 \times 1.2}{3.14 \times 0.5^2} = 6.1\text{m/s}$

查表 1-3 空气为 20℃时，其运动黏度 $\nu = 15.7 \times 10^{-6} \text{m}^2/\text{s}$

$$Re = \frac{vd}{\nu} = \frac{6.1 \times 0.5}{15.7 \times 10^{-6}} = 1.9 \times 10^5$$

根据 $\frac{K}{d} = 3 \times 10^{-4}$、$Re = 1.9 \times 10^5$ 查莫迪图得：流动处于紊流光滑区。

$$\lambda = \frac{0.316\,4}{Re^{0.25}} = \frac{0.316\,4}{(1.9 \times 10^5)^{0.25}} = 0.015$$

4-14 解：管道中速度：$v = \frac{4Q}{\pi d^2} = \frac{4 \times 4/1000}{3.14 \times 0.05^2} = 2.04 \text{m/s}$

查表 1-3 水为 20℃时，其运动黏度 $\nu = 1.007 \times 10^{-6} \text{m}^2/\text{s}$

$$Re = \frac{vd}{\nu} = \frac{2.04 \times 0.05}{1.007 \times 10^{-6}} = 1.01 \times 10^5$$

根据 $h_f = \lambda \frac{l}{d} \frac{v^2}{2g}$

$$\lambda = \frac{2gd}{lv^2} h_f = \frac{2 \times 9.81 \times 0.05}{10 \times 2.04^2} \times 1.2 = 0.028$$

根据 $\lambda = 0.028$、$Re = 1.9 \times 10^5$ 查莫迪图得：$\frac{K}{d} = 0.000\,1$

$$K = 0.000\,1 \times 50 = 0.005 \text{mm}$$

4-15 解：(1) 管内流动为层流 $\lambda = 64/Re$

$$h_f = \lambda \frac{l}{d} \frac{v^2}{2g} = \frac{64}{Re} \frac{l}{d} \frac{v^2}{2g} = \frac{128\nu l}{\pi g} \frac{Q}{d^4}$$

可见层流中管道长度不变，通过的流量不变，则沿程水头 h_f 与管径四次方成反比。即 $\frac{h_{f1}}{h} = \left(\frac{d_2}{d_1}\right)^4$

当 $h_{f2} = 0.5 h_{f1}$，$d_2 = 1.19 d_1$。

$$\frac{d_2 - d_1}{d_1} \times 100\% = (1.19 - 1)100\% = 19\%$$

(2) 管内流动为光滑区

$$h_f = \lambda \frac{l}{d} \frac{v^2}{2g} = \frac{0.316\,4}{\left(\frac{vd}{\nu}\right)^{0.25}} \frac{l}{d} \frac{v^2}{2g} = \frac{0.316\,4 \nu^{0.25} l}{2g \left(\frac{\pi}{4}\right)^{1.75}} \frac{Q^{1.75}}{d^{4.75}}$$

$$\frac{h_{f1}}{h} = \left(\frac{d_2}{d_1}\right)^{4.75}$$

当 $h_{f2} = 0.5 h_{f1}$，$d_2 = 1.17 d_1$。

$$\frac{d_2 - d_1}{d_1} \times 100\% = (1.17 - 1)100\% = 17\%$$

(3) 管内流动为粗糙区

$$h_f = \lambda \frac{l}{d} \frac{v^2}{2g} = 0.11 \left(\frac{K}{d}\right)^{0.25} \frac{l}{d} \frac{v^2}{2g} = 0.11 \frac{K^{0.25} l}{2g \left(\frac{\pi}{4}\right)^2} \frac{Q^2}{d^{5.25}}$$

$$\frac{h_{f1}}{h} = \left(\frac{d_2}{d_1}\right)^{5.25}$$

当 $h_{f2} = 0.5 h_{f1}$，$d_2 = 1.14 d_1$。

$$\frac{d_2 - d_1}{d_1} \times 100\% = (1.14 - 1)100\% = 14\%$$

4-16 解：列 1—1、烟囱出口的能量方程：

$$p_1 + \frac{\rho v_1^2}{2} + (\gamma_a - \gamma)(z_2 - z_1) = p_2 + \frac{\rho v_2^2}{2} + p_w$$

$$v_1 = v_2 = \frac{Q}{A} = \frac{\frac{18\,000/3600}{0.7}}{\frac{3.14 \times 1^2}{4}} = 9.1 \text{m/s}$$

$$p_w = \lambda \frac{l}{d} \frac{\rho v^2}{2g} = 0.035 \times \frac{H}{1} \times \frac{0.7 \times 9.1^2}{2 \times 9.81} = 0.1H$$

所以 $-100 + (1.29 \times 9.81 - 0.7 \times 9.81) \times H = 0 + 0.1H$

$$H = 17.6 \text{m}$$

4-17 解：根据题意：$h_w = \Delta h = 0.629$

$$v = Q/A = \frac{4Q}{\pi d^2} = \frac{4 \times 0.329/2 \times 60}{3.14 \times 0.05^2} = 1.4 \text{m/s}$$

$$h_w = \sum h_f + \sum h_j = \lambda \frac{l}{d} \frac{v^2}{2g} + \zeta_{弯头} \frac{v^2}{2g} = 0.629$$

$$\zeta_{弯头} = \left(0.629 - \lambda \frac{l}{d} \frac{v^2}{2g}\right) \frac{2g}{v^2} = 0.629 \times \frac{2 \times 9.81}{1.4^2} - 0.03 \times \frac{10}{0.05} = 0.3$$

4-18 解：列出 1—1、2—2 断面能量方程：

$$Z_1 + \frac{p_1}{\gamma} + \frac{v_1^2}{2g} = Z_2 + \frac{p_2}{\gamma} + \frac{v_2^2}{2g} + h_w$$

1—1、2—2 断面之间只有沿程水头损失

$$h_f = \frac{p_1}{\gamma} - \frac{p_2}{\gamma} = (H_1 - H_2) = 1.50 - 1.25 = 0.25 \text{m}$$

$$\lambda = \frac{2gd}{lv^2} h_f = \frac{2 \times 9.81 \times 0.05}{1 \times 3^2} \times 0.25 = 0.027$$

列出 2—2、3—3 断面能量方程：

$$Z_2 + \frac{p_2}{\gamma} + \frac{v_2^2}{2g} = Z_3 + \frac{p_3}{\gamma} + \frac{v_3^2}{2g} + h_w$$

1—1、2—2 断面之间有沿程水头损失，也有局部损失

$$h_w = \frac{p_2}{\gamma} - \frac{p_3}{\gamma} = (H_2 - H_3) = 1.25 - 0.4 = 0.85 \text{m}$$

$$h_w = \sum h_f + \sum h_j = \lambda \frac{l}{d} \frac{v^2}{2g} + \zeta_{阀门} \frac{v^2}{2g} = 0.85$$

$$\zeta_{阀门} = \left(0.85 - \lambda \frac{l}{d} \times \frac{v^2}{2g}\right) \frac{2g}{v^2} = 0.85 \times \frac{2 \times 9.81}{3^2} - 0.027 \times \frac{2}{0.05} = 0.773$$

4-19 解：求突然缩小的局部阻力系数 $\zeta_{缩小}$

查表 4-2，$\dfrac{A_2}{A_1} = \dfrac{\frac{\pi d_2^2}{4}}{\frac{\pi d_1^2}{4}} = \dfrac{d_2^2}{d_1^2} = \left(\dfrac{100}{150}\right)^2 = 0.44$

用内插法 $\dfrac{0.44 - 0.4}{\zeta_{缩小} - 0.36} = \dfrac{0.6 - 0.4}{0.16 - 0.36}$

$$\zeta_{缩小} = 0.32$$

$$v_1 = \frac{4Q}{\pi d_1^2} = \frac{4 \times 20/1000}{3.14 \times 0.15^2} = 1.13 \text{m/s}$$

$$v_2 = \frac{4Q}{\pi d_2^2} = \frac{4 \times 20/1000}{3.14 \times 0.1^2} = 2.55 \text{m/s}$$

$$h_w = \sum h_f + \sum h_j = \lambda \frac{l}{d_1} \frac{v_1^2}{2g} + \lambda \frac{l_2}{d_2} \frac{v_2^2}{2g} + \zeta_{突缩} \frac{v_2^2}{2g} + \zeta_{阀门} \frac{v_2^2}{2g}$$

$$= 0.024 \left(\frac{150}{0.15} \times \frac{1.13^2}{2 \times 9.81} + \frac{150}{0.1} \times \frac{2.55^2}{2 \times 9.81}\right) + 0.32 \times \frac{2.55^2}{2 \times 9.81} + 0.5 \times \frac{2.55^2}{2 \times 9.81} = 13.77 \text{m}$$

4-20 解：列出 1—1、2—2 断面能量方程：

$$Z_1 + \frac{p_1}{\gamma} + \frac{v_1^2}{2g} = Z_2 + \frac{p_2}{\gamma} + \frac{v_2^2}{2g} + h_w$$

$$h_w = \sum h_f + \sum h_j = \lambda \frac{l}{d} \frac{v^2}{2g} + \zeta_{进口} \frac{v^2}{2g} + \zeta_{阀门} \frac{v^2}{2g} + 3\zeta_{弯头} \frac{v^2}{2g} + \zeta_{出口} \frac{v_1^2}{2g}$$

$$= 0.025 \times \frac{10}{0.025} \times \frac{v^2}{2g} + 0.5 \times \frac{v^2}{2g} + 4 \times \frac{v^2}{2g} + 3 \times 0.3 \times \frac{v^2}{2g} + \frac{v^2}{2g} = 0.84 v^2$$

代入上式得

$$1 + 20 + 0 = 5 + 0 + 0 + 0.84 v^2$$

$$v = \left(\frac{16}{0.84}\right)^{1/2} = 4.36 \text{m/s}$$

$$Q = \frac{\pi d^2}{4} v = \frac{3.14 \times 0.025^2}{4} \times 4.36 = 2.14 \text{m}^3/\text{s}$$

4-21 解：求突然扩大的局部阻力系数 $\zeta_{扩大}$

查表 4-2，$\dfrac{A_1}{A_2} = \dfrac{\frac{\pi d_1^2}{4}}{\frac{\pi d_2^2}{4}} = \dfrac{d_1^2}{d_2^2} = \left(\dfrac{50}{200}\right)^2 = 0.0625$

用内插法

$$\frac{0.0625 - 0.01}{\zeta_{扩大} - 0.93} = \frac{0.1 - 0.01}{0.81 - 0.93}$$

$$\zeta_{扩大} = 0.86$$

求突然缩小的局部阻力系数 $\zeta_{缩小}$

查表 4-2，$\dfrac{A_2}{A_1} = \dfrac{\frac{\pi d_2^2}{4}}{\frac{\pi d_1^2}{4}} = \dfrac{d_2^2}{d_1^2} = \left(\dfrac{50}{200}\right)^2 = 0.0625$

用内插法

$$\frac{0.0625 - 0.01}{\zeta_{缩小} - 0.5} = \frac{0.1 - 0.01}{0.47 - 0.5}$$

$$\zeta_{缩小} = 0.48$$

列水面和管道出口处两断面的能量方程：

$$Z_1 + \frac{p_1}{\gamma} + \frac{v_1^2}{2g} = Z_2 + \frac{p_2}{\gamma} + \frac{v_2^2}{2g} + h_w$$

$$h_w = \sum h_f + \sum h_j = \lambda \frac{l_1}{d_1} \frac{v_1^2}{2g} + \lambda \frac{l_2}{d_2} \frac{v_2^2}{2g} + \zeta_{进口} \frac{v_1^2}{2g} + \zeta_{扩大} \frac{v_2^2}{2g} + \zeta_{缩小} \frac{v_1^2}{2g} + \zeta_{阀门} \frac{v_1^2}{2g} + \zeta_{出口} \frac{v_1^2}{2g}$$

根据流量连续性方程

$$\frac{\pi d_1^2}{4} v_1 = \frac{\pi d_2^2}{4} v_2$$

$$v_1 = \frac{d_2^2}{d_1^2} v_2 = \left(\frac{200}{50}\right)^2 v_2 = 16 v_2$$

所以

$$h_w = 0.03 \times \left(\frac{2 \times 0.1 + 0.1/2}{0.05} \times \frac{256 v_2^2}{2g} + \frac{0.1}{0.2} \times \frac{v_2^2}{2g}\right) + 0.5 \times \frac{256 v_2^2}{2g} + 0.86 \times \frac{v_2^2}{2g}$$

$$+ 0.48 \times \frac{625 v_2^2}{2g} + 5 \times \frac{625 v_2^2}{2g} + \frac{625 v_2^2}{2g}$$

$$= 217 v_2^2$$

代入能量方程：

$$12+0+0=0+0+\frac{v_2^2}{2g}+217v_2^2$$

$$v_2=0.23\text{m/s}$$

$$v_1=16\times 0.23=3.68\text{m/s}$$

管道入口处总水头：$12-\zeta_{进口}\frac{v_1^2}{2g}=12-0.5\times\frac{3.68^2}{2\times 9.81}=11.65\text{m}$

管道入口处测压管水头：$12-\frac{v_1^2}{2g}-\zeta_{进口}\frac{v_1^2}{2g}=12-1.5\times\frac{3.68^2}{2\times 9.81}=10.96\text{m}$

管道突然扩大处上游总水头：$11.65-\lambda\frac{l}{d_1}\frac{v_1^2}{2g}=11.65-0.5\times\frac{0.1}{0.05}\times\frac{3.68^2}{2\times 9.81}=10.96\text{m}$

下游总水头：$10.96-\zeta_{突扩}\frac{v_2^2}{2g}=10.96-0.86\times\frac{0.23^2}{2\times 9.81}=10.95\text{m}$

管道突然扩大处上游测压管水头：$10.96-\frac{v_1^2}{2g}=10.96-\frac{3.68^2}{2\times 9.81}=10.27\text{m}$

下游测压管水头：$10.95-\frac{v_2^2}{2g}=10.95-\frac{0.23^2}{2\times 9.81}=10.94\text{m}$

管道突然缩小处上游总水头：$10.95-\lambda\frac{l}{d_2}\frac{v_2^2}{2g}=10.95-0.5\times\frac{0.1}{0.2}\times\frac{0.23^2}{2\times 9.81}=10.95\text{m}$

下游总水头：$10.95-\zeta_{突缩}\frac{v_2^2}{2g}=10.95-0.48\times\frac{3.68^2}{2\times 9.81}=10.62\text{m}$

管道突然缩小处上游测压管水头：$10.95-\frac{v_2^2}{2g}=10.95-\frac{0.23^2}{2\times 9.81}=10.94\text{m}$

下游测压管水头：$10.62-\frac{v_2^2}{2g}=10.62-\frac{3.68^2}{2\times 9.81}=9.93\text{m}$

管道阀门处上游总水头：$10.62-\lambda\frac{l}{d_1}\frac{v_1^2}{2g}=10.62-0.5\times\frac{0.1}{0.2}\times\frac{3.68^2}{2\times 9.81}=10.45\text{m}$

下游总水头：$10.45-\zeta_{阀门}\frac{v_2^2}{2g}=10.45-5\times\frac{3.68^2}{2\times 9.81}=7.00\text{m}$

管道阀门处上游测压管水头：$10.45-\frac{v_1^2}{2g}=10.95-\frac{3.68^2}{2\times 9.81}=10.26\text{m}$

下游测压管水头：$7-\frac{v_2^2}{2g}=7-\frac{3.68^2}{2\times 9.81}=6.31\text{m}$

管道出口处总水头：$7-\lambda\frac{l}{d_1}\frac{v_1^2}{2g}=7-0.5\times\frac{0.1/2}{0.2}\times\frac{3.68^2}{2\times 9.81}=6.91\text{m}$

管道出口测压管水头：$6.91-\frac{v_1^2}{2g}=6.91-\frac{3.68^2}{2\times 9.81}=6.23\text{m}$

根据以上数据画出图形即可。

第五章 思 考 题 答 案

5-1 答：管径及流量沿程没有变化的管路系统称为简单管路。
管径或流量沿程发生变化的管路称为复杂管路。

5-2 答：管路中流体的局部损失和流速水头之和占有相当的比重（一般大于沿程损失的10%），计算时不能忽略的管路，称为短管。

管路中的损失以沿程损失为主，局部损失和流速水头之和所占的比重很小，在计算时可以忽略不计；或者按沿程损失的一定百分数进行估算的管路，称为长管。

5-3 答：自由出流和淹没出流的阻抗二者完全相同。作用水头不一样，自由出流 H 表示管路出口的作用水头；淹没出流 H' 表示上下游的液面差。

5-4 答：(1)综合反映管道流动阻力情况的系数，称为管道阻抗。

(2)因为流体包含液体和气体，所以有两种表示，分别表示液体和气体管路阻抗。

(3)对于一定的流体(或 γ、ρ 一定)，在 d、l 已给定时，S 只随 λ 和 $\sum\xi$ 变化。

5-5 答：(1)各管段的流量分配应满足节点连续性方程。即对于不可压缩流体，应满足 $\sum Q = 0$；虽然组成并联管路的各管段的管材、管径、管长未必相同，但由于并联管路 BC 的起点和终点是共同的，因此各管段的水头损失必然相等。

(2)如果要求两管段中流量相等，显然现有的管径 d 及 $\sum\xi$ 必须进行改变，使 S 相等才能达到流量相等。这种重新改变 d 及 $\sum\xi$，使在 $Q_1=Q_2$ 下达到 $S_1=S_2$；$h_1 = h_2$ 的计算，就是"阻力平衡"的计算。

5-6 答：阻力 h_2 大些。

因为 $\dfrac{Q_1}{Q_2} = \dfrac{\sqrt{S_2}}{\sqrt{S_1}}$，所以 Q_1 大些。

5-7 答：(1)在有压管路中，由于某种外界原因(如水泵突然停止工作、阀门突然关闭等)，使液流速度发生急剧变化，从而引起液体内部压强在极短时间内大幅度升降的现象，称为水击。

(2)引起管路中的速度突然变化的因素，如阀门突然关闭，这只是水击现象产生的外因，而液体本身具有的可压缩性和惯性是发生水击现象的内因。

5-8 答：(1)水击引起的压强升高值可以达到正常工作压强的几十倍甚至上百倍，因而具有很大的破坏性，往往造成阀门损坏，管道接头断开甚至管道爆裂的重大事故。

(2)一般采取下列措施：①延长阀门的启闭时间；②限制管中流速 v_0；③设置安定装置。

第五章 习 题 答 案

5-1 解：(1)因为为淹没出流

$$H' = S_H Q^2$$

$$S_H = \dfrac{8 \times \left(\lambda \dfrac{l}{d} + \sum\xi\right)}{\pi^2 d^4 g}$$

$$= \dfrac{8 \times \left(0.025 \times \dfrac{30}{0.1} + 0.5 + 2 \times 1.7 + 0.17 + 1\right)}{3.14^2 \times 0.1^4 \times 9.81}$$

$$= 10\,397 \text{s}^2/\text{m}^5$$

$$Q = \sqrt{\dfrac{H'}{S_H}} = \sqrt{\dfrac{3}{10\,397}} = 0.017 \text{m}^3/\text{s}$$

(2) $H' = S_H Q^2 = 10397 \times (30/1000)^2 = 9.4\text{m}$

5-2 解：(1)因为为淹没出流

$$H' = S_H Q^2$$

$$S_H = \dfrac{8\left(\lambda \dfrac{l}{d} + \sum\xi\right)}{\pi^2 d^4 g}$$

$$= \dfrac{8 \times \left(0.026 \times \dfrac{11}{0.2} + 10 + 2 \times 1.5 + 1\right)}{3.14^2 \times 0.2^4 \times 9.81}$$

$$\approx 797 \text{s}^2/\text{m}^5$$

$$Q = \sqrt{\dfrac{H'}{S_H}} = \sqrt{\dfrac{2}{796}} = 0.05 \text{m}^3/\text{s}$$

(2) 设最低压强用 p_2 表示

压强最低点位置在管道最高点

列上游液面 1—1，压强最低处 2—2 断面能量方程

$$z_1 + \frac{p_1}{\gamma} + \frac{\alpha_1 v_1^2}{2g} = z_2 + \frac{p_2}{\gamma} + \frac{\alpha_2 v_2^2}{2g} + h_w$$

$$\frac{p_2}{\gamma} = z_1 + \frac{p_1}{\gamma} + \frac{\alpha_1 v_1^2}{2g} - z_2 - \frac{\alpha_2 v_2^2}{2g} - h_w$$

由于 $z_1 - z_2 = -1\text{m}, v_1 \approx 0, p_1 = 0$

而 $v_2 = \dfrac{4Q}{\pi d^2} = \dfrac{4 \times 0.05}{3.14 \times 0.2^2} = 1.6\text{m/s}$

压强最低点位置发生在 h_w 为最大位置，即在"a"点

$$h_w = h_f + h_j = \lambda \frac{l}{d} \frac{v^2}{2g} + \xi \frac{v^2}{2g} + 2\xi_0 \frac{v^2}{2g}$$

$$= (0.026 \times \frac{2+5}{0.2} + 10 + 2 \times 1.5) \times \frac{1.6^2}{2 \times 9.81} = 1.0\text{m}$$

$$p_2 = \left(z_1 + \frac{p_1}{\gamma} + \frac{\alpha_1 v_1^2}{2g} - z_2 - \frac{\alpha_2 v_2^2}{2g} - h_w\right)\gamma$$

$$= \left(-1 - \frac{1.6^2}{9.81} - 1\right) \times 9.81 = -22.18\text{kPa}$$

所以最大真空值 $p_v = -p = 22.18\text{kPa}$。

5-3 解：(1) 因为是淹没出流

水泵扬程用 H 表示

列两液面的能量方程：$z_1 + \dfrac{p_1}{\gamma} + \dfrac{\alpha_1 v_1^2}{2g} + H = z_2 + \dfrac{p_2}{\gamma} + \dfrac{\alpha_2 v_2^2}{2g} + h_w$

由于 $z_2 - z_1 = 175.5 - 150 = 25.5\text{m}, v_1 = v_2 \approx 0, p_1 = p_2 = 0$

而 $v_{吸} = \dfrac{4Q}{\pi d^2} = \dfrac{4 \times 5/1000}{3.14 \times 0.2^2} = 0.16\text{m/s}$

$$v_{压} = \frac{4Q}{\pi d^2} = \frac{4 \times 5/1000}{3.14 \times 0.15^2} = 0.28\text{m/s}$$

$$h_w = h_f + h_j$$

$$= \lambda \frac{l_{吸}}{d_{吸}} \frac{v_{吸}^2}{2g} + \lambda \frac{l_{压}}{d_{压}} \frac{v_{压}^2}{2g} + (\xi_{底阀} + \xi_{弯头}) \frac{v_{吸}^2}{2g} + (\xi_{逆} + \xi_{闸} + 2\xi_{弯} + \xi_{出}) \frac{v_{压}^2}{2g}$$

$$= \left(0.02 \times \frac{4}{0.2} + 1 + 0.5\right) \times \frac{0.16^2}{2 \times 9.81}$$

$$+ \left(0.02 \times \frac{50}{0.15} + 1.7 + 0.1 + 2 \times 0.2 + 1\right) \times \frac{0.28^2}{2 \times 9.81}$$

$$= 0.04\text{m}$$

$$H = \left(z_2 + \frac{p_2}{\gamma} + \frac{\alpha_1 v_2^2}{2g} + h_w\right) - \left(z_1 + \frac{p_1}{\gamma} + \frac{\alpha_1 v_1^2}{2g}\right)$$

$$= 25.5 + 0.04 = 25.54\text{m}$$

(2) 管路的特性阻力系数 S

$$S = \frac{8\left(\lambda \frac{l_{吸}}{d_{吸}} + \Sigma \xi_{吸}\right)}{\pi^2 d_{吸}^4 g} + \frac{8\left(\lambda \frac{l_{压}}{d_{压}} + \Sigma \xi_{压}\right)}{\pi^2 d_{压}^4 g}$$

$$= \frac{8\left(0.02 \frac{4}{0.2} + 1.5\right)}{3.14^2 \times 0.2^4 \times 9.81} + \frac{8\left(0.02 \frac{50}{0.15} + 3.2\right)}{3.14^2 \times 0.15^4 \times 9.81}$$

$$=1710\text{s}^2/\text{m}^5$$

5-4 解：列两液面的能量方程：$z_1 + \dfrac{p_1}{\gamma} + \dfrac{\alpha_1 v_1^2}{2g} = z_2 + \dfrac{p_2}{\gamma} + \dfrac{\alpha_2 v_2^2}{2g} + h_\text{w}$

由于 $z_1 - z_2 = 6 - 2 = 4\text{m}, v_1 = v_2 \approx 0, p_1 = p_2 = 0$

而 $v_1 = \dfrac{4Q}{\pi d_1^2} = \dfrac{4Q}{3.14 \times 0.1^2} = 127.4Q$

$$v_2 = \dfrac{4Q}{\pi d_2^2} = \dfrac{4Q}{3.14 \times 0.2^2} = 31.8Q$$

$v_3 = \dfrac{4Q}{\pi d_3^2} = \dfrac{4Q}{3.14 \times 0.15^2} = 56.6Q$

对于突扩局部阻力系数：

$$\dfrac{A_1}{A_2} = \dfrac{\dfrac{\pi d_1^2}{4}}{\dfrac{\pi d_2^2}{4}} = \dfrac{0.1}{0.2} = 0.25$$

查表 4-2，用内插法求得 $\zeta_\text{突扩} = 0.58$

对于突缩局部阻力系数：

$$\dfrac{A_3}{A_2} = \dfrac{\dfrac{\pi d_1^2}{4}}{\dfrac{\pi d_2^2}{4}} = \dfrac{0.15}{0.2} = 0.56$$

查表 4-2，用内插法求得 $\zeta_\text{突缩} = 0.27$

$$\zeta_\text{进口} = 0.5, \zeta_\text{出口} = 1$$

$h_\text{w} = h_\text{f} + h_\text{j}$

$= \lambda_1 \dfrac{l_1}{d_1} \dfrac{v_1^2}{2g} + \lambda_2 \dfrac{l_2}{d_2} \dfrac{v_2^2}{2g} + \lambda_3 \dfrac{l_3}{d_3} \dfrac{v_3^2}{2g} + \xi_\text{进口} + \dfrac{v_1^2}{2g} + (\xi_\text{突缩} + \xi_\text{出口}) \dfrac{v_2^2}{2g} + \xi_\text{突扩} \dfrac{v_2^2}{2g}$

$\approx 5200 Q^2$

代入能量方程

$$z_1 - z_2 = h_\text{w}$$
$$4 = 5200 Q^2$$
$$Q = \sqrt{\dfrac{4}{5200}} = 0.028 \text{m}^3/\text{s}$$

5-5 解：通风管道中空气的速度 $v = \dfrac{Q}{A} = \dfrac{3.2}{0.5 \times 0.6} = 10.7 \text{m/s}$

因为 $p = \left(\lambda \dfrac{l}{d} + \Sigma \zeta\right) \dfrac{v^2}{2} \rho$

所以 $\left(\lambda \dfrac{l}{d} + \Sigma \zeta\right) \rho = \dfrac{2p}{v^2} = \dfrac{2 \times 491.3}{10.7^2} = 8.58$

则最矩形管道：$S_\text{P} = \dfrac{\left(\lambda \dfrac{l}{d} + \Sigma \zeta\right)\rho}{2A^2} = \dfrac{8.58}{2(0.5 \times 0.6)^2} = 47.7 \text{s}^2/\text{m}^5$

$$p = S_\text{P} Q^2 = 47.7 \times 3.2^2 = 488 \text{N/m}^2$$

5-6 解：因为通风管路系统构造没有变化，所以管路的 S_P 不变。所以

$$\dfrac{p}{p'} = \dfrac{S_\text{P} Q^2}{S_\text{P} Q'^2}$$

$$p' = \dfrac{p \times S_\text{P} Q_1^2}{S_\text{P} Q^2} = \dfrac{100 \times (1.12 \times 3.5)^2}{3.5^2} = 125.44 \text{Pa}$$

5-7 解：输水流量 $Q = q_1 + q_2 + q_3 = 15 + 10 + 10 = 35\text{L/s}$

5-8 解：(1)

$$S'_p = S'_1 + S'_2 + S'_3 = \frac{8\rho\lambda l_1}{g\pi^2 d_1^5} + \frac{8\rho\lambda l_2}{g\pi^2 d_2^5} + \frac{8\rho\lambda l_2}{g\pi^2 d_2^5}$$

$$= \frac{8 \times 1.2 \times 0.02 \times 1}{9.81 \times 3.14^2 \times 0.2^5} + \frac{8 \times 1.2 \times 0.02 \times 50}{9.81 \times 3.14^2 \times 0.2^5} + \frac{8 \times 1.2 \times 0.02 \times 50}{9.81 \times 3.14^2 \times 0.1^5}$$

$$= 10\,242\text{s}^2/\text{m}^5$$

$$p = S'_p Q^2 = 10242 \times 0.15^2 = 230\text{Pa}$$

(2) 风机的风压无变化。

5-9 解：本题按长管计算。

$$Q_{AB} = Q_B + Q_C + Q_D = 40 + 55 + 40 = 135\text{L/s}$$

$$Q_{BC} = Q_{BC1} + Q_{BC2} = 55 + 40 = 95\text{L/s}$$

$$Q_{CD} = Q_D = 40\text{L/s}$$

$$v_{AB} = \frac{4Q}{\pi d^2} = \frac{4 \times 135/1000}{3.14 \times 0.3^2} = 1.91\text{m/s}$$

$$v_{CD} = \frac{4Q}{\pi d^2} = \frac{4 \times 40/1000}{3.14 \times 0.2^2} = 1.27\text{m/s}$$

由此判断整个管路系通，管道内的流速大于 1.2m/s。
用舍维列夫公式计算：$h_f = AlQ^2$
因为流速大于 1.2m/s，所以查表 5-1 得出：

$$d = 200\text{mm}, A = 9.029\,(\text{s/m}^3)^2$$

$$d = 150\text{mm}, A = 41.85\,(\text{s/m}^3)^2$$

$$d = 300\text{mm}, A = 1.025\,(\text{s/m}^3)^2$$

$$d = 100\text{mm}, A = 365.3\,(\text{s/m}^3)^2$$

(1) 求并联段的流量分配

$$\frac{Q_1}{Q_2} = \frac{\sqrt{S_2}}{\sqrt{S_1}}; \quad S = AL$$

所以 $\quad \dfrac{Q_{BC1}}{Q_{BC2}} = \dfrac{\sqrt{S_2}}{\sqrt{S_1}} = \dfrac{\sqrt{365.3 \times 300}}{\sqrt{41.85 \times 200}} = \dfrac{331.04}{91.49} = 3.62$

而 $\quad Q_{BC1} + Q_{BC2} = 95$

所以 $\quad 3.62 Q_{BC2} + Q_{BC2} = 95 \quad Q_{BC2} = 21\text{L/m}$

$$Q_{BC1} = 95 - 21 = 74\text{L/m}$$

(2) 水塔作用水头 H
列水塔液面和管道出口 D 的能量方程

$$z_0 + \frac{p_0}{\gamma} + \frac{v_0^2}{2g} = z_D + \frac{p_D}{\gamma} + \frac{v_D^2}{2g} + h_w$$

$$H + 0 + 0 = 6 + 0 + 0 + h_w$$

$$H = 6 + A_{AB} L_{AB} Q_{AB}^2 + A_{BC1} L_{BC1} Q_{BC1}^2 + A_{CD} L_{CD} Q_{CD}^2$$

$$= 6 + 1.025 \times 500 \times (135/1000)^2 + 41.85 \times 200 \times (74/1000)^2$$

$$+ 9.029 \times 200 \times (40/1000)^2$$

$$\approx 64\text{m}$$

5-10 解：由图可知，管路间并联有 Ⅰ、Ⅱ 两管段。由 $S_1 Q_1^2 = S_2 Q_2^2$ 得

$$\frac{Q_1}{Q_2} = \frac{\sqrt{S_2}}{\sqrt{S_1}}$$

278

计算 S_1、S_2

$$S_1 = \left(\lambda_1 \frac{l_1}{d_1} + \sum \xi_1\right) \frac{8}{\pi^2 d_1^4 g} = \left(0.025 \times \frac{20}{0.02} + 15\right) \frac{8}{\pi^2 0.2^4 g} = 25\,000 \times \frac{8}{\pi^2 g}$$

$$S_2 = \left(\lambda_2 \frac{l_2}{d_2} + \sum \xi_2\right) \frac{8}{\pi^2 d_2^4 g} = \left(0.025 \times \frac{10}{0.15} + 14\right) \frac{8}{\pi^2 0.15^4 g} = 30\,946.5 \times \frac{8}{\pi^2 g}$$

所以
$$\frac{Q_1}{Q_2} = \frac{\sqrt{S_2}}{\sqrt{S_1}} = \sqrt{\frac{30\,946.5}{25\,000}} = 1.11$$

5-11 解：$S_1 = \left(\lambda_1 \frac{l_1}{d_1} + \sum \xi_1\right) \frac{8}{\pi^2 d_1^4 g} = \left(0.025 \times \frac{20}{0.02} + 15\right) \frac{8}{\pi^2 d_1^4 g} = 40 \times \frac{8}{\pi^2 d_1^4 g}$

$$S_2 = \left(\lambda_2 \frac{l_2}{d_2} + \sum \xi_2\right) \frac{8}{\pi^2 d_2^4 g} = \left(0.025 \times \frac{20}{0.15} + 14\right) \frac{8}{\pi^2 d_2^4 g} = 60 \times \frac{8}{\pi^2 d_2^4 g}$$

因为要使 $Q_1 = Q_2$

则
$$S_1 = S_2$$

$$40 \times \frac{8}{\pi^2 d_1^4 g} = 16 \times \frac{8}{\pi^2 d_2^4 g}$$

$$d_2 = \sqrt[4]{\frac{16}{40}} d_1 = 0.8 \times 0.2 = 0.16 = 160\text{mm}$$

5-12 解：(1)直接水击 $\Delta p = \rho \cdot c(v_0 - v)$

$$c = \frac{c_0}{\sqrt{1 + \frac{E_0}{E} \cdot \frac{d}{\delta}}}$$

查表 5-5 对于铸铁管 $E_0/E = 0.02$

所以
$$c = \frac{c_0}{\sqrt{1 + \frac{E_0}{E} \frac{d}{\delta}}} = \frac{1425}{\sqrt{1 + 0.02 \times \frac{50}{10}}} = 1358.7\text{m/s}$$

$$\Delta p = \rho c(v_0 - v) = 1000 \times 1358.7 \left(\frac{4Q}{\pi d^2} - 0\right)$$

$$= 1000 \times 1358.7 \times \frac{4 \times 2000/3600}{3.14 \times 0.5^2} = 3846\text{kPa}$$

(2)间接水击

$$\Delta p = \rho v_0 \frac{2l}{T_s}$$

$$T_s = \frac{2l\rho v}{\Delta p} = \frac{2 \times 200 \times 1000 \times \frac{4 \times 2000/3600}{3.14 \times 0.5^2}}{50} = 22.64\text{s}$$

第六章 思 考 题 答 案

6-1 答：在紧靠物体表面的一个流速梯度很大、厚度极薄的一层流体薄层内，这个薄层叫附面层。
(1)附面层厚度沿流动方向逐渐增加。
(2)在附面层内流体也存在紊流与层流两种流动形态。
(3)附面层内，沿物体表面外法线方向，速度由在表面上的零迅速增加到接近于未扰动的速度 u_0。因而，在这极小的距离内，势必出现很大的速度梯度。
(4)附面层内，沿物体表面法线方向上压强保持不变。

6-2 答：(1)流体绕过不同几何形状固体边界的流动称为绕流运动。
在绕流中，流体作用在物体上的力可以分为两个分量：一个是垂直于来流方向的作用力，叫做绕流升力；另一个是平行于来流方向的作用力。叫做绕流阻力。

(2)绕流阻力由两类阻力组成：摩擦阻力和形状阻力。摩擦阻力是由流体的黏滞性所产生的，主要发生在紧靠物体表面的一个流速梯度很大、厚度极薄的一层流体薄层内，这个薄层叫附面层。形状阻力主要是指流体绕曲面体或具有锐缘棱角的物体流动时，附面层发生分离，从而产生旋涡所产生的阻力。这种阻力与物体形状有关，故称为形状阻力。

6-3 答：均匀流动的流体在管道入口起始端保持均匀的流速分布。由于管壁的作用，靠近管壁的流体将受阻滞形成附面层，其厚度δ随离管口距离的增加而增加。当附面层厚度δ等于管半径r_0后，则上下四周附面层相衔接，使附面层占有管流的全部断面，形成充分发展的管流。其下游断面将保持这种状态不变。

显然，入口段的流体运动情况是不同于正常的层流或紊流的。因此在进行管路阻力试验时，需避开入口段的影响。

6-4 答：在渐缩管中不会发生附面层分离。

因为附面层的分离只能发生在增压减速区。而渐缩管内是减压增速区。

6-5 答：当流体绕圆柱体流动时，在圆柱体后半部分，流体处于减速增压区，附面层要发生分离。

当 $Re<40$ 时，分离点 S 对称地发生在圆柱体的后半部稍后位置。形成两个旋转方向相对的对称旋涡。随着 Re 增大，分离点 S 不断向前移动。当 Re 增大到 40～70 时，可观察到尾流中有周期性的振荡。待 Re 达到 90 左右，旋涡不再对称发生，而是交替地释放出来，形成有序的排列图形。这种交换有序排列的旋涡尾流，由匈牙利人冯·卡门所发现，故称为卡门涡街。

第六章 习 题 答 案

6-1 解：对于层流

$$\frac{x_E}{d} = 0.028Re$$

$$x_E = 0.028Re\,d = 0.028 \times 2000 \times 0.1 = 5.6\text{m}$$

对于紊流

$$\frac{x_E}{d} = 50$$

$$x_E = 50d = 50 \times 0.1 = 5\text{m}$$

6-2 解：查表 1-6：40℃：空气的密度 $\rho=1.128\text{kg/m}^3$，黏度 $\nu=17.6\times10^{-6}\text{m}^2/\text{s}$

计算雷诺数

$$Re = \frac{u_0 L}{\nu} = \frac{60 \times 6}{17.6 \times 10^{-6}} = 2.05 \times 10^5 < Re_K = 10^8$$

所以平板上为层流流态附面层。

$$C_f = \frac{1.46}{\sqrt{Re}} = \frac{1.46}{\sqrt{2.05 \times 10^5}} = 0.003\,2$$

计算阻力

$$D_f = 2C_f A \frac{\rho u_0^2}{2} = 0.003\,2 \times 6 \times 2 \times \frac{1.128 \times 60^2}{2} = 156\text{N}$$

6-3 解：求雷诺数

$$Re = \frac{u_0 d}{\nu} = \frac{18 \times 0.3}{13 \times 10^{-6}} = 4.2 \times 10^5$$

查图 6-7 的阻力系数 $C_d=1.5$

电线杆所受作用力，即为绕流阻力 D

$$D = C_d d \frac{\rho u_0^2}{2} = 1.5 \times 20 \times 0.3 \times \frac{1.293 \times 18^2}{2} = 1885.2\text{N}$$

6-4 解：查表 1-3 得：空气温度 20℃时，空气的密度为 $\rho=1.205\text{kg/m}^3$，运动黏度 $\nu=1.57\times10^{-5}\text{m}^2/\text{s}$，动力黏度 $\mu=1.83\times10^{-5}$

当微粒悬浮时，气流相当于微粒的速度，$u_0 = u_f$
因为 $Re = 1$
所以

$$d = \frac{u_f}{\left[\frac{4}{225} \times \frac{(\rho_m - \rho)^2 \psi^2 g^2}{\rho\mu}\right]^{\frac{1}{3}}} = \frac{2}{\left[\frac{4}{225} \times \frac{(2500 - 1.205)^2 \times 1^2 \times 9.81^2}{1.205 \times 1.83 \times 10^{-5}}\right]^{\frac{1}{3}}}$$
$$= 0.255 \text{mm}$$

6-5 解：(1)假设 $Re < 1$，应用式(6-13)导出计算 d_e 式：

$$d_e = \sqrt{\frac{18\mu u_f}{\psi(\rho_m - \rho)g}} = \sqrt{\frac{18 \times 230 \times 10^{-6} \times 0.2 \times 0.5}{0.7(1300 - 0.2) \times 9.81}} = 2.15 \times 10^{-4} \text{m}$$

(2)计算雷诺数。

$$Re = \frac{u_f \times d_e}{\nu} = \frac{0.5 \times 2.15 \times 10^{-4}}{230 \times 10^{-6}} = 0.5 < 1$$

与假设相符合。所以 $d_e = 0.215\text{mm} > 0.1\text{mm}$

所以直径 $d = 0.1\text{mm}$ 的煤气颗粒是被烟气带走。

第七章 思 考 题 答 案

7-1 答：液面至侧壁孔口形心的深度 H 与孔口高 d 的比值来分，有小孔口和大孔口两种。若 $d \leqslant 0.1H$ 则为小孔口，作用在小孔口过流断面上各点的水头可以近似认为与孔口形心水头 H 相等；若 $d > 0.1H$ 则为大孔口，其断面上各点水头有显著差别，应由各点到液面的高度来确定。

按孔壁的厚度，可将孔口分为薄壁孔口和厚壁孔口两种。若孔口具有尖锐的边缘，出流流股与孔壁接触仅是一条周线，具有这种条件的孔口称薄壁孔口，其流动不受孔壁厚度的影响。若孔口壁厚和形状促使出流流股与孔壁接触形成面而不是线，则为厚壁孔口或管嘴。

7-2 答：对于自由出流作用水头其实质是上游水箱液面的总水头与孔口收缩断面的测压管水头之差。对于淹没出流作用水头其实质是上游水箱液面的总水头与下游水箱液面的总水头之差。

7-3 答：以通过管嘴中心的水平面为基准面，列水箱液面 1—1 和管嘴出口断面 2—2 的伯努利方程

$$z_1 + \frac{p_1}{\gamma} + \frac{\alpha_1 v_1^2}{2g} = z_2 + \frac{p_2}{\gamma} + \frac{\alpha_2 v_2^2}{2g} + h_{w1-2}$$

$$z_1 + \frac{p_1}{\gamma} + \frac{\alpha_1 v_1^2}{2g} = z_2 + \frac{p_2}{\gamma} + \frac{\alpha_2 v_2^2}{2g} + h_{w1-2}$$

由于 1—1 与 2—2 断面间的流程较短，忽略其沿程损失，并设管嘴的局部阻力系数为 ξ，则水头损失 $h_w = h_j = \xi \frac{v_2^2}{2g}$；取 $\alpha_2 = 1.0$。

$$z_1 = H, v_1 \approx 0, p_2 = 0, z_2 = 0$$

所以

$$\frac{p_1}{\gamma} = -H + (1 + \xi)\frac{\alpha_2 v_2^2}{2g}$$

7-4 答：(1)这是因为管嘴出流收缩断面处的真空现象起的作用。这也是管嘴出流不同于孔口出流的基本特点。

(2) 保证圆柱形外管嘴正常工作的条件有两个：
1) 作用水头 $H_0 \leqslant 9\text{m}$
2) 管嘴长度 $L = (3 \sim 4)d$

(3) 管嘴的长度也有一定的限制。长度过长，沿程损失不能忽略，出流将变为短管流；长度过短，流束收缩后来不及扩大到满管出流，管嘴内就不能造成足够的真空，管嘴不能发挥其应有的作用。

281

7-5 解：本题为淹没孔口出溜

所以
$$Q = \mu A \sqrt{2g \frac{\Delta p_0}{\gamma_{空}}} = \mu A \sqrt{\frac{2}{\rho_{空}} \gamma_{测} h}$$

7-6 答：(1) 如果射流喷射到一个无限大空间中，流动不受固体边壁的限制，而是在该无限大空间内自由扩张，这种射流称为无限空间射流，又称自由射流。

(2) 固体边壁的限制和影响。

7-7 答：(1) 质量平均流速 v_2 定义为：用 v_2 乘以质量流量即得单位时间内射流任一横截面的动量。

(2) 断面平均流速仅为轴心流速的 20%。通风、空调工程上通常使用的轴心附近较高的速度区。因此 v_1 不能恰当的反映被使用区的速度。为此引入质量平均流速 v_2。

7-8 答：表明了温差分布比速度分布要宽。

7-9 答：温差射流由于密度与周围气体密度不同，所受的重力与浮力不相平衡，使整个射流发生向上或向下弯曲。温差射流的轴线弯曲现象，是区别于等温射流的主要特征之一。

7-10 答：如果射流受到固体边壁的限制和影响，则称为有限空间射流，又称受限射流。

如图 7-19 所示一受限射流完整的结构图。当射流经喷口喷入房间后，受到固体边壁的阻滞，在射流卷吸作用的影响下，使得射孔出口周围气体被卷走，形成低压区，促使部分气体沿边界回流，限制了射流边界层的扩散，使得射流半径及流量不能像自由射流那样一直增加，而是增大到一定程度后又逐渐减小，致使射流外边界呈橄榄形。橄榄形的边界外部与洞壁间形成与射流方向相反的回流区，使流线呈闭合状。这些闭合流线环绕的中心即为射流与回流共同形成的漩涡中心。

第七章 习 题 答 案

7-1 解：本题按自由出流计算

$$Q = \mu A \sqrt{2gH_0}$$

$$A = \frac{Q}{\mu \sqrt{2gH_0}} = \frac{2/1000}{0.62 \sqrt{2 \times 9.81 \times 1.8}} = 5.43 \times 10^{-4} \text{m}^2$$

$$d = \sqrt{\frac{4A}{\pi}} = \sqrt{\frac{4 \times 5.43 \times 10^{-4}}{3.14}} = 0.026\text{m} = 26\text{mm}$$

7-2 解：将油换算成水的深度

$$\gamma_{油} h_1 = \gamma_{水} h, \quad h = \frac{7845 \times 1}{9807} = 0.8\text{m}$$

$$H_0 = h + h_2 + \frac{p_0}{\gamma_{水}} = 0.8 + 1.2 - \frac{5}{9.807} = 1.5\text{m}$$

$$Q = \mu A \sqrt{2gH_0} = 0.62 \times \frac{3.14 \times 0.02^2}{4} \times \sqrt{2 \times 9.81 \times 1.5}$$

$$= 1.06 \times 10^{-3} \text{m}^3/\text{s} = 1.06\text{L/s}$$

7-3 解：$Q = \mu A \sqrt{2gH_0} = 0.62 \times \frac{3.14 \times 0.015^2}{4} \times \sqrt{2 \times 9.81 \times 1.4} = 0.6\text{L/s}$

7-4 解：查表 1-6 得：20℃空气的密度 $\rho = 1.205\text{kg/m}^3$

$$Q = \mu A \sqrt{\frac{2}{\rho} \Delta p_0}$$

$$= 0.62 \times \frac{3.14 \times 0.08^2}{4} \times \sqrt{\frac{2}{1.205} \times 2900}$$

$$= 0.22\text{m}^3/\text{s}$$

7-5 解：查表 1-6 得：20℃空气的密度 $\rho = 1.205\text{kg/m}^3$

$$Q = \mu A \sqrt{\frac{2}{\rho}\Delta p_0} = 0.6 \times \frac{3.14 \times 0.02^2}{4} \times \sqrt{\frac{2}{1.205} \times 300} = 4.2 \times 10^{-3} \text{m}^3/\text{s}$$

$$n = \frac{3000/3600}{4.2 \times 10^{-3}} \approx 199$$

7-6 解：已知：$h_1 = 2.9$m；$h_2 = H - h_1 = 10 - 2.9 = 7.1$m

(1)进风窗内外空气压差

$$\Delta p_j = (\rho_w - \rho_n)h_1 g = (1.205 - 1.165) \times 2.9 \times 9.81 = 1.14 \text{Pa}$$

通过进风窗进入厂房的空气的重量流量

$$Gj = \mu_j A_j g \sqrt{2\rho_w \cdot \Delta p_j}$$
$$= 0.65 \times 40 \times 9.81 \times \sqrt{2 \times 1.205 \times 1.14} = 422.8 \text{N/s}$$

(2)排风窗内外空气压差

$$\Delta p_p = (\rho_w - \rho_n)h_2 g = (1.205 - 1.165) \times 7.1 \times 9.81 = 2.79 \text{Pa}$$

通过排风窗流出厂房的空气的重量流量

$$Gp = \mu_p A_p g \sqrt{2\rho_n \cdot \Delta p_p}$$
$$= 0.65 \times 26 \times 9.81 \times \sqrt{2 \times 1.165 \times 2.79} = 422.7 \text{N/s}$$

计算结果表明，进入厂房的风量约等于排出厂房的风量，符合流体运动的连续性方程式。

7-7 解：酒精的容重为 $\gamma = 7745 \text{N/m}^3$

$$Q = \mu A \sqrt{\frac{2}{\rho}\Delta p_0}$$
$$= 0.62 \times \frac{3.14 \times 0.1^2}{4} \times \sqrt{\frac{2}{1.2} \times 7745 \times 0.125}$$
$$= 0.2 \text{m}^3/\text{s}$$

7-8 解：$Q = \mu A \sqrt{2gH_0} = 0.94 \times \frac{3.14 \times 0.03^2}{4} \times \sqrt{2 \times 9.81 \times 2.3} = 4.5 \text{L/s}$

7-9 解：（1）

$$Q = \mu A \sqrt{2gH_0}$$
$$= 0.62 \times \frac{3.14 \times 0.1^2}{4} \times \sqrt{2 \times 9.81 \times \left(3 + \frac{p_0 - p_2}{\gamma}\right)}$$
$$= 0.02\sqrt{3 + \frac{p_0 - p_2}{\gamma}} \text{ m}^3/\text{s}$$

(2)

$$Q = \mu A \sqrt{2gH_0} = 0.62 \times \frac{3.14 \times 0.1^2}{4} \times \sqrt{2 \times 9.81 \times \left(3 + \frac{p_0 - p_2}{\gamma}\right)}$$
$$= 0.02\sqrt{1 + \frac{p_0 - p_2}{\gamma}} \text{ m}^3/\text{s}$$

(3)

$$Q = \mu A \sqrt{2gH_0} = 0.62 \times \frac{3.14 \times 0.1^2}{4} \times \sqrt{2 \times 9.81 \times \left(3 + \frac{p_0 - p_2}{\gamma}\right)}$$
$$= 0.02\sqrt{1 + \frac{2000 - 0}{9807}} = 0.02 \text{m}^3/\text{s}$$

7-10 解：水箱 A 进入水箱 B 的流量为 Q_1

$$Q_1 = \mu A_1 \sqrt{2gH_0}$$
$$= 0.62 \times \frac{3.14 \times 0.04^2}{4} \times \sqrt{2 \times 9.81 h_1}$$

$$= 3.45 \sqrt{h_1} \times 10^{-3}$$

管嘴出流的流量为 Q_2，因为要求水流保持恒定，所以 $Q_1 = Q_2$

$$Q_1 = \mu A_2 \sqrt{2gH_0} = 0.82 \times \frac{3.14 \times 0.03^2}{4} \times \sqrt{2 \times 9.81(H - h_1 + 0.5)}$$

$$= 2.57 \sqrt{3.5 - h_1} \times 10^{-3}$$

所以
$$3.45 \sqrt{h_1} = 2.57 \sqrt{3.5 - h_1}$$
$$h_1 \approx 0.4 \text{m}$$
$$h_2 = H - h_1 - h_3 = 3 - 0.4 - 0.5 = 2.1 \text{m}$$

7-11 解：根据题意 $Q = Q_1 + Q_3$，$Q_2 = Q_3$

$$Q_2 = \mu A_2 \sqrt{2g(H_1 - H_3)}$$
$$= 0.62 \times \frac{3.14 \times 0.1^2}{4} \times \sqrt{2 \times 9.81 \times (H_1 - H_3)}$$

$$Q_3 = \mu A_2 \sqrt{2gH_3}$$
$$= 0.82 \times \frac{3.14 \times 0.1^2}{4} \times \sqrt{2 \times 9.81 \times H_3}$$

所以
$$0.62 \sqrt{(H_1 - H_3)} = 0.82 \sqrt{H_3}, \quad H_3 \approx 0.36 H_1$$

$$Q_1 = \mu A_1 \sqrt{2gH_1} = 0.82 \times \frac{3.14 \times 0.1^2}{4} \times \sqrt{2 \times 9.81 \times H_1}$$

$$0.1 = 0.82 \times \frac{3.14 \times 0.1^2}{4} \times \sqrt{2 \times 9.81 \times H_1} + 0.82 \times \frac{3.14 \times 0.1^2}{4} \times \sqrt{2 \times 9.81 \times H_3}$$

所以
$$0.1 = 0.05 \sqrt{H_1} \quad H_1 = 4 \text{m}$$

$$Q_1 = \mu A_1 \sqrt{2gH_1} = 0.82 \times \frac{3.14 \times 0.1^2}{4} \times \sqrt{2 \times 9.81 \times 4} = 0.06 \text{m}^3/\text{s}$$

$$Q_2 = \mu A_2 \sqrt{2g(H_1 - H_3)} = 0.62 \times \frac{3.14 \times 0.1^2}{4} \times \sqrt{2 \times 9.81 \times 2.56} = 0.034 \text{m}^3/\text{s}$$

$$Q_3 = Q - Q_1 = 0.1 - 0.06 = 0.04 \text{m}^3/\text{s}$$

7-12 解：(1)查表 7-2 得紊流系数 $a = 0.08$

求 s，由式(7-25)知

$$\frac{R}{r_0} = 3.4 \times \left(\frac{as}{r_0} + 0.294 \right)$$

$$\frac{R}{r_0} = \frac{1.2}{0.15} = 3.4 \times \left(\frac{0.08}{0.15} s + 0.294 \right)$$

所以
$$s = 3.86 \text{m}$$

(2)求喷嘴的流量。

应用主体段质量平均流速公式

$$\frac{v_2}{v_0} = \frac{0.4545}{\frac{a \cdot s}{r_0} + 0.294} = \frac{0.4545}{\frac{0.08 \times 3.86}{0.15} + 0.294} = 0.193$$

$$v_0 = \frac{v_2}{0.193} = \frac{3}{0.193} = 15.5 \text{m/s}$$

$$Q_0 = \frac{\pi}{4} d_0^2 v_0 = \frac{3.14}{4} \times 0.3^2 \times 15.5 = 1.095 \text{m}^3/\text{s}$$

7-13 解：查表 7-2 得紊流系数 $a = 0.08$

应用主体段质量平均流速公式

$$\frac{v_2}{v_0} = \frac{0.4545}{\frac{as}{r_0} + 0.294} = \frac{0.4545}{\frac{0.08 \times 60}{0.3} + 0.294} = 0.028$$

$$v_0 = \frac{v_2}{0.193} = \frac{0.3}{0.028} = 10.7\text{m/s}$$

$$Q_0 = \frac{\pi}{4}d_0^2 v_0 = \frac{3.14}{4} \times 0.6^2 \times 10.7 = 3.024\text{m}^3/\text{s}$$

7-14 解：(1) 查表 7-2 得紊流系数 $a = 0.08$

$$s = 4 - 1.5 = 2.5\text{m} \quad R = 1.5/2 = 0.75\text{m}$$

求 r_0，由式(7-25)知

$$\frac{R}{r_0} = 3.4\left(\frac{as}{r_0} + 0.294\right)$$

$$\frac{0.75}{r_0} = 3.4\left(\frac{0.08 \times 2.5}{r_0} + 0.294\right)$$

所以

$$r_0 = 0.07\text{m}$$

所以风口直径

$$d_0 = 2r_0 = 2 \times 0.07 = 0.14\text{m}$$

(2) 求出口流速及流量

$$u_m = 2\text{m/s}$$

根据式(7-30)

$$\frac{u_m}{v_0} = \frac{0.965}{\frac{as}{r_0} + 0.294}$$

$$\frac{v_m}{v_0} = \frac{0.965}{\frac{as}{r_0} + 0.294} = \frac{0.965}{\frac{0.08 \times 2.5}{0.07} + 0.294} = 0.306$$

$$v_0 = \frac{v_m}{0.193} = \frac{2}{0.306} = 6.54\text{m/s}$$

$$Q_0 = \frac{\pi}{4}d_0^2 v_0 = \frac{3.14}{4} \times 0.14^2 \times 6.54 = 0.1\text{m}^3/\text{s}$$

7-15 解：(1)

$$T_0 = 288K = 288 - 273 = 15\text{℃}$$
$$T_H = 305K = 305 - 273 = 32\text{℃}$$
$$T_2 = 298K = 298 - 273 = 25\text{℃}$$

轴心温差：$\Delta T_0 = 15 - 32 = -17\text{℃}$

质量平均温差：$\Delta T_2 = 25 - 32 = -7\text{℃}$

由 $\dfrac{\Delta T_2}{\Delta T_0} = \dfrac{0.23}{\frac{as}{d_0} + 0.147} = \dfrac{-7}{-17} = \dfrac{7}{17}$

求出 $\dfrac{as}{d_0} + 0.147 = \dfrac{0.23 \times 17}{7} = 0.56$

有 $\dfrac{D}{d_0} = 6.8\left(\dfrac{as}{d_0} + 0.147\right) = 6.8 \times 0.56 = 3.808$

求得风机出口直径 $d_0 = \dfrac{D}{3.308} = \dfrac{3}{3.308} = 0.907\text{m} = 907\text{mm}$

工作地点质量平均风速 $v_2 = 2.5\text{m/s}$。

由公式 $\dfrac{v_2}{v_0} = \dfrac{0.23}{\frac{as}{d_0} + 0.147} = \dfrac{0.23}{0.56} = 0.41$

得 $v_0 = v_2/0.41 = 2.5/0.41 = 6.1\text{m/s}$

(2)求风口到工作面的距离 s；由 $\dfrac{as}{d_0} + 0.147 = 0.56$

得 $s = (0.56 - 0.147) \times \dfrac{d_0}{a} = 0.413 \times \dfrac{0.907}{0.12} = 3.12\text{m}$

7-16 解 周围气体气体温度 $T_e = 273 + 32 = 305\text{K}$

已知 $\Delta T_0 = -17\text{K}$，$v_0 = 6.1\text{m/s}$，$a = 0.12$，$d_0 = 0.907\text{m}$，$s = 3.12\text{m}$

计算 s_n $s_n = 0.672 \dfrac{r_0}{a} = 0.672 \times \dfrac{0.907}{2 \times 0.12} = 2.54\text{m}$

工作区 $s = 3.12\text{m} > s_n$，用主体段计算公式

$$y' = \dfrac{g\Delta T}{v_0^2 T_e}\left(0.51 \times \dfrac{a}{d_0} s^3 + 0.35 s^2\right)$$

$$= \dfrac{9.8 \times (-17)}{6.1^2 \times 305} \times \left(0.51 \times \dfrac{0.12}{0.907} \times 3.12^3 + 0.35 \times 3.12^2\right)$$

$$= -0.08\text{m} = -80\text{mm}$$

计算值为负值，表示射流向下弯曲。

7-17 解：(1)求喷口尺寸 b_0。

查表 7-2 得紊流系数 $a = 0.108$

$$s = 2\text{m} \quad b = 1.2/2 = 0.6\text{m}$$

求 b_0，由表 7-4 中得知

$$\dfrac{b}{b_0} = 2.44\left(\dfrac{as}{b_0} + 0.41\right)$$

$$\dfrac{0.6}{b_0} = 2.44\left(\dfrac{0.108 \times 2}{b_0} + 0.41\right)$$

$$b_0 = 0.073\text{m} = 73\text{mm}$$

(2)求工作轴心浓度 x。

轴心浓差：$\Delta x_0 = 0 - 0.12 = -0.12\text{m/L}℃$

质量平均温差：$\Delta x_2 = (x - 0.12)\text{kg/L}℃$

由

$$\dfrac{\Delta x_2}{\Delta x_0} = \dfrac{0.833}{\sqrt{\dfrac{as}{b_0} + 0.41}}$$

$$\dfrac{x - 0.12}{-0.12} = \dfrac{0.833}{\sqrt{\dfrac{0.108 \times 2}{0.073} + 0.41}}$$

有 $\quad x = 0.065\text{kg/L}$

7-18 解： $h = 2.8\text{m} > 0.7H = 0.7 \times 3 = 2.1\text{m}$

射流将贴附于顶棚上，公式中 F 取 $\overline{F}$ 代入。

$$Q_0 = \dfrac{\pi}{4} d_0 v_0$$

$$v_0 = \dfrac{4Q}{\pi d^2} = \dfrac{4 \times 5}{3.14 \times 0.3^2} = 70.8\text{m/s}$$

设最大回流速度为 v_1

$$\dfrac{v_1}{v_0} \dfrac{\sqrt{\overline{F}}}{d_0} = 0.69$$

$$v_1 = \dfrac{0.69 v_0 d_0}{\sqrt{\overline{F}}} = \dfrac{0.69 \times 70.8 \times 0.3}{\sqrt{3 \times 10}} = 2.68\text{m/s}$$

第二临界面Ⅱ-Ⅱ断面距送风口的无因次距离 $\overline{L} = 0.2$

根据式(7-44)
$$\overline{L} = \frac{aL}{\sqrt{F}}$$

$$L = \frac{\overline{L}\sqrt{F}}{a} = \frac{0.2 \times \sqrt{3 \times 10}}{0.08} = 13.7\text{m}$$

所以第二临界面的位置距送风口次距离为 13.7m，最大回流速度 2.68m/s。

第八章 思考题答案

8-1 答：和外界无热交换的流动为绝热流动，理想气体的绝热流动即为等熵流动。理想气体绝热流动伯努利方程是可压缩流体的伯努利方程。气体的密度不是常数，而伯努利不可压缩流体方程中液体的密度是常数。

8-2 答：和外界无热交换。

8-3 答：微小扰动在流体中的传播速度就是声音在流体中的传播速度，称为声速，以符号 c 表示。
因为声速与流体性质及其热力状态有关。

8-4 答：具有一定初始速度的气流，设想在等熵条件下，使其流速降到零的状态称为滞止状态。滞止状态的参数称为定熵滞止参数，简称滞止参数，其参数右下角加标"0"。
流道各截面的滞止参数是相同的。因为在等熵流动条件下。

8-5 答：将某一状态下(p、v、T)的音速称为当地音速。
用滞止温度 T_0 计算的音速为滞止音速。
马赫数 $M=1$ 即气流速度也当地音速相等，此时称气体处于临界状态。
同一气流中各截面上的当地音速永远小于滞止音速。

8-6 答：气流截面上的当地流速 v 与当地声速 c 之比，称为马赫数，用 M 表示。
根据马赫数的大小，将流动分为三种状态。
$M<1$，$v<c$，为亚声速流动；
$M>1$，$v>c$，为超声速流动；
$M=1$，$v=c$，为声速流动或临界流动。

8-7 答：表明流管内流体的速度、密度及断面积的相对变化量之代数和恒等于零。
流体的连续性方程中液体的密度是常数。

8-8 答：$M>1$ 为超声速流动，$v>c$，因此 $M^2-1>0$。dv 与 dA 正负号相同。说明速度随断面的增大而加快，随断面的减小而减慢。而压强随流速的增大而减小，随流速的减小而增大，所以而压强随断面的增大而减小。

8-9 答：假设气流以超声速 $v>c$ 流入管道的扩张段。由表 8-1 可知，v 随着断面的扩大而越来越大，到最大截面处达到最大值，所以流速不可能在最大截面处由超声速降为声速。反之，如气流以亚声速流入扩张管，v 随着截面的扩大而越来越小，速度只能在亚声速状态，不可能增大到声速。因此，证明了声速只能出现在最小截面 A_K 处。
以上讨论可得出如下结论：对于初始断面为亚声速的收缩形气流，不可能得到超声速流动。

第八章 习题答案

8-1 解：如前述分析知，喷嘴内气流流动可按等熵流动处理。

应用
$$\frac{\kappa}{\kappa-1}\frac{p}{\rho} + \frac{v^2}{2} = 常量$$

空气的 $\kappa=1.4$，则 $\dfrac{\kappa}{\kappa-1} = \dfrac{1.4}{1.4-1} = 3.5$

287

有 $3.5\dfrac{p}{\rho}+\dfrac{v^2}{2}=$ 常量

将 $\dfrac{p}{\rho}=RT$ 代入上式有

$$3.5RT+\dfrac{v^2}{2}=常量$$

列 1、2 两断面方程 $3.5RT_1+\dfrac{v_1^2}{2}=3.5RT_2+\dfrac{v_2^2}{2}$

由上式推导得 $v_2=\sqrt{7R(T_1-T_2)+v_1^2}$

已知空气的气体常数 $R=287\text{J/kg·K}$，$T_1=273+27=300\text{K}$

$$\rho_1=\dfrac{p_1}{RT_1}=\dfrac{12\times 98\ 100}{287\times 300}=13.67\text{kg/m}^3$$

$$\rho_2=\rho_1\left(\dfrac{p_2}{p_1}\right)^{\frac{1}{\kappa}}=13.67\times\left(\dfrac{10}{12}\right)^{\frac{1}{1.4}}=12.03\text{kg/m}^3$$

则 $$T_2=\dfrac{p_2}{\rho_2 R}=\dfrac{10\times 98\ 100}{287\times 12.03}=284K$$

将各数值代入 v_2 式中

$$v_2=\sqrt{7\times 287\times(300-284)+100^2}=149\text{m/s}$$

8-2 解：设喷管出口面上的流速 v_1

如前述分析知，喷嘴内气流流动可按等熵流动处理。

应用 $\dfrac{\kappa}{\kappa-1}\dfrac{p}{\rho}+\dfrac{v^2}{2}=$ 常量

燃气的 $\kappa=1.4$，则 $\dfrac{\kappa}{\kappa-1}=\dfrac{1.25}{1.25-1}=5$

有 $$5\dfrac{p}{\rho}+\dfrac{v^2}{2}=常量$$

将 $\dfrac{p}{\rho}=RT$ 代入上式有

$$5RT+\dfrac{v^2}{2}=常量$$

列 1、2 两断面方程 $5RT_0+\dfrac{v_0^2}{2}=5RT_1+\dfrac{v_1^2}{2}$

由上式推导得

$$v_1=\sqrt{10R(T_0-T_1)+v_0^2}=\sqrt{10\times 400(2300-1700)}=1549.2\text{m/s}$$

8-3 解：飞机的飞行速度：$v=\dfrac{600\times 1000}{3600}=166.7\text{m/s}$

由于海平面上的声速为 340m/s，故海平面上的 M 数为

$$M=\dfrac{v}{C}=\dfrac{166.7}{340}=0.49$$

在 20000m 的高度上的声速为 $c=331.3+(-57\times 0.606)=297\text{m/s}$

故海平面上的 M 数为：$M=\dfrac{v}{C}=\dfrac{166.7}{297}=0.56$

8-4 解：空气的 $\kappa=1.4$，空气的气体常数 $R=287\text{J/(kg·K)}$，$T=273+27=300\text{K}$

(1) 求当地声速 c：$c=\sqrt{\kappa RT}=\sqrt{1.4\times 287\times 300}=347\text{m/s}$

(2) 求滞止声速 c_0：$\dfrac{c_0}{c}=\left(1+\dfrac{\kappa-1}{2}\cdot M^2\right)^{\frac{1}{2}}$

$$c_0 = \left(1 + \frac{1.4-1}{2} \times 0.8^2\right)^{\frac{1}{2}} \times 347 \approx 369 \text{m/s}$$

(3)求气流速度 v：$M = \dfrac{v}{c}$ $v = Mc = 0.8 \times 347 = 277.6 \text{m/s}$

(4)求气流绝对压强 p：$\dfrac{p_0}{p} = \left(1 + \dfrac{\kappa-1}{2} \cdot M^2\right)^{\frac{\kappa}{\kappa-1}}$

$$p = \frac{p_0}{\left(1 + \dfrac{\kappa-1}{2} \cdot M^2\right)^{\frac{\kappa}{\kappa-1}}} = \frac{490}{\left(1 + \dfrac{1.4-1}{2} \times 0.8^2\right)^{\frac{1.4}{1.4-1}}} = 321.5 \text{kPa}$$

8-5 解：因为截面 2 处为临界截面，所以 $M_2 = 1$
如前述分析知，喷嘴内气流流动可按等熵流动处理。

应用 $\dfrac{\kappa}{\kappa-1} \dfrac{p}{\rho} + \dfrac{v^2}{2} = $ 常量

空气的 $\kappa = 1.4$，则 $\dfrac{\kappa}{\kappa-1} = \dfrac{1.4}{1.4-1} = 3.5$

有 $3.5 \dfrac{p}{\rho} + \dfrac{v^2}{2} = $ 常量

将 $\dfrac{p}{\rho} = RT$ 代入上式有

$$3.5RT + \frac{v^2}{2} = 常量$$

列 1、2 两断面方程 $3.5RT_1 + \dfrac{v_1^2}{2} = 3.5RT_2 + \dfrac{v_2^2}{2}$

由上式推导得 $v_2 = \sqrt{7R(T_1 - T_2) + v_1^2}$

已知空气的气体常数 $R = 287 \text{J/(kg·K)}$，$T_1 = 300\text{K}$

$$\rho_1 = \frac{p_1}{RT_1} = \frac{2.05 \times 10^5}{287 \times 300} = 13.67 \text{kg/m}^3$$

$$\rho_2 = \rho_1 \left(\frac{p_2}{p_1}\right)^{\frac{1}{\kappa}} = 13.67 \times \left(\frac{10}{12}\right)^{\frac{1}{1.4}} = 12.03 \text{kg/m}^3$$

则 $$T_2 = \frac{p_2}{\rho_2 R} = \frac{10 \times 98\,100}{287 \times 12.03} = 284\text{K}$$

将各数值代入 v_2 式中

$$v_2 = \sqrt{7 \times 287 \times (300 - 284) + 100^2} = 149 \text{m/s}$$

8-6 解：空气的 $\kappa = 1.4$，空气的气体常数 $R = 287 \text{J/(kg·K)}$，$T = 273 + 15 = 288\text{K}$
查表 1-3，$t = 15℃$ 时，$\nu = 15.2 \times 10^{-6} \text{m}^2/\text{s}$

所以 $c = \sqrt{kRT} = \sqrt{1.4 \times 287 \times 288} = 340 \text{m/s}$

$$M = \frac{v}{c} = \frac{120}{340} = 0.35$$

$$R_e = \frac{vd}{\nu} = \frac{120 \times 0.1}{15.2 \times 10^{-6}} = 7.9 \times 10^5$$

第九章 思 考 题 答 案

9-1 答：(1)离心式泵主要部件有叶轮、泵壳、泵轴、轴承、密封填料等。
叶轮：离心式泵借助于旋转叶轮对液体作用，将原动机的机械能传递给液体。
泵壳：其作用是汇集叶轮甩出的水，并引向压水管道。

泵轴：泵轴是用来旋转泵叶轮的。

轴承：支承泵轴并便于旋转。

减漏装置：在叶轮与泵壳之间总是有缝隙，使泵壳内压力高的水从缝隙处漏回到泵的入口，从而降低了水泵的工作效率。同时，泵运行时，泵壳、叶轮缝隙处最易磨损或腐蚀，使缝隙越来越大，从而漏水量也越来越大，为避免更换叶轮和泵壳，常在缝隙处的泵壳上或在泵壳和叶轮上安装减漏环或承磨环。当减漏环被磨损到一定程度后，进行更换。

轴向平衡装置：防止叶轮轴向位移并与泵壳发生磨损，减小泵的能耗。

轴封装置：用来密封泵轴与泵壳之间的空隙，防止漏水和空气吸入泵内。

(2)离心式风机主要构件有叶轮、机壳、机轴及吸入口等。

叶轮：当风机叶轮旋转时，叶片中的气体随叶轮获得离心力，并在离心力作用下，气体通过叶片而获得动能和压力能，从而源源不断地输送气体。

机壳：高速低压的气体被叶轮甩出后，在机壳内将部分气体动能转换成压力能，并导向风机出口。

机轴：是用来旋转叶轮的。

吸入口：吸入气体。

9-2 答：(1)水泵运行时，叶轮进水侧上部受高压水作用，下部受低压水作用，而叶轮背面均受到高压水作用，从而形成一个轴向压差作用在叶轮上。在此压力作用下，叶轮和轴被推向进水侧，造成叶轮轴向位移并与泵壳发生磨损，且泵的能耗亦相应加大。

(2)一般解决方法三种：一是在叶轮后盖上开平衡孔并加装减漏环。此法简单、易行，但叶轮内水流受到回流水冲击，水力条件变差，泵的效率下降；二是采用止推轴承，适于轴向推力较小情况；三是采用减压环。

9-3 答：(1)水力损失。

流体流经泵或风机时，必然产生水力损失。这些损失同样包括局部阻力损失和沿程阻力损失。水力损失的大小与过流部件的几何形状、壁面粗糙度以及流体的黏性密切相关。

(2)容积损失。

叶轮工作时，机内存在压力较高和压力较低的两部分。同时，由于结构上有运动部件和固定部件之分，这两种部件之间必然存在缝隙。这就使流体有从高压区通过缝隙泄漏到低压区的可能性。这部分回流到低压区的流体流经叶轮时，显然也获得能量，但未能有效利用，引起能量损失，称为容积损失。

回流量的多少取决于叶轮增压的大小，取决于固定部件与运动部件间的密封性能和缝隙的几何形状。除此之外，对于离心泵来说，还有流经过平衡轴向推力而设置的平衡孔的泄漏回流量等。

(3)机械损失。

泵和风机的机械损失包括轴承和轴封的摩擦损失，还包括叶轮转动时其外表与机壳内流体之间发生的所谓圆盘摩擦损失。

9-4 答：基本参数：型号、必需汽蚀余量、流量、效率、扬程、功率与效率、配套功率、转速、重量。

最主要的性能参数：流量、扬程、必需汽蚀余量、转速、功率与效率。

9-5 答：将 c 分解成径向分速度 c_r 和切线方向分速度 c_u，则不难理解 c_r 与流体流过叶轮的流量有关，c_u 与流体的扬程(或全压)有关。从叶轮出口速度三角形中，可得如下关系：

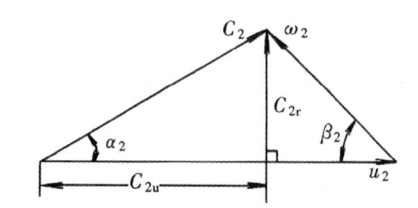

$$c_{2u} = c_2\cos\alpha_2 = u_2 - c_{2r}\cot\beta_2$$
$$c_{2r} = c_2\sin\alpha_2$$

由此，速度三角形表达了流体在叶轮中的运动情况。

9-6 答：叶片式泵与风机基本方程式的导出条件：对叶轮构造、流动性质作以下三个理想化假设。
(1) 流体在叶轮中的流动是恒定流；
(2) 叶轮中的叶片数无限多、无限薄；
(3) 流体按理想流体考虑。

9-7 答：Q-η 曲线的最高点表明为最大效率，它的位置与设计流量是相对应的。

9-8 答：应用相似律和比转数公式进行修正。

9-9 答：相似律：流体在机内的运动情况十分复杂，以致目前不得不广泛利用已有泵或风机的数据作为设计依据。有时，由于实用型泵或风机过大，就运用相似原理先在较小的模型机上进行试验，然后再将试验结果推广到实型机器。

泵或风机的相似律表明了同一系列相似机器的相似工况之间的相似关系。相似律是根据相似原理导出的，除用于设计泵或风机外，对于从事本专业的工作人员来说，更重要的还在于用来作为运行、调节和选用型号等的理论根据和实用工具。

比转数：比转数就反映了泵或风机的性能、结构型式和使用上的一系列特点，因而常用来作为泵和风机的分类依据。这一点通常在机器的型号上有所反映。例如4-79型风机的比转数为79(只取整数值)。在选用泵或风机时，也可以用比转数。人们在已知所需设计流量、压头以后，常希望所选用的泵或风机在高效率下工作，故可依某原动机(如电机)的转数先算出所需的比转数，从而初步定出可以采用的泵或风机型号。

9-10 答：变化。因为 $n_s = \dfrac{n\sqrt{Q}}{\Delta p^{\frac{3}{4}}}$。

9-11 答：前向叶轮与后向叶轮的差别其实就是叶片的出口安装角 β_2，当 $\beta_2 < 90°$时，叶轮是后向的，$\beta_2 > 90°$时，叶轮就是前向的。

根据流体力学的相关理论，如果 β_2 越大，则出口速度的圆周分量也越大，扬程也就越高，可是，由于流速增加引起的水力损失也就越大，效率就越低。

因此，前向叶轮与后向叶轮之间就存在以下的差别：
(1) 叶轮直径相同时，前向叶轮的扬程明显高于后向叶轮，后向叶轮的效率则高于前向叶轮；
(2) 前向叶轮的性能曲线通常都有一个"驼峰"，安全工作区域比后向叶轮窄。

离心水泵只能采用后向叶轮的主要原因是：
一方面，水泵的功率比较大，是工厂的主要耗能机械，非常重视其效率特性，因此，要采用后向叶轮。另一方面，出于安全性考虑，很多工厂使用的水泵都禁止存在"驼峰"特性，因此，不能使用前向叶轮。

9-12 答：(1) 水泵正常启动时，$Q=0$ 的情况相当于闸阀全闭。此时泵的轴功率仅为设计轴功率的30%左右，而扬程值又是最大，完全符合了电动机轻载启动的要求。因此，在给水排水站中，凡是使用离心泵的，通常采用"闭闸启动"的方式。所谓"闭闸启动"就是水泵启动前，压水管上闸阀是全闭的，待电动机运转正常后，压力表读数达到顶定数值时，再逐步打开闸阀，使水泵做正常运行。

(2) 当流量为零时，对应的轴功率并不等于零，此功率主要消耗在水泵的机械损失方面。

(3) 不可以。因为延长时间闭阀运行其结果导致机壳内水的温度上升，机壳、轴承发热，严重时可能导致泵壳的热力变形。因此，在实际运行中水泵在 $Q=0$ 的情况下，只允许作短时间的运行。

9-13 答：$\dfrac{Q}{Q_0} = \dfrac{n}{n_0} = 1.1, \dfrac{H}{H_0} = \left(\dfrac{n}{n_0}\right)^2 = 1.21, \dfrac{N}{N_0} = \left(\dfrac{n}{n_0}\right)^3 = 1.331$

第九章 习 题 答 案

9-1 解：当 $\alpha_1 = 90°$，则 $c_{1u} = 0$，离心式泵与风机的基本方程式为

$$H_T = \frac{u_2}{g}\left(u_2 - \frac{Q_T}{A_2}\cot\beta_2\right)$$

由于 $\quad u_2 = \frac{n\pi D_2}{60} = \frac{2900 \times 3.14 \times 0.218}{60} = 33.09\text{m/s}$

所以 $\quad H_T = \frac{33.09}{9.81}\left(33.09 - \frac{0.033}{0.014}\cot 30\right) \approx 97.8\text{m}$

$$H'_T = KH_T = 0.8 \times 97.8 = 78.3\text{m}$$

绘出叶轮出口速度三角形：略

9-2 解：叶轮出口有效面积 $A_2 = \pi D_2 b_2 = 3.14 \times 0.2 \times 0.04 = 0.025\text{m}^2$

$$u_2 = \frac{n\pi D_2}{60} = \frac{1450 \times 3.14 \times 0.3}{60} = 22.77\text{m/s}$$

离心式泵与风机的基本方程式为

$$H_T = \frac{u_2}{g}\left(u_2 - \frac{Q_T}{A_2}\cot\beta_2\right)$$

所以 $\quad H_T = \frac{22.77}{9.81}\left(22.77 - \frac{Q_T}{0.025}\cot 30\right) = 52.85 - 160.81 Q_T$

根据下表即可绘制出 Q_T-H_T 理论特性曲线。

$Q(\text{m}^3/\text{s})$	0.1	0.15	0.2	0.25	0.3
$H(\text{m})$	36.77	28.73	20.67	12.65	4.61

9-3 答：(1)流量 Q 与扬程 H 的关系曲线无改变。因为 H 与被输送液体的 γ 无关，所以，不同类流体，只要叶片进出口处速度三角形相同，则可得到相同 H。

水泵所需扬程的功率有变化。因为泵的有效功率：$Ne = \gamma QH$，与液体的容重有关。

(2)水泵出口处的压力表读数有变化。

因为扬程 H 相同，所以水泵出口处的压力表读数为：$1.3 \times 50 = 65\text{m}$

9-4 解：因为是单吸单级离心泵，所以

$$Q = 45\text{m}^3/\text{h}, H = 33.5\text{m}$$

$$n_s = 3.65\frac{n\sqrt{Q}}{H^{\frac{3}{4}}} = 3.65 \times \frac{2900\sqrt{45/3600}}{33.5^{\frac{3}{4}}} = 85\text{r/min}$$

9-5 解：因为是单吸多级离心泵，共有八级

所以 $\quad Q = 45\text{m}^3/\text{h}, H/8 = 33.5\text{m}$

$$n_s = 3.65\frac{n\sqrt{Q}}{H^{\frac{3}{4}}} = 3.65 \times \frac{2900\sqrt{45/3600}}{33.5^{\frac{3}{4}}} = 85\text{r/min}$$

9-6 解：(1) $\eta = \frac{N_e}{N} = \frac{\gamma QH}{N} = \frac{9.81 \times 10.2/1000 \times 20}{2.5} = 0.8$

(2) 若 $\eta = 0.85$

则 $\quad N = \frac{N_e}{\eta} = \frac{\gamma QH}{\eta} = \frac{9.81 \times 10.2/1000 \times 20}{0.85} = 2.4\text{kW}$

9-7 解：$n_s = 3.65\frac{n\sqrt{Q}}{H^{\frac{3}{4}}} = 3.65 \times \frac{2900\sqrt{162/3600}}{78^{\frac{3}{4}}} = 86\text{r/min}$

9-8 解：因为 $\frac{Q}{Q_1} = \frac{n}{n_1}$，所以 $n_1 = \frac{Q_1 n}{Q} = \frac{38 \times 2900}{9.5} = 11\,600\text{r/min}$

9-9 解：根据 $\frac{Q'}{Q} = \frac{n'}{n}\left(\frac{D'}{D}\right)^3$

所以 $\quad Q' = \frac{n'}{n}\left(\frac{D'}{D}\right)^3 Q = \frac{960}{730} \times (1.2)^3 \times 14 = 32\text{m}^3/\text{h}$

根据

$$\frac{H'}{H} = \left(\frac{n'}{n}\right)^2 \left(\frac{D'}{D}\right)^2$$

所以

$$H' = \left(\frac{n'}{n}\right)^2 \left(\frac{D'}{D}\right)^2 Q = \left(\frac{960}{730}\right)^2 \times (1.2)^2 \times 20 = 50\text{m}$$

第十章 思考题答案

10-1 答：管路特性曲线 $H=f_2(Q)$ 和泵或风机的性能曲线 $H=f_1(Q)$ 相交的点 D 为泵或风机的工作点。

一台泵或风机究竟能给出哪一组 (Q,H) 值，即在泵与风机性能曲线上哪一点工作，并非任意，而是取决于所连接的管路性能。

设计点是实际需要的流量和扬程。

10-2 答：一、(1)所谓并联运行是将两台或两台以上的泵或风机向同一压出管路供给流体，使管网在同一扬程或全压情况下，获得比单机运行更大的流量。泵或风机并联运行的优点：①增加管路的流体流量。总干管中流量等于各并联泵或风机流量之和；②通过停或开泵或风机数量来调节流量和扬程，以满足管网系统的需要；③提高整个系统的工作可靠性，一台机械有故障时，其他机械仍可继续工作。

(2)将一台泵或风机的压出管作为另一台泵或风机的吸入管，流体依次经一台机械后再进入另一台机械，将流体输送出去，这种工作的多台机械称为串联运行，类似于单台多级水泵的运行。

二、(1)管路性能曲线为 CE，两机械并联后的曲线为 AB。AB 与 CE 线相交于 D，D 点为并联运行的工作点。

(2)绘出串联运行的特性曲线 F，与管路特性曲线 E 相交于 A 点，A 点为串联运行工作点。

10-3 答：改变管路性能曲线最常用的方法是阀门调节法。具体分成压出端节流和吸入端节流两种。

10-4 答：改变泵或风机性能的调节方法有：变速调节、变径调节。

在其他条件不变情况下，改变泵与风机的转速，其性能也相应变化，达到调节工作点的目的，称为变速调节。

将水泵的叶轮切削一部分，使叶轮外经变小，可改变水泵的性能，达到改变工作点的目的。

10-5 答：(1)有改变管路性能曲线的调节方法和改变泵或风机性能曲线的调节方法。

(2) 改变管路性能曲线最常用的方法是阀门调节法，具体分成压出端节流和吸入端节流两种。

压出端节流，这种调节是通过消耗泵或风机的能量 ΔH 来达到调节工作点的，很明显降低了泵或风机的效率，是一种不经济的调节方法，但由于简单易行，在短时间内，仍被使用。

节流后风机的流量和全压均有所减小，使风机额外能耗也减小，所以，与压出端节流相比，更有利于节能。

高效型调速有变频调速、变极调速和绕线式异步电动机串极调速。因不存在转差损耗，故节能效果明显。特别是变频调速，是目前调速方法中的主流，其优点有：①属无级调速，调速范围大且稳定，无启动电流冲击；②无转差损耗，只有变频器和电动机损耗，故效率高；③减小机组启停次数，运行管理方便，延长机组使用寿命；④有利于选用大机型机组和台数少的设计方案实施，从而能减少机房占地面积，减少维护工作量；⑤拓宽了机械的变频区范围，更利于机组在高效率状况下运行。

切削叶轮是离心式水泵的一种独特方法，一般只适用于比转数不超过 350 的系列泵。并应注意：不同类型叶轮，应采用不同的切削方式。如高比转数叶轮，后盖板的切削量大于前盖板，而对低比转数叶轮，其前后盖板和叶片的切削量是相等的；因叶轮切削后使出口端变厚，故需在背水面出口端部适当范围内予以修锉，使泵性能得到改进。

第十章 习 题 答 案

10-1 解：由公式
$$\frac{Q}{Q_0} = \frac{D_2}{D_{20}}$$

$$Q = \frac{D_2}{D_{20}} Q_0 = \frac{250}{268} \times 72 = 67 \text{m}^3/\text{h}$$

由公式
$$\frac{H}{H_0} = \left(\frac{D_2}{D_{20}}\right)^2$$

$$H = \left(\frac{D_2}{D_{20}}\right)^2 H = \left(\frac{250}{268}\right)^2 \times 22 = 19 \text{m}$$

10-2 解：根据式(10-3)计算管路系统的特性：

$$p = 500 + \gamma S Q^2 = 500 + 11.77 \times 3.45 Q^2 = 500 + 40.6 Q^2$$

用适当的流量值代入此式可得如下表的数据。

$Q(10^3 \text{m}^3/\text{h})$	0	2	4	6	8	10	12
$p(\text{N/m}^2)$	500	513	550	613	700	813	951

据此表将管路性能曲线绘于下图，见"2"。

两台相同的风机并联的特性曲线 $Q-H$ 为"1"。"1"与"2"的交点即为工作点。

从图上可以查出：两台泵并联的工作参数：$Q = 2.5 \text{L/s}$、$p = 790 \text{Pa}$。

单台泵的流量为：$Q = 1.7 \text{L/s}$、$p = 650 \text{Pa}$。

第十一章 思 考 题 答 案

11-1 答：(1) 在离心泵的工作原理中提到过，离心式泵在管网中工作时，叶轮入口处压强是"最低"的，它低于吸入管上任何点的压强，有时可能低于大气压强，此时入口处产生真空。在大气压强的作用下，使液体源源不断的流入泵内。

当叶轮进口处的压强小于被输送液体在工作温度下的汽化压强时，液体就汽化，产生大量气泡，即气穴现象；与此同时，由于压强降低，原来溶解于液体的某些活泼气体也会逸出而成为气泡。

在凝结热的助长下，活泼气体还对金属发生化学腐蚀，以致金属表面逐渐脱落而破坏，这种现象就是气蚀。

(2) 这些气泡随液流进入泵内高压区，在较高压强的作用下气泡迅速击破，而气泡周围的液体以变速冲向气泡中心，并产生高频率、高冲击力的水击，不断打击泵内各部件，特别是工作叶轮，使泵产生噪声和振动，且叶轮表面会成为蜂窝或海绵状。此外，在凝结热的助长下，活泼气体还对金属发生化学腐蚀，

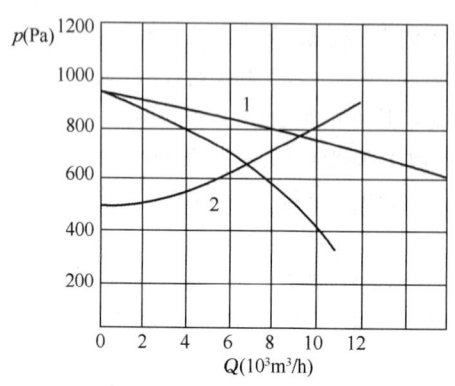

以致金属表面逐渐脱落而破坏。

气泡大量产生,就会影响泵内水流的正常流动,水泵的能耗增大,扬程降低,效率下降,甚至抽不上水。

11-2 答:实际的安装高度 H_{SS} 应遵守:

$$H_{SS} < [H_S] \leqslant [H_S] - \left(\frac{v_S^2}{2g} + h_{w0-s}\right)$$

(1) 由于泵的流量增加时,自真空计安装点到叶轮进口附近,流体流动损失和速度都增加,结果使叶轮附近的压强更低了,所以[H_S]应随流量增加而有所降低,如图11-4所示。因此,用式(11-6)确定[H_S]时,必须以泵在运行中可能出现的最大流量为准。

(2) [H_S]值是制造厂在大气压强为101.325kPa、水温为20℃的条件下试验得出的。若水泵使用条件与上述条件不符时,应对样本上规定的[H_S]值按下式进行修正。

$$[H'_S] = [H_S] - (10.33 - H_A) + (0.24 - h_v) \tag{11-7}$$

式中　[H'_S]——修正后允许真空度;

10.33 $-H_A$——因大气压不同的修正值,其中 H_A 是水泵安装运行地的大气压强水头,m,按表11-1查取;

0.24 $-h_v$——因水温不同所作的修正值,其中 h_v 是与水温相对应的汽化压强水头,m,可参考表11-2;
　　　　　　0.24 为20℃时的水的气化压强水头。

11-3 答:(1)必需汽蚀余量。

液体自吸液池经吸水管到达泵吸入口,所剩下的总水头距发生汽化的水头尚剩余的水头值——实际气蚀余量 Δh。

如果实际气蚀余量正好等于泵自吸入口 s 到压强最低点 k 之水头降时,就刚好发生气蚀,当超过时,就不会发生气蚀。所以人们把又叫做临界气蚀余量 Δh_{min}。

在工程实践中,为确保安全运行,规定了一个必需的气蚀余量以 $[\Delta h]$ 表示。对于一般的清水泵来说,为不发生气蚀,又增加了0.3m的安全量,故有

$$[\Delta h] = \Delta h_{min} + 0.3 = \frac{\Delta p}{\gamma} + 0.3$$

(2)水泵安装高度。

水泵的安装高度是指泵轴到吸液池最低液面之间的距离。

(3) 联系:$[H_{SS}] = \frac{p_0 - p_v}{\gamma} - [\Delta h] - h_{w0-s}$

(4)区别:表示的意义不同。

第十一章　习　题　答　案

11-1 解:查表11-1得:海拔800m,液面的大气压强水头为 9.4mH$_2$O

查表11-2得:水温为45℃,液体汽化压强水头为 1mH$_2$O

则　　　　$[H_{SS}] = \frac{p_0 - p_v}{\gamma} - [\Delta h] - h_{w0-s} = 9.4 - 1 - 4.5 - 1 = 2.9$m

该泵最大安装高度是2.9m。

11-2 解:扬程为 H

取吸水面为基准面,列吸水面、上水池液面能量方程

$$Z_1 + \frac{P_1}{\gamma} + \frac{v_1^2}{2g} + H = Z_2 + \frac{P_2}{\gamma} + \frac{v_2^2}{2g} + h_{W1-2}$$

$$H = (Z_2 - Z_1) + \frac{p_2 + p_1}{\gamma} + \frac{v_2^2 - v_1^2}{2g} + h_{W1-2}$$

$$= 170 - 120 + 0 + 0 + 0.8 + 1.91 = 52.71 \text{m}$$

所需的扬程为 52.71m。

11-3 解：$p_2 = 3.0 \text{kgf/cm}^2 = 30\,000 \text{kgf/m}^2 \times 9.807 = 294.0 \text{kPa}$

$$\frac{p_1}{\gamma} = -4 \text{m}$$

$$\Delta Z = 0.3 \text{m}$$

$$v_2 = \frac{0.06 \times (1 - 0.02) \times 4}{3.14 \times 0.2^2} = 1.87 \text{m/s}$$

$$v_1 = \frac{0.06 \times 4}{3.14 \times 0.25^2} = 1.23 \text{m/s}$$

$$H = (Z_2 - Z_1) + \frac{p_2 + p_1}{\gamma} + \frac{v_2^2 - v_1^2}{2g} + h_{W1-2}$$

$$= 0.3 + \frac{249.0}{9.807} + 4 + \frac{1.87^2 - 1.23^2}{2 \times 9.807} + 0 \approx 34.4 \text{m}$$

11-4 解：将输送风量增加 10% 作为选用时的依据。由于风管系统压头不太高，风压也只增加 10% 作为选用的依据，即

$$Q = 1.1 \times 9000 = 9900 \text{m}^3/\text{h}$$

$$p = 1.1 \times 620 = 682 \text{kPa}$$

由于使用地点大气压及输送气体温度与样本数据采用的标准不同，应予换算。按第九章第八节的公式可得

$$p_0 = p \frac{101.325}{98.07} \times \frac{273 + 70}{273 + 20} = 682 \times 1.033 \times \frac{343}{293} = 825 \text{kPa}$$

$$Q_0 = Q = 9900 \text{m}^3/\text{h}$$

查表 11-5：选用 DT9 No4.5E2 离心式风机，该机性能表高效区参数为 $Q_0 = 8400 \sim 10\,800 \text{m}^3/\text{h}$、$p_0 = 600 \sim 750 \text{kPa}$、电机功率为 4kW。

参 考 文 献

[1] 黄兆奎. 水泵风机与站房. 北京：中国建筑工业出版社，2000.
[2] 孙一坚. 简明通风设计手册. 北京：中国建筑工业出版社，1997.
[3] 姜乃昌. 水泵及水泵站. 北京：中国建筑工业出版社，1998.
[4] 王宇清，等. 流体力学泵与风机. 北京：中国建筑工业出版社，2001.
[5] 王东涛，等. 消防、电梯、保温、水泵、风机工程. 北京：中国建筑工业出版社，2002.
[6] 许玉望，等. 流体力学泵与风机. 北京：中国建筑工业出版社，1995.
[7] 文绍佑，等. 水力学. 北京：中国建筑工业出版社，1998.
[8] 蔡增基，龙天渝. 流体力学泵与风机. 北京：中国建筑工业出版社，1999.